1+X职业技能等级证书配套系列教材

网络设备安装与维护

（中、高级）

主　编◎武春岭　曹建春　汪双顶
副主编◎郭晓娟　周　桐　吴兆立
　　　　朱伟华　李　军　徐希炜
　　　　方　园　金　涛

高等教育出版社·北京

内容简介

本书为网络设备安装与维护 1+X 职业技能等级证书配套系列教材之一，由锐捷网络股份有限公司组织编写。

全书分为 13 个项目，内容包括网络规划和设计、局域网搭建、局域网安全技术及运维、网络互联技术、网络安全技术及运维、无线网络搭建及优化、多园区网络规划和设计、园区网构建及优化、路由优化、路由传播控制及网络互联、网络安全保护与监控、无线局域网构建和下一代互联网构建。本书不仅能够为初学计算机网络技术的学生提供全面、实用的技术和理论基础，而且能有效培养学生网络设备运维工程师的职业技能。

本书的编写融入了作者丰富的教学和企业实践经验，内容安排合理，每个项目都从"项目引入"开始，让学生知道通过本项目学习能解决什么实际问题，激发学生的学习激情，引导学生渐入佳境，最后针对"项目引入"中的问题提出解决方案，以任务驱动为抓手，使学生感受到学有所用的快乐。

本书配有微课视频、授课用 PPT、案例素材、习题答案等丰富的数字化学习资源。与本书配套的数字课程"网络设备安装与维护"在"智慧职教"平台（www.icve.com.cn）上线，读者可以登录平台进行在线学习及资源下载，授课教师可以调用本课程构建符合自身教学特色的 SPOC 课程，详见"智慧职教"服务指南。教师也可发邮件至编辑邮箱 1548103297@qq.com 获取相关教学资源。

本书可用于 1+X 证书制度试点工作中网络安装与维护（中、高级）职业技能等级证书的教学和培训，也适合作为高等职业院校、应用型本科院校、中等职业学校相关专业的教材，同时也适合作为从事网络技术开发、网络管理和维护、网络系统集成的技术人员的参考用书。

图书在版编目（CIP）数据

网络设备安装与维护：中、高级 / 武春岭，曹建春，汪双顶主编．--北京：高等教育出版社，2022.2

ISBN 978-7-04-057444-9

Ⅰ.①网… Ⅱ.①武… ②曹… ③汪… Ⅲ.①网络设备-设备安装-职业技能-鉴定-教材 ②网络设备-维修-职业技能-鉴定-教材 Ⅳ.①TN915.05

中国版本图书馆 CIP 数据核字（2021）第 258184 号

Wangluo Shebei Anzhuang yu Weihu

| 策划编辑 | 许兴瑜 | 责任编辑 | 许兴瑜 | 封面设计 | 张雨微 | 版式设计 | 于 婕 |
| 插图绘制 | 于 博 | 责任校对 | 任 纳 高 歌 | 责任印制 | 刁 毅 | | |

出版发行	高等教育出版社	网　　址	http://www.hep.edu.cn
社　　址	北京市西城区德外大街 4 号		http://www.hep.com.cn
邮政编码	100120	网上订购	http://www.hepmall.com.cn
印　　刷	山东新华印务有限公司		http://www.hepmall.com
开　　本	787 mm×1092 mm　1/16		http://www.hepmall.cn
印　　张	21.5		
字　　数	530 千字	版　　次	2022 年 2 月第 1 版
购书热线	010-58581118	印　　次	2022 年 2 月第 1 次印刷
咨询电话	400-810-0598	定　　价	59.50 元

本书如有缺页、倒页、脱页等质量问题，请到所购图书销售部门联系调换
版权所有　侵权必究
物　料　号　　57444-00

"智慧职教"服务指南

"智慧职教"是由高等教育出版社建设和运营的职业教育数字教学资源共建共享平台和在线课程教学服务平台,包括职业教育数字化学习中心平台(www.icve.com.cn)、职教云平台(zjy2.icve.com.cn)和云课堂智慧职教 App。用户在以下任一平台注册账号,均可登录并使用各个平台。

- 职业教育数字化学习中心平台(www.icve.com.cn):为学习者提供本教材配套课程及资源的浏览服务。

登录中心平台,在首页搜索框中搜索"网络设备安装与维护",找到对应作者主持的课程,加入课程参加学习,即可浏览课程资源。

- 职教云(zjy2.icve.com.cn):帮助任课教师对本教材配套课程进行引用、修改,再发布为个性化课程(SPOC)。

1. 登录职教云,在首页单击"申请教材配套课程服务"按钮,在弹出的申请页面填写相关真实信息,申请开通教材配套课程的调用权限。
2. 开通权限后,单击"新增课程"按钮,根据提示设置要构建的个性化课程的基本信息。
3. 进入个性化课程编辑页面,在"课程设计"中"导入"教材配套课程,并根据教学需要进行修改,再发布为个性化课程。

- 云课堂智慧职教 App:帮助任课教师和学生基于新构建的个性化课程开展线上线下混合式、智能化教与学。

1. 在安卓或苹果应用市场,搜索"云课堂智慧职教"App,下载安装。
2. 登录 App,任课教师指导学生加入个性化课程,并利用 App 提供的各类功能,开展课前、课中、课后的教学互动,构建智慧课堂。

"智慧职教"使用帮助及常见问题解答请访问 help.icve.com.cn。

前言

新一代信息技术是国务院支持和扶持的新兴产业之一。数字化、数据化、网络化、智能化是新一轮科技革命的突出特征,也是新一代信息技术的核心。数字化为社会信息化奠定基础,其发展趋势是社会的全面数据化。数据化强调对数据的收集、聚合、分析与应用。网络化为信息传播提供物理载体,其发展趋势是信息物理系统的广泛采用。信息物理系统不仅会催生出新的工业,甚至会重塑现有产业布局。而智能化不仅要以数字化和数据化为基础,更重要的是离不开网络化的环境和条件。

作为信息化的公共基础设施,互联网已经成为人们获取信息、交换信息、消费信息的主要方式。从产业角度看,信息物理系统的涵盖范围小到智能家庭网络,大到工业控制系统,乃至智能交通系统等国家级甚至世界级的应用。更为重要的是,这种涵盖并不仅仅是将现有的设备简单地连在一起,而是会催生出众多具有计算、通信、控制、协同和自治性能的设备,下一代工业将建立在信息物理系统之上。随着信息物理系统技术的发展和普及,使用计算机和网络实现功能扩展的物理设备将无处不在,并推动工业产品和技术的升级换代。在此背景下,计算机网络技术更显突出和重要。

本书不仅是计算机网络知识普及与技术推广教材,同时也是应国家"职教二十条"号召,落实 1+X 证书制度的具体产物。本书是锐捷网络股份有限公司开发的网络设备安装与维护 1+X 职业技能等级证书配套系列教材之一。整套教材的编写遵循网络安装与维护的专业人才职业素养养成和专业技能积累规律,将职业能力、职业素养和工匠精神等思政教育融入教材设计思路。不仅能够为计算机网络技术学习的学生提供全面实用的技术和理论基础,而且精选项目和案例新颖实用,能有效培养学生计算机网络技术设备运维工程师水平,是不可多得的一本计算机网络技术教材和计算机网络工程技术辅助读物。

本书的特色如下。

- 在编写思路上,本书遵循网络技能人才的成长规律,网络知识传授、网络技能积累和职业素养增强并重,从网络技术理论阐述到应用场景分析,再到项目案例设计和实施的完整过程,使读者既能充分准备 1+X 证书考试,又能积累项目经验,最后达到学习知识和培养能力的目的,为适应未来的工作岗位奠定坚实基础。
- 在目标设计上,本书以 1+X 证书考试和企业网络实际需求为向导,以培养学生的网络设计能力、网络设备配置和调试能力、分析和解决问题的能力及创新能力为目标,追求实用。
- 在内容选取上,本书以网络安装与维护职业技能等级标准为编写依据,坚持集先进性、科学性和实用性为一体,尽可能覆盖最新、最实用的网络技术。
- 在内容表现形式上,本书用最简单和最精炼的描述讲解网络技术理论知识,通过详尽的实验现象分析,分层、分步骤地讲解网络技术,巩固和深化所学的网络技术原理,并对实验结果和现象加以汇总及注释。

本书主编单位重庆电子工程职业学院和黄河水利职业技术学院是国家"双高"建设单位,其中,重庆电子工程职业学院的信息安全技术与管理专业群是国家高水平建设专业群,计算机网络技术是专业群重点建设专业之一,有较强的专业实力。主编之一武春岭教授是国家"万人计划"名师,国务院政府特殊津贴专家,曾多次牵头制定国家职业教育计算机类专业标准,主编教材入选"十二五"职业教育国家规划教材 11 种，"十三五"职业教育国家规划教材 3 种，2021 年荣获首届全国教材建设奖全国优秀教材一等奖和国家教材先进个人，具有丰富的教材编写经验。

本书的编写融入了作者丰富的教学和企业实践经验，内容安排合理，每个项目都先从"项目引入"开始，让学生知道通过本项目学习能解决什么实际问题，激发学生的学习激情，引导学生渐入佳境，最后针对"项目引入"中的问题提出解决方案，以任务驱动为抓手，使学生感受到学有所用的快乐。此外，教材还开发了微课视频，可通过扫码学习。每个项目还配有知识检测，不仅可以巩固理论知识，而且也为技能训练提供了基础。

本书项目 1、项目 2 和项目 5 由重庆电子工程职业学院武春岭编写；项目 3、项目 4 和项目 6 由黄河水利职业技术学院曹建春编写；项目 8 由黄河水利职业技术学院郭晓娟编写；项目 11 由江苏建筑职业技术学院吴兆立编写；项目 12 由潍坊职业学院徐希炜编写；项目 13 由邢台职业技术学院李军编写；项目 9 由北京工业职业技术学院方园编写；项目 7 由吉林电子信息职业技术学院朱伟华编写；项目 10 由锐捷网络股份有限公司汪双顶编写。

在本书的编写过程中，得到了锐捷网络股份有限公司工程师的大力支持，以及高等教育出版社的大力支持与帮助，在此一并致以衷心的感谢！

由于编者水平有限，加上时间仓促，书中难免有不当之处，敬请各位同行批评指正，以期在今后的修订中不断改进。主编邮箱：wuch50@126.com。

编者于重庆武隆仙女山
2021 年 8 月

目录

项目1　网络规划和设计　1

　学习背景　1
　知识结构　2
　课前自测　2
　项目分析及准备　3
　　1.1　层次化网络架构　3
　　1.2　层次化网络系统的设计　5
　　1.3　综合布线系统　12
　　1.4　网络系统设计方案　17
　　1.5　网络工程文档　23
　学习总结　25
　知识检测　25

项目2　局域网搭建　27

　学习背景　27
　知识结构　28
　课前自测　28
　项目分析及准备　29
　　2.1　IEEE 体系架构　29
　　2.2　生成树技术应用　31
　　2.3　VLAN 技术应用　42
　　2.4　网络工程项目实施文档的编写　57
　学习总结　61
　知识检测　61

项目3　局域网安全技术及运维　63

　学习背景　63
　知识结构　64
　课前自测　64

　项目分析及准备　65
　　3.1　局域网安全防护　65
　　3.2　交换机端口安全配置　69
　　3.3　IP Source Guard 配置　81
　　3.4　NFPP 配置　83
　　3.5　DDoS 配置　89
　　3.6　DLDP 与 BFD 配置　92
　　3.7　局域网运维工程规范　99
　学习总结　101
　知识检测　101

项目4　网络互联技术　103

　学习背景　103
　知识结构　104
　课前自测　104
　项目分析及准备　105
　　4.1　TCP/IP 体系架构　105
　　4.2　距离矢量路由协议应用与
　　　　配置　107
　　4.3　链路状态路由协议应用与
　　　　配置　111
　　4.4　DHCP 服务应用与配置　122
　　4.5　广域网接入技术　127
　　4.6　NAT 技术与应用　132
　学习总结　136
　知识检测　137

项目5　网络安全技术及运维　139

　学习背景　139
　知识结构　140

课前自测	140
项目分析及准备	141
5.1 用户准入安全技术	141
5.2 ACL 技术与应用	147
5.3 防火墙技术与应用	156
学习总结	160
知识检测	160

项目 6　无线网络搭建及优化　161

学习背景	161
知识结构	162
课前自测	162
项目分析及准备	163
6.1 WLAN	163
6.2 WLAN 组网模式	166
6.3 无线控制器应用	171
6.4 无线网络安全保护	178
学习总结	181
知识检测	182

项目 7　多园区网络规划和设计　183

学习背景	183
知识结构	184
课前自测	184
项目分析及准备	185
7.1 多园区网络业务需要	185
7.2 IPv6 技术	188
7.3 自治系统	193
7.4 外部网关协议	199
7.5 多园区网络的规划与设计	206
学习总结	211
知识检测	211

项目 8　园区网构建及优化　213

学习背景	213
知识结构	214
课前自测	214
项目分析及准备	215
8.1 VRRP 技术	215
8.2 VSU 虚拟交换技术	219
8.3 BFD 技术	227
8.4 REUP 技术	229
8.5 RLDP 与 DLDP 技术	232
学习总结	236
知识检测	236

项目 9　路由优化　239

学习背景	239
知识结构	240
课前自测	240
项目分析及准备	241
9.1 OSPF 区域技术	241
9.2 OSPF 路由器类型	243
9.3 OSPF 链路状态通告	246
9.4 OSPF 安全认证	254
学习总结	256
知识检测	256

项目 10　路由传播控制及网络互联　259

学习背景	259
知识结构	260
课前自测	260
项目分析及准备	261
10.1 路由协议类型及比较	261
10.2 路由重分发	264
10.3 路由控制与过滤	267
10.4 路由选择和控制技术	270
10.5 策略路由	274
学习总结	277
知识检测	277

项目 11　网络安全保护与监控　279

学习背景	279
知识结构	280
课前自测	280
项目分析及准备	281
11.1 数据传输加密技术	281

11.2	VPN 技术	283	
11.3	出口设备信息审计	290	
11.4	SNMP	294	
11.5	NTP 服务	295	
11.6	网络监测	297	

学习总结　　　　　　　　　　302
知识检测　　　　　　　　　　302

项目 12　无线局域网构建　　　303

学习背景　　　　　　　　　　303
知识结构　　　　　　　　　　304
课前自测　　　　　　　　　　304
项目分析及准备　　　　　　　305
　12.1　隧道技术　　　　　　305
　12.2　无线局域网本地转发技术　307
　12.3　无线漫游技术　　　　308

学习总结　　　　　　　　　　310
知识检测　　　　　　　　　　310

项目 13　下一代互联网构建　　313

学习背景　　　　　　　　　　313
知识结构　　　　　　　　　　314
课前自测　　　　　　　　　　314
项目分析及准备　　　　　　　315
　13.1　IPv6 地址类型　　　　315
　13.2　IPv6 邻居发现协议　　316
　13.3　IPv4 向 IPv6 过渡技术　323
　13.4　NAT-PT 技术　　　　326

学习总结　　　　　　　　　　328
知识检测　　　　　　　　　　329

参考文献　　　　　　　　　　331

项目 1
网络规划和设计

 学习背景

  局域网最主要的特点是网络为一个单位所拥有，所需要的初始投资不大，比较容易实现，能方便地共享昂贵的外部设备，且具有较高的数据传输速率、较低的时延和较小的误码率，特别适合于企事业单位的信息和过程管理及办公自动化方面的应用。

  本项目以中小型企业内部局域网的层次化网络架构和系统的设计为出发点，结合综合布线、设计方案和工程文档编写等内容，介绍局域网技术在企业中的规划和设计。

  通过学习，达成如下学习目标。

- 了解三层网络架构模型。
- 掌握三层模型中各层的作用。
- 了解层次化网络结构设计特点。
- 了解常用网络设备及选型。
- 掌握网络系统的设计原则。
- 掌握综合布线系统结构。
- 掌握三层网络设计模型。
- 掌握 IP 地址规划。
- 了解网络工程文档的编写。

项目 1　网络规划和设计

 知识结构

本项目的知识结构如图 1-1 所示。

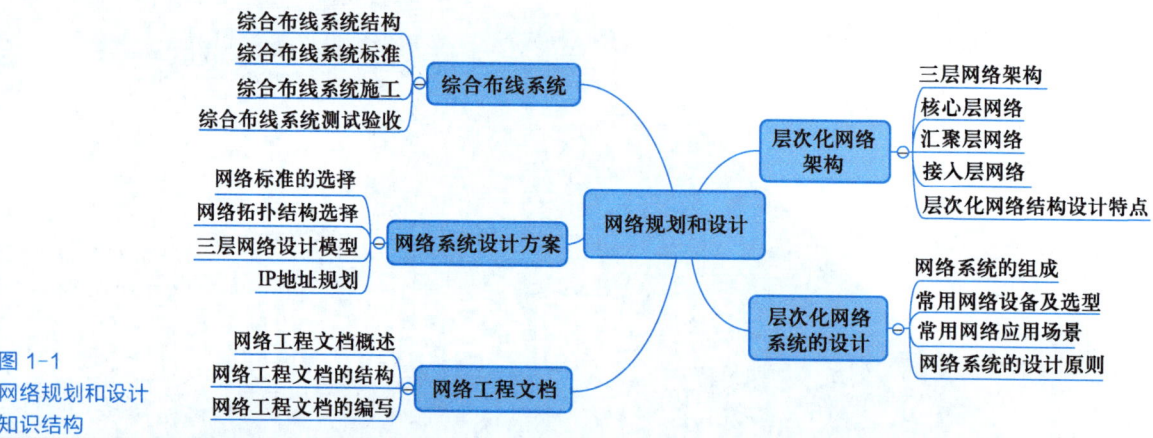

图 1-1
网络规划和设计
知识结构

课前自测

在开始本项目学习之前，请先尝试回答以下问题。
1. 请了解你所在学校、单位网络建设情况，并进行简单描述。
2. 常见网络设备有哪些？
3. 网络提供的服务和作用分别有哪些？

项目分析及准备

1.1 层次化网络架构

随着技术的发展和日趋复杂的网络环境，大多数企业都使用层次化网络拓扑设计。层次化网络拓扑由不同的层组成，它能让特定的功能和应用在不同层上分别执行。为获得最大效能、达成特殊目的，每个网络组件都被仔细地安置在分层设计网络中。

微课 1-1
层次化网络架构
简介

1.1.1 三层网络架构

分层网络拓扑中的每一层通过与其他层的协调工作，能够优化网络性能，使网络具有扩充性，减少网络冗余，使业务流控制容易，同时还可限制网络出错的范围，减轻网络管理和维护的工作量。

目前，大中型网络的设计普遍采用三层结构模型，如图 1-2 所示。三层结构模型将骨干网的逻辑结构划分为 3 个层次，即核心层（Core Layer）、汇聚层（Distribution Layer）和接入层（Access Layer），每个层次都有其特定的功能。

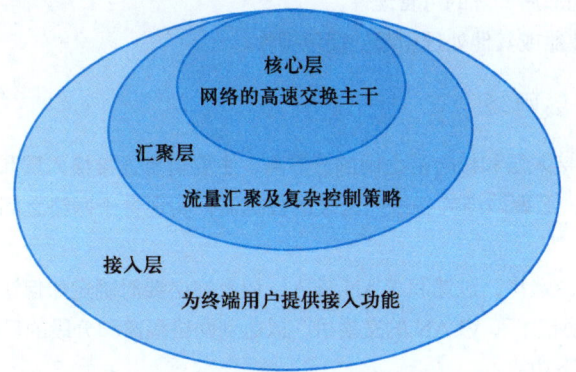

图 1-2
三层结构模型

分层网络结构设计按照功能不同，把整体网络结构分别规划到核心层、汇聚层和接入层，使网络具备结构化的设计，可针对每一个层次进行模块化分析，对网络实行统一管理和维护。三层网络设计模型结构如图 1-3 所示。

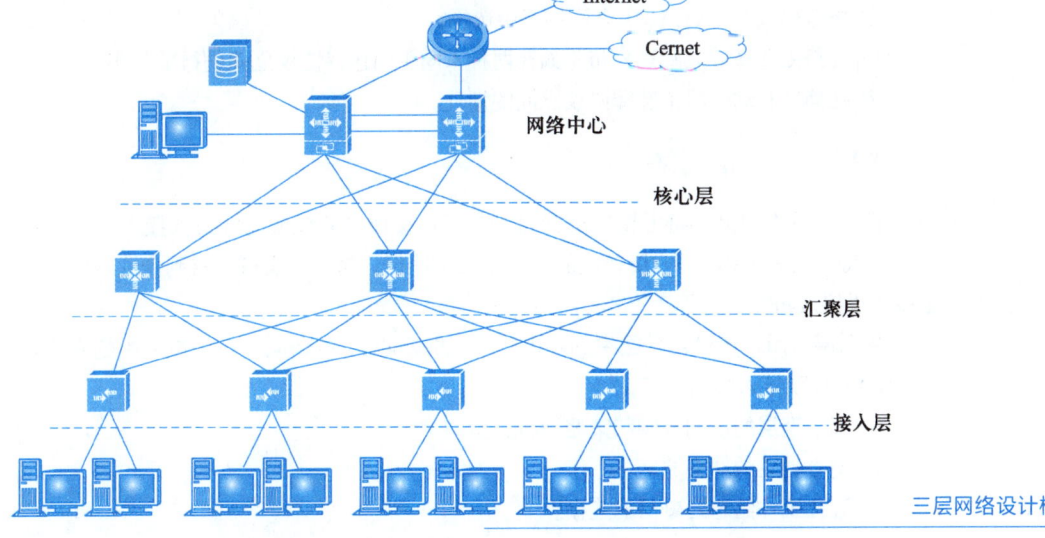

图 1-3
三层网络设计模型结构

1.1.2 核心层网络

核心层位于层次结构的顶端，是网络的高速交换主干，给整个网络提供高速又可靠的数据转发能力，对整个网络的连通起到至关重要的作用。核心层设备应当选用高速及功能强的路由交换机，以保障核心交换机拥有较高性能。穿越核心层的数据流很大，因此速度和延迟是重要的考虑因素，应尽量少在核心层上实施功能控制。

网络中所有网段都通向核心层，如果核心层出现故障，所有用户都将受影响，因此核心层冗余是个大问题。图1-3所示采用双核心层的网络拓扑结构，保证网络核心稳定可靠。双机冗余热备份不仅能提高整个网络的稳定性，还可均衡网络功能，改善网络性能。

核心层具备以下特征。

① 提供高可靠性。
② 提供冗余度。
③ 提供故障隔离。
④ 迅速适应升级。
⑤ 提供较少的滞后和好的可管理性。
⑥ 避免由滤波器或其他处理引起的慢包操作。

1.1.3 汇聚层网络

汇聚层是网络接入层和核心层之间的分界点，主要负责连接接入层和核心层，扩大核心层设备的端口密度，汇聚网络内各子网区域的数据流，实现骨干网络之间的传输优化，减轻核心层设备的负荷。

汇聚层提供路由选择、过滤和WAN接入，以及在必要时确定如何让分组进入核心层，应选用支持三层交换技术和VLAN的交换机，以达到网络隔离和分段的目的。

汇聚层具有如下功能。

① 通信策略（如保证从特定网络发送的流量从一个接口转发）。
② 子网之间的安全访问。
③ 部门或工作组级之间的安全访问。
④ 广播/多播域的范围定义。
⑤ 虚拟局域网（VLAN）之间的路由选择。
⑥ 在路由选择域之间重分布（如在两种不同路由选择协议之间进行重分布）。
⑦ 在静态和动态路由选择协议之间的划分。

1.1.4 接入层网络

接入层设备向上连接汇聚层交换机，向下连接通过有线或无线方式接入的各类终端设备。接入层一般部署端口密度较大的低端二层交换机，将终端设备连接到企业网中，为终端设备提供接入和转发。

接入层为用户提供对网络中的本地网段（Segment）的访问。在局域网中的交换和共享带宽LAN体现接入层的特点。

① 对汇聚层的访问控制和策略进行支持。
② 建立独立的冲突域。
③ 建立工作组与汇聚层的连接。

1.1.5　层次化网络结构设计特点

层次化网络设计的理念是将复杂的网络设计分成几个层次，每个层次着重于某些特定的功能，使一个复杂的大问题变成许多简单的小问题。

层次化网络设计的优点如下。

① 可扩展性。由于分层设计的网络采用模块化设计，路由器、交换机和其他网络互联设备能在需要时方便地加到网络组件中。

② 高可用性。冗余、备用路径、优化、协调、过滤和其他网络处理使得层次化网络具有整体的高可用性。

③ 低时延。路由器隔离了广播域，同时存在多个交换和路由选择路径，数据流能快速传送，且只有非常低的时延。

④ 故障隔离。模块化设计能通过合理的问题解决和组件分离方法加快故障的排除，且易于实现故障隔离。

⑤ 模块化。分层网络的模块化设计让每个组件都能完成互联网络中的特定功能，因而可以增强系统的性能，使网络管理易于实现并可提高网络管理的组织能力。

⑥ 高投资回报。通过系统优化及改变数据交换路径和路由路径，可在分层网络中提高带宽利用率。

⑦ 网络管理。如果建立的网络高效且完善，则对网络组件的管理更容易实现，将大大节省雇佣员工和人员培训的费用。

层次化结构设计也有一些缺点：出于对冗余能力的考虑及采用特殊交换设备的需求，层次化网络的初次投资要明显高于平面型网络建设的费用。正是由于分层设计的高额投资，认真选择路由协议、网络组件和处理步骤就显得极为重要。

1.2　层次化网络系统的设计

在层次化设计中，每一层都有不同的用途，通过与其他层的协调工作带来最高的网络性能。路由器、交换机在选择路由及发布数据和报文信息方面都扮演着特定的角色。

1.2.1　网络系统的组成

计算机网络系统是指使用双绞线、光纤等有线通信介质或微波、卫星等无线媒体，将分散在各地的具有独立功能的计算机相互连接，使其按照网络协议互相通信，实现资源共享的计算机系统的集合。

微课 1-2
层次化网络系统的设计

尽管现在的计算机网络很多，但不同的计算机网络都有一个共同的特点，即它们都由 3 部分组成：网络硬件、传输介质、网络软件，如图 1-4 所示。

1．网络硬件

网络硬件是构成网络的结点，包括计算机和网络互联设备。作为网络硬件的计算机可以是服务器，也可以是工作站。网络互联设备包括集线器、交换机、路由器等。有的网络硬件（如计算机）只有一个网络接口；有的网络硬件可能有几个、几十个甚至更多的网络接口，如集线器、交换机和大多数路由器等网络互联设备。路由器这种特殊的网络互联设备，在网络中可以有一个网络接口，也可以由多个网络接口用以连接网络，这是由路由器在网络中的功能决定的。路由器用于连接多个网络，如果一台路由器用于连接多个物理网络，则需要有多个物理网络接口；如果一台路由器用于连接多个逻辑网络，则可以让多个逻辑接口共用一个物理接口。

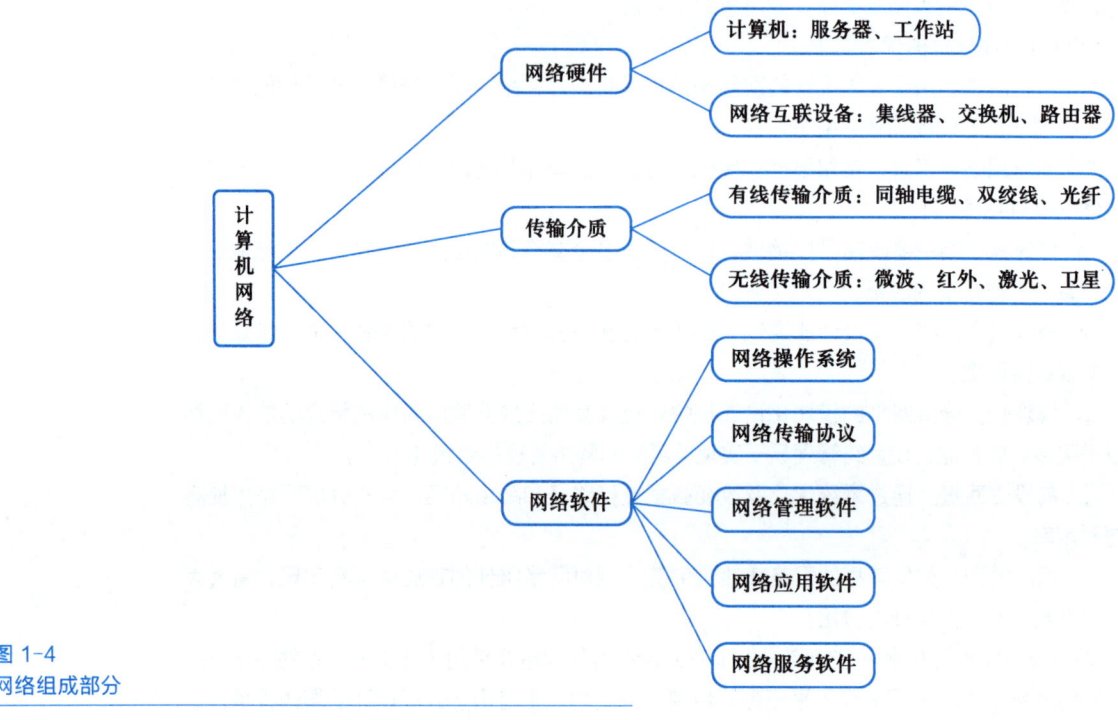

图 1-4
网络组成部分

2. 传输介质

传输介质是把网络结点连接起来的数据传输通道，包括有线传输介质和无线传输介质。同轴电缆、双绞线、光缆都是有线传输介质；微波、卫星通信、红外线都是无线传输介质。传输介质是网络数据传输的通路，所有的网络数据都要经过传输介质进行传输。因此，一个网络所选用传输介质的种类和质量对网络性能的好坏有很大的影响。

3. 网络软件

网络软件是负责实现数据在网络硬件之间通过传输介质进行传输的软件系统，包括网络操作系统、网络传输协议、网络管理软件、网络服务软件、网络应用软件。

（1）网络操作系统

网络操作系统是指在计算机或其他网络硬件上安装的，用于管理本地及网络资源和它们之间相互通信的操作系统。

（2）网络传输协议

协议指两个或两个以上实体为了开展某项活动，经过协商后达成的一致意见。网络传输协议就是指连入网络的计算机必须共同遵守的一组规则和约定，它可以保证数据传送与资源共享能顺利完成。

在实际工作中，各计算机网络厂家都制定了网络传输协议，如 IBM 公司的 NetBIOS、微软公司的 NetBEUI 等。经过多年的市场竞争和实践考验，目前占主导地位的网络传输协议已为数不多，最著名的就是 Internet 采用的 TCP/IP（Transmission Control Protocol/Internet Protocol，传输控制协议/网际协议）。

（3）网络管理软件

网络管理软件是能够通过对网络结点进行管理，以保障网络正常运行的管理软件。网络管理软件有免费的，也有商业的。

（4）网络服务软件

网络服务软件是运行于特定的操作系统下，提供网络服务的软件。在 Windows XP/7/8/10 下，Internet 信息服务（Internet Information Server，IIS）可以提供 WWW 服务、FTP 服务和 SMTP 服务等。Apache 是在各种 Windows 和 UNIX 系统中使用频率很高的 WWW 服务软件。

（5）网络应用软件

网络应用软件是能够与服务器进行通信，直接为用户提供网络服务的软件。用户需要网络提供一些专门服务时，需要使用相应的网络应用软件。例如，要在 Internet 上漫游，需要使用 Internet Explorer 或 Firefox 浏览器；要收发电子邮件、阅读或粘贴网络新闻，需要使用 Outlook Express 或 Foxmail；要在 Internet 上传或下载文件，可使用迅雷或 FlashGet 等；要参加网络会议，可使用 NetMeeting 等。随着网络应用的普及，将会有越来越多的网络应用软件为用户带来更多方便，这些软件也必将推动网络的普及。

1.2.2 常用网络设备及选型

网络设备主要是指硬件系统，各种网络设备之间相互关联，每一部分在网络中都有着不同的作用，这些设备通过一定的形式连起来组成一个完整的网络系统。网络设备主要包括网卡、交换机、路由器、传输介质等。

1．网卡

网络接口卡（Network Interface Card，NIC），又称网卡、网络适配器，是计算机互连的重要设备。平常所说的网卡就是将 PC（个人计算机）和局域网（Local Area Network，LAN）连接起来的网络适配器，属于数据链路层设备，具有数据转换、数据缓存、通信服务等功能。网卡插在计算机主板插槽中，通过网络介质传输，将用户要传送的数据转换为网络上其他设备能够识别的格式。网卡的主要技术参数为带宽、总线方式、电气接口方式等。

网卡的主要选型依据如下。

① 网卡支持带宽。按网卡所支持带宽的不同可分为 10 Mbit/s 网卡、100 Mbit/s 网卡、1000 Mbit/s、10/100/1000 Mbit/s 自适应网卡。

② 网卡总线类型。根据网卡总线类型的不同，主要分为 ISA 网卡、EISA 网卡和 PCI 网卡三大类，其中 ISA 网卡和 PCI 网卡较常使用。ISA 总线网卡的带宽一般为 10 Mbit/s，PCI 总线网卡的带宽从 10 Mbit/s 到 1000 Mbit/s 都有。同样是 10 Mbit/s 网卡，因为 ISA 总线为 16 位，而 PCI 总线为 32 位，所以 PCI 网卡要比 ISA 网卡快。

2．交换机

交换机（Switch），可以分为二层交换机、三层交换机、多层交换机（包含了四层～七层）。但是一般来说，都是把它归结到数据链路层的设备。在本书中所提及的交换机，如果没有特别指明，都表示二层交换机。

局域网交换机有两个主要功能：一是在发送结点和接收结点之间建立一条虚连接，二是转发数据帧。交换机的操作是分析每个进来的帧，根据帧中的目的 MAC 地址，通过查询一个由交换机建立和维护的、表示 MAC 地址与交换机端口对应关系的地址表，决定将帧转发到交换机的哪个端口，并在两个端口之间建立虚连接，提供一条传输通道，将帧直接转发到目的站点所在的端口，完成帧交换。

交换机的主要选型依据如下。

① 背板带宽、二/三层交换吞吐率。背板带宽和吞吐率决定着网络的实际性能，无论交换机功能再多，管理再方便，如实际吞吐量不足，网络只会变得拥挤不堪。

② VLAN 类型和数量。一台交换机支持更多的 VLAN 类型和数量，可方便地进行网络拓扑设计与实现。

③ 交换机端口数量及类型。不同的应用有不同的需要，应视具体情况而定。

④ 支持网络管理的协议和方法。需要交换机提供更加方便和集中式的管理。

⑤ QoS、802.1q 优先级控制、802.1X、802.3X 的支持。这些功能可以提供更好的网络流量控制和用户管理，应考虑采购具备支持以上功能的交换机。

⑥ 堆叠的支持。一般公司扩展交换机端口的方法为一台主交换机各端口下连接分交换机，这样分交换机与主交换机的最大数据传输速率只有 100 Mbit/s，严重影响了交换性能。若采用堆叠模式，以吉比特每秒（Gbit/s）为单位的带宽将发挥出巨大的作用。堆叠的主要参数有堆叠数量、堆叠方式、堆叠带宽等。

⑦ 交换机的交换缓存和端口缓存、主存、转发延时等也是相当重要的参数。

⑧ 于交换机而言，802.1d 生成树也是一个重要的参数，这个功能可以让交换机学习到网络结构，对网络的性能也有很大的帮助。

⑨ 三层交换机还有一些重要的参数，如启动其他功能时二/三层是否保持线速转发、路由表大小、访问控制列表大小、对路由协议的支持情况、对组播协议的支持情况、包过滤方法、机器扩展能力等都是值得考虑的参数。

3．路由器

路由器是一种典型的网络层设备，用于连接多个网络或网段，主要负责在网络间接帧传输数据，为每个数据帧寻找一跳最佳传输路径，并将该数据有效地传送到目的站点。路由器有两大主要功能，即数据通道功能和控制功能。数据通道功能包括转发决定、背板转发及输出链路调度等，一般由特定的硬件来完成；控制功能一般用软件实现，包括与相邻路由器之间的信息交换、系统配置、系统管理等。

路由器的主要选型依据如下。

① 吞吐量。吞吐量是指处理器处理数据包的能力，是核心路由器的数据包转发能力，与路由器的端口数量、端口速度、数据包长度、数据包类型、路由计算模式及测试方法有关。

② 路由表能力。路由表能力是指路由表内所容纳路由表项数量的极限。一般而言，高速核心路由器应该能支持至少 25 万条路由，平均每个目的地址至少提供 2 条路径，系统必须支持至少 25 个边界网关协议（Border Gateway Protocol，BGP）对等体以及至少 50 个内部网关协议（Interior Gateway Protocal，IGP）邻居。

③ 背板能力。背板是输入和输出端口间的物理通路，背板能力指路由器背板或者总线带宽能力，主要体现在路由器的吞吐量上。现有的高速核心路由器一般都采用可交换式背板

的设计。

④ 丢包率。丢包率用作衡量路由器在超负荷工作时核心路由器的性能，与数据包长度及包发送频率相关。

⑤ 时延。时延与数据包的长度以及链路速率都有关系。时延对网络性能影响较大，作为高速路由器，在最差的情况下，要求对 1518 B 及以下的 IP 包时延必须小于 1 ms。

⑥ 服务质量能力。服务质量能力包括队列管理控制和端口硬件队列数两项指标。

⑦ 网络管理能力。网络管理能力是指通过管理程序对网络上的资源进行集中化管理的操作，包括配置管理、计账管理、性能管理、差错管理和安全管理。

4. 传输介质

网络传输介质是指在网络中传输信息的载体，是发送方与接收方之间的物理通路。常用的传输介质（如双绞线、光纤、无线电波、微波、红外线、激光等）分为有线传输介质和无线传输介质两大类。

不同的传输介质，其特性也各不相同。它们的不同特性对网络中数据通信质量和通信速度有较大影响。当需要决定使用哪一种传输介质时，必须将联网需求与介质特性进行匹配。

传输介质的主要选型依据如下。

① 吞吐量和带宽。每种传输介质的物理性质决定了它的潜在吞吐量。

② 成本。不同种类的传输介质牵涉的成本是难以准确描述的。它们不仅与环境中现存的硬件有关，而且还与所处的场所有关。

③ 尺寸和可扩展性。每段的最大结点数、最大段长度、最大网络长度这 3 种规格决定了网络介质的尺寸和可扩展性。

④ 连接器。连接器是连接电线缆与网络设备的硬件。每种网络介质都对应一种特定类型的连接器。连接器的种类影响网络安装和维护的成本、网络增加段和结点的容易度。

⑤ 抗噪性。噪声影响一个信号的程度与传输介质有一定关系。如电缆可以通过屏蔽、加厚，或抗噪声算法获得抗噪性。假如屏蔽的介质仍然不能避免干扰，可以使用金属管道或管线以抑制噪声并进一步保护电缆。

1.2.3 常用网络应用场景

中小型企业网络的规划设计有多种解决方案。企业在网络设计之初应充分考虑自身的需求，根据网络的类型规模和性质，设计不同的网络方案。常见的不同规模企业网络组建方式有以下 3 种。

1. 10 人以下的小企业

某公司新成立，需要 10 台终端接入网络，购置一台多口以太网交换机，用上行链路连接运营商边缘路由器，用下行链路连接终端设备（包含通过有线方式接入的终端及无线接入点（Access Point，AP）等），如图 1-5 所示。

2. 10~100 人规模的企业

因公司规模扩大，有 50 台终端设备需接入网络，需购置 2~3 台以太网交换机，使用平面设计方案连接交换机，此方案易于故障诊断，便于网络升级扩展。如图 1-6 所示，每台交换机的角色和作用都是对称的。

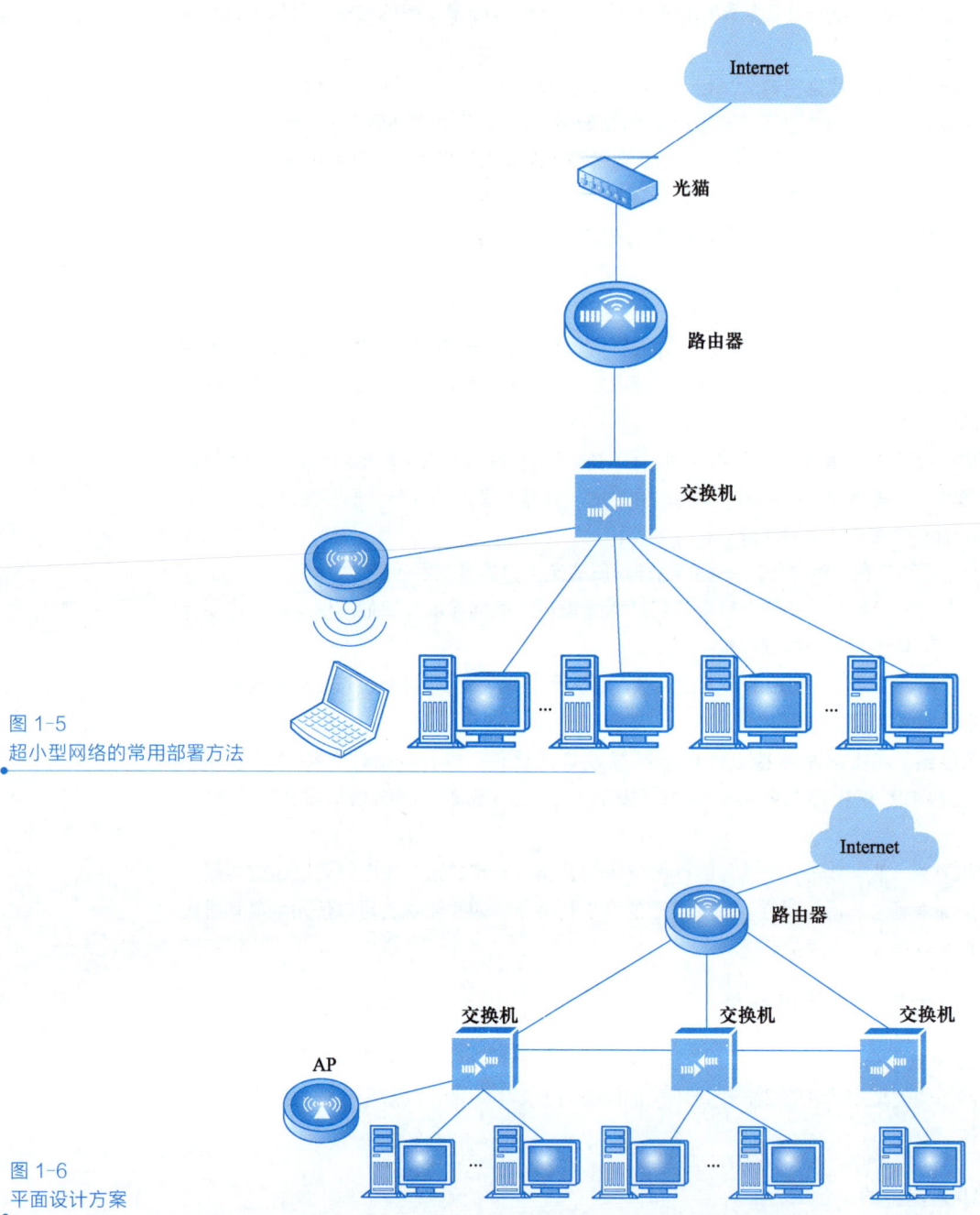

图 1-5
超小型网络的常用部署方法

图 1-6
平面设计方案

3. 100 人以上的中小企业

当网络规模进一步扩大后，平面设计方案会暴露出不相关设备参与流量处理、中间设备出现故障会导致其连接的网络不通、不同性能的设备不能服务于不同流量转发的环境等问题。此时只有依靠模块化、分层设计的网络才能减少网络组件临时变化造成的影响，避免平面设计方案带来的诸多问题。

层次化网络设计能适应网络规模的不断扩展，当设计需要时，路由器、交换机和其他网络互联设备能被方便的引入。如图 1-7 所示，将一个企业网按照 3 个层级的方式进行分层设计。

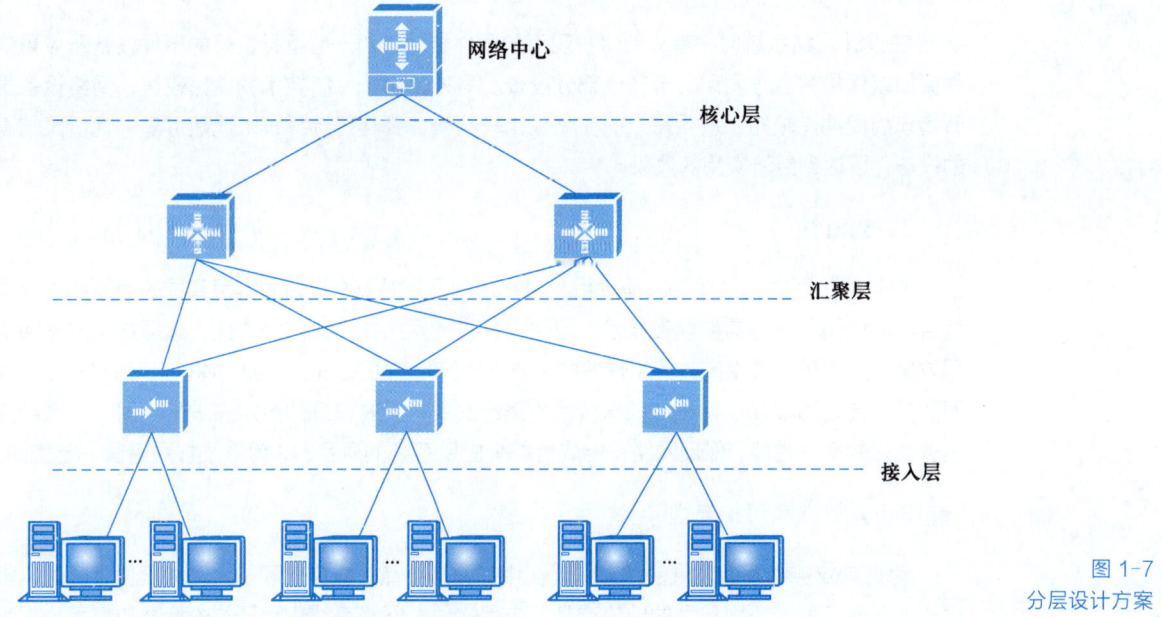

图 1-7
分层设计方案

分层设计网络结构能够帮助企业解决平面设计方案所遇到的问题。

（1）解决不相关设备参与流量处理问题

若采用分层设计模型，无论网络扩大到多大规模，两台终端之间的通信只需要少量的交换机进行转发，解决了不相关设备参与流量处理问题，即不会出现某台交换机参与"原本不必参与"某个 VLAN 数据转发的情况。

（2）将网络故障隔离在最小范围内

在图 1-7 中，每一台接入层交换机都连接了两台汇聚层交换机，每台汇聚层交换机连接核心层交换机并连接一台汇聚层交换机，任何一台汇聚层交换机或接入层交换机出现故障时，都不会导致大面积网络瘫痪。

（3）不同性能的设备服务于不同流量转发的环境

按照核心层选用高端三层交换设备、汇聚层选用中端三层交换设备、接入层选择低端三层交换设备或二层交换设备的理念，采用企业网分层设计方案，当网络需要进一步扩展时，只需要根据当时的需要，适时地添加高端设备、中端设备、低端设备即可。

当然，根据企业网的规模和网络建设成本，可不必选择三层设计方案，将核心层和汇聚层合理地合并起来，采用二层设计方案来部署网络也是切实可行的。不过，无论多大规模的网络，都不必采用多于三层的设计方案，否则过多的分层反而会提高部署网络的经济成本，增加内部终端设备的通信数据可能经历的转发设备，增加网络出现各种故障的概率。

1.2.4 网络系统的设计原则

网络系统涉及的方面非常广，不仅包括服务器、交换机、路由器等网络设备，还包括线缆、连接方式以及网络操作系统、应用程序等。因此，为了使整个网络系统更合理、经济、性能更高，在设计过程中应遵循以下原则。

 笔 记

1. 良好的性价比

在设计网络系统时，首先要保护现有的硬件资源，对一些运行良好的硬件设备及应用软件要加以保护并合理利用，节省一部分投资。另外，由于网络技术发展比较快，网络设备更新换代的周期比较短，应用需求的变化也比较频繁，要尽量选择技术成熟可靠、性价比较高的设备，以达到经济实用的效果。

2. 先进性

设计网络系统的主要目的是应用。因此，在设计时应当以注重实用和成效为原则，紧密结合具体应用的实际需要。在技术上应采用先进的网络技术和网络产品，选择技术成熟和实用效果好、市场占有率高、通用性好的设备，能满足 100 Mbit/s、1000 Mbit/s、10 Gbit/s 以太网和异步传输通信需求，适应信息技术的迅速发展，具有良好的技术先进性。同时，网络应具备良好的整体性能，保证网络不能成为整个应用系统的瓶颈，并为系统扩展保留一定空间。

3. 开放性和可扩充性

为适应业务的不断发展变化，保证在增加网络结点、业务量和扩大网络延伸距离时，能够兼容不同厂家、不同类型的网络产品及应用软件，网络系统使用开放的标准和技术，不仅应支持现有设备，还应支持未来的语音、视频、数据多网融合的网络技术，平稳过渡到增强型分布技术的智能型网络系统。

4. 高可靠性和稳定性

网络的可靠性和稳定性非常重要，决定着企业网络能否正常运行。在网络设计时，不论是网络结点、通信线路，还是网络拓扑的设计，都应该对可靠性加以考虑。例如，在选用设备时应该充分考虑冗余、容错能力，应在出现局部故障时不会影响系统其他部分的正常运行，且易于诊断和排除故障。同时，要保证网络系统对环境具有良好的适应能力，如防尘、防水、防火、防雷等。

5. 安全性

由于网络中往往存储了大量的重要数据，因此一定要保证网络系统的安全性。在设计网络时，应采用具有良好网络安全性的网络设备和网络操作系统，具有较小误码率和较好抗干扰能力的通信线路，采用一定的加密措施，等等。同时，还应对网络管理员进行指导和培训，使其能够管理好网络安全账户及网络通信，保证数据和服务器的安全。

6. 可维护性

整个网络系统应具有良好的可维护性，不仅要保证整个网络系统设计的合理性，还应配置相关的检测设备和网络管理设施，在网络出现故障时能够及时查明原因并定位故障位置，以便快速解决故障。

1.3 综合布线系统

微课 1-3
综合布线系统

综合布线系统又称为智能建筑布线系统，是智能化办公室建设数字化信息系统的基础设

施,支持现有各种网络结构及协议,同时又能兼顾布线技术和网络技术的发展,将所有语音、数据等系统进行统一规划设计的结构化布线系统,为办公提供信息化、智能化的物质介质,支持未来语音、数据、图文、多媒体等综合应用,以满足现代新技术的不断发展。

就现代化大楼而言,布线系统的成功与否直接关系到现代化大楼建设的成败,因此,选择一套高品质的综合布线系统至关重要。

1.3.1 综合布线系统结构

综合布线系统一般采用分层星状拓扑结构,分为工作区子系统、水平子系统、管理子系统、垂直主干子系统、设备间子系统和建筑群子系统。每个子系统内都由配线架、干线光缆或电缆、配线设备、设备线缆、信息插座等组成,具体如下。

① 工作区子系统:是一个独立的需要设置终端设备的区域,由用户信息插座延伸至数据终端设备的连接线缆和适配器组成。

② 水平子系统:也叫配线子系统,由工作区的信息插座模块、信息插座模块至电信间配线设配(Floor Distributor,FD)的配线电缆和光缆、电信间的配线设备及设备线缆和跳线等组成。

③ 管理子系统:提供了与其他子系统连接的手段,使整个布线系统与其连接的设备和器件构成一个有机的整体。

④ 垂直主干子系统:由连接主设备间至各楼层配线间之间的线缆构成,把各分层配线架与主配线架相连。

⑤ 设备间子系统:主要由设备间建筑物配线设备(Building Distributor,BD)及设备线缆和跳线组成,它把各个公共系统的设备互连起来。

⑥ 建筑群子系统:是指楼宇之间的互连,由多个建筑物之间的主干电缆和光缆、建筑群配线设备(Campus Distributor,CD)、设备线缆和跳线组成。

综合布线系统六大子系统的具体示意如图1-8所示。

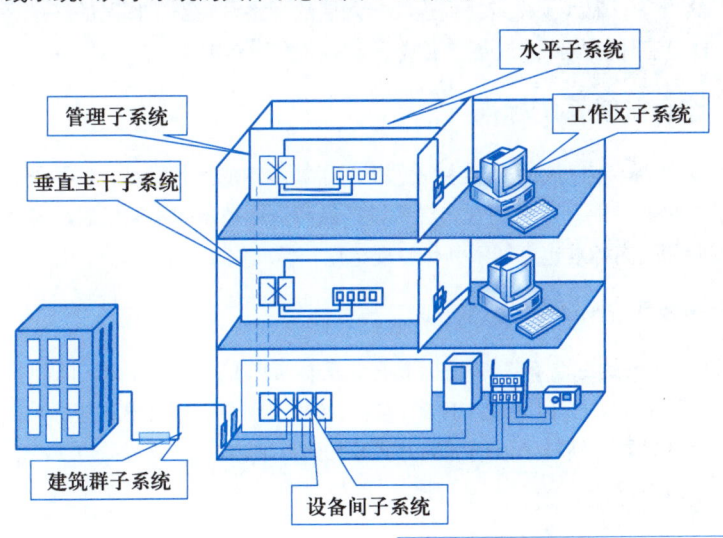

图1-8 综合布线子系统

每一个子系统都是相对独立的单元,每个子系统的改动不影响其他子系统,只要改变结点连接方式就可使综合布线在星状、总线型、环状、树状等结构之间进行转换。子系统与子系统之间通过配线架并使用光缆连接。

综合布线系统为计算机网络系统提供传输通道，分层网络结构中各层交换设备通过综合布线系统将计算机连在一起形成网络。其中，核心层、汇聚层和接入层分别对应综合布线结构中的 CD（建筑群配线设备）、BD（建筑物配线设备）和 FD（电信间配线设备）。图 1-9 所示为三层网络系统结构与综合布线系统结构的对应关系。

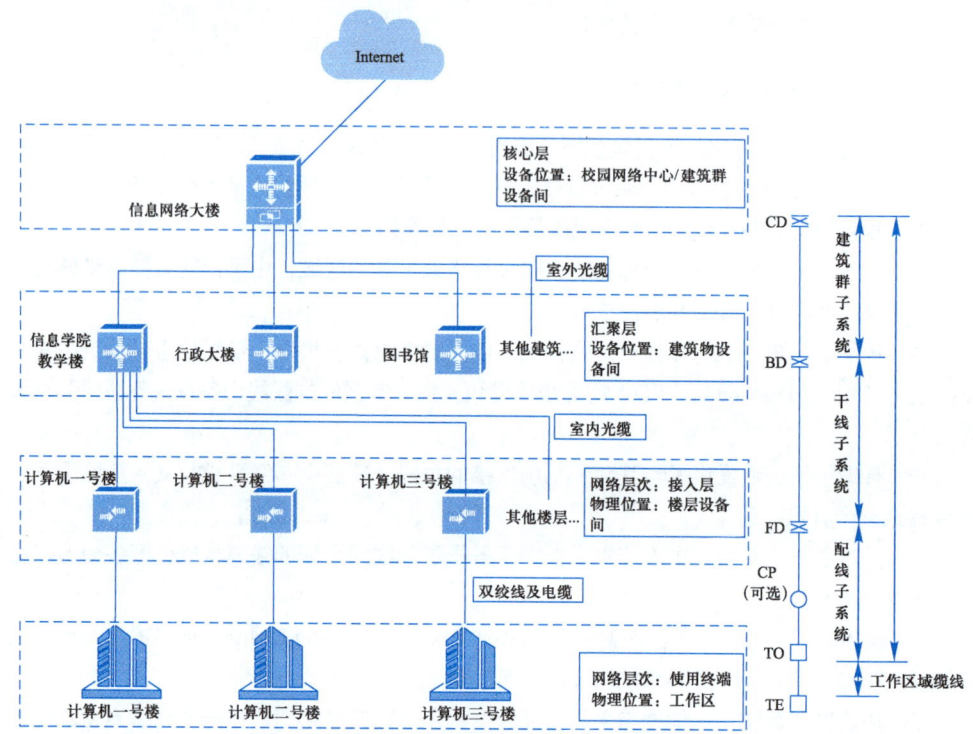

图 1-9 三层网络结构与综合布线系统结构的对应关系

建筑群子系统线缆连接核心层到汇聚层的网络设备。建筑物干线子系统线缆连接汇聚层到接入层的网络设备，配线子系统线缆连接接入层的网络设备到工作区的终端设备。从建筑群设备间的 CD 至工作区的终端设备，形成一条完整的通信链路。

1.3.2 综合布线系统标准

综合布线系统标准为布线线缆连接硬件提供了最基本的元件标准，使不同厂家生产的产品具有相同的规格和性能。随着综合布线系统产品和应用技术的不断发展，与之相关的综合布线系统的国际和国内标准也更加系列化、规范化、标准化和开放化。

1. 综合布线系统国际标准

当前国际上主要的综合布线系统标准有北美标准 TIA/EIA568-B、国际标准 ISO/IEC 11801：2002 和欧洲标准 CELENEC EN 50173：2002。自 2002 年推出这些标准后，为了在标准中体现新技术的发展，新技术以增编的方式添加到标准中。

（1）北美标准

TIA/EIA568-B 标准主要是 568 商业建筑通信布线标准（Commercial Building Telecommunications Cabling Standard），包括 568-A、568-B、568-C。其他有关标准如 TIA/EIA569 A 商业建筑电信通道和空间标准、TIA/EIA570-A 住宅电信布线标准、TIA/EIA606 商业建筑电信基础设施管理标准和 TIA/EIA607 商业建筑物接地和接线规范。

（2）国际标准

综合布线国际标准主要是 1995 年国际标准化组织（International Organization for Standardization，ISO）制定发布的 ISO/IEC 11801 系列标准，其中有关元器件和测试方法归入国际标准。该标准目前有 3 个版本，分别是 ISO/IEC 11801：1995、ISO/IEC 11801：2000 和 ISO/IEC 11801：2002。其中，ISO/IEC 11801：2002 推出了很多修订版，如 ISO/IEC 11801 Am.1：2008、ISO/IEC 11801 Am.2：2010，分别定义了传输带宽可高达 1000 MHz，分别于 50 m 内和 15 m 内，提供 40 Gbit/s 和 100 Gbit/s 以太网传输的 Cat 7A 类传输标准。

（3）欧洲标准

欧洲标准 CELENEC EN 50173 与国际标准 ISO/IEC 11801 是一致的，但 CELENEC EN 50173 更强调电磁兼容性，提出通过线缆屏蔽层使线缆内部的双绞线对在高带宽传输条件下，具备更强的抗干扰能力和防辐射能力。CELENEC EN 50173 先后有 3 个版本，分别是 EN 50173：1995、EN 50173：2000 和 EN 50173：2002。

2．综合布线系统中国标准

国内标准是在参考 ISO/IEC 11801：2002 和 TIA/EIA568-B，依据综合布线发展技术，在总结 2000 版本标准经验的基础上编写出来的。目前执行的国家标准有《综合布线系统工程设计规范》（GB 50311—2007）和《综合布线工程验收规范》（GB 50312—2007）。

国内标准遵循的几个主导思想：一是和国际标准接轨，以国际标准的技术为主，避免造成厂商对标准的误导；二是符合国家的法规政策；三是数据条款的内容更贴近工程的应用，具有更强的实用性和可操作性。2007 版定义了最新的 7 类综合布线系统，在设计和验收标准中分别增加了一条必须严格执行的强制性条文，分别为 GB 50311—2007 中的 7.0.9 条和 GB 50312—2007 中的 5.2.5 条，内容都是"当电缆从建筑物外部进入建筑物时，应选用适配的信号线路浪涌保护器，信号浪涌保护器应符合设计要求"。

1.3.3 综合布线系统施工

综合布线系统施工按照综合布线进度表和施工图进行，一般包括施工准备、线缆施工、线缆端接测试、系统自检等过程。

1．施工准备

根据工程进度提出施工用料计划、施工机具、检测工具、仪器配备计划，同时结算施工劳动力的配备，做好施工组的安全、消防、技术交底和培训工作；核对设备、材料、电缆、电线、备件的型号规格、数量是否符合施工设计文件以及清单的要求；配合主体工程的进度情况，校清预埋位置尺寸，以及有关施工操作、工艺、规程、标准的规定及施工验收规范要求。

2．线缆施工

严格按照施工图纸文件要求和有关规范规定的标准进行线路敷设、机柜定位安装。随着管盒预埋安装和线槽敷设及装修工程的逐渐进行，应适时根据各专业的设计施工图纸穿放线缆及进行校核检测工作，并及时做好检测记录。

3．线缆端接测试

严格按照设计文件安装技术工艺规程标准进行施工，端接完成后应 100% 通过网络性能的测试和安装工艺检查工作，并做好相应的记录和标签。

4．系统自检

在设备端接测试完毕后，组织有关人员进行认真的检查和重点的抽查（10%信息点抽测），确认无误并合乎有关规定后，再进行竣工资料整理和报验工作。

1.3.4　综合布线系统测试验收

系统测试与验收是网络综合布线中重要的环节，也是最后一个环节。

1．系统测试

局域网的安装从线缆开始，线缆是整个网络系统的基础。对结构化布线系统的测试，实质上就是对线缆的测试。据统计约有一半以上的网络故障与线缆有关，线缆本身质量及线缆安装质量都直接影响到网络能否健康地运行。而且，线缆一旦施工完毕，基本不可更改。

对于线缆的测试，一般遵循"随装随测"的原则。目前网络线缆测试中一般使用的工具是 FLUKE 测试仪。根据 TSB67 的定义，现场测试一般包括接线图、链路长度、衰减和近端串扰（NEXT）等几部分。

① 接线图。用于验证链路的正确连接。它不仅是一个简单的逻辑连接测试，而且要确认链路一端的每一根针与另一端相应的针连接，同时，对串扰问题进行测试，发现问题则及时更正。保证线对的正确连接是非常重要的测试项目。

② 链路长度。根据标准的规定，每一条链路长度都应记录在管理系统中。链路的长度可以用电子长度测量来估算，电子长度测量是基于链路的传输延迟和信号在线缆中传播速度值（Nominal Velocity of Propagation，NVP）来实现的。由于 NVP 具有 10%的误差，在测量中应考虑稳定因素。

③ 衰减。衰减是沿链路信号损失的度量。衰减随频率的变化而变化，所以应测量应用范围内全部频率的衰减，一般步长最大为 1 MHz。

④ 近端串扰（NEXT）损耗。NEXT 损耗是测量在一条链路中一对线和另一对线的信号耦合，也就是当信号在一对线上运行时，会感应小部分信号到其他线对，这种现象就是串扰。

对 NEXT 的测试要在两端测试。NEXT 并不是测量在近端点产生的串扰值，这个量值会随着电缆长度的衰减而变小，同时远端的信号也会衰减，对其他线对的串扰也相对变小。实验证明：只有在 40 m 内测量的 NEXT 是较真实的，如果另一端是远于 40 m 的信息插座所产生的一定程度的串扰，测量仪器可能就无法测到这个串扰值，因此必须进行双向测试。

2．系统验收

综合布线系统工程的验收首先必须以工程合同、设计方案、设计修改变更单为依据，按照《综合布线系统工程验收规范》（GB 50312—2007）的规定执行，对环境、设备安装、缆线的敷设和保护方式、缆线终接、工程电气测试、工程验收项目汇总等进行随工验收、初步验收和竣工验收。

验收时，根据相应的布线系统等级选择适当的布线链路电气性能测试验收标准。如超 5 类布线系统可以选择 EIA/TIA568 B 或 ISO/IEC 11801：2002 标准进行，CAT 6A（超六类）布线系统的测试可遵循 EIA/TIA568-C 或 ISO/IEC 11801:CLASS EA 等标准来执行。

在组织验收时，可以是施工单位自己组织验收，也可以是施工监理机构组织验收，还可以是第三方测试机构组织验收。其中第三方验收又分为质量监察部门提供验收服务和第三方测试认证服务提供商提供验收服务两种方式。

由于综合布线工程是一项系统工程,不同的项目会涉及通信、机房、防雷、防火问题,因此综合布线工程验收还须符合其他多项技术规范。

1.4 网络系统设计方案

一个好的网络系统设计方案除体现出网络的优越性能之外,还体现在应用的实用性、网络的安全性、易于管理性和未来可扩展性。因此,设计时要综合考虑网络架构分层、拓扑结构的选择、分层网络设计等。

微课 1-4
网络系统设计方案

1.4.1 网络标准的选择

由于使用不同技术规范,早期开发的局域网、城域网、广域网之间进行相互通信就变得困难起来。随着网络技术的进步和各种网络产品的出现,一个现实问题摆在了人们面前,对网络产品公司或广大用户来说,都希望解决不同系统的互联问题。在此背景下,1977 年,国际标准化组织专门建立了一个委员会,在分析和消化已有网络的基础上,考虑联网方便和灵活性等要求,提出了一种不基于特定机型、操作系统或公司的网络体系结构,即开放系统互连参考模型(Open Systems Interconnection Reference model,OSI/RM)。OSI 定义了异种机联网的标准框架,为连接分散的"开放"系统提供了基础。这里的"开放",表示任何两个遵守 OSI 标准的系统可以进行互联。

1. OSI 参考模型的层次结构

OSI 参考模型采用分层结构化技术,将整个网络的通信功能分为 7 层,如图 1-10 所示。划分层次的基本出发点是从逻辑上将功能分组,每一层完成某些特定功能,层次不能太少,以便每一层功能明确且易于管理;但也不能太多,以免汇集各层的开销太大。具体的 7 层由低层至高层分别是物理层、数据链路层、网络层、传输层、会话层、表示层、应用层。需要强调的是,OSI 给出的仅是一个概念上和功能上的标准框架,是将异构系统互联的标准分层结构。它定义的是一种抽象结构,并非是对具体实现的描述。模型本身不是一组有形的、可操作的协议集合,它既不包含任何具体的协议定义,也不包括强制的实现一致性。网络体系结构与实现无关。如果把需要在网络上传输的数据比喻成货物,那么协议就是能够运送货物的汽车,而 OSI 参考模型就是设计汽车的蓝图。

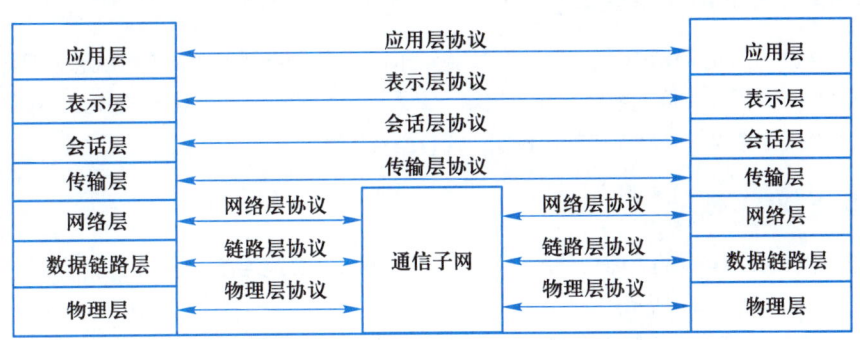

图 1-10
OSI 网络体系结构示意图

17

通过建立 OSI 参考模型，国际标准化组织向厂商提供了一系列标准，以保证世界上许多公司提供的不同类型的网络技术之间具有兼容性和互操作性；定义了连接计算机的标准框架。它超越了具体的物理实体或软件，从理论上解决了不同计算机及外设、不同的计算机网络之间相互通信的问题，成为计算机网络通信的标准。

2．OSI 参考模型的划分原则

OSI 参考模型的每一层都具有独立的功能，且每一层只和其相邻层存在接口，可以进行数据通信。OSI 参考模型中的每一层的真正功能是为其上一层提供服务。例如，（N+1）层对等实体间的通信是通过 N 层提供的服务来完成的，而 N 层的服务则要使用（N-1）层及其更低层提供的功能服务。OSI 参考模型的最高层——应用层为网络应用程序提供网络通信服务，是网络应用程序和 OSI 参考模型的接口。OSI 参考模型的最低层——物理层把网络数据转换成电信号发送到网络上，是 OSI 参考模型和网络的接口。

OSI 7 层模型可以分为两个大的层次：介质层和主层。介质层控制网络之间消息的物理传送，是面向网络通信的。主层负责计算机之间数据的精确传输，是面向数据的。常见的网络互联设备分别工作在主层，如交换机工作在数据链路层，路由器工作在网络层。网络中的主机除了与介质层相连完成接收和发送数据外，还要完成通信控制、会话管理、数据表达等主层的处理工作。

3．OSI 参考模型各层的作用

① 物理层：在物理媒体上传输原始的数据比特流。

② 数据链路层：将数据分成一个个数据帧，以数据帧为单位传输。有应有答，遇错重发。

③ 网络层：将数据分成一定长度的分组，将分组穿过通信子网，从信源选择路径后传到信宿。

④ 传输层：提供不具体网络的高效、经济、透明的端到端数据传输服务。

⑤ 会话层：进程间的对话也称为会话，会话层管理不同主机上各进程间的对话。

⑥ 表示层：提供数据信息的语法表示变换。

⑦ 应用层：提供应用程序访问 OSI 环境的手段。

事实上，除了国际标准化组织外，还有其他几个国际机构，如 ANSI、EIA、IEEE、ITU 等，对电子通信及计算机网络技术的发展发挥了很大的作用。

1.4.2 网络拓扑结构选择

计算机网络拓扑是指由计算机组成的网络之间设备的分布情况以及连接状态，把网络单元定义为结点，两结点间的线路定义为链路，是网络结构的一种图形化展现方式。常见的网络拓扑结构有总线型、环状、星状、树状、混合型结构等。

1．总线型结构

总线型拓扑结构是将网络中的所有设备通过一根公共总线连接，通信时信息沿总线进行广播式传送，如图 1-11 所示。

总线型结构简单，增删结点容易，可靠性较高，是传统局域网中常见的结构。但是任何两个结点之间传送数据都要经过总线，总线成为整个网络的瓶颈。当结点数目多时，易发生信息拥塞。

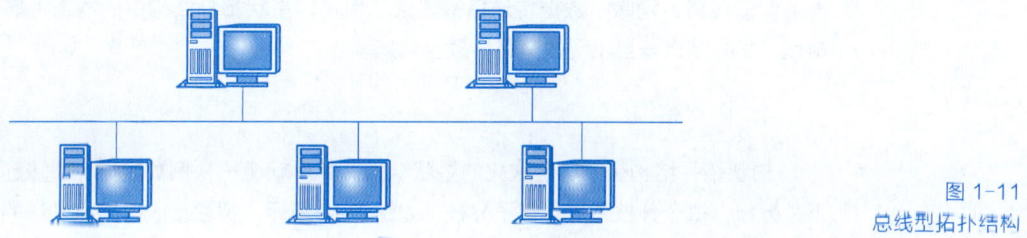

图 1-11
总线型拓扑结构

2. 环状结构

环状拓扑结构将所有结点连成一个封闭的环形，信息沿着环进行广播式的传送，如图 1-12 所示。在环状拓扑结构中，每一台设备只能和相邻结点直接通信，与其他结点通信时，信息必须依次经过二者间的每一个结点。

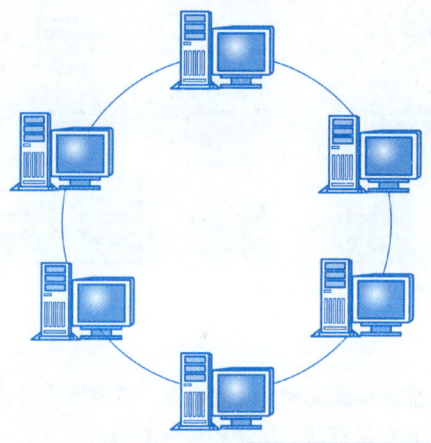

图 1-12
环状拓扑

环状拓扑结构传输路径固定，无路径选择问题，故实现简单。但任何结点的故障都会导致全网瘫痪，可靠性较差。当环状拓扑结构需要调整时，如结点的增、删、改，需要将整个网络重新配置，扩展性、灵活性差，维护困难。

3. 星状结构

星状拓扑结构将一个中心结点和若干从结点连接，如图 1-13 所示。中心结点可以与从结点直接通信，而从结点之间的通信必须经过中央结点的转发，易于实现网络监控。

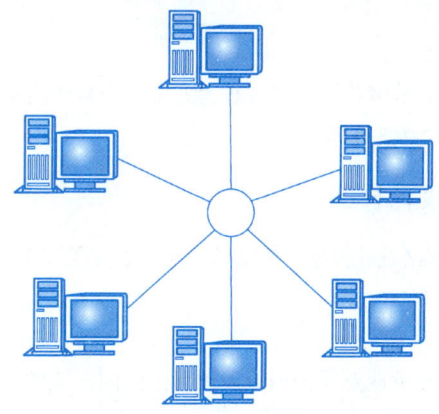

图 1-13
星状拓扑

星状拓扑结构简单,传输速率高,扩展性好,配置灵活,易于管理维护。每个结点独占一条传输线路,消除了数据传送堵塞现象。但是,星状拓扑结构中的网络可靠性依赖于中心结点,中心结点一旦出现故障将导致全网瘫痪。

4．树状结构

树状拓扑结构是一种层次化的星状结构,其形状像一棵倒置的树,顶端是树根,树根以下带分枝,每个分枝还可再带子分枝,如图1-14所示。树根接收各站点发送的数据,再广播发送到全网。

树状拓扑能够快速将多个星状网络连接在一起,易于扩充网络规模,易于将故障分枝与整个系统隔离开。但是,各个结点对根的依赖性太大,如果根发生故障,则全网不能正常工作。

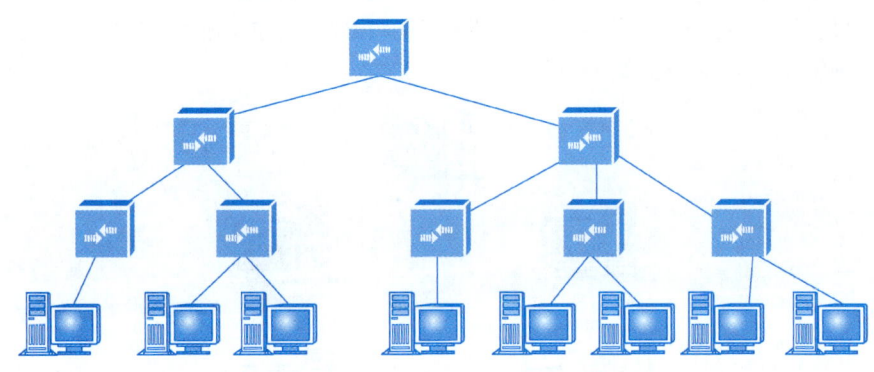

图1-14
树状拓扑

5．组合型结构

在实际组网中,通常都会根据成本、通信效率、可靠性等具体需求而采用多种拓扑结构相结合的方法。图1-15所示就是环状、星状和树状的组合。

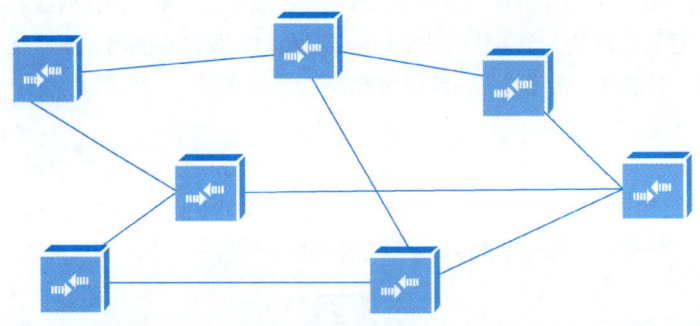

图1-15
组合型拓扑

组合型拓扑易于扩展,故障诊断和隔离较为方便,一旦网络发生故障,只要诊断出哪个设备有故障,将该设备与全网隔离即可。

1.4.3 三层网络设计模型

图1-16显示了分层网络设计模型,包括核心层、汇聚层和接入层。

1．核心层

在设计核心层时,在企业能够承担的经济预算范围内,选择性能尽可能优良的三层交换机来充当核心层交换机，同时应尽可能减少核心交换机与数据转发无关的 CPU 密集型任务，如 IP ACL 过滤策略、QoS 分类策略及其他会大量消耗核心层交换机 CPU 资源的处理方式，应把这些任务尽可能移交给汇聚层交换机来完成，让核心交换机尽可能多的资源用于企业网的数据转发。

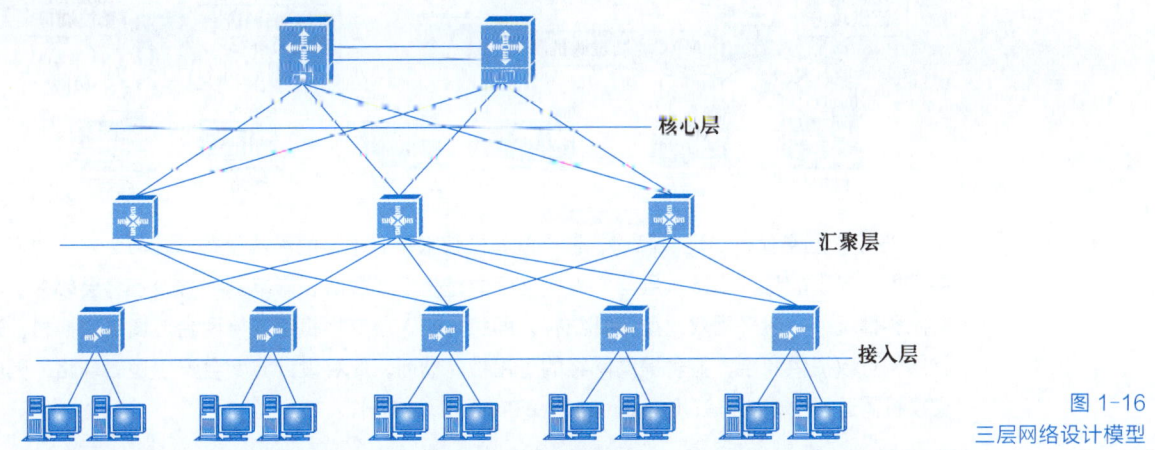

图 1-16
三层网络设计模型

对于因规模不大而在设计时合并了汇聚层和核心层的中小型企业网，因未实现核心层和汇聚层的分区，因此核心交换机同时需要承担汇聚层交换机的处理操作。换言之，在仅包含接入层和核心层的两层企业网络中，核心层交换机上则需要部署一些影响 CPU 性能的业务。网络方案的设计没有对错，有的只是设计方案是否符合企业需求。设计师在掌握企业网设计的根本原则后，可根据企业自身的需求（如业务需求、成本投入等）因地制宜。

2. 汇聚层

对于规模不大的网络，可以将核心层和汇聚层合并，选择两层设计方案来部署网络。对具备一定规模的网络而言，往往会部署大量的接入层交换机。此时若采用两层设计方案，核心层交换机中的端口数量难以满足大量接入层交换机的连接需求。因此，在设计规模较大的网络时应该在核心层和接入层之间添加一层，用以汇聚接入层交换机发来的数据，以减轻核心层设备的负荷。

3. 接入层

接入层交换机可以发挥无关或恶意流量的过滤作用，阻止无谓流量被进一步传播给流量处理压力更大的汇聚层，如配置相应机制以过滤非法用户发起的连接、ARP 欺骗攻击、MAC 地址泛洪攻击、DHCP 欺骗攻击等恶意流量。

接入层交换机还可以通过配置分类和标记来区分出不同的流量类型，以便汇聚层交换机和核心层交换机根据标记来区别对待不同的流量，保障数据通信网络的服务质量。

如图 1-17 所示，终端 1 正在发起 MAC 地址泛洪攻击，由于它所连接交换机的端口部署了对应的过滤机制，因此这些数据包完全不会给企业网中的其他交换机造成困扰。终端 2 连接到了一个需要对用户进行认证的交换机端口。该用户由于认证失败，因此交换机拒绝了他的访问。在图 1-17 的右下方有一台接入层交换机，对终端 3 发出的流量进行了分类和标记，以便汇聚层和核心层的交换机能够根据其标签明确应该如何处理这个数据包。

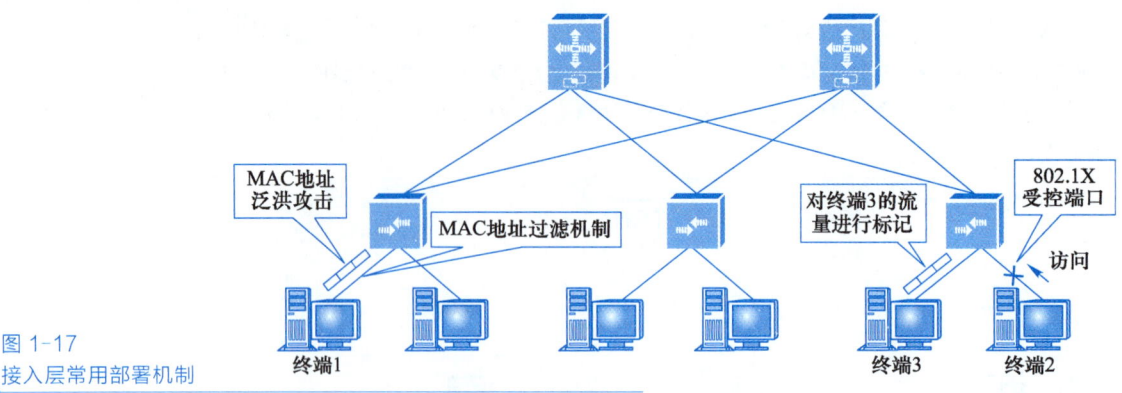

图 1-17 接入层常用部署机制

当接入层交换机出现故障时，影响的范围仅限于它连接的终端设备，若与之连接的汇聚层交换机出现故障，或接入层与汇聚层之间的链路出现故障，影响的终端设备将会较多。针对此种情况，一般采用双向型拓扑结构，即每台接入层交换机都连接两台汇聚层交换机，这种结构可以提供冗余，显著提高网络的可用性。然而，此种设计方案会产生逻辑环路，因此交换机需运行生成树协议（Spanning Tree Protocol，STP）。

1.4.4 IP 地址规划

IP 地址空间的分配要与网络拓扑层次结构相适应，既可有效地利用空间地址，又可体现出网络的可扩展性、灵活性和层次性，同时可满足路由协议的要求，以便于网络中路由条目的聚合，减少路由器中路由表的数量，减少对路由器 CPU、内存的消耗，提高路由算法的效率，加快路由变化的收敛速度，同时还应考虑网络地址的可管理性。

IP 地址规划的好坏，影响到网络的性能、管理、扩展、网络路由协议算法的效率及网络应用的进一步发展。IP 地址规划的基本方法及步骤如下。

1. 判断用户对网络以及主机数的需求

① 网络中最多可能使用的子网数量 N（net）。
② 网络中最大网段已知的和可能扩展的主机数量 N（host）。

2. 计算满足用户需求的基本网络地址结构参数

① 选择子网号（subnet ID）字段的长度值 X，要求：N（net）$\leq 2^X$。
如子网数量 N（net）为 10，则选择 subnet ID 字段的长度值 $X=4$。
② 选择主机号（host ID）字段的长度值 Y，要求：N（host）$\leq 2^Y$。
如子网主机数量 N（host）为 12，则选择 host ID 字段的长度值 $Y=4$。在此步骤中需要注意，由于主机号（host ID）字段全部为 0 表示该网络的网络号（net ID），全部为 1 表示该网络的广播地址，因此在考虑 Y 值时，需将此特殊地址剔除后判断是否符合要求。
③ 根据 $X+Y$ 的值确定需要申请哪一类 IP 地址。
在子网的划分中，$X+Y$ 的值表示网络号和主机号的长度和，如 $X+Y=8$，则一个 C 类地址可满足网络规划的需求。如超过 8 位，则需申请 2 个 C 类地址或一个 B 类地址。

3. 计算地址掩码

根据地址掩码的定义，没有划分子网的网络地址掩码都是固定的。

- A 类：255.0.0.0。
- B 类：255.255.0.0。
- C 类：255.255.255.0。

划分子网之后的地址掩码是将一个标准的 32 位 IP 地址中高于主机位（host ID）的高位全部置 1 即可。以 $Y=4$ 为例，需将标准的 IP 地址的第 4 个 8 位中的高 4 位置 1，将其转换为十进制表示为 128+64+32+16=240，则该地址的掩码是 255.255.255.240。

4. 计算网络地址

由于地址设计时主机号长度为 $Y=4$，则每个子网中最多有（16-2=14）台主机，即相邻子网的主机地址的增量为 16。例如，C 类地址 192.168.1.0，$Y=4$，划分子网后的第 1 个网络号为 192.168.1.0，第 2 个网络号为 192.168.1.16，第 3 个网络号为 192.168.1.32，以此类推。

5. 计算网络广播地址

主机号全部置 1 就是广播地址。同时，可以总结出一个简单的规律：一个网络号的广播地址是比下一个子网地址号小 1 的地址。

6. 计算网络的主机地址

在一个子网中，除去网络位全为 0 的网络地址和全为 1 的广播地址，其余均为主机可使用的 IP 地址。

1.5 网络工程文档

在网络工程项目实施过程中，会遇到各方面的问题，编写工程文档显得尤为重要。项目的计划、需求、设计、施工、测试、运维等环节都需要文档支撑。

微课 1-5
网络工程文档编写

1.5.1 网络工程文档概述

网络工程文档是指从网络工程项目提出、立项、审批、勘察设计、生产准备、施工、建立、验收等工程建设及工程管理过程中，形成并归档保存的文字、表格、声像、图纸等各种载体材料。在未来网络运作、扩展、发行及建设的诸多方面，网络工程文档都是十分重要的。

网络工程文档是管理者跟踪项目和控制项目的重要工具，也是项目高质量的保障。管理者跟踪项目和控制项目主要通过面对面交流与工程文档两种方式。交流具有随机性、即时性和局限性，而文档具有延续性、长期性和全面性的特点，无论人员如何变更，时间如何推移，文档不会消失，只会更加详尽、合理和完善。

网络工程文档在网络建设方面的主要用途如下。

① 故障诊断及处理。网络工程文档的重要性体现在网络维护、故障诊断及处理过程中。当网络出现故障时，可以先使用测试工具对故障部位进行测试，再与文档中的测试报告等进行对照分析、比较、判断，以最快的速度排除故障，缩短网络故障时间。

② 网络扩展与改造。根据网络工程文档中记录的网络拓扑结构、网络布线图、配线架与交换机、信息插座对照表、IP 地址分配表等，分析当前网络运行的瓶颈，根据网络扩展与改造的需求，以最小的代价换来最高的网络性能，得出最优化的网络履行扩展方案。

③ 网络管理。当出现网络管理人员调动或设备更新换代时，可以及时对用户权限进行

更改，对配置信息进行必要的变动。

④ 技术支持。当出现网络设备、系统软件、应用软件或其他类型故障时，可以很方便地通过网络设备服务卡片、系统软件登记表或应用软件登记表查出相应的技术支持信息，以便及时获取最好、最直接的技术支持。

1.5.2 网络工程文档的结构

网络工程文档没有一个公认的国际或国家标准，因而不同的网络施工公司提供的网络工程文档不尽相同。网络工程文档一般包含以下几方面的内容。

① 项目实施背景（含需求分析）。
② 项目总体设计。
③ 项目实施拓扑图。
④ 设备部署规划（含设备命名规划、软件版本规划、端口描述规划等）。
⑤ IP地址分配（含交换机管理地址分配、路由器地址分配等）。
⑥ 关键设备详细配置及实现。
⑦ 系统测试。
⑧ 工程实施进度规划（含开始日期、结束日期、工作内容、负责人等）。

1.5.3 网络工程文档的编写

1. 项目实施背景

新年职业技术学院现有综合布线系统使用的是五类综合布线系统，信息点由于损坏无法修复导致数量严重不足，且未按标准要求施工，无图纸等相关信息留存，已无法继续维持使用，改造综合布线系统势在必行。

2. 项目总体设计

新年职业技术学院校园网建设将达到以下目标：构建万兆校园网主干，实现教学办公综合楼、教学楼、图书馆等楼群的网络互联，每个教室、实验室、办公室均可实现千兆的校园网接入，实现信息资源的充分共享。

3. 网络拓扑选择

根据学院的网络规模进行网络拓扑结构的规划设计，采用核心层、汇聚层和接入层的分层设计方案，有助于分配和规划带宽、增加可靠性等。

4. 网络设备选型

（1）核心层设备选型

网络中心的设备应当具有较高的可管理性，同时由于学校的用户数比较多，如所有用户在同一个子网内，势必造成广播数据干扰正常的数据传输，造成网络的阻塞、丢包。划分虚拟局域网是解决广播干扰和隔离不同部门的一个解决方案，为了在虚拟局域网间进行通信，必须在网络中心有三层的路由机制。由于一般路由器的数据路由速度很慢，因此使用三层交换机是解决以上问题的关键。

（2）汇聚层设备选型

汇聚层交换机在教学楼、办公楼、图书馆等中心部位，起到管理本楼用户的作用，应支持全面的网络管理、虚拟局域网、端口镜像、身份验证等功能。

（3）接入层设备选型

小型实验室、办公室、阅览室等环境可使用非智能型交换机，通过汇聚交换机将每台接入交换机都设置为一个虚拟局域网，用于隔离广播。

5. 性能分析

通过对工作区子系统、水平子系统、管理子系统、垂直干线子系统、设备间子系统的设计和实施，为校园网提供完整的网络布线系统，并能够充分适应现代和未来技术发展，实现高速数据通信、传输，支持各种网络设备、通信协议和包括管理信息系统在内的广泛应用。

学习总结

通过本项目的学习，我认识了_____

_____

_____

我对哪些还有疑问：_____

_____

_____

知识检测

1. 以下对局域网的性能影响最为重要的是（　　）。
   A. 拓扑结构　　　　　　　　　B. 传输介质
   C. 介质访问控制方式　　　　　D. 网络操作系统
2. 在 IP 地址方案中，182.226.91.1 是一个（　　）。
   A. A 类地址　　　　　　　　　B. B 类地址
   C. C 类地址　　　　　　　　　D. D 类地址
3. 综合布线工程验收的 4 个阶段中，对隐蔽工程进行验收的是（　　）。
   A. 开工检查阶段　　　　　　　B. 随工验收阶段
   C. 初步验收阶段　　　　　　　D. 竣工验收阶段
4. 以下标准中，（　　）不属于综合布线系统工程常用的标准。
   A. 日本标准　　　　　　　　　B. 国际标准
   C. 北美标准　　　　　　　　　D. 中国国家标准
5. IP 地址是计算机在 Internet 中唯一的标识，IP 地址中的每一段使用十进制描述时，其范围是（　　）
   A. 0～128　　B. 0～255　　C. −127～127　　D. 1～256

6. 下列属于计算机网络所特有的设备是（　　）。
   A. 光盘驱动器　　　　　　　　B. 鼠标
   C. 交换机　　　　　　　　　　D. 显示器
7. 大中型网络的设计普遍采用三层结构模型，即_____、_____和_____，每个层次都有其特定的功能。
8. 综合布线子系统包括工作区子系统、_____、_____、_____、_____和_____。
9. 计算机网络由网络硬件、_____、_____三部分组成。
10. 在 TCP/IP 协议体系中，将网络自上而下划分为_____、_____、_____、_____、_____五层。

项目 2
局域网搭建

学习背景

新年职业技术学院局域网是局域网技术的综合应用,在搭建局域网过程中,选择以太网作为主干技术,楼宇之间的传输介质选用多模光纤,楼宇内部选用六类 UTP,布线技术采用结构化布线系统。

在组网过程中,使用到 STP、VLAN、链路聚合等技术,在一定程度上增强系统的安全性。

通过学习,达成如下学习目标。
- 了解 IEEE 体系架构。
- 了解 IEEE 系列标准。
- 掌握生成树选举机制。
- 掌握 RSTP 拓扑变更机制。
- 掌握 MSTP 工作机制。
- 掌握 VLAN 划分原理。
- 熟练配置 VLAN。
- 熟练配置链路聚合。
- 了解网络工程项目实施文档的编写。

 **知识结构**

本项目的知识结构如图 2-1 所示。

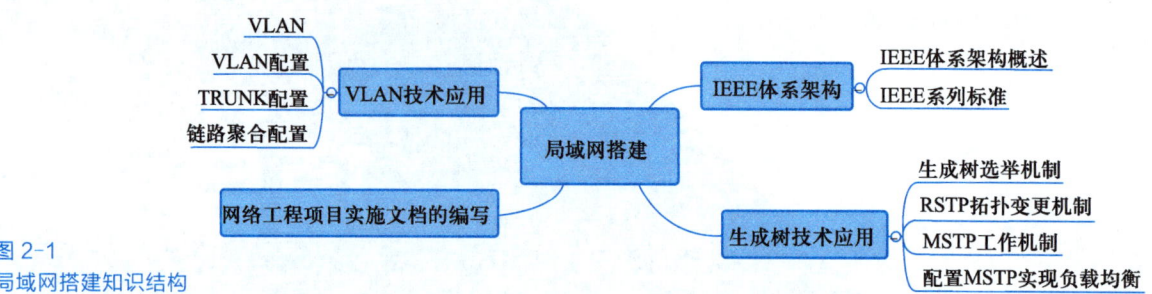

图 2-1
局域网搭建知识结构

 课前自测

在开始学习之前，请先尝试回答以下问题。

1. 快速生成树协议和多生成树协议相对于生成树协议而言，有哪些改进？
2. 进行 VLAN 划分有哪些方法？
3. 满足哪些条件才可以进行链路聚合？

项目分析及准备

2.1 IEEE 体系架构

电气和电子工程师协会（Institute of Electrical and Electronics Engineers，IEEE）总部位于美国纽约，是一个国际性的电子技术与信息科学工程师协会，也是目前全球最大的非营利性专业技术学会。

微课 2-1
IEEE 体系架构

2.1.1 IEEE 体系架构概述

IEEE 于 1980 年 2 月成立了 IEEE 802 委员会，主要负责数据通信标准及其他标准的制定，内容涵盖信息技术、通信、电力和能源等多个领域。在制定局域网标准时，IEEE 802 委员会负责起草局域网草案，送交美国国家标准协会（American National Standards Institute，ANSI）批准，在美国国内推行局域网技术标准化。IEEE 还把草案送交国际标准化组织。国际标准化组织把这个 802 规范称为 ISO 8802 标准，因此许多 IEEE 标准也是 ISO 标准，如 IEEE 802.3 标准就是 ISO 802.3 标准。

IEEE 802 标准所描述的局域网参考模型与 OSI 参考模型的关系如图 2-2 所示。局域网参考模型只对应于 OSI 参考模型的数据链路层和物理层，它将数据链路层划分为逻辑链路控制（Logical Link Control，LLC）子层和介质访问控制（Media Access Control，MAC）子层两个子层。

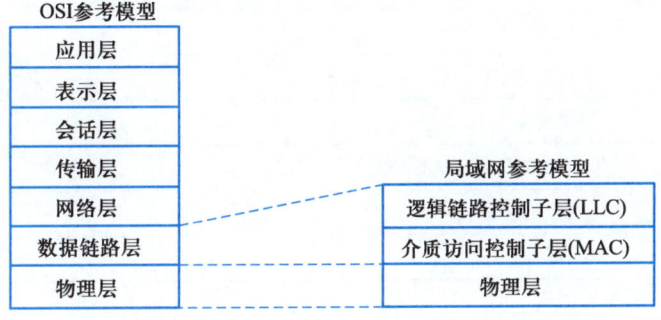

图 2-2
局域网参考模型与 OSI
参考模型的对应关系

1. 物理层

物理层涉及通信在信道上传输的原始比特流，它的主要作用是确保二进制位信号的正确传输，包括位流的正确传送与正确接收。这就是说，物理层必须保证在双方通信时，一方发送二进制"1"，另一方接收的也是"1"，而不是"0"。

2. MAC 子层

MAC 子层是数据链路层的一个功能子层，构成了数据链路层的下半部，它直接与物理层相邻。MAC 子层主要制定管理和分配信道的协议规范，即决定广播信道中信道分配的协议。MAC 子层是与传输介质有关的一个数据链路层的功能子层，它的主要功能是进行合理的信道分配，解决信道竞争问题。它在支持 LLC 子层中，完成介质访问控制功能，为竞争的用户分配信道使用权，具有管理多链路的功能。MAC 子层为不同的物理介质定义了介质访问控制标准。目前 IEEE 802 已制定的介质访问控制标准中有著名的冲突检测载波监听多路访问（Carrier

Sense Multiple Access With Collision Detection，CSMA/CD）、令牌环（Token-Ring）和令牌总线（Token-Bus）等。介质访问控制方法决定了局域网的主要性能，它对局域网的响应时间、吞吐量和网络利用率等都有十分重要的影响。

3．LLC 子层

LLC 也是数据链路层的一个功能子层，构成了数据链路层的上半部分，与网络层和 MAC 子层相邻，在 MAC 子层的支持下向网络层提供服务。LLC 子层与传输介质无关，它独立于介质访问控制方法，隐藏了各种 802 网络之间的差别，向网络层提供一个统一的格式和接口。LLC 子层的作用是在 MAC 子层提供的介质访问控制和物理层提供的数据服务的基础上，将不可靠信道处理为可靠信道，确保数据帧的正确传输。LLC 子层的具体功能包括数据帧的组装与拆卸、帧的收发、差错控制、数据流控制和发送顺序控制等功能，并为网络层提供面向连接服务和无连接服务两种类型的服务。

2.1.2 IEEE 系列标准

早期的局域网网络技术标准都是各个不同厂家为自身网络的发展而制定的，它们由不同厂商所专有，互不兼容，不利于网络技术的发展。IEEE 制定的 IEEE 802 系列标准得到了国际标准化组织的认可，使得局域网技术兼容不同厂家设备。表 2-1 列出了 IEEE 802 已公布的标准。

表 2-1 IEEE 802 系列标准

标	准	主要功能描述
IEEE 802.1	IEEE 802.1a	局域网体系结构
	IEEE 802.1b	寻址、网络互联与网络管理
IEEE 802.2		逻辑链路控制子层
IEEE 802.3		CSMA/CD 及 100BASE X
IEEE 802.4		令牌总线网
IEEE 802.5		令牌环网
IEEE 802.6		城域网
IEEE 802.7		宽带网
IEEE 802.8		FDDI 访问控制方法与物理层规范
IEEE 802.9		综合数据话音网络
IEEE 802.10		局域网的安全与保密技术
IEEE 802.11		无线局域网访问控制方法
IEEE 802.12		100VG-AnyLAN 访问控制方法与物理层规范
IEEE 802.13		100BASE-T
IEEE 802.14		交互式电视网
IEEE 802.15		蓝牙技术
IEEE 802.16		无线城域网
IEEE 802.17		新型带宽电信以太网
IEEE 802.20		移动带宽无线接入

IEEE 802 标准为局部区域和都市区域的数据通信网络提供了建立公共接口和协议的技术规范。它定义了几种介质访问技术规范，用逻辑链路控制标准与之相联系，在逻辑链路控制标准之上又定义了网络互联标准，与之上下相适配，图 2-3 所示描述了 IEEE 802 系列标准及相互之间的关系。

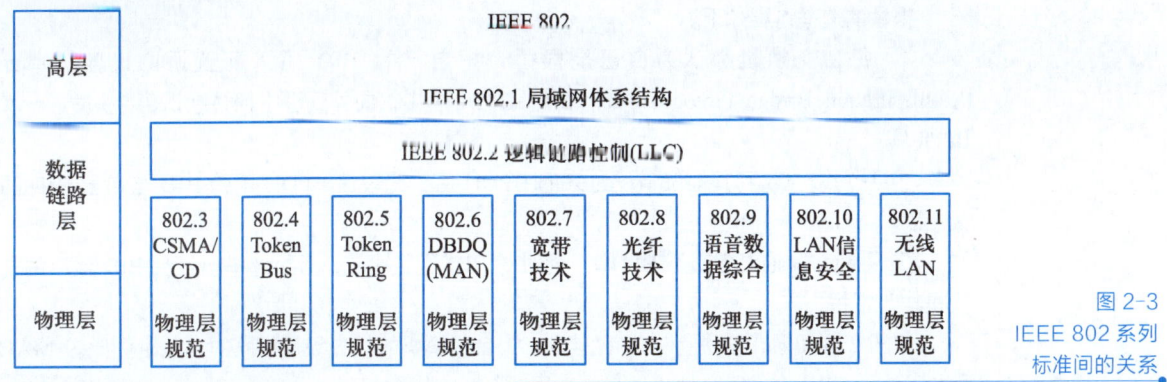

图 2-3 IEEE 802 系列标准间的关系

2.2 生成树技术应用

为了保持网络的稳定性，在组建由多台交换机组成的网络环境时，通常使用冗余链路（即备份链路），以提高网络的健壮性、稳定性。冗余链路的目的是当网络中出现单点故障时，还有其他备份的组件可以使用，保证整个网络基本不受影响。但是，冗余链路会使物理网络形成环路，容易引起广播风暴、多帧复制和 MAC 地址表动荡等问题，从而导致网络不可用。

为了解决因网络冗余链路引起的问题，IEEE 组织通过了 IEEE 802.1d 生成树协议（Spanning Tree Protocol，STP），将物理上存在环路的网络，通过一种算法在逻辑上阻塞一些端口，生成一个逻辑上的树结构。被阻塞端口所在的链路不能传输数据，当正常通信的链路发生故障时，被逻辑阻塞的线路将重新被激活，保证数据在网络中正常传输。

2.2.1 生成树选举机制

STP 的主要思想是，当网络中存在备份链路时，只允许主链路激活。若主链路因故障而被断开后，备用链路将会被打开。STP 不断检测网络，当网络拓扑结构发生变更时，默认运行 STP 的交换机会自动重新计算，配置连接端口，避免环路产生。

微课 2-2
生成树选举机制

1. STP 的工作过程

在交换网络中，STP 要构造一个无环网络拓扑结构，需执行以下 4 个步骤。
① 选举一个根桥（Root Bridge，RB，即根交换机）。
② 在每一个非根交换机上选举一个根端口（Root Ports，RP）。
③ 在每个网段上选举一个指定端口（Designated Ports，DP）。
④ 阻塞非根非指定端口。
每个 STP 实例中有一个根桥，每个非根桥上都有一个根端口，每个网段有一个指定端口，非根非指定端口被阻塞。

（1）选举根桥

生成树计算的第一步是选举根桥，一个网络中只能有一个根桥，根桥是 STP 树的根结点，是整个交换网络的逻辑中心。根交换机的选举基于根 ID（Bridge ID，BID），具有最小根 ID 的设备被选为根桥。

交换机的 BID 由两部分组成：2 B 长度的交换机优先级和 6 B 长度的 MAC 地址。交换机优先级可以手动配置，取值范围为 0～65535，默认值为 32768。

根桥的选举过程如下。

① 每台交换机都认为自己是根桥，把自己的 BID 写入配置桥协议数据单元（Configuration Bridge Protocol Data Unit，BPDU）中，向外泛洪（根桥默认每 2 s 发送一次 BPDU）。

② 从网络中收到其他设备发过来的 BPDU 后，比较该 BPDU 中的 BID 与自己 BID 的大小。

③ 不断与其他设备交互 BPDU，同时对 BID 进行比较，直至选举出一台 BID 最小的交换机作为根桥。

如图 2-4 所示，在进行 BID 比较时，3 台交换机的优先级是相同的，此时则比较 MAC 地址，由于 SWA 的 MAC 地址值最小，因此 SWA 为根桥。

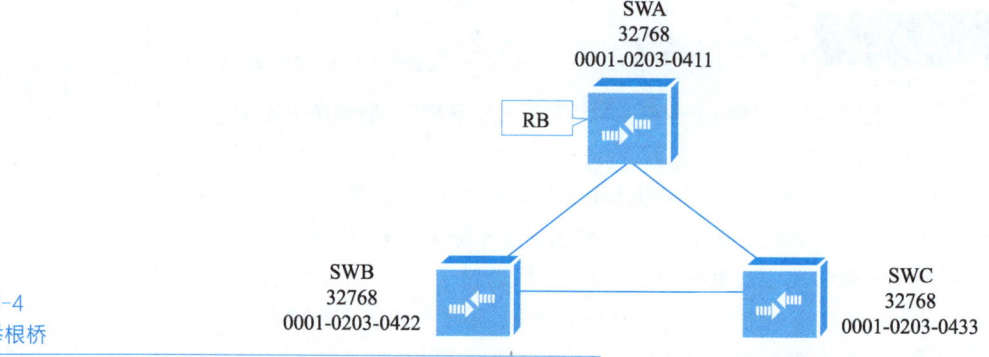

图 2-4 选举根桥

（2）选举根端口

为了保证从某台非根桥设备到根桥设备的工作路径是最优且唯一的，就必须从该非根桥设备的端口中确定出根端口。根端口是该非根桥设备与根桥设备之间进行报文交互的端口。

STP 把根路径成本（Root Path Cost，RPC）作为确定根端口的重要依据。根路径成本是指某个非根桥的端口到根桥的累计路径成本，即从该端口到根桥所经过的所有链路路径成本总和。路径成本和端口的带宽有关，带宽越高，成本越小。路径成本与端口速率的对应关系可参考表 2-2。

表 2-2 修订后的 IEEE 802.1d 路径成本

端口速率	成本（修订前）	成本（修订后）
10 Gbit/s	1	2
1000 Mbit/s	1	4
100 Mbit/s	10	19
10 Mbit/s	100	100

根端口选举过程如下。

① 根路径成本最小的端口确定为根端口。

② 根路径成本相同时，比较上行设备的 BID，BID 小的端口确定为根端口。

③ 上行设备的 BID 相同时，比较上行设备的端口 ID（Port Identifier，PID），PID 小的端口确定为根端口。

PID 由两部分组成：1 B 长度的端口优先级和 1 B 长度的端口号。端口优先级可手动配置，默认为 128。

如图 2-5 所示，SWA 为根桥，SWB 需要从自己的两个端口中确定根端口。

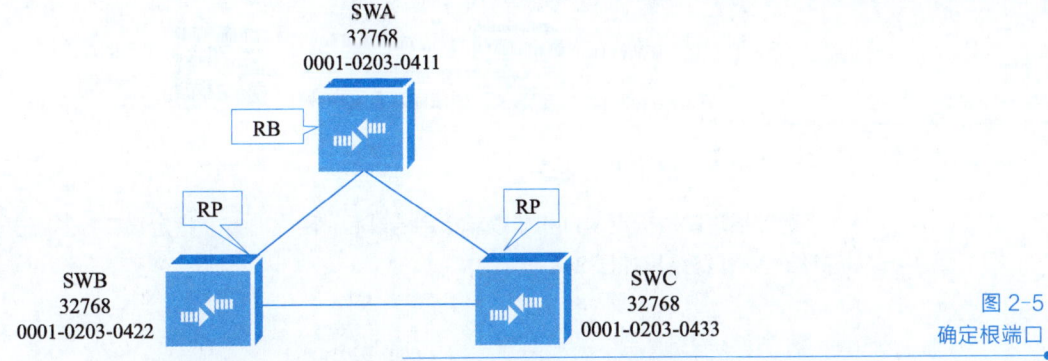

图 2-5 确定根端口

如图 2-6 所示，SWD 至根桥 SWA，两条根路径成本相同，且上行设备均为 SWC，即上行设备的 BID 相同，此时应比较上行设备的 PID，PID 小的端口确定为根端口。

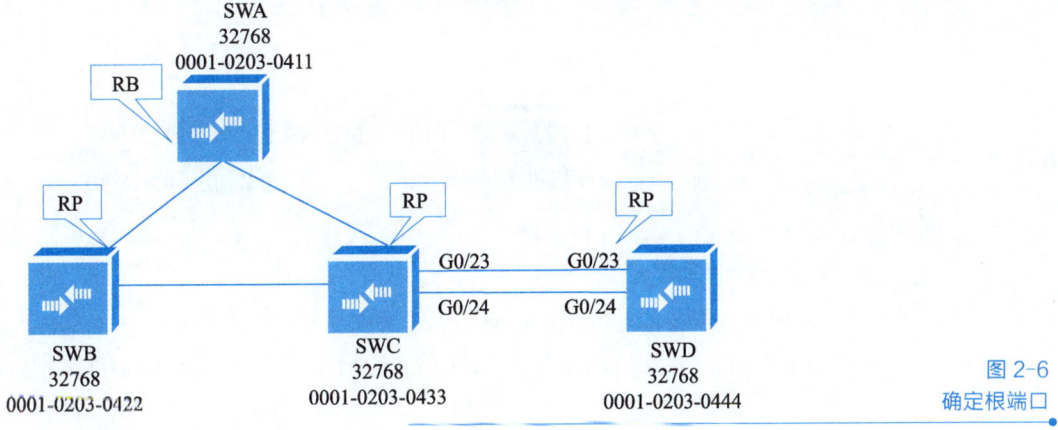

图 2-6 确定根端口

（3）选举指定端口

当一个网段中有两条或两条以上的路径通往根桥时，与该网段相连的交换机就必须确定出一个唯一的指定端口。指定端口既向根桥发送流量，又从根桥接收流量。

指定端口的选举过程如下。

① 比较 RPC，RPC 小的端口确定为指定端口。

② 当 RPC 相同时，比较交换机的 BID，BID 小的确定为指定端口。

③ 当 BID 相同时，比较交换机的 PID，PID 小的确定为指定端口。

如图 2-7 所示，在 SWB 和 SWC 之间的网段中需确定出指定端口。由于此网段至根桥的两个 RPC 相同，则比较交换机的 BID，SWB 的 BID 较小，因此 SWB 上的端口确认为指定端口，SWC 上的端口确定为非根非指定端口。

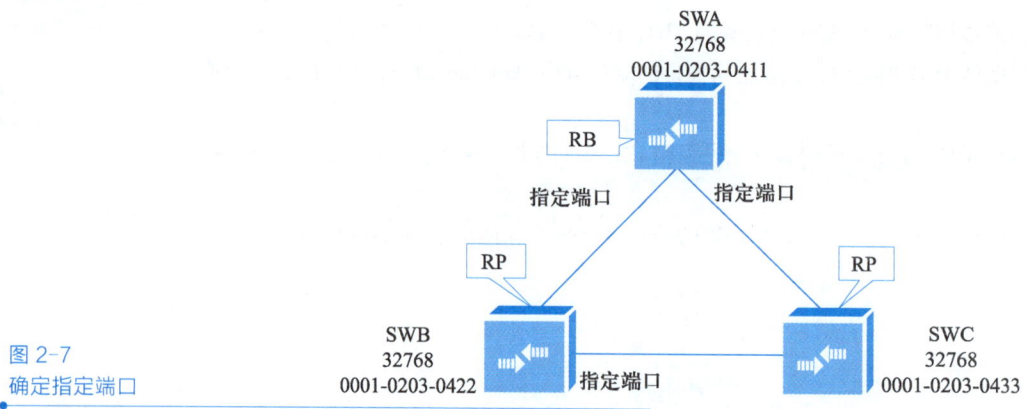

图 2-7 确定指定端口

（4）阻塞非根非指定端口

确定根端口、指定端口和非根非指定端口后，阻塞非根非指定端口，形成逻辑上无环的拓扑结构，最终结果如图 2-8 所示。

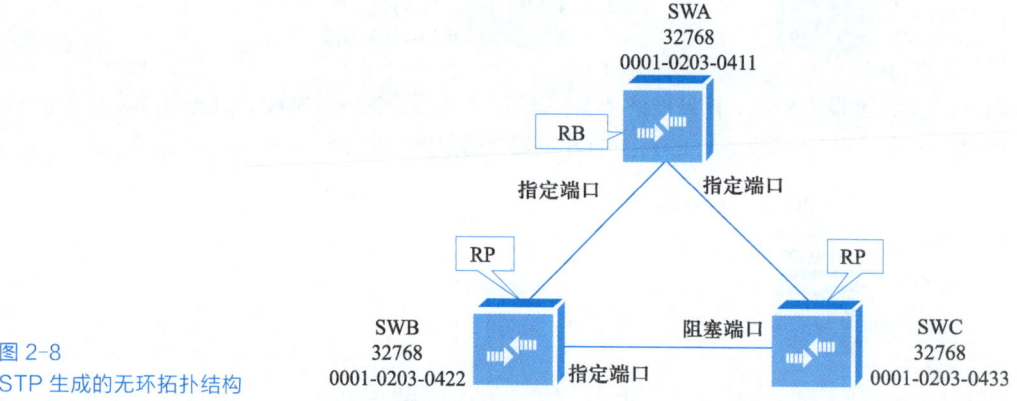

图 2-8 STP 生成的无环拓扑结构

2. STP 的端口状态

根据端口是否接收和发送 STP 协议帧，是否转发用户数据帧，STP 将端口的状态分为去能（Disabled）、阻塞（Blocking）、监听（Listening）、学习（Learning）和转发（Forwarding）5 种。端口的状态迁移过程如图 2-9 所示，端口作用见表 2-3。

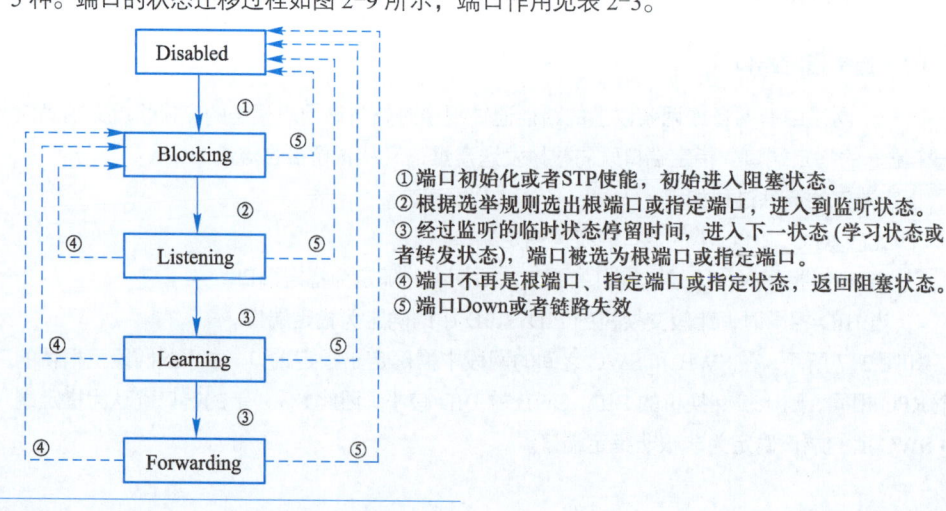

①端口初始化或者STP使能，初始进入阻塞状态。
②根据选举规则选出根端口或指定端口，进入到监听状态。
③经过监听的临时状态停留时间，进入下一状态(学习状态或者转发状态)，端口被选为根端口或指定端口。
④端口不再是根端口、指定端口或指定状态，返回阻塞状态。
⑤端口Down或者链路失效

图 2-9 端口状态迁移

表 2-3 STP 端口作用

端口状态	作　用	说　明
Disabled	端口不处理 BPDU 报文，不转发用户流量	接口处于 Down 状态
Blocking	端口处理接收到的 BPDU 报文，不转发用户流量	阻塞端口的最后状态
Listening	选举端口角色，选举根桥，根端口和指定端口	过渡的一个状态
Learning	根据学习到的流量开始构建 MAC 地址表，不转发流量	过渡状态
Forwarding	端口转发流量处理 BPDU 报文	转发状态

当交换机初始启动时，所有的端口从去能状态进入阻塞状态，开始接收和分析 BPDU。端口被选为根端口或指定端口后，则转为监听状态，接收并发送 BPDU，持续一个 Forward Delay 的时间长度（默认为 15 s）。如果一个端口处于阻塞状态，在一个最大老化时间（20 s）内没有接收到新的 BPDU，端口也会从阻塞状态转换为监听状态。正常情况下端口会从监听状态进入学习状态，并持续一个 Forward Delay 时间长度，此状态下端口可以接收和发送 BPDU，开始构建 MAC 地址映射表，为转发用户数据帧做准备。最后端口进入转发状态，开始用户数据帧的转发工作。经过约 50 s 左右时间，网络达到收敛，生成树所有端口进入转发状态或进入阻塞状态。

在整个状态迁移的过程中，若端口的角色确定为非根非指定端口，其端口状态会立即进入至阻塞状态，若端口一旦被关闭或发生链路故障，将进入去能状态。STP 端口的 5 种状态说明见表 2-4。

表 2-4 STP 端口的 5 种状态说明

端口状态	状态说明
Disabled	处于关闭（Down）状态，无法接收和发送任何帧
Blocking	只能接收 STP 协议帧，不能发送 STP 协议帧，也不能转发用户数据帧
Listening	可以接收并发送 STP 协议帧，不能进行 MAC 地址学习，不能转发用户数据帧
Learning	可以接收并发送 STP 协议帧，可以进行 MAC 地址学习，不能转发用户数据帧
Forwarding	可以接收并发送 STP 协议帧，可以进行 MAC 地址学习，可以转发用户数据帧

3. STP 拓扑变更

当网络拓扑结构变更时，交换机必须重新计算 STP。端口的状态随之发生改变，中断用户通信，直至计算出一个重新收敛的 STP 拓扑结构。

发生拓扑变化的交换机在新选举的根端口上，每隔 Hello Time（默认 2 s）发送拓扑变化通知（Topology Change Notification，TCN）给 BPDU，直至生成树上游邻居交换机确认该 TCN 为止。当根桥收到后会发送设置拓扑变化（Topology Change，TC）给 BPDU，通知整个生成树拓扑结构发生变化。

如图 2-10 所示，下游交换机发现拓扑结构改变后逐级向上汇报，直至根桥收到这条消息，根桥再向全网所有交换机通知拓扑结构变更。

所有下游交换机得到拓扑结构改变通知后，会把各自的地址表老化时间从默认值 300 s 降为 Forward Delay（默认为 15 s），把不活动的 MAC 地址较快地从地址表中更新掉。

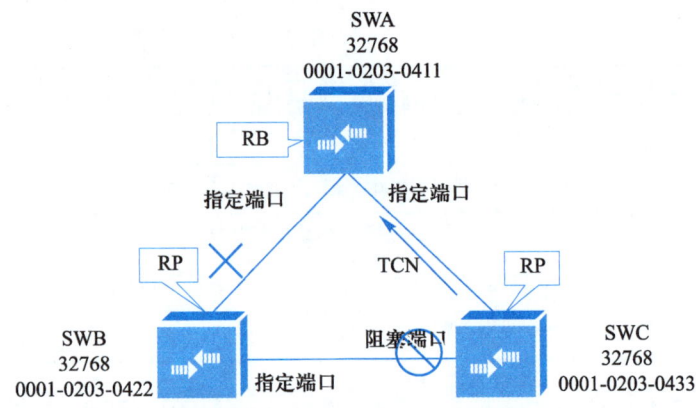

图 2-10
STP 拓扑结构变更

当网络拓扑结构发生变化时，新配置消息要经过 Forward Delay 时间才能传播到整个网络。在网络中所有设备都收到这条变化消息前，原拓扑结构中处于转发的端口还未停止转发，则可能存在临时环路。

为了解决临时环路的问题，生成树采用定时器策略，即端口从阻塞状态到转发状态加上只学习 MAC 地址但不参与转发的中间状态（即学习状态）。两次状态切换时间长度都为 15 s 的时延，保证在拓扑结构变化时不会产生临时环路。

2.2.2 RSTP 拓扑变更机制

微课 2-3
RSTP 拓扑变更机制

STP 网络中，生成树的收敛依赖于定时器，总收敛时间太长，一般为几十秒。为了弥补 STP 收敛慢的缺陷，IEEE 802.1w 定义了快速生成树协议（Rapid Spanning Tree Protocol，RSTP）。在现实网络中，STP 几乎已经停止使用，取而代之的是 RSTP。

RSTP 的标准 IEEE 802.1w 由 IEEE 802.1d 标准发展而来。RSTP 在网络结构发生变化时，能更快地收敛网络，收敛速度只需要 1 s 即可完成，因此 IEEE 802.1w 又称为快速生成树协议。

1. 快速生成树协议改进

RSTP 在 STP 基础上做了 3 点重要改进，大大提高了收敛速度。具体改进如下。

① 新增替换端口（Alternate Port，AP）和备份端口（Backup Port，BP），用来取代阻塞端口。当根端口或指定端口出现故障时，AP 和 BP 会立即进入转发状态。

② 在点对点链路中，指定端口只需与下游交换机进行一次握手就可以无时延地进入转发状态。在连接了 3 条以上交换机的共享链路中，下游交换机不会响应上游指定端口发出的握手请求，只能等待两倍 Forward Delay 时间才能进入转发状态。

③ 直接与终端相连的端口定义为边缘端口（Edge Port）。边缘端口可以直接进入转发状态，不需要任何延时。由于交换机无法确定端口是否直接与终端相连，所以需要手动配置。

2. RSTP 的端口状态

STP 定义了去能、阻塞、监听、学习和转发 5 种状态，RSTP 简化了接口状态，只定义了丢弃（Discarding）、学习（Learning）和转发（Forwarding）3 种端口状态。RSTP 与 STP 的接口状态对比见表 2-5。

表 2-5 RSTP 和 STP 接口状态对比表

运行状态	STP 的接口状态	RSTP 的接口状态	在活动拓扑中是否包含此状态
Disabled	Disabled	Discarding	否
Enabled	Blocking		否
Enabled	Listening		否
Enabled	Learning	Learning	是
Enabled	Forwarding	Forwarding	是

RSTP 与 STP 使用定时器的策略不同，其引入了 P/A（Proposal/Agreement）机制，利用交换机不断发送的 BPDU 帧保持本地连接，使得指定端口被选举产生后能快速进入转发状态，加速生成树的收敛。

在 STP 中，非根桥的根端口收到来自根桥的 BPDU 后，重新生成一份 BPDU 帧向下游交换机发送。在 RSTP 中，每台交换机在 BPDU 帧的发送间隔中（默认为 2 s），都可生成 BPDU 帧发送出去，即使没有从根桥收到任何 BPDU。

3. RSTP 拓扑变更

当网络拓扑发生变化时，RSTP 中采用 Keep Alive 机制，BPDU 帧充当消息通知的角色，即连续 3 个 Hello Time 都没有收到任何 BPDU 消息，交换机就会认为已丢失到达相邻交换机的连接。这种快速老化方式使得链路故障能够很快被检测出来，快速恢复故障。

经过 RSTP 收敛后形成无环网络，如图 2-11 所示。

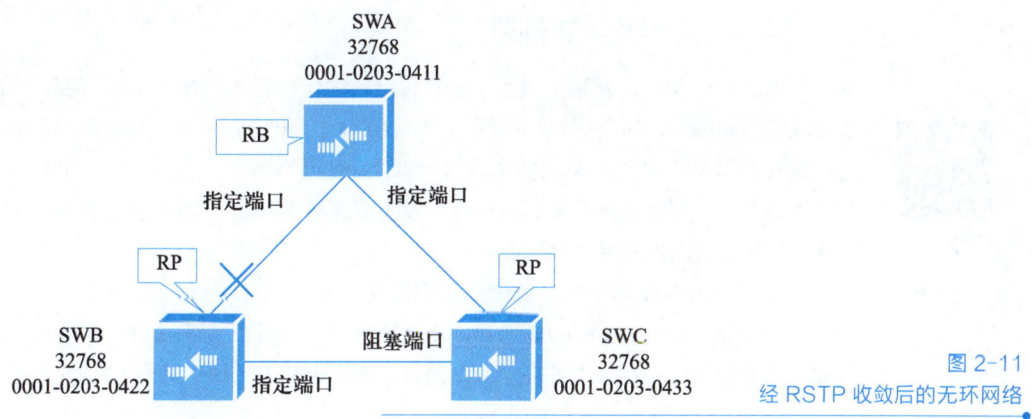

图 2-11 经 RSTP 收敛后的无环网络

如 SWA 和 SWB 之间的活动链路出现故障，则备份链路会立即产生作用，形成如图 2-12 所示的网络拓扑结构。

如果 SWB 和 SWC 之间的活动链路也出现故障，那么 SWC 就会自动把替换端口变为根端口，进入转发状态，形成如图 2-13 所示的情况。

在 STP 中，TCN 先单独传至根桥，由根桥再传送至其他网桥。TCN 将使网桥快速老化转发表条目，不考虑网桥转发是否会被影响。RSTP 则恰恰相反，它明确通知网桥保留接收TCN 端口学习到的条目，使这项工作得到最优化。TCN 特性的这种改变，大大降低了在网络拓扑结构变化中丢失 MAC 地址的可能性。

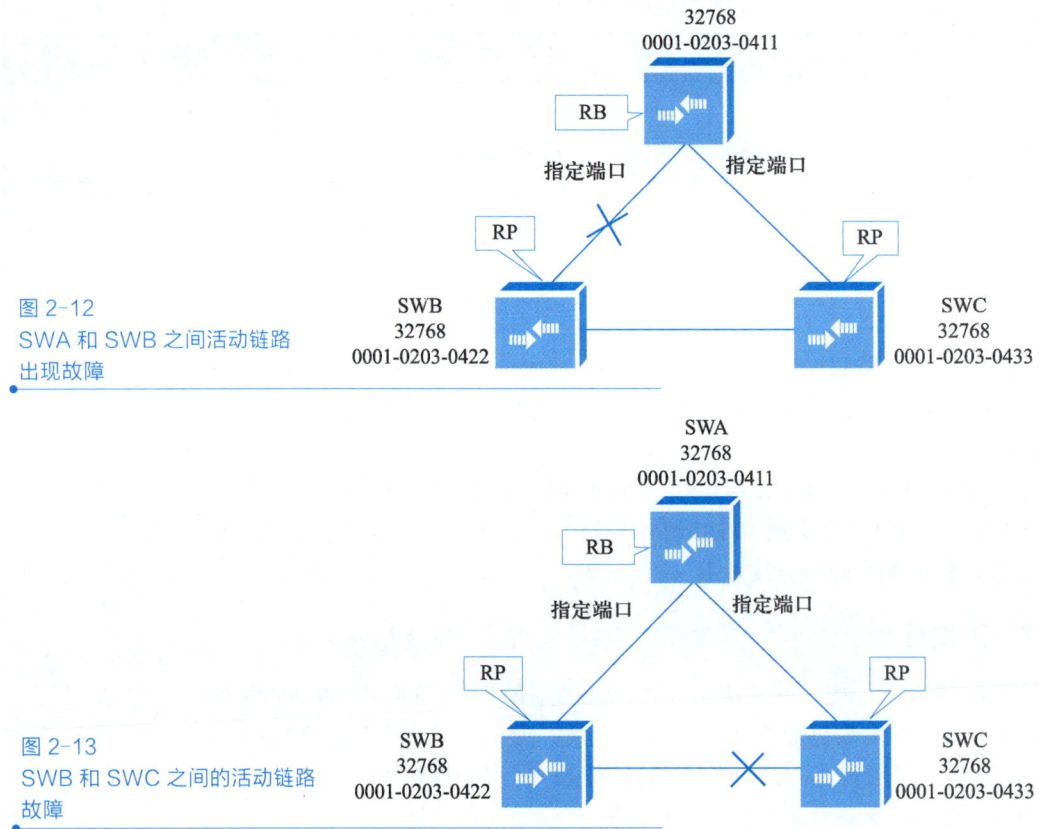

图 2-12
SWA 和 SWB 之间活动链路出现故障

图 2-13
SWB 和 SWC 之间的活动链路故障

2.2.3 MSTP 工作机制

微课 2-4
MSTP 工作机制

RSTP 在 STP 的基础上进行了一定程度的优化，但其与 STP 一样存在一个较大的短板，即在交换网络中，所有虚拟局域网（Virtual Local Area Network，VLAN）共用一棵生成树，不会对不同 VLAN 进行单独的生成树计算，这使得网络中的流量无法在所有可用的链路上实现负载分担，导致链路带宽利用率低、设备资源利用率低。同时也会造成部分 VLAN 路径不通及出现次优二层路径的情况。

为了弥补 STP 和 RSTP 的缺陷，IEEE 于 2002 年发布的 802.1s 标准定义了多生成树协议（Multiple Instances Spanning Tree Protocol，MSTP）。MSTP 兼容 STP 和 RSTP，既可以快速收敛，又可以提供数据转发的多个冗余路径，在数据转发过程中实现 VLAN 数据的负载均衡。

1. 单生成树的缺陷

如图 2-14 所示，如果 SWA、SWB、SWC 都运行 STP 或 RSTP，SWA 被配置为全网的根桥，SWC 的 G0/0/0 接口将被阻塞。SWA 和 SWB、SWA 和 SWC 之间的链路配置为 Trunk 链路，允许通过所有 VLAN，此时会出现与 SWC 连接的所有 VLAN 中的设备与外部网络进行通信时，业务流量都始终走 SWC-SWA 这一侧的链路，而 SWC-SWB 这一侧的链路则几乎不承载业务流量。

如图 2-15 所示，SWA 和 SWB 之间的 Trunk 链路允许通过所有 VLAN，SWA 和 SWC 之间的 Trunk 链路，允许 VLAN 2 通过，SWB 和 SWC 之间的 Trunk 链路，允许 VLAN 2 和 VLAN 3 通过，如果 SWC 的 G0/0/0 接口被阻塞，那么 VLAN 3 的路径就会被断开，无法上连至 SWB。

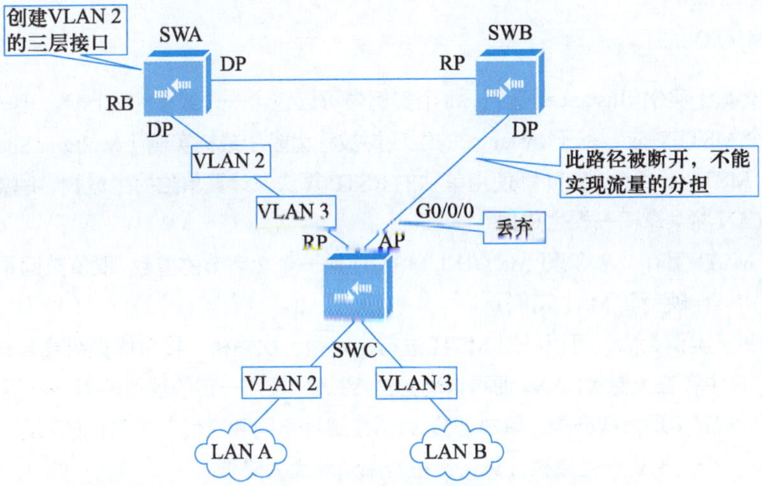

图 2-14
无法实现流量分担

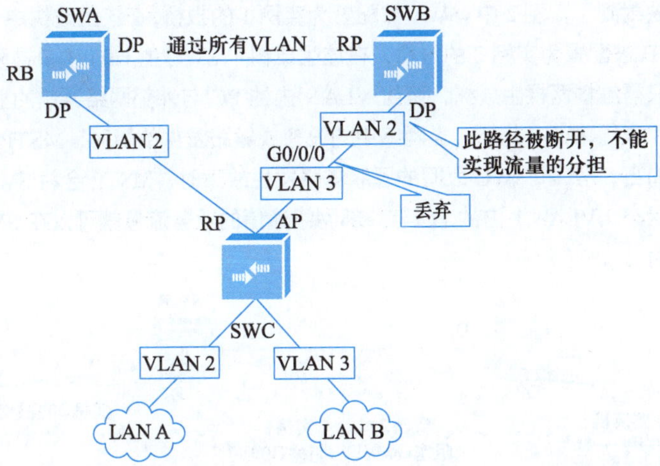

图 2-15
部分 VLAN 路径不通

如图 2-16 所示，SWA 和 SWB、SWA 和 SWC、SWB 和 SWC 之间的 Trunk 链路均允许通过所有 VLAN，在 SWA 上配置 VLAN 2 的三层接口，在 SWB 上配置 VLAN 3 的三层接口，则 VLAN 3 到达三层接口的路径是次优路径。

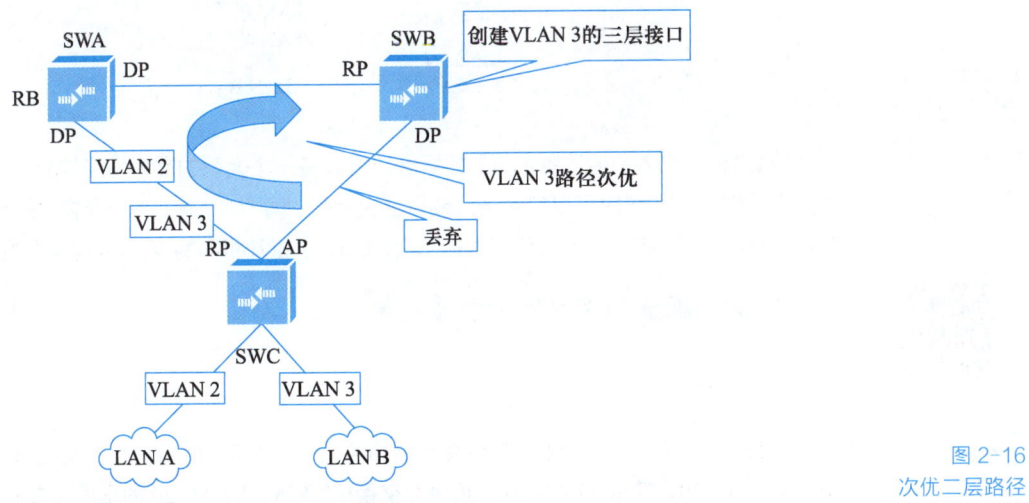

图 2-16
次优二层路径

2．MSTP 的工作原理

MSTP 基于实例（Instance）运行，每个实例中可以包含一个或多个 VLAN，但一个 VLAN 只能与一个 MSTI 对应。基于 Instance 的生成树被称为多生成树实例（Multiple Spanning Tree Instances，MSTI），每个 MSTI 都使用单独的 RSTP 算法，计算单独的生成树，映射到同一个实例的 VLAN 将共享同一棵生成树。

每个 MSTI 都有一个标识（MSTID），MSTID 是一个 2 字节的整数，取值范围是 0～4095，默认所有 VLAN 映射到 MST 实例 0。

在创建了实例之后，可以针对 MSTI 进行主根桥、次根桥、接口优先级或 cost 等相关配置。如果网络中存在大量 VLAN，便可以将这些 VLAN 按照一定的规律映射到不同的实例中，从而通过 MSTP 实现负载分担，解决部分 VLAN 路径不同和次优二层路径的问题，而且交换机只需对这几个实例进行生成树计算，设备资源消耗大大降低。

如图 2-17 所示，网络中的交换机都部署了 MSTP，VLAN 2 被映射到了实例 1，VLAN 3 和 VLAN 4 被映射到了实例 2 中。SWA 被配置为实例 1 的根桥，在该生成树中 SWC 的 G0/0/0 口被阻塞，SWB 被配置为实例 2 的根桥，在该生成树中 SWC 的 G0/0/1 口被阻塞。此时，网络中的交换机只需维护两棵生成树，两组 VLAN 内的 PC 与外部网络通信的业务也实现了负载分担，解决了次优路径。此外，当网络中的设备或链路发生故障时，MSTP 还能够实现网络的冗余性，如当 SWA 和 SWC 之间的互联链路发生故障时，MSTP 会将 SWC 的 G0/0/0 接口切换至转发状态，VLAN 1 内的 PC 与外部网络通信的业务流量就可以在 SWB 与 SWC 之间的链路上传输。

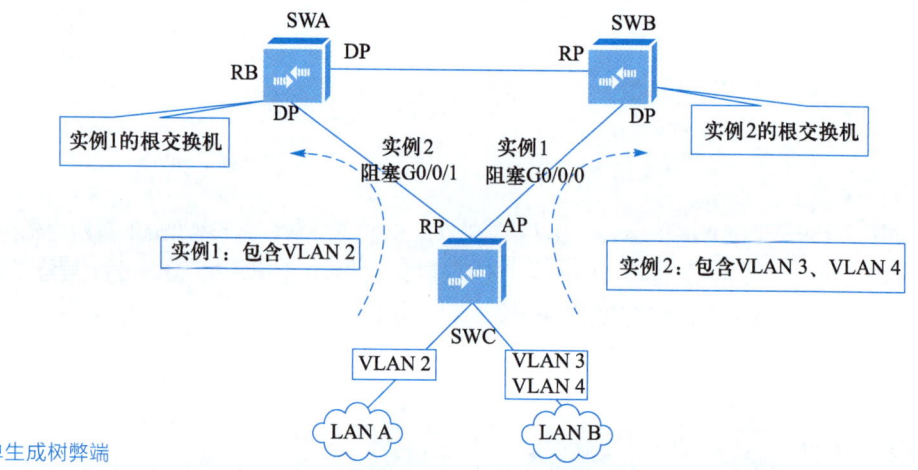

图 2-17
多生成树实例解决单生成树弊端

MSTP 中引入了域（Region）的概念，可以将一个大型的交换网络划分成多个多生成树域。一个多生成树域内可以包含一台或多台交换机，同一个 MST 域的交换机配置相同的域名（Region Name）、相同的修订级别（Revision Level）以及相同的 VLAN 与实例映射。

2.2.4 配置 MSTP 实现负载均衡

微课 2-5
配置 MSTP 实现
负载均衡

1．组网要求

如图 2-18 所示，某企业网络的骨干网络实现了冗余备份，每台交换机上都运行了 VLAN 10 和 VLAN 20，要求 VLAN 10 的根桥为交换机 SWA，VLAN 20 的根桥为交换机 SWB。

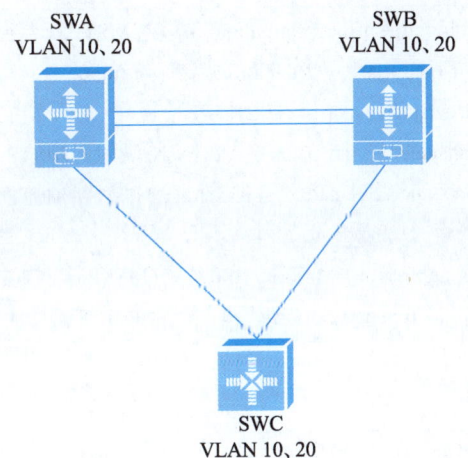

图 2-18
MSTP 场景

2. 配置要点

① 创建相关的 VLAN。
② 配置生成树版本名称、映射实例。
③ 调整实例的优先级。

3. 配置步骤

（1）SWA 的 MSTP 配置信息

```
SWA(config) #vlan 10          // 创建 VLAN 10
SWA(config-vlan) #vlan 20     // 创建 VLAN 20
SWA(config-vlan) #ex          // 退出
SWA(config) #spanning-tree    // 全局启用 STP
SWA(config) #spanning-tree mode mstp    // STP 的版本为 MSTP
SWA(config) #spanning-tree mst configuration   // 进入 MSTP 配置界面
SWA(config-mst) #name ruijie   // MSTP 的域名称为 ruijie
SWA(config-mst) #revision 1    // 修订级别为 1
SWA(config-mst) #instance 1 vlan 10    // 将 VLAN 10 映射到 MSTP 实例 1
SWA(config-mst) #instance 2 vlan 20    // 将 VLAN 20 映射到 MSTP 实例 2
SWA(config-mst) #ex            // 退出
SWA(config) #spanning-tree mst 1 priority 0       // MSTP 实例 1 的优先级为 0
SWA(config) #spanning-tree mst 2 priority 4096    // MSTP 实例 2 的优先级为 4096
```

（2）SWB 的 MSTP 配置信息

```
SWB(config) #vlan 10          // 创建 VLAN 10
SWB(config-vlan) #vlan 20     // 创建 VLAN 20
SWB(config-vlan) #ex          // 退出
SWB(config) #spanning-tree    // 全局启用 STP
SWB(config) #spanning-tree mode mstp    // STP 的版本为 MSTP
```

```
SWB(config) #spanning-tree mst configuration    //进入 MSTP 配置视图
SWB(config-mst) #name ruijie        // MSTP 的域名称为 ruijie
SWB(config-mst) #revision 1         //修订级别为 1
SWB(config-mst) #instance 1 vlan 10    //将 VLAN 10 映射到 MSTP 实例 1
SWB(config-mst) #instance 2 vlan 20    //将 VLAN 20 映射到 MSTP 实例 2
SWB(config-mst) #ex              //退出
SWB(config) #spanning-tree mst 1 priority   4096    // MSTP 实例 1 的优先级为 4096
SWB(config) #spanning-tree mst 2 priority   0       // MSTP 实例 2 的优先级为 0
```

（3）SWC 的 MSTP 配置信息

```
SWC(config) #vlan 10            // 创建 VLAN 10
SWC(config-vlan) #vlan 20       // 创建 VLAN 20
SWC(config-vlan) #ex            // 退出
SWC(config) #spanning-tree      // 全局启用 STP
SWC(config) #spanning-tree mode mstp    // STP 的版本为 MSTP
SWC(config) #spanning-tree mst configuration    // 进入 MSTP 配置视图
SWC(config-mst) #name ruijie        // MSTP 的域名称为 ruijie
SWC(config-mst) #revision 1         // 修订级别为 1
SWC(config-mst) #instance 1 vlan 10    // 将 VLAN 10 映射到 MSTP 实例 1
SWC(config-mst) #instance 2 vlan 20    // 将 VLAN 20 映射到 MSTP 实例 2
SWC(config-mst) #ex             // 退出
```

2.3　VLAN 技术应用

局域网内使用广播传输的工作机制，局域网内的主机数量越多，广播域越大，带来的带宽浪费、安全等问题越突出。解决此类问题有两种常用方法：一是使用三层网络设备连接的多个子网隔离广播域，但此方法会改变企业的网络架构，增加设备的投入成本；二是在现有的二层架构网络基础之上采用 VLAN 技术，用于隔离不同 VLAN 间的二层流量。VLAN 技术既能够隔离广播域，又能够提升网络的安全性。

2.3.1　VLAN

微课 2-6
VLAN 简介

IEEE 于 1999 年颁布了用于标准化 VLAN 实现方案的 802.1q 协议标准草案。VLAN 技术将一个物理局域网内的不同用户逻辑地划分成多个子网，这些逻辑子网有着和普通物理网络同样的属性，允许处于不同地理位置的网络用户加入至同一个逻辑子网中。同一 VLAN 内的用户就像在一个真实局域网内一样可以互相访问，不同 VLAN 的用户无法直接通过数据链路层互相访问。

1. VLAN 的作用

默认情况下，一台交换机的所有接口都属于同一个广播域。当多台主机连接到同一台交换机时，由于使用了相同网段的 IP 地址，所以它们可以直接进行二层通信。

在同一个广播域中,当某台主机发出广播帧时,连接在这台交换机上的其他所有主机都会收到相同的数据帧;当某台主机发送单播帧时,这台主机所连接的交换机接口收到未知目的 MAC 地址的单播帧,会对此帧进行泛洪。对于不需要这些帧的主机而言,这些广播帧或者目的 MAC 地址未知的单播帧实际上是一种垃圾流量,不仅增加了设备性能损耗,而且对于网络带宽也是一种浪费,如图 2-19 所示。另一个问题是,如果主机可以轻易地接收到不应该接收的帧,就会存在安全隐患。当广播域越来越大时,随之产生的垃圾流量和安全问题将越来越严重。

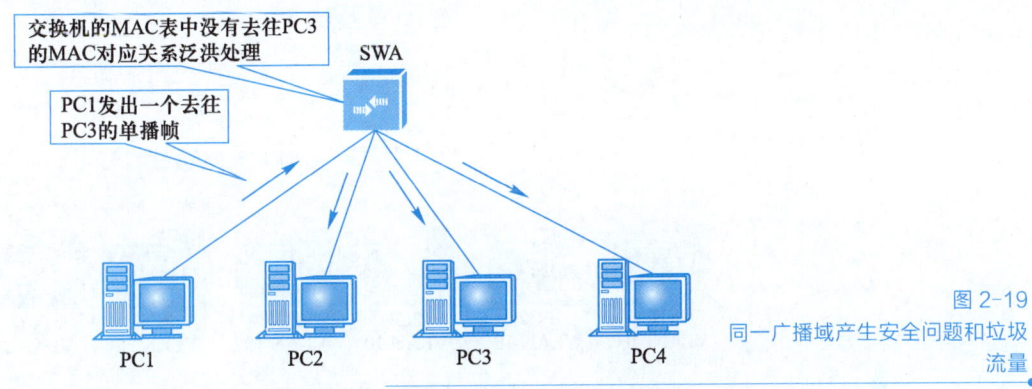

图 2-19 同一广播域产生安全问题和垃圾流量

应用 VLAN 技术,将一个规模较大的广播域在逻辑上划分成若干不同的、规模较小的广播域,可以有效地控制局域网内不必要的广播扩散,减少垃圾流量,节约网络资源,提升网络安全性。

在企业网中,由于地理位置和部门不同,对网络中的数据和资源有不同的访问权限要求。如财务部和人事部由于其特殊性,数据不允许其他部门人员监听截取。在普通二层交换机设备上,由于无法实现广播隔离,容易造成安全隐患。如果将财务部和人事部划分到不同于其他部门的 VLAN 中,如图 2-20 所示,能够为企业内部网络实现不同部门的安全隔离。

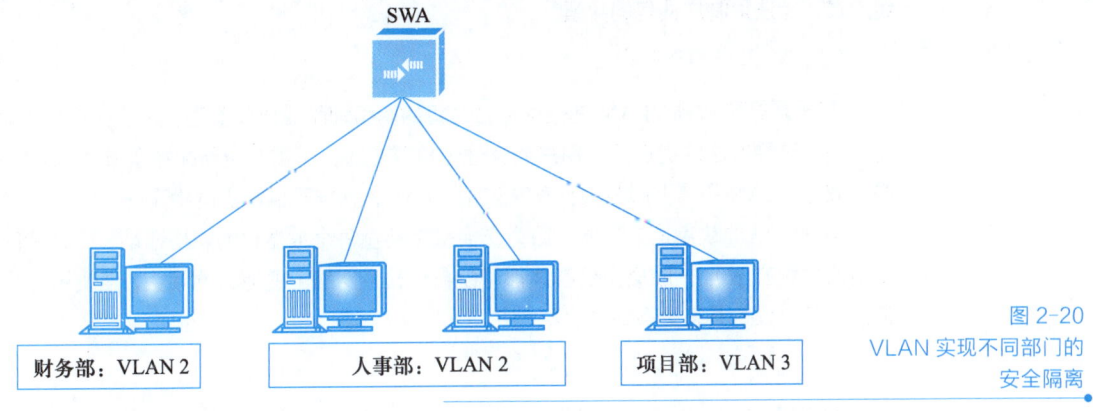

图 2-20 VLAN 实现不同部门的安全隔离

通过 VLAN 技术构造的虚拟局域网,如果没有三层路由设备,则在不同 VLAN 之间不能相互通信。通过配置 VLAN 间的三层路由技术,可以实现企业内部不同 VLAN 之间的信息互访,实现网络安全访问需求。

2. 划分 VLAN 的方法

不同的 VLAN 划分方法适用于不同的场合,不同的 VLAN 配置方案有各自的优缺点,可根据需要进行选择。一般基于端口划分 VLAN 应用范围最为广泛。

（1）基于端口划分 VLAN

基于端口划分 VLAN 是划分虚拟局域网最方便、最常用的方法。对于交换机上的端口来讲，不同的端口形成了集合，在实际工作中，用户只需要配置交换机端口，而不用关心端口连接何种设备。如图 2-21 所示，3、5、7、9 端口划分至 VLAN 10，而把交换机的 19、21 端口划分至 VLAN 20 中。属于同一个 VLAN 中的端口，可以不连续，甚至可以跨越数台交换机。

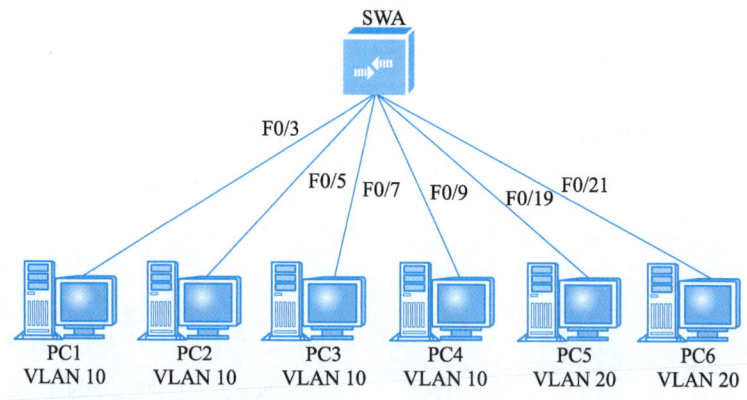

图 2-21 基于端口划分 VLAN

（2）基于 MAC 地址划分 VLAN

基于 MAC 地址划分 VLAN 是根据每台主机 MAC 地址进行划分的，即每个 MAC 地址属于一个 VLAN。这种划分 VLAN 方法的优点是，当用户的物理位置移动时，即从一台交换机切换到其他交换机时，VLAN 不用重新配置。

基于 MAC 地址划分 VLAN 的缺点是，当设备初始化时，所有主机的 MAC 地址都必须被记录下来，然后才能划分 VLAN。如果有几百个甚至上千个用户，配置工作量巨大，这种划分方法也会导致交换机的执行效率降低。因为在每个交换机接口中，都可能存在多个 VLAN 组成员，无法限制广播包的数量。

（3）基于网络层划分 VLAN

基于网络层划分 VLAN 是根据每台主机的网络地址或协议类型（如果支持多协议）进行划分的。这种方法的优点是，用户的物理位置改变时，不需要重新配置所属 VLAN。基于网络层划分 VLAN 不需要附加帧标签来识别 VLAN，这样可以减少网络通信。

这种方法的缺点是效率低，因为交换机要检查每个数据包的网络地址，非常费时（相对于前面两种方法），一般交换机芯片都可以自动检查网络上的以太网帧头，但使用芯片检查 IP 包头，需要设备具有更高的性能。

（4）基于 IP 组播划分 VLAN

IP 组播实际上也是一种划分 VLAN 的方法，即认为一个组播组就是一个 VLAN。

这种划分 VLAN 的方法可以把 VLAN 配置延伸到广域网，具有更大的灵活性。但这种配置方案需要通过三层路由进行扩展，和直接使用三层设备子网技术相比，效率不高。

3. 802.1q 协议

由于同一个 VLAN 的成员可能会跨越多台交换机进行连接，如图 2-22 所示，不同 VLAN 的数据帧需要通过两台交换机之间的同一条主干（Trunk）链路进行传输。此时跨越交换机的数据帧必须封装一个特殊标签，以声明它属于哪一个VLAN，方便转发传输。

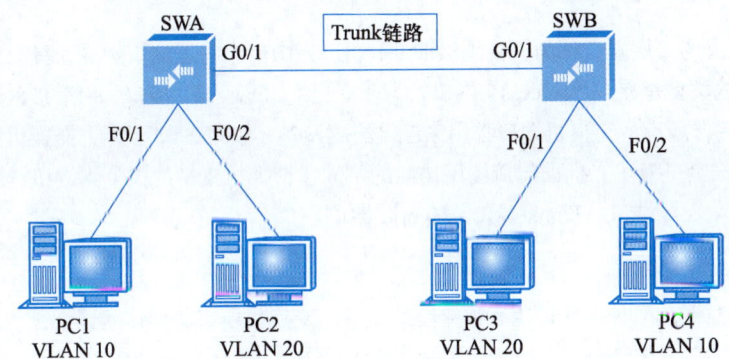

图 2-22 Trunk 主干链路通信

802.1q 为标识带有 VLAN 成员信息的帧建立了一种标准，通过在交换机上配置 Trunk 端口，为每一个通过该端口上的数据帧增加和拆除 VLAN 的标签信息，实现 Trunk 链路上承载多个 VLAN 的通信。

配置 802.1q 协议的 Trunk 链路可以传输带标签帧或无标签数据帧。802.1q 协议将一个包含 VLAN 标签的字段插入到以太网数据帧中，形成新的 802.1q 帧。如果对端端口也支持 802.1q 协议，这些带有标签的 802.1q 数据帧可以在多台交换机之间传送 VLAN 成员信息，实现分布在多台交换机上的属于同一个 VLAN 内成员之间相互通信。

IEEE 组织规划的 802.1q 协议为交换机之间的 Trunk 端口提供了技术支持。每一台支持 802.1q 协议的交换机设备在转发数据帧时，都在原来的以太网 802.3 数据帧的源 MAC 地址后，增加一个 4 B 的 802.1q 帧头信息，再接上原来的以太网数据帧，形成新的 802.1q 帧。

增加的 4 B 包含 2 B 的标签协议标识（Tag Protocol Identifier，TPID）和 2 B 的标签控制信息（Tag Control Information，TCI）。其中 TPID 是 IEEE 定义的新类型，表明这是 802.1q 的标签数据帧。802.1q 帧头的详细信息如图 2-23 所示。

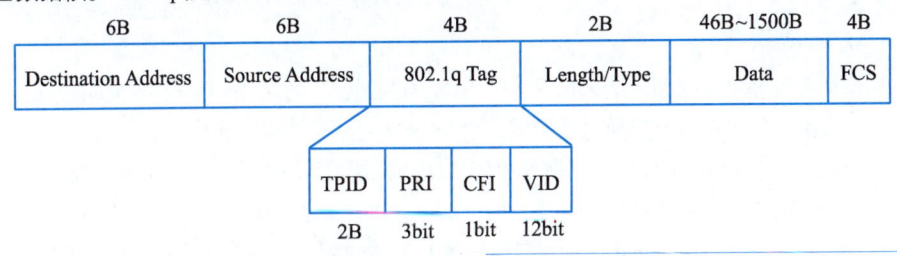

图 2-23 802.1q 帧头格式

IEEE 802.1q 帧头中的信息解释如下。

① TPID：标签协议标志字段，固定值为 0x8100，说明该帧是 802.1q 帧。

② TCI：标签控制信息字段，包括用户优先级（User Priority）、规范格式指示器（Canonical Format Indicator，CFI）和 VIDentified（VID）。

③ User Priority（PRI）：3 位，指明帧优先级，决定交换机拥塞时优先发送哪个数据帧。

④ CFI：1 位，用于总线型以太网与 FDDI、令牌环网帧格式。在以太网中，CFI 总被设置为 0。

⑤ VID：12 位。指明 VLAN 的 ID 编号（VLAN ID），支持 802.1q 协议的交换机 Trunk 端口发送帧时包含这个域，指明属于哪一个 VLAN。该字段为 12 位，理论上支持 4096（2^{12}）个 VLAN。去除 0 和 4095 为预留，最大值为 4094，其中默认交换机 VLAN 为 1。

4．交换机的端口类型

交换机上的二层端口称为交换（Switch）端口，由单个物理端口构成，具有二层交换功能。该接口的类型是接入（Access）端口，为非标记（Untagged）接口，用来接入计算机等终端设备。但并非所有的交换机端口都用来连接终端设备，如图 2-22 所示，交换机中的一个端口连接另外一台交换机。根据端口应用功能的不同，交换机支持的以太网端口链路类型有 3 种，分别为 Access 端口、Trunk 端口、Hybrid 端口。

（1）Access 端口

默认情况下，Access 端口用于连接终端设备。交换机所有的端口默认都是 Access 端口，每个 Access 端口只属于一个 VLAN，默认属于 VLAN 1。

如图 2-24 所示，PC1 和 PC2 同属于 VLAN 10，现在 PC1 向 PC2 发送数据，G0/0/0 端口是 Access 端口，在接收到来自 PC1 的数据帧时，会判断是否携带有 VID，如果没有，则打上 VID，再进行交换转发。G0/0/1 端口也是 Access 端口，在收到数据帧时，先将数据帧中的 VID 剥离，再发送给 PC2。至此，PC2 接收到的数据与 PC1 发送的数据相同。

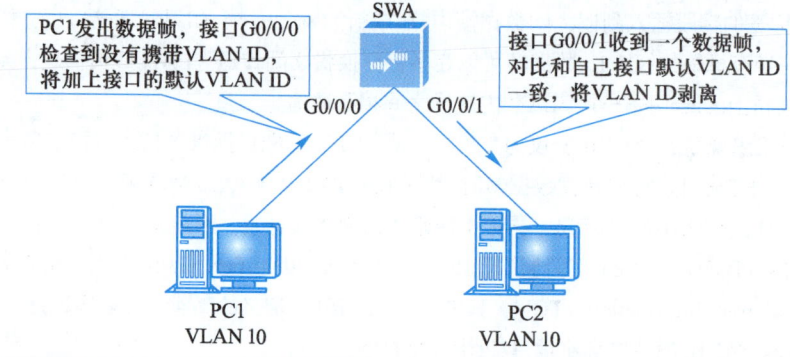

图 2-24
Access 端口收发数据

（2）Trunk 端口

Trunk 端口可以接收和发送来自多个 VLAN 的数据帧，通常用于交换机与交换机之间的连接，可以实现分布在多台交换机上的同一个 VLAN 内成员的相互通信。

对于每一个 Trunk 端口，除了要配置端口的虚拟局域网 ID 号（Port-base VLAN ID，PVID），还需配置允许通过的 VID 列表。Trunk 端口的收发规则如下。

① 发送端：当一个 tagged 帧从本交换机的其他端口到达 Trunk 端口后，若这个帧 tag 中的 VID 不在允许通过的 VID 列表中，则该 tagged 帧会被直接丢弃；若这个帧 tag 中的 VID 在允许通过的 VID 列表中，则比较 VID 和 PVID 是否相同。若相同，交换机将对 tagged 帧的 tag 进行剥离，得到 untagged 帧从链路上发送出去；如不相同，则直接将此帧从链路上发送出去，不会对 tag 进行剥离。

② 接收端：当 Trunk 端口从链路上收到一个 untagged 帧后，交换机为此帧添加 VID 为 PVID 的 tag，查看 PVID 是否在允许通过的 VID 列表中。若在允许列表中，则对此 tagged 帧进行转发操作；若不在允许列表中，则直接丢弃。

当 Trunk 端口从链路上收到一个 tagged 帧后，交换机查看此帧的 tag 中 VID 是否在允许通过的 VID 列表中，若在列表中，则对该 tagged 帧进行转发操作；若不在允许列表中，则直接丢弃该 tagged 帧。

如图 2-25 所示，PC1 和 PC2 同属于 VLAN 10，现在 PC1 向 PC2 发送数据，SWA 的 G0/0/2 是 Trunk 端口，此时是发送数据帧的端口，当 G0/0/2 从 SWA 上收到来自 PC1 发送的 tagged 帧后，查看此帧的 tag 中 VID 是否在允许通过的 VID 列表中，若不在，则该 tagged 帧会被直接丢弃。若在允许列表中，则比较 VID 和 G0/0/2 的 PVID 是否相同，若相同，则剥离此帧的 tag，G0/0/2 发送出去的帧为 untagged 帧；若 VID 和 PVID 不相同，G0/0/2 发送出去的帧则为 tagged 帧。

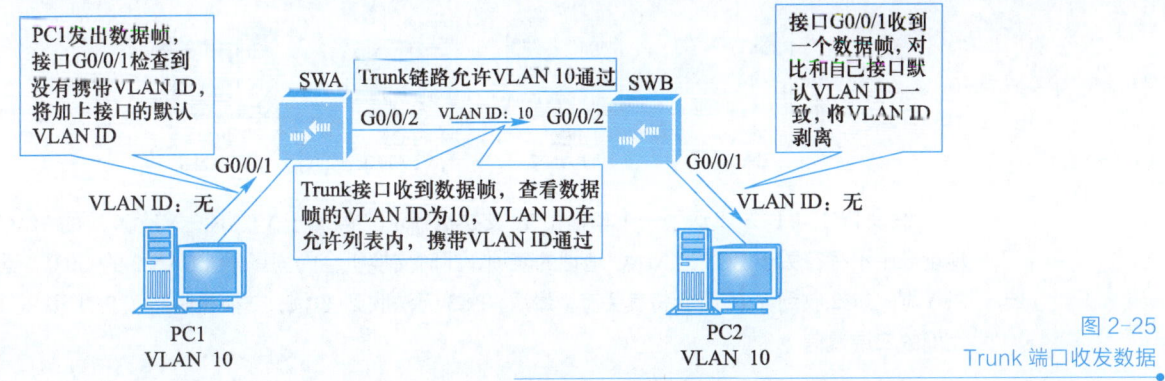

图 2-25 Trunk 端口收发数据

同理可推出 SWB 的 G0/0/2 端口接收数据帧时的过程。最终 PC2 接收到的数据与 PC1 发送的数据相同。

（3）Hybrid 端口

Hybrid 端口能承载多个 VLAN 的数据，用于交换机与交换机之间的连接，也可以用于交换机与终端设备之间的连接。Hybrid 端口与 Trunk 端口在接收数据帧的行为上大体同，这里不再赘述。

Trunk 端口在发送数据帧时，仅当待发送数据帧的 VID 与发送接口的 PVID 相同时，数据帧的 tag 才会被删除，发送其他 VLAN 的数据帧都是携带 tag 的。Hybrid 端口发送数据帧的行为与 Trunk 端口不同的是，可通过命令指定 Hybrid 端口在发送某个或某些 VLAN 的数据帧时不携带 tag。

5. VLAN 的基本原理

以太网交换机根据目的 MAC 地址和 MAC 地址表进行数据帧的转发，MAC 地址表中包含了 MAC 地址与交换机端口的对应关系。在 VLAN 技术中，交换机在数据帧中加上一个标签，交换机在查询 MAC 地址表时，还要检查此标签与端口上的标签是否一致，若一致，则进行转发操作，否则丢弃该帧。

（1）VLAN 内同一交换机的通信原理

如图 2-26 所示，一台交换机连接 4 台 PC，在交换机上进行 VLAN 配置，将 4 台 PC 分别划分至 VLAN 2 和 VLAN 3 中。注意，计算机本身没有 VLAN 的概念，不能感知 VLAN，也不会在计算机上进行任何有关 VLAN 的配置。

假设 PC1 发送了一个广播帧 X，从属于 VLAN 2 的 G0/0/0 端口进入交换机，交换机此时会判定 X 帧属于 VLAN 2，于是只会向同属于 VLAN 2 的 G0/0/1 进行泛洪。最后，PC2 能够收到 X 帧，PC3 和 PC4 因为不属于 VLAN2 而接收不到 X 帧。

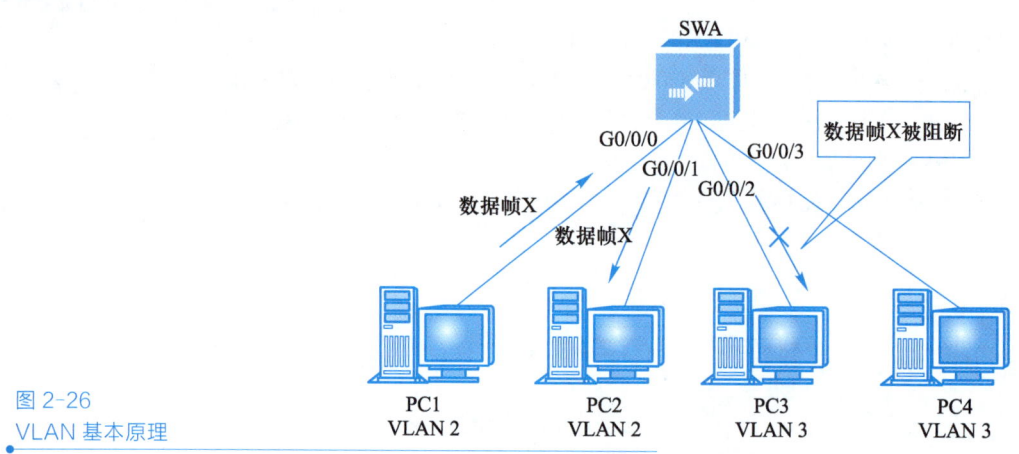

图 2-26
VLAN 基本原理

假设 PC1 向 PC3 发送了一个单播帧 Y，交换机判定 Y 帧属于 VLAN 2。VLAN 2 的 MAC 地址表中不存在关于 PC3 的 MAC 地址的表项，此时交换机会向同属于 VLAN 2 的 G0/0/1 泛洪 Y 帧，PC2 收到 Y 帧后会将其丢弃。最后，PC3 无法收到 Y 帧，交换机阻断了 PC1 和 PC3 之间的二层通信。

（2）VLAN 内跨越交换机的通信原理

如图 2-27 所示，两台交换机和 4 台 PC 组成了交换网络，在两个交换机上进行 VLAN 配置，将 PC1 和 PC3 划分至 VLAN 2，将 PC2 和 PC3 划分至 VLAN 3，两台交换机之间的链路允许 VLAN 2 和 VLAN 3 通过。

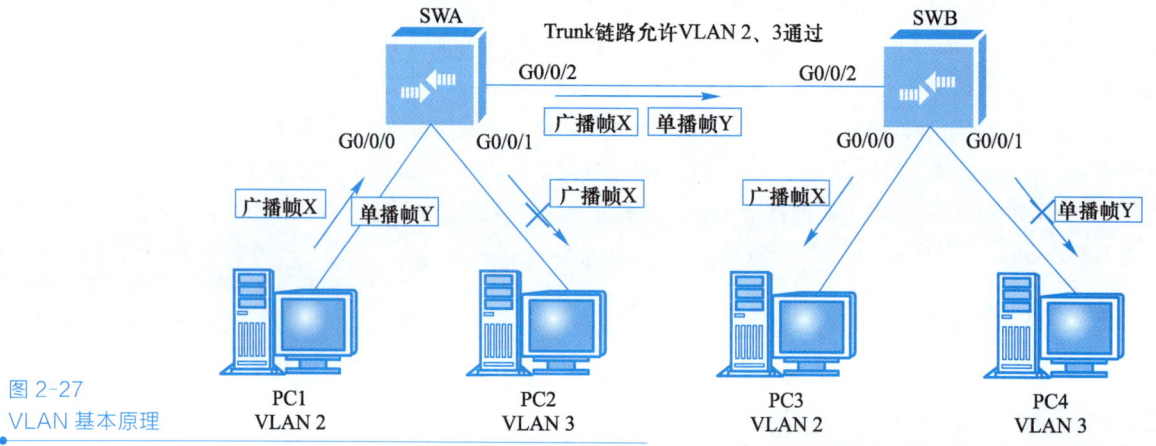

图 2-27
VLAN 基本原理

假设 PC1 发送了一个广播帧 X，从属于 VLAN 2 的 G0/0/0 端口进入 SWA，SWA 会判定 X 帧属于 VLAN 2，向 G0/0/2 泛洪。SWB 从 G0/0/2 收到 X 帧后，会识别出 X 帧属于 VLAN 2，于是向 G0/0/0 泛洪，最后 PC3 收到 X 帧。

假设 PC1 向 PC4 发送了一个单播帧 Y，SWA 判定 Y 帧属于 VLAN2。SWA 的 VLAN 2 的 MAC 地址表中不存在关于 PC4 的 MAC 地址的表项，此时 SWA 会向允许 VLAN 2 通过的 G0/0/2 泛洪 Y 帧。SWB 从 G0/0/2 收到 Y 帧后，会识别出 Y 帧属于 VLAN 2。SWB 中 VLAN 2 的 MAC 地址表中不存在关于 PC4 的 MAC 地址的表项，此时 SWB 会向同属于 VLAN 2 的 G0/0/0 泛洪 Y 帧，PC3 收到 Y 帧后会将其丢弃。最后，PC4 无法收到 Y 帧，阻断了 PC1 和 PC4 之间的二层通信。

（3）VLAN 间的通信原理

属于不同 VLAN 的计算机之间无法进行二层通信，但不是无法进行通信。事实上，这些计算机之间完全可以进行正常的通信，只不过它们之间的通信不是二层通信，而是三层通信。实现不同 VLAN 之间的三层通信有以下 3 种方法。

1）通过多臂路由实现 VLAN 间的三层通信

在交换网络中引入一台路由器，路由器的作用是在不同的 VLAN（即不同的二层广播域）之间建立起三层通道。如图 2-28 所示，从路由器的 G0/0/0 和 G0/0/1 分别引出一条物理链路，每条物理链路被形象地称为路由器的一条"手臂"，因此图中的路由器也被称为"双臂路由器"，或"多臂路由器"。

2）通过单臂路由实现 VLAN 间的三层通信

通过多臂路由器实现 VLAN 间的三层通信面临着一个主要问题，每一个 VLAN 都需要占用路由器上的一个物理接口，VLAN 数目越多，需要占用的路由器接口越多。而路由器上的物理接口数量是有限的，无法支持较多的 VLAN。在实际组网中，几乎不会通过多臂路由器来实现 VLAN 间的三层通信。

为了节省路由器的物理接口资源，还可以采用单臂路由器的方法来实现 VLAN 间的三层通信。如图 2-29 所示，在路由器的物理端口上启动虚拟端口（子端口），并在该端口上启用 802.1q 协议。一个路由器的物理接口可以启动多个子接口，不同的子接口对应不同的 VLAN。这些子接口的 MAC 地址均为物理接口的 MAC 地址，但它们的 IP 地址各不相同。一个子接口的 IP 地址为该子接口所对应的 VLAN 的默认网关地址。

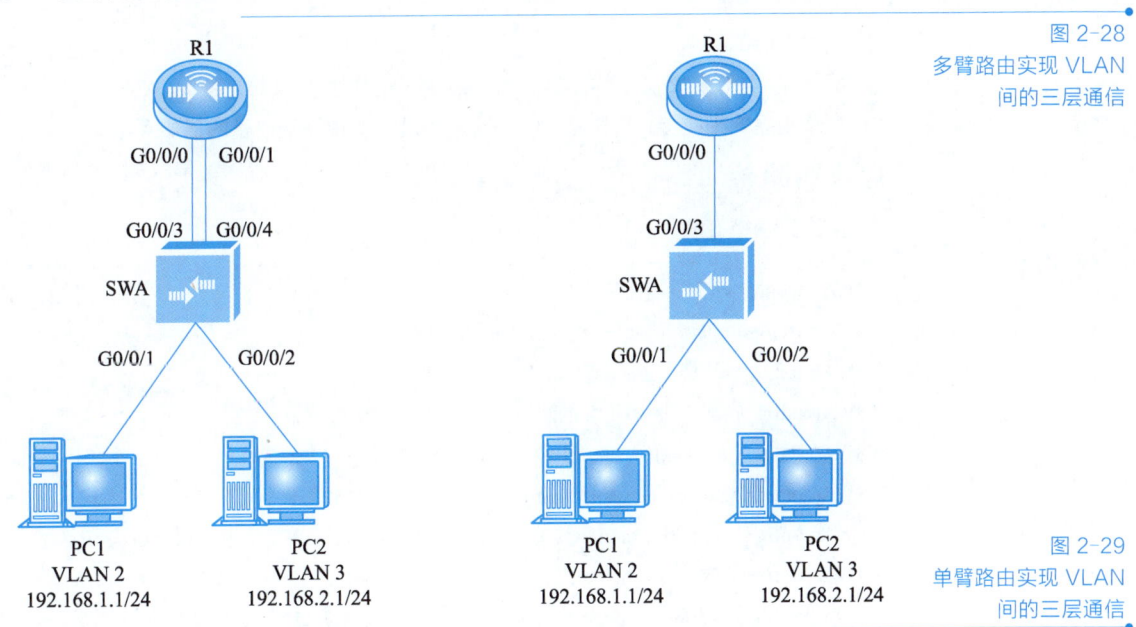

图 2-28 多臂路由实现 VLAN 间的三层通信

图 2-29 单臂路由实现 VLAN 间的三层通信

3）通过三层交换机实现 VLAN 间的三层通信

由于受到路由器接口带宽的限制及路由器本身所采用的软件转发方式，使用单臂路由技术实现 VLAN 间的三层通信时，容易出现速度慢、转发速率低的"瓶颈"。在实际组网中，一般通过三层交换机实现不同 VLAN 之间的相互通信。

三层交换机结合了二层交换机的交换功能和路由器的三层功能的优势，是带有路由功能的交换机，可以将它看成一台路由器和一台二层交换机的叠加，可以在三层交换机上启用虚拟接口（Switch Virtual Interface，SVI）技术，实现 VLAN 之间的通信，如图 2-30 所示。

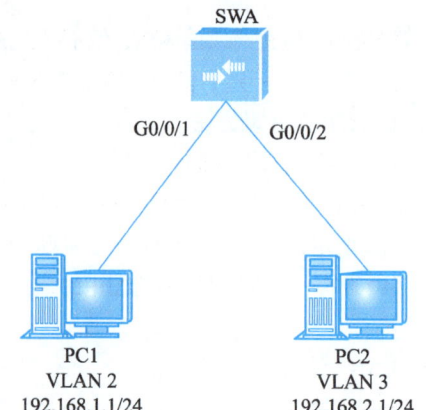

图 2-30
三层交换机实现 VLAN
间的三层通信

2.3.2　VLAN 配置

微课 2-7
VLAN 配置

1．通过多臂路由实现 VLAN 间的三层通信

（1）组网要求

如图 2-28 所示，在路由器上配置接口 IP 地址，PC1 与 PC2 通过三层实现不同 VLAN 间通信。

（2）配置要点

① 创建 VLAN。
② 配置连接 PC 和路由器的接口为 Access 接口，并划分至相应的 VLAN。
③ 在路由器的相应接口上配置 PC 的网关地址，实现终端设备的三层互通。

（3）具体配置

1）配置交换机 SWA

```
SWA>enable    // 进入特权模式
SWA #configure terminal    // 进入全局配置模式
SWA(config) #vlan 2    // 创建 VLAN 2
SWA(config-vlan) #vlan 3    // 创建 VLAN 3
SWA(config-vlan) #exit    // 退出 VLAN 视图
SWA(config) #interface gigabitEthernet 0/0/1    // 进入接口
SWA(config-if-GigabitEthernet 0/0/1) #switchport access vlan 2    //划分 G0/0/1 至 VLAN 2
SWA(config-if-GigabitEthernet 0/0/1) #exit    // 退出接口视图
SWA(config) #interface  gigabitEthernet 0/0/2    // 进入接口
SWA(config-if-GigabitEthernet 0/0/2) #switchport access vlan 3    //划分 G0/0/2 至 VLAN 3
SWA(config-if-GigabitEthernet 0/0/2) #exit    // 退出接口视图
SWA(config) #interface  gigabitEthernet 0/0/3    // 进入接口
SWA(config-if-GigabitEthernet 0/0/3) #switchport access vlan 2    //划分 G0/0/3 至 VLAN 2
SWA(config-if-GigabitEthernet 0/0/3) #exit    // 退出接口视图
SWA(config) #interface  gigabitEthernet 0/0/4    // 进入接口
```

```
SWA(config-if-GigabitEthernet 0/0/4) #switchport access vlan 3   //划分 G0/0/4 至 VLAN 3
SWA(config-if-GigabitEthernet 0/0/4) #exit  // 退出接口视图
```

2）配置路由器

```
R1>enable  // 进入特权模式
R1 #configure terminal    // 进入全局配置模式
R1(config) #interface gigabitEthernet 0/0/0    // 进入接口
R1(config-if-GigabitEthernet 0/0/0) #ip address 192.168.1.254 255.255.255.0   // 接口 IP 地址
为 PC1 的网关
R1(config-if-GigabitEthernet 0/0/0) # exit    // 退出接口视图
R1(config) #interface gigabitEthernet 0/0/1    // 进入接口
R1(config-if-GigabitEthernet 0/0/1) #ip address 192.168.2.254 255.255.255.0
// 配置接口 IP 地址为 PC2 的网关
R1(config-if-GigabitEthernet 0/0/1) # exit    // 退出接口视图
```

（4）验证配置

使用 PC1 访问 PC2，可正常访问。

2. 通过单臂路由实现 VLAN 间的三层通信

（1）组网要求

如图 2-29 所示，在路由器上进行子接口的相关配置，使 PC1 与 PC2 通过三层实现不同 VLAN 间的通信。

（2）配置要点

① 创建 VLAN 并在接口上划分 VLAN。
② 配置路由器子接口。

（3）具体配置

1）配置交换机

```
SWA>enable  // 进入特权模式
SWA #configure terminal    // 进入全局配置模式
SWA(config) #vlan 2   //  创建 VLAN 2
SWA(config-vlan) #vlan 3   //  创建 VLAN 3
SWA(config-vlan) #exit    // 退出 VLAN 视图
SWA(config) #interface   gigabitEthernet 0/0/1    // 进入接口
SWA(config-if-GigabitEthernet 0/0/1) #switchport access vlan 2 //划分 G0/0/1 至 VLAN 2
SWA(config-if-GigabitEthernet 0/0/1) #exit    // 退出接口视图
SWA(config) #interface   gigabitEthernet 0/0/2    // 进入接口
SWA(config-if-GigabitEthernet 0/0/2) #switchport access vlan 3 //划分 G0/0/2 至 VLAN 3
SWA(config-if-GigabitEthernet 0/0/2) #exit    // 退出接口视图
```

```
SWA(config) #interface  gigabitEthernet 0/0/3        // 进入接口
SWA(config-if-GigabitEthernet 0/0/3) #switchport mode trunk    //接口类型为 Trunk
SWA(config-if-GigabitEthernet 0/0/3) #exit     // 退出接口视图
```

2）配置路由器

```
R1>enable    // 进入特权模式
R1 #configure terminal     // 进入全局配置模式
R1(config) #interface  gigabitEthernet 0/0/0.10    // 进入子接口
R1(config-if-GigabitEthernet 0/0/0.10) #encapsulation dot1Q 2    // 接口封装 VLAN 2 的帧
R1(config-if-GigabitEthernet 0/0/0.10) #ip address 192.168.1.254 255.255.255.0    // 接口 IP 地址
R1(config-if-GigabitEthernet 0/0/0.10) #exit     退出接口视图
R1(config-if-GigabitEthernet 0/0/0.20) #encapsulation dot1Q 3    //接口封装 VLAN 3 的帧
R1(config-if-GigabitEthernet 0/0/0.20) #ip address 192.168.2.254 255.255.255.0    // 接口 IP 地址
R1(config-if-GigabitEthernet 0/0/0.20) #exit     // 退出接口视图
```

（4）配置验证

使用 PC1 访问 PC2，可正常访问。

3．通过三层交换机实现 VLAN 间的三层通信

（1）组网要求

如图 2-30 所示，使用交换机的三层功能使 PC1 与 PC2 进行不同 VLAN 间的通信。

（2）配置要点

① 创建 VLAN。
② 划分 VLAN。
③ 配置 SVI 的 IP 地址。

（3）具体配置

```
SWA>enable    // 进入特权模式
SWA #configure terminal     // 进入全局配置模式
SWA(config) #vlan 2     // 创建 VLAN 2
SWA(config-vlan) #vlan 3    // 创建 VLAN 3
SWA(config-vlan) #exit     // 退出 VLAN 视图
SWA(config) #interface gigabitEthernet 0/0/1     // 进入接口
SWA(config-if-GigabitEthernet 0/0/1) #switchport access vlan 2 //划分 G0/0/1 至 VLAN 2
SWA(config-if-GigabitEthernet 0/0/1) #exit    // 退出接口视图
SWA(config) #interface gigabitEthernet 0/0/2     // 进入接口
SWA(config-if-GigabitEthernet 0/0/2) #switchport access vlan 3 //划分 G0/0/2 至 VLAN 3
SWA(config-if-GigabitEthernet 0/0/2) #exit    // 退出接口视图
SWA(config) # interface vlan 2    // 创建 VLAN 2 的 SVI 接口
```

> SWA(config-if-VLAN 2) #ip address 192.168.1.254 255.255.255.0   //SVI 接口的 IP 地址
> SWA(config-if-VLAN 2) #exit   // 退出 SVI 接口视图
> SWA(config) # interface vlan 3   // 创建 VLAN 3 的 SVI 接口
> SWA(config-if-VLAN 3) #ip address 192.168.2.254 255.255.255.0   //SVI 接口的 IP 地址
> SWA(config-if-VLAN 3) #exit   // 退出 SVI 接口视图

（4）验证配置

使用 PC1 访问 PC2，可正常访问。

4. 综合实验

（1）组网要求

新成立的某公司有财务部、人力资源部、项目部、总经办 4 个部门，终端接在了交换机 SWA 的 F0/1、F0/2、F0/3、F0/4 接口，不同部门不在同一个 VLAN 内。

- 财务部 IP 地址：192.168.1.2 255.255.255.0。
- 人力资源部 IP 地址：192.168.2.1 255.255.255.0。
- 项目部 IP 地址：192.168.3.1 255.255.255.0。
- 总经办 IP 地址：192.168.1.1 255.255.255.0。

人力资源部和项目部的 VLAN 为 20。公司网络拓扑如图 2-31 所示。

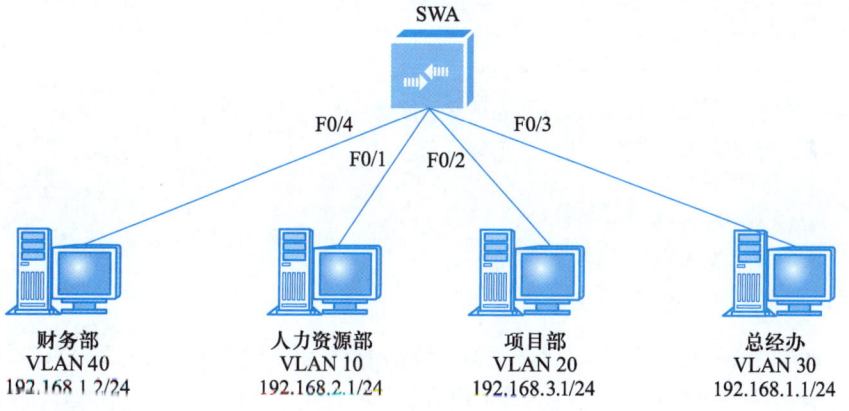

图 2-31 VLAN 配置示例

（2）配置要点

① 创建 VLAN。
② 将 VLAN 与各部门连接的接口类型配置为 Access 接口。
③ 将各个部门对应的 VLAN 配置到相应接口。
④ 使用三层接口，互相访问。

（3）配置步骤

> SWA>enable   // 进入特权模式
> SWA #configure terminal   // 进入全局配置模式
> SWA(config) #vlan 10   // 创建 VLAN 10
> SWA(config-vlan) #vlan 20   // 创建 VLAN 20

```
SWA(config-vlan) #vlan 30              // 创建 VLAN 30
SWA(config-vlan) #vlan 40              // 创建 VLAN 40
SWA(config-vlan) #exit                 // 退出 VLAN 视图
SWA(config) #interface fastethernet 0/1              // 进入端口 F0/1
SWA(config-if-Fastethernet 0/1) #switchport access vlan 10       //划分 F0/1 至 VLAN 10
SWA (config-if-Fastethernet 0/1) #exit               // 退出接口视图
SWA(config) #interface fastethernet 0/2              // 进入端口 F0/2
SWA(config-if-Fastethernet 0/2) #switchport access vlan 20       //划分 F0/2 至 VLAN 20
SWA(config-if-Fastethernet 0/2) #exit                // 退出接口视图
SWA(config) #interface fastethernet 0/3              // 进入端口 F0/3
SWA(config-if-Fastethernet 0/3) # switchport access vlan 30      //划分 F0/3 至 VLAN 30
SWA (config-if-Fastethernet 0/3) #exit               // 退出接口视图
SWA(config) #interface fastethernet 0/4              // 进入端口 F0/4
SWA(config-if-Fastethernet 0/4) # switchport access vlan 40      //划分 F0/4 至 VLAN 40
SWA(config) #interface vlan 10         // 创建 VLAN 10 的 SVI 接口
SWA (config-if-vlan 10)ip address 192.168.2.254   255.255.255.0   // SVI 接口的 IP 地址
SWA(config) #interface vlan 20         // 创建 VLAN 20 的 SVI 接口
SWA (config-if-vlan 20)ip address 192.168.3.254   255.255.255.0
```

（4）配置验证

测试总经办访问财务部，可正常访问。

测试总经办访问人力资源部，不能正常访问。

测试人力资源部访问项目部，可正常访问。

2.3.3 Trunk 配置

微课 2-8
Trunk 配置

1. 组网要求

某公司网络拓扑如图 2-32，要求财务部和总经办可以互相通信，人力资源部和项目部可以互相访问，其余不能通信。VLAN 规划财务部和总经办为 VLAN 10，人力资源部和项目部为 VLAN 20。

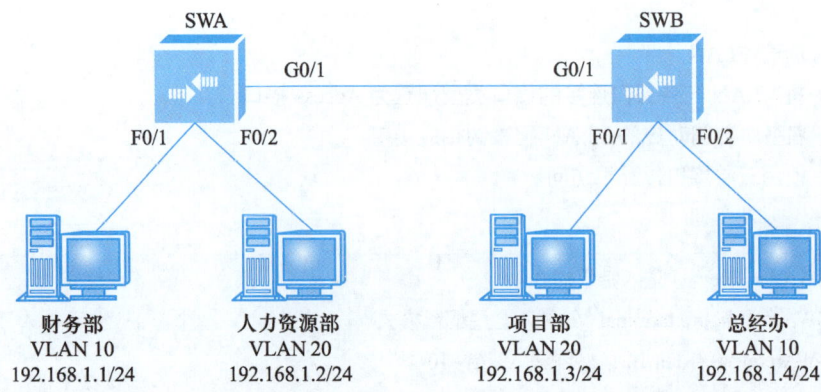

图 2-32
Trunk 配置示例

- 财务部 IP 地址：192.168.1.1 255.255.255.0。
- 人力资源部 IP 地址：192.168.1.2 255.255.255.0。
- 项目部 IP 地址：192.168.1.3 255.255.255.0。
- 总经办 IP 地址：192.168.1.4 255.255.255.0。

2．配置要点

① 创建 VLAN。
② 将 VLAN 与各部门连接的接口类型配置为 Access 接口。
③ 将各个部门对应的 VLAN 配置到相应接口。
④ 在两台交换机上配置 Trunk 接口并允许 VLAN 通过。

3．配置步骤

（1）配置 SWA 交换机

```
SWA>enable    // 进入特权模式
SWA #configure terminal    // 进入全局配置模式
SWA(config) #vlan 10    // 创建 VLAN 10
SWA(config-vlan) #vlan 20    // 创建 VLAN 20
SWA(config-vlan) #exit    // 退出 vlan 视图
SWA(config) #interface fastethernet 0/1    // 进入端口 F0/1
SWA(config-if-Fastethernet 0/1) #switchport access vlan 10    //划分 F0/1 至 VLAN 10
SWA(config-if-Fastethernet 0/1) #exit    // 退出接口视图
SWA(config) #interface fastethernet 0/2    // 进入端口 F0/2
SWA(config-if-Fastethernet 0/2) #switchport access vlan 20    //划分 F0/2 至 VLAN 20
SWA(config-if- Fastethernet 0/2) #exit    // 退出接口视图
SWA(config) #interface gigabitEthernet 0/1    // 进入端口 G0/1
SWA(config-if-GigabitEthernet 0/1) #switchport mode trunk    // 将 G0/1 接口类型改为 trunk
```

（2）配置 SWB

```
SWB>enable    // 进入特权模式
SWB #configure terminal    // 进入全局配置模式
SWB(config) #vlan 10    // 创建 VLAN 10
SWB(config-vlan) #vlan 20    // 创建 VLAN 20
SWB(config-vlan) #exit    // 退出 VLAN 视图
SWB(config) #interface fastethernet 0/1    // 进入端口 F0/1
SWB(config-if-Fastethernet 0/1) #switchport access vlan 10    //划分 F0/1 至 VLAN 10
SWB(config-if-Fastethernet 0/1) #exit    // 退出接口视图
SWB(config) #interface fastethernet 0/2    // 进入端口 F0/2
SWB(config-if-Fastethernet 0/2) #switchport access vlan 20    //划分 F0/2 至 VLAN 20
SWB(config-if-Fastethernet 0/2) #exit    // 退出接口视图
SWB(config) #interface gigabitEthernet 0/1    // 进入端口 G0/1
SWB(config-if-GigabitEthernet 0/1) #switchport mode trunk    // 将 G0/1 接口类型改为 trunk
```

4．配置验证

测试总经办访问财务部，可正常访问。
测试总经办访问人力资源部，无法正常访问。
测试人力资源部访问项目部，可正常访问。
测试人力资源部访问财务部，无法正常访问。

2.3.4 链路聚合配置

1．组网要求

微课 2-9
链路聚合配置

某公司内网流量比较大，现在一个千兆口已经无法满足使用需求，现拟使用链路聚合技术将带宽增加至 1000 Mbit/s，以满足内网使用需求。

要求财务部和总经办可以互相通信，人力资源部和项目部可以互相访问，其余不能通信。VLAN 规划财务部和总经办为 VLAN 10，人力资源部和项目部为 VLAN 20，如图 2-33 所示。

- 财务部门 IP 地址：192.168.1.1 255.255.255.0。
- 人力资源部 IP 地址：192.168.1.2 255.255.255.0。
- 项目部 IP 地址：192.168.1.3 255.255.255.0。
- 总经办 IP 地址：192.168.1.4 255.255.255.0。

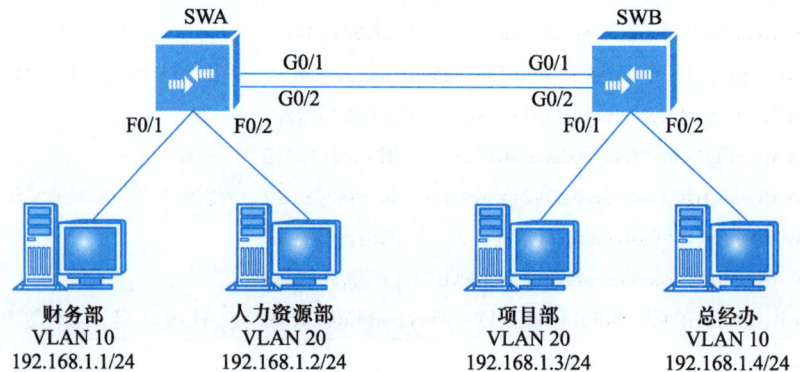

图 2-33 链路聚合配置示例

2．配置要点

① 创建 VLAN。
② 将 VLAN 与各部门连接的接口类型配置为 Access 接口。
③ 将各个部门对应的 VLAN 配置到相应接口。
④ 在两台交换机上配置 Trunk 接口并允许 VLAN 通过。

3．配置步骤

（1）配置 SWA 交换机

```
SWA>enable              // 进入特权模式
SWA #configure terminal // 进入全局配置模式
SWA(config) #vlan 10    // 创建 VLAN 10
```

SWA(config-vlan) #vlan 20　　// 创建 VLAN 20
SWA(config-vlan) #exit　　// 退出 VLAN 视图
SWA(config) #interface fastethernet 0/1　　// 进入端口 F0/1
SWA(config-if- fastethernet 0/1) #switchport access vlan 10　　//划分 F0/1 至 VLAN 10
SWA(config-if-Fastethernet 0/1) #exit　　// 退出接口视图
SWA(config) #interface fastethernet 0/2　　// 进入端口 F0/2
SWA(config-if-fastethernet 0/2) #switchport access vlan 20　　//划分 F0/2 至 VLAN 20
SWA(config-if- fastethernet 0/2) #exit　　// 退出接口视图
SWA(config) #interface range gigabitEthernet 0/1-2　　// 同时进入到 G0/1-2 配置模式
SWA(config-if-range) #port-group 1　　//聚合端口 AG1
SWA(config-if-range) #exit　　// 退出接口视图
SWA(config) #interface aggregateport 1　　//进入 AG1 口模式
SWA(config-if-AggregatePort 1) #switchport mode trunk　　//AG1 口为 Trunk 口
SWA(config-if-AggregatePort 1) #exit　　//退出聚合端口

（2）配置 SWB 交换机

SWB>enable　　// 进入特权模式
SWB #configure terminal　　// 进入全局配置模式
SWB(config) #vlan 10　　// 创建 VLAN 10
SWB(config-vlan) #vlan 20　　// 创建 VLAN 20
SWB(config-vlan) #exit　　// 退出 VLAN 视图
SWB(config) #interface fastethernet 0/1　　// 进入端口 F0/1
SWB(config-if- fastethernet 0/1) #switchport access vlan 20　　//划分 F0/1 至 VLAN 20
SWB(config-if-Fastethernet 0/1) #exit　　// 退出接口视图
SWB(config) #interface fastethernet 0/2　　// 进入端口 F0/2
SWB(config-if-fastethernet 0/2) #switchport access vlan 10　　//划分 F0/2 至 VLAN 10
SWB(config-if- fastethernet 0/2) #exit　　// 退出接口视图
SWB(config) #interface range gigabitEthernet 0/1-2　　// 同时进入 G0/1-2 配置模式
SWB(config-if range) #port-group 1　　//AG1 为聚合端口
SWB(config-if-range) #exit　　// 退出接口视图
SWB(config) #interface aggregateport 1　　//进入 AG1 口配置模式
SWB(config-if-AggregatePort 1) #switchport mode trunk　　//AG1 为 Trunk 口

4．配置验证

使用 show aggregatePort summary 命令查看聚合端口状态。
测试总经办访问财务部，可正常访问。
测试总经办访问财务部，无法正常访问。

2.4　网络工程项目实施文档的编写

某新建学校有教学楼 2 栋、办公楼 1 栋和实验楼 1 栋，楼宇间最大距离为 40 m，楼层最

微课 2-10
网络工程项目实施
文档的编写

大长度为 100 m，楼层高度为 3.5 m，均为 6 层楼房。每栋楼最多有 50 台教学办公计算机，实验楼共有 3 间机房，每间机房计算机数量不超过 45 台，教师工作部、人事部、财务部均在办公楼，其中教师工作部共有 55 台计算机，人事部和财务部各 5 台计算机。

学校计划建设自己的企业园区网络，提供一个安全、可靠、可扩展、高效的网络环境。

（1）项目总体设计

该校网络为全新建设，应满足外部上网、内部员工办公等网络需求，并遵循高性能、安全性、标准开放性、灵活性及可扩展性等建网原则，保障网络及设备的高吞吐能力，保证各种信息（数据、语音、图像）的高质量传输，保证各项业务的高效、高质完成处理。根据未来业务的增长和变化，新建网络可以平滑地扩充和升级，最大程度地减少对网络架构和现有设备的调整。

（2）项目实施拓扑图

通过需求沟通和设备清单对比，规划完成如图 2-34 所示拓扑图。

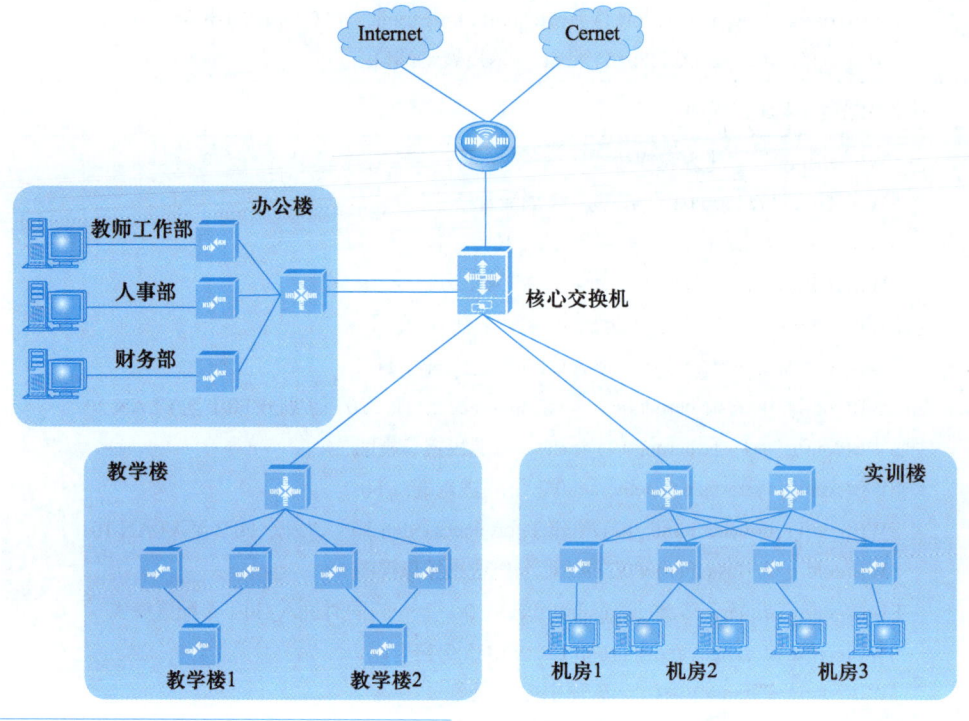

图 2-34 新建网络拓扑图

（3）设备部署规划

设备部署规划包含设备命名规划、软件版本规划、端口描述规划等。

- 设备命名规划：实验楼一层 101 机房的交换机设备命名为 ShiYan1-1F-101。
- 软件版本规划：设备类型 S8610，软件版本 RGOS 10.3（5b1）-Release（87006）。
- 端口描述规划：TO-设备名称-端口编号-V+VID。例如，用 VLAN 连接 ShiYan1-1F-10 的 GE1/1 端口，VLAN 号是 100，描述为 TO-ShiYan1-1F-101-GE1/1-V100。

（4）IP 地址分配

IP 地址分配包含交换机管理地址分配、路由器地址分配等。

管理地址使用 172.16.2.0/24 网段；路由器到核心交换机之间使用 172.16.3.1/30 互连互通；核心交换机到汇聚交换机之间使用 172.16.3.32/27 互连互通。

（5）关键设备详细配置及实现

```
SWA(config) # vlan range 100 to 104    // 创建 VLAN 100-104
SWA(config) #vlan 100    // 进入 VLAN 100
SWA(config-vlan) # name user_1    // VLAN 100 的备注
SWA(config) #vlan 101    // 进入 VLAN 101
SWA(config-vlan) # name user_2    //VLAN 101 的备注
SWA(config) #vlan 102    // 进入 VLAN 102
SWA(config-vlan) # name jiankong    // VLAN 102 的备注
SWA(config) #vlan 103    // 进入 VLAN 103
SWA(config-vlan) # name guangbo    // VLAN 103 的备注
SWA(config) #vlan 104    // 进入 VLAN 104
SWA(config-vlan) # name guanli    //VLAN 104 的备注
SWA(config) # ip dhcp excluded-address 10.0.1.253 10.0.1.254    // DHCP 保留地址
SWA(config) # ip dhcp excluded-address 10.0.2.253 10.0.2.254    // DHCP 保留地址
SWA(config) # ip dhcp pool user_1    // 创建地址池 user1
SWA(dhcp-config) # lease 0 6 0    // 设置地址租期时间 6 h
SWA(dhcp-config) # network 10.0.1.0 255.255.255.0    // 地址池地址
SWA(dhcp-config) # dns-server 202.102.134.68 202.102.128.68    // 分配的 DNS 地址
SWA(dhcp-config) # default-router 10.0.1.254    // 分配的网关
SWA(config) # ip dhcp pool user_2    // 创建地址池 user2
SWA(dhcp-config) # lease 0 6 0    // 设置地址租期时间 6 h
SWA(dhcp-config) # network 10.0.2.0 255.255.255.0    // 地址池地址
SWA(dhcp-config) # dns-server 202.102.134.68 202.102.128.68    // 分配的 DNS 地址
SWA(dhcp-config) # default-router 10.0.2.254    // 分配的网关
SWA(config) #enable password ruijie    // 进入 enable 时的密码
SWA(config) #spanning-tree    // 开启生成树
SWA(config) interface GigabitEthernet 1/1    // 进入接口
SWA(config-if-GigabitEthernet 1/1) # switchport mode trunk    // 接口类型改为 Trunk
SWA(config-if-GigabitEthernet 1/1) # switchport trunk allowed vlan remove 1-99, 105-999,
1001-4094    // 除以上 VLAN 外，其余 VLAN 可以带标签通过
SWA(config) interface GigabitEthernet 1/2    // 进入接口
SWA(config-if-GigabitEthernet 1/2) # switchport mode trunk    // 接口类型改为 Trunk
SWA(config-if-GigabitEthernet 1/2) # switchport trunk allowed vlan remove 1-99, 105-999,
1001-4094    // 除以上 VLAN 外，其余 VLAN 可以带标签通过
SWA(config) interface GigabitEthernet 1/3    // 进入接口
SWA(config-if-GigabitEthernet 1/3) # switchport mode trunk    // 接口类型改为 Trunk
SWA(config-if-GigabitEthernet 1/3) # switchport trunk allowed vlan remove 1-99, 105-999,
1001-4094    // 除以上 VLAN 外，其余 VLAN 可以带标签通过
SWA(config) interface GigabitEthernet 1/12    // 进入接口
SWA(config-if-GigabitEthernet 1/12) # no switchport    // 开启三层功能
```

```
SWA(config-if-GigabitEthernet 1/12) # no ip proxy-arp    // 关闭路由式 ARP
SWA(config-if-GigabitEthernet 1/12) # ip address 172.16.3.1 255.255.255.0   // 配置接口 IP 地址
SWA(config)    ip route 0.0.0.0 0.0.0.0 172.16.3.2    // 配置静态路由
SWA(config) interface GiabitEthernet 1/47    // 进入接口
SWA(config-if-GigabitEthernet 1/47) # port-group 1    // 将接口加入聚合组
SWA(config) interface GiabitEthernet 1/48    // 进入接口
SWA(config-if-GigabitEthernet 1/48) # port-group 1    // 将接口加入聚合组
SWA(config) #interface aggregateport 1    // 创建聚合组 1
SWA(config-if-AggregatePort 1) # switchport mode trunk    // 将接口类型改为 Trunk
SWA(config-if-AggregatePort 1) # switchport trunk allowed vlan remove 1-99, 105-999,
1001-4094    // 除以上 VLAN 外,其余 VLAN 可以带标签通过
SWA(config) #line vty 0 4    // 进入 VTY 接口
SWA(config-line) #login    // 启用须输入密码
SWA(config-line) #password ruijie    // 配置远程登录时的密码
SWA(config-line) #exit    //退出
SWA #write    // 保存配置新
```

(6)系统测试

```
PC>ping 172.16.3.1

Ping 172.16.3.1: 32 data bytes, Press Ctrl_C to break
From 172.16.3.1: bytes=32 seq=1 ttl=255 time=47 ms
From 172.16.3.1: bytes=32 seq=2 ttl=255 time<1 ms
From 172.16.3.1: bytes=32 seq=3 ttl=255 time=47 ms
From 172.16.3.1: bytes=32 seq=4 ttl=255 time=16ms
From 172.16.3.1: bytes=32 seq=5 ttl=255 time<1 ms

--- 172.16.3.1 ping statistics ---
   5 packet(s) transmitted
   5 packet(s) received
   0.00% packet loss
   round-trip min/avg/max = 0/22/47 ms


PC>ping 8.8.8.8

Ping 8.8.8.8: 32 data bytes, Press Ctrl_C to break
From 8.8.8.8: bytes=32 seq=1 ttl=128 time=16 ms
From 8.8.8.8: bytes=32 seq=2 ttl=128 time=16 ms
From 8.8.8.8: bytes=32 seq=3 ttl=128 time=31 ms
From 8.8.8.8: bytes=32 seq=4 ttl=128 time=15 ms
From 8.8.8.8: bytes=32 seq=5 ttl=128 time=31 ms
```

```
--- 8.8.8.8 ping statistics ---
5 packet(s) transmitted
5 packet(s) received
0.00% packet loss
round-trip min/avg/max = 15/21/31ms
```

(7) 工程实施进度规划

工程实施进度规划包含开始日期、结束日期、工作内容、负责人等，见表 2-6。

表 2-6　工程实施进度规划

序号	开始日期	结束日期	工作内容	负责人	备注
1	2021-3-1	2021-3-2	开箱验货	×××	
2	2021-3-5	2021-3-10	方案撰写	×××	
3	2021-3-11	2021-3-11	方案评审	×××	
4	2021-3-22	2021-3-23	项目实施	×××	
5	2021-3-30	2021-3-30	项目验收	×××	

学习总结

通过本项目的学习，我认识了_____

_____

_____

我对哪些还有疑问：_____

_____

_____

 知识检测

1. [多选]如果二层交换网络中存在环路，则会导致（　　）发生。
   A. 广播风暴　　　　　　　　B. 路由自环
   C. 目的网络不可达　　　　　D. MAC 地址表动荡
2. [多选]STP 中的网桥 ID 包含两部分内容，分别是（　　）。
   A. 网桥的优先级　　　　　　B. 网桥的端口 ID
   C. 网桥的 MAC 地址　　　　 D. 网桥的 IP 地址
3. 一个 Access 端口可以属于（　　）。
   A. 仅一个 VLAN　　　　　　B. 最多 64 个 VLAN
   C. 最多 4094 个 VLAN　　　 D. 依据管理员设置的结果而定

4. 当要使一个 VLAN 跨越两台交换机时，需要（　　）。
   A. 用三层端口连接两台交换机　　B. 用 Trunk 端口连接两台交换机
   C. 用路由器连接两台交换机　　　D. 两台交换机上 VLAN 的配置必须相同
5. 在局域网内使用伪 LAN 所带来的好处是（　　）。
   A. 可以简化网络管理员的配置工作
   B. 广播可以得到控制
   C. 局域网的容量可以扩大
   D. 可以通过部门等将用户分组而打破物理位置的限制
6. 交换机的 Access 端口和 Trunk 端口的区别为（　　）。
   A. Access 端口只能属于一个 VLAN，Trunk 端口可以属于多个 VLAN
   B. Access 端口只能发送不带 tag 的帧，Trunk 端口只能发送带有 tag 的帧
   C. Access 端口只能接收不带 tag 的帧，Trunk 端口只能接收带有 tag 的帧
   D. Access 端口的默认为 VLAN 就是其所属的 VLAN，而 Trunk 端口可以指定默认 VLAN
7. 以下（　　）端口状态是 STP 的转发状态。
   A. Forwarding　　　　　　　　B. Blocking
   C. Learning　　　　　　　　　D. Listening
8. VLAN ID 的范围是（　　）。
   A. 1～4084　　　　　　　　　 B. 0～4095
   C. 1～4096　　　　　　　　　 D. 1～4092
9. 终端、IP 电话、服务器连接交换机，在交换机上应该配置_____接口类型。
10. MSTP 都有一个标识 MSTID，MSTID 的取值范围是_____。

项目 3
局域网安全技术及运维

 学习背景

  局域网安全涉及网络系统的硬件、软件、数据、传输、体系结构等各方面,包含安全保密技术、计算机安全、通信工程安全、访问控制安全,以及安全管理和法律规则等诸多内容。凡涉及信息的保密性、完整性、可用性、真实性、可控性等相关方面的内容,都属于网络安全的具体防范范畴。

  新年职业技术学院非常重视局域网安全管理问题,网络安防投入也不断增加,但局域网安全问题仍然严峻。为有效保护内部资源和网络的安全,需要建立全面的网络安全体系。

通过学习,达成如下学习目标。

- 了解网络安全威胁及防范机制。
- 掌握交换机端口安全配置。
- 掌握 IP Source Guard 绑定配置。
- 掌握 NFPP 工作原理。
- 掌握交换机防止 DDoS 攻击原理。
- 掌握 DLDP 与 BFD 原理。
- 了解工程文档编写。

项目 3 局域网安全技术及运维

知识结构

本项目的知识结构如图 3-1 所示。

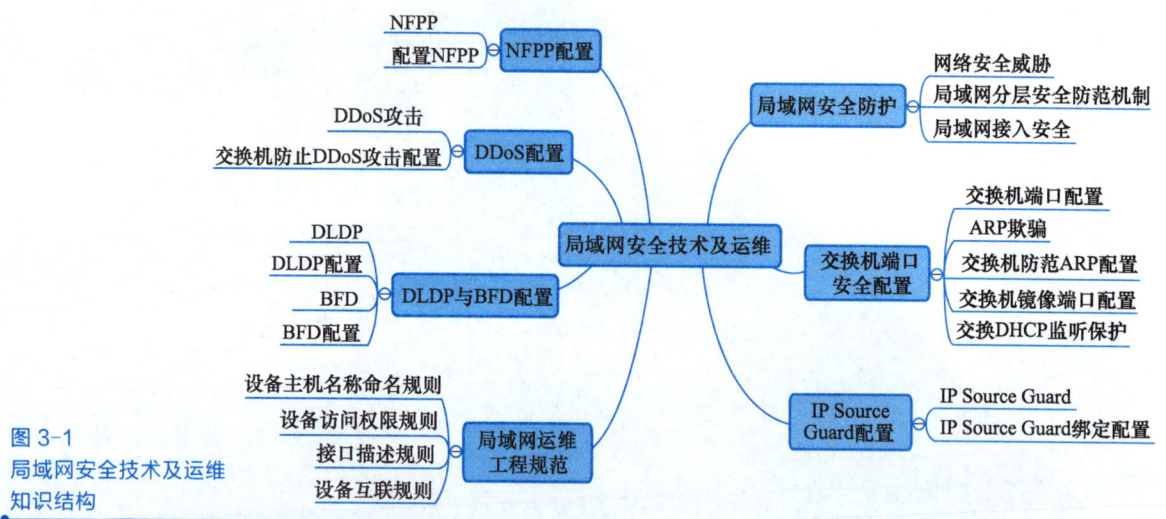

图 3-1
局域网安全技术及运维
知识结构

课前自测

在开始本项目学习之前，请先尝试回答以下问题。
1. 请列举出常见的几种网络安全问题。
2. 数据在传输过程中，会有哪些安全隐患？
3. 如何既不添加人手，又加强网络安全？

项目分析及准备

3.1 局域网安全防护

网络给人们日常生活带来方便的同时，安全隐患也不时显露，特别是企业内部重要信息外泄带来损失的事件时有发生。认清网络的脆弱和所受到的潜在威胁，采取有力的安全措施，对于保障网络安全显得十分重要。

微课 3-1
局域网安全防护

3.1.1 网络安全威胁

网络安全威胁是指某个实体（如人、事件、程序等）对某一资源的机密性、完整性、可用性及可控性在合法使用时可能造成的危害。随着网络技术的发展，安全威胁也在不断地演替或升级，攻击服务器和窃取用户信息的手段也在不停地变换。

1. 网络安全威胁成因

了解常见的网络安全威胁成因及其一般规律，采取必要的预防措施，对于网络安全是非常必要的。常见的网络安全威胁成因如下。

（1）局域网自身因素

目前的局域网基本上都采用以广播为技术基础的以太网。在以太网中，任何两个结点之间的通信数据包，被其两端结点的网络所接收，同时也被处在同一以太网上其他结点的网络所接收。因此，只要接入以太网上的任一结点进行侦听，都可捕获发生在这个以太网上的所有数据包，对其进行解包分析，可窃取关键信息。

（2）计算机病毒

计算机病毒是由编码者植入的数据代码，可破坏计算机防护系统。计算机病毒能够变种、繁衍、传播，不仅破坏计算机安全系统，还破坏计算机用户数据信息安全体系。例如，起源于 2017 年的勒索病毒，袭击了全球 150 多个国家和地区的众多企业和政府部门，攻击者索要了巨额比特币赎金。

（3）计算机自身漏洞

计算机漏洞是指计算机在硬件、软件、网络协议等方面存在的弱点。黑客攻击者利用这些漏洞，破坏计算机系统或网络安全传输系统。例如，2021 年 4 月，加利福尼亚大学、斯坦福大学等多所大学陆续发布公告，称遭受勒索软件攻击，隐私数据大规模泄露。同时，其他数百所学校、政府机构和公司也出现了数据泄露事件。

（4）黑客攻击

黑客的攻击行为一般分为非破坏性攻击和破坏性攻击。非破坏性攻击主要是破坏计算机运行系统，并不盗取用户信息；破坏性攻击是以窃取用户信息为主要目的，给单位造成严重经济损失。例如，2020 年全球网络攻击电力系统事件高发，美国、日本、印度、巴西等国家先后遭到网络黑客攻击。

（5）网络管理问题

伴随信息化进程的加快，越来越多的单位开始依赖于互联网办公。然而很多单位自身并没有足够的能力来管理网络,一些非法攻击者利用网络管理漏洞盗取单位信息,给单位造成一定损失。

2. 常见的安全威胁及预防措施

(1) 笔记本计算机和上网本

笔记本计算机是一种便携式设备,含内置电池、以太网端口及完整的操作系统。除了考虑被感染的笔记本计算机破坏内部网络之外,还需考虑笔记本计算机本身的问题。企业拥有绝对不允许带出办公楼的敏感资料,如个人信息等,当这些信息存储在没有安全措施的笔记本计算机中时,很容易造成信息泄露。

防范措施:对于敏感的数据采用加密的文件系统,或对笔记本计算机使用严格的加密算法。虚拟专用网、Wi-Fi 接入等敏感信息不应永久性地存储在上网本或笔记本计算机中。

(2) 无线接入点

无线接入点可以为本网络附近的任何用户提供直接的连接。无论是否使用加密措施,无线接入点本身是不安全的。无线加密等协议都包含已知的安全漏洞,很容易被 Aircrack 等攻击攻破。如果不使用强口令,无线保护接入(Wi-Fi Protected Access,WPA)和 WPA2(WPA 的第二版)等更安全的协议也容易受到字典攻击。

防范措施:建议使用带远程认证拨入用户服务协议的 WPA2 企业版以及能够进行身份识别和强制执行安全措施的接入点,使用强混合口令,并定期更换口令。

(3) U 盘及其他 USB 接口设备

U 盘价格便宜、体积小,能够存储许多数据,可以在多种设备之间使用。U 盘实际上是从防火墙内部感染一个网络的常用方法。U 盘的普遍应用促使黑客开发出一种有针对性的恶意软件,如臭名昭著的 Conficker 蠕虫。这种蠕虫能够在连接到 USB 端口时自动执行。更严重的是,默认的操作系统设置一般都允许大多数程序(包括恶意程序)自动运行。

防范措施:针对 U 盘可以修改计算机默认的自动运行政策。针对其他 USB 接口设备,实施和强制执行资产控制和政策,规定哪些设备可以进入这个环境,以及什么时候可以进入这个环境,定期使用政策提醒程序检测执行情况。

(4) 内部连接

企业内部员工可能意外或者故意地进入他们不应该接入的网络,使用一些手段破坏端点。例如,某位员工在同事吃午饭时"借用"同事的计算机,某位员工让同事帮助其访问无权访问的网络区域。

防范措施:经常改变口令。网络管理人员为企业员工规定身份识别和接入等级,一般员工应该只有访问系统、文件共享等权限,并规定任何特殊要求应呈报给有权批准该请求的人员。

(5) 特洛伊人

特洛伊人以某种伪装的方式进入企业,如身穿工作服或维修工服装等,出入需要保密的环境,如服务器机房等,在无人监视状态下,可能用不了 1 min 时间就能进入服务器进而感染整个网络。

防范措施:网络管理人员应提醒所有员工有关授权第三方进入的事情,并确定来人的身份。

3.1.2 局域网分层安全防范机制

局域网是一个分层次的拓扑结构,其安全防护也需采用分层次的拓扑防护措施,即一个完整的分层局域网网络信息安全解决方案应覆盖网络的各个层次,且与安全管理相结合。

1. 网络安全层次及安全措施

计算机网络安全应遵循整体安全性原则,其安全层次分为链路安全、网络安全。

(1) 链路安全

链路安全包含信息传输安全、数据加密、数据完整性鉴别、安全管理、信息存储安全、数据库安全、终端安全、信息的防泄密、信息内容审计、用户鉴别授权等。

链路安全保护措施主要是链路加密设备,如链路加密机,它对所有用户数据一起加密,用户数据通过通信线路传输到另一结点后立即解密。加密后的数据不能进行路由交换。

一般情况下,链路加密设备主要用于电话网、数字数据网络、专线、卫星点对点通信环境,包括异步线路密码机和同步线路密码机。异步线路密码机主要用于电话网,同步线路密码机可用于专线环境。

(2) 网络安全

网络安全主要关注的方面包含访问控制、安全检测、入侵检测、IPSec(IP 安全)、审计分析等。

网络的安全问题主要是由网络的开放性、无边界性、自由性造成的。因此,信息网络安全应把需保护的网络从开放的、无边界的网络环境中独立出来,成为可管理、可控制的内部网络。防火墙是最基本的分隔手段,它可以实现内部可信任网络与外部不可信任网络(如国际互联网)之间或内部不同网络安全域的隔离与访问控制,保证网络系统及网络服务的可用性。

目前市场上成熟的防火墙主要有以下 3 种。

① 包过滤型防火墙,通常基于 IP 数据包的源或目标 IP 地址、协议类型、协议端口号等对数据流进行过滤,有着较高的网络性能和更好的应用程序透明性。

② 应用代理型防火墙,主要作用在应用层,对每种应用协议都提供相应的代理程序,并对用户身份进行鉴别,提供比较详细的日志和审计信息。

③ 复合型防火墙,即包过滤与应用代理型防火墙的结合。

在网络安全问题日益突出的今天,防火墙技术发展迅速,目前一些领先防火墙厂商已将很多网络边缘功能及网管功能集成到防火墙中,这些功能有 VPN 功能、计费功能、流量统计与控制功能、监控功能、NAT 功能等。

信息系统是动态发展变化的,确定的安全策略与选择合适的防火墙产品只是一个良好的开端,可解决其中大部分的安全问题,其余的安全问题仍有待解决。如信息系统高智能主动性威胁、后续安全策略与响应的弱化、系统的配置错误、对安全风险的感知程度低等,都是对信息系统安全的挑战。

入侵检测被认为是防火墙之后的第二道安全闸门,可扩展系统管理员的安全管理能力(包括安全审计、监视、进攻识别和响应),在不影响网络性能的情况下,从计算机网络系统中的若干关键点收集信息,并进行分析,查看网络中是否有违反安全策略的行为和遭受袭击的迹象,提供对内部攻击、外部攻击和误操作的实时保护。

2. 网络安全产品选型

所有信息安全问题的解决，主要依赖于现代信息理论与技术手段、安全体系结构和网络安全通信协议等技术。网络安全产品是解决安全问题的现实选择。常用的网络安全产品主要有入侵检测系统、入侵防御系统、防火墙等。

在进行网络安全产品的选型时，要求安全产品至少应包含以下功能。

① 访问控制：通过对特定网段、服务建立的访问控制体系，将绝大多数攻击阻止在到达攻击目标之前。

② 检查安全漏洞：通过对安全漏洞的定期检查，即使攻击可到达攻击目标，也可使绝大多数攻击无效。

③ 攻击监控：通过对特定网段、服务建立的攻击监控体系，可实时检测出绝大多数攻击，并采取相应的行动，如断开网络连接、记录攻击过程、跟踪攻击源等。

④ 加密通信：主动的加密通信，使攻击者不能了解、修改敏感信息。

⑤ 认证：防止攻击者假冒合法用户。

⑥ 备份和恢复：在攻击造成损失时，尽快地恢复数据和系统服务。

⑦ 多层防御：攻击者在突破第一道防线后，延缓或阻断其到达攻击目标。

⑧ 隐藏内部信息：使攻击者不能了解系统内的基本情况。

⑨ 设立安全监控中心：为信息系统提供安全体系管理、监控、保护及紧急情况服务。

3.1.3 局域网接入安全

最初面向研究机构的 Internet 以及相应的 TCP/IP 是针对一个安全的环境而设计的，存在很多安全隐患。在网络深入到党政办公系统、金融系统、商用系统以及军用系统等各个行业的今天，局域网接入安全显得尤为重要。

局域网接入安全主要针对链路层和网络层，在网络实际环境中，涉及接入安全的主要有人为实施和病毒或蠕虫两种途径来源，攻击行为主要有以下 3 种。

1. MAC 泛洪攻击

MAC 泛洪攻击是指利用工具产生大量欺骗 MAC，快速填满 MAC 地址表，交换机 MAC 地址表被填满后，流量在所有端口广播，导致交换机就像共享数据线一样工作，此时攻击者可利用各种嗅探攻击获取网络信息。同时 MAC 地址表被填满后，流量以洪泛方式发送到所有接口，同时 Trunk 接口上的流量也会发给所有接口和邻接交换机，将造成交换机负载过大，网络缓慢和丢包甚至瘫痪。

2. DHCP 的攻击

采用动态主机配置协议（Dynamic Host Configuration Protocol，DHCP）可自动为用户设置网络 IP 地址、掩码、网关、DNS 等参数，简化用户网络设置，提高管理效率。但在 DHCP 管理使用上也存在着一些令网络管理人员比较头疼的问题。

（1）DHCP 报文泛洪攻击

DHCP 报文泛洪攻击是指利用工具伪造大量 DHCP 请求报文发送到服务器，一方面恶意耗尽 IP 地址资源，导致合法用户无法获取 IP 地址资源；另一方面使得服务器高负荷运行，无法响应合法用户的请求，造成网络故障。

（2）DHCP Server 欺骗攻击

DHCP 在设计时未考虑客户端和服务器端之间的认证机制，若网络上存在多台 DHCP 服务器将会给网络造成混乱。通常黑客攻击首先耗尽正常的 DHCP 服务器所能分配的 IP 地址资源，再冒充合法的 DHCP 服务器。最为隐蔽和危险的方法是黑客利用冒充的 DHCP 服务器，为用户分配一个经过修改的 DNS Server，在用户毫无察觉的情况下，被引导至预先配置好的假网站，骗取用户账户和密码，这种攻击的后果是非常严重的。

3. ARP 攻击

作为网络层和链路层之间的联系纽带，地址解析协议（Address Resolution Protocol，ARP）的作用和责任非常重大，最主要的使命就是确定 IP 地址对应的链路层 MAC 地址。由于特定的历史原因，ARP 在设计时也未考虑到安全因素，因此黑客可轻易针对 ARP 的漏洞发起攻击，轻松窃取到网络信息。

（1）ARP 流量攻击

ARP 流量攻击的方式多种多样，如伪造大量 ARP 请求、大量 ARP 应答、目的 IP 地址不存在的 IP 报文等，其最终目的只有一个：增加网络中 ARP 报文的流量，浪费交换机 CPU 带宽和资源，浪费内存资源，造成 CPU 繁忙，产生丢包现象，严重的甚至造成网络瘫痪。

（2）ARP 欺骗攻击

根据 ARP 的设计，为减少网络中过多的 ARP 数据通信，一个主机即使收到非本机的 ARP 应答，也会对其进行学习，这就可能造成"ARP 欺骗"的发生。

上述攻击方式使用传统的防火墙很难达到满意的防范效果，应从接入层入手，分 2 个层次，全方位防范多种攻击。解决方案如下：为了便于管理和控制，所有用户通过 DHCP 获取 IP 地址和相应的配置，但在获取到合法配置之前，必须通过 802.1X 认证。用户首先向所属网络的 802.1X 认证服务器发起认证，待认证通过后，再通过 DHCP 获取网络上 DHCP Server 提供的各种配置，如 IP 地址、掩码、网关、DNS 等。

3.2 交换机端口安全配置

交换机的端口是连接网络终端设备的重要关口，默认情况下，交换机的所有端口都是完全敞开的，允许所有数据流通过。在对接入用户安全性要求较高的网络中，可对接入交换机配置端口安全（Port Security）功能。交换机端口安全功能是指针对交换机的端口进行安全属性的配置，阻止除安全 MAC 地址和静态 MAC 地址之外的其他 MAC 地址通过本接口接入网络，解决局域网用户的接入认证问题。

微课 3-2
交换机端口安全配置

3.2.1 交换机端口配置

交换机端口安全可理解为根据安全 MAC 地址（包括安全动态 MAC 地址和 Sticky MAC 地址）对流量进行控制和管理，常用的端口安全类型有 3 种，分别是限制具体端口通过的 MAC 地址数量、绑定 MAC 和 IP 地址、设置具体端口不允许某些 MAC 地址的帧流量通过。

1. 安全动态 MAC 功能

安全动态 MAC 地址是设备信任的 MAC 地址，通过配置端口安全功能，可将学习到的 MAC 地址转换为安全动态 MAC 地址。默认情况下，安全动态 MAC 表项不会被老化，在接口上配置老化时间才可以使安全动态 MAC 地址老化，但设备重启后安全动态 MAC 地址会丢失，需重新学习。

2. Sticky MAC 功能及配置

Sticky MAC 地址也是设备信任的 MAC 地址，通过端口安全配置，可将学习到的 MAC 地址转换为 Sticky MAC 地址。Sticky MAC 地址既可通过动态学习转换得到，也可通过手工静态配置得到，其表项不会被老化，设备重启后 Sticky MAC 地址不会丢失，不需要重新学习。也正因为如此，关键服务器和上行设备一般都会进行 Sticky MAC 功能配置。

如图 3-2 所示，SWB 为核心交换机，SWA 为接入交换机，连接 PC1 和 PC2，Sticky MAC 功能的配置步骤如下。

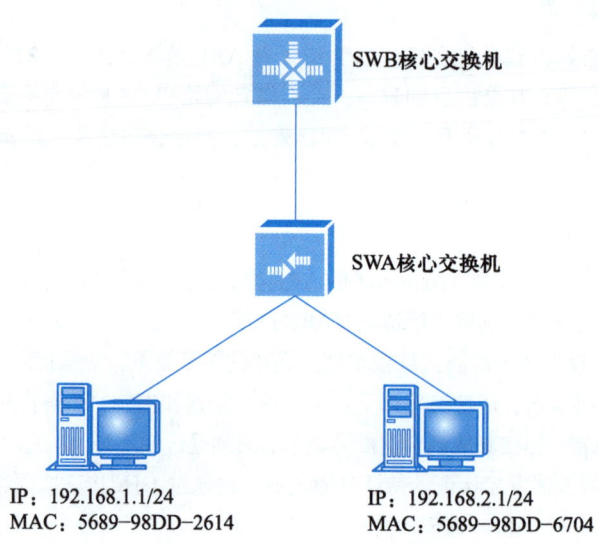

图 3-2
Sticky MAC 功能配置示例

（1）组网要求

企业现有核心接入交换机，为了保证企业内网访问的安全性，要求启用 Sticky MAC 功能保证内网的安全接入。

（2）配置要点

① 在接口上进行开启 Sticky MAC 功能。
② 配置交换机收到非法报文时的处理机制。

（3）配置步骤

```
SWA>enable                                          // 进入特权模式
SWA#configure terminal                              // 进入全局配置模式
SWA(config)# interface gigabitethernet 0/1          // 进入接口
SWA(config-if-GigabitEthernet 0/1)# switchport mode access     // 接口类型为 Access
```

SWA(config-if-GigabitEthernet 0/1) # switchport port-security   // 开启接口安全
SWA(config-if-GigabitEthernet 0/1) # switchport port-security maximum 8   // 最多学习 8 个安全的 MAC 地址
SWA(config-if-GigabitEthernet 0/1) # switchport port-security violation protect   // 配置端口安全模式
SWA(config-if-GigabitEthernet 0/1) # switchport port-security mac-address sticky   // 配置交换机接口的 Sticky MAC 功能
SWA(config-if-GigabitEthernet 0/1) # exit   // 退出接口视图

除了以上两种主要的基于 MAC 地址的安全功能外，还有一些常用的安全功能，如 MAC 地址漂移、MAC 地址漂移检测、禁止学习其他 MAC 地址、丢弃全零 MAC 地址报文、MAC 刷新 ARP、端口桥功能等。由于篇幅限制，以上功能不再一一介绍。

3. 端口安全配置示例

如图 3-3 所示，为了提高网络的安全性，要求外来人员无法使用自己的 PC 访问公司网络。解决方法为将 SWA 接口开启端口安全功能，并设置其所连接设备总数为端口学习 MAC 地址的数量上限。

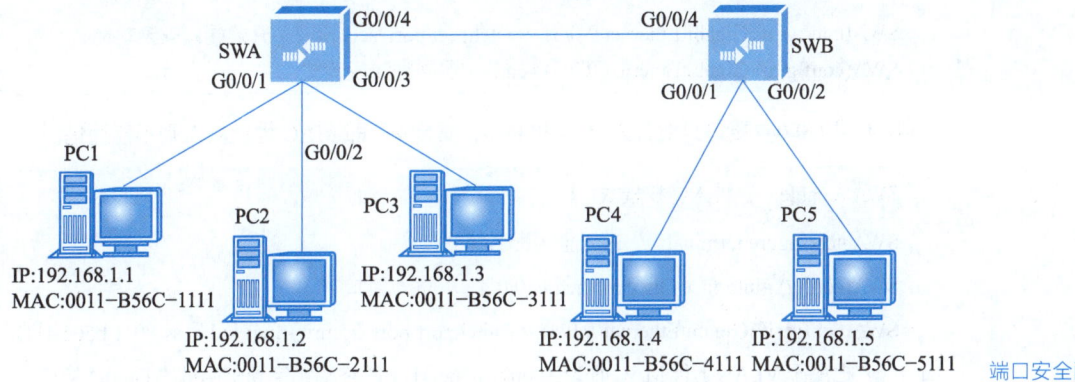

图 3-3 端口安全配置示例

（1）组网要求

为了保证内网的安全性，按要求配置端口安全，限制接口学习 MAC 地址的数量。

（2）配置要点

① 在接口上进行 IP+MAC 地址绑定。
② 配置交换机 SWA 开启接口安全。

（3）配置步骤

① PC1 只能接在交换机的 G1/0/1 端口，其终端设备不限制。

SWA>enable
SWA #configure terminal
SWA(config) #mac-address-table static 0011.b56c.1111 vlan 1 int GigabitEthernet 1/0/1
//将 PC1 的 MAC 地址绑定到接口 G0/0/1

② 要求 G1/0/2 端口只能接入 192.168.1.2 且 MAC 地址是 0011.b56c.1112 的终端。

```
SWA>enable    // 进入特权模式
SWA #configure terminal    // 进入全局配置模式
SWA(config) #interface gigabitEthernet 0/2    //进入接口
SWA(config-if-GigabitEthernet 0/0/2) #switchport port-security binding 0011.b56c.1112 vlan 1 192.168.1.2    // 把属于 VLAN 1、MAC 地址为 0011.1111.1112 且 IP 地址为 192.168.1.2 的终端，绑定在交换机的 G0/0/2 接口
SWA(config-if-GigabitEthernet 0/0/2) #switchport port-security    // 开启端口安全功能
SWA(config-if-GigabitEthernet 0/0/2) #end    // 退回到特权模式
```

③ 要求 G0/0/3 端口只能接入 IP 地址为 192.168.1.3 的终端，MAC 地址无要求。

```
SWA>enable    // 进入特权模式
SWA #configure terminal    // 进入全局配置模式
SWA(config) #interfac gigabitEthernet 0/3    // 进入接口
SWA(config-if-GigabitEthernet 0/0/3) # switchport port-security binding 192.168.1.3    // 把 IP 地址为 192.168.1.3 的终端绑定在交换机的 G1/0/3 接口
SWA(config-if-GigabitEthernet 0/0/3) #switchport port-security    //开启端口安全功能
SWA(config-if-GigabitEthernet 0/0/3) #end    //退回到特权模式
```

④ 要求 G0/0/4 接口只能接入 PC4 和 PC5，其他 PC 即 MAC 地址接入则不能通信。

```
SWA>enable    // 进入特权模式
SWA #configure terminal    // 进入全局配置模式
SWA(config) #interface GigabitEthernet 0/0/4    // 进入接口
SWA(config-if-GigabitEthernet 0/0/4) # switchport port-security mac-address 0011.b56c.4111 vlan 1    // 把属于 VLAN 1 且 MAC 地址为 0011.b56c.4111 的终端绑定到交换机的 G0/0/4 接口
SWA(config-if-GigabitEthernet 0/0/4) # switchport port-security mac-address 0011.b56c.5111 vlan 1    // 把属于 VLAN 1 且 MAC 地址为 0011.b56c.5111 的终端绑定到交换机的 G0/0/4 接口
SWA(config-if-GigabitEthernet 0/0/4) #switchport port-security maximum 2    // 接口可学习的 MAC 地址为 2 个
SWA(config-if-GigabitEthernet 0/0/4) #switchport port-security    // 开启端口安全功能
SWA(config-if-GigabitEthernet 0/0/4) #end    // 退回到特权模式
SWA #write    // 保存设备配置
```

3.2.2　ARP 欺骗

在以太网中，一台主机和另一台主机直接进行通信，必须知道目标主机的 MAC 地址。地址解析协议（Address Resolution Protocol，ARP）是将目标主机的 IP 地址解析为对应的以太网 MAC 地址的协议，以保证通信的正常进行。

微课 3-3
ARP 欺骗简介-交换机防范 ARP 配置

1. ARP 的工作原理

如图 3-4 所示，假设 PC1 与 PC2 和 PC3 属于同一个 VLAN，PC1 要与 PC3 进行通信，PC1 已知 PC3 的 IP 地址为 192.168.1.2，ARP 工作过程如下。

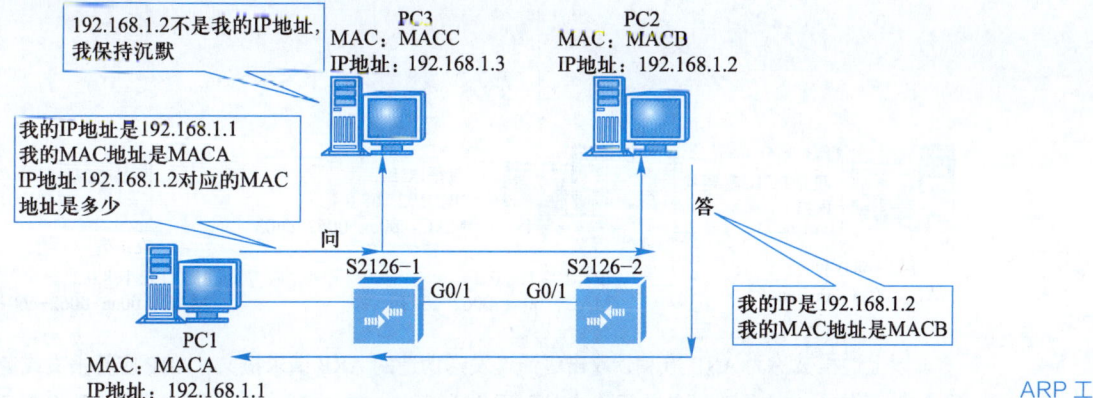

图 3-4
ARP 工作原理

① PC1 向本网段中发送一个 ARP 请求报文，该报文为广播帧，源 MAC 为 MACA，字段类型值为 0x0806，其含义为：我的 IP 地址是 192.168.1.1，MAC 地址是 MACA，请问 IP 地址为 192.168.1.2 所对应的 MAC 地址是多少？

② PC3 会接收到此广播帧，并将此 ARP 请求报文传送给主机网络层的 ARP 处理模块进行分析，发现 192.168.1.2 不是自己的 IP 地址，不进行应答，并丢弃此报文。在此过程中，PC2 会将报文中 192.168.1.1 和 MACA 的对应关系存入自己的 ARP 缓存表。

③ PC2 会接收到此广播帧，同样传送给 ARP 处理模块进行分析，发现 192.168.1.2 是自己的 IP 地址，将以单播帧形式进行应答。此单播帧中源 MAC 为 MACC，源 IP 地址为 192.168.1.2，目的 MAC 为 MACA，目的 IP 为 192.168.1.1，字段类型值为 0x0806。PC2 将报文中 192.168.1.1 和 MAC1 的对应关系存入自己的 ARP 缓存表。

④ PC1 收到 PC2 发送的单播帧后，会将其传送给 ARP 处理模块，获取到 PC2 的 MAC 地址为 MACC，并将 192.168.1.2 和 MACC 的对应关系存入自己的 ARP 缓存表。

ARP 缓存表用来临时存放 IP 地址与 MAC 地址的对应关系，生存期默认为 180 s。当某一终端需要与其他终端进行通信时，首先查看自己的 ARP 缓存表中是否已经存在目的终端的 MAC 地址，如果存在就直接使用，如果不存在则发起 ARP 请求以获取目的终端的 MAC 地址。

2. ARP 欺骗概述

ARP 简单、易用，但也因为没有任何安全认证机制而容易被攻击者利用。如图 3-5 所示，攻击者收到 PC1 发送的 ARP 请求广播帧后，向 PC1 发送一个伪造的 ARP 响应，告诉 PC1："PC2 的 IP 地址为 192.168.0.2，对应的 MAC 地址为 00aa-0062-c603"，PC1 信以为真，将这个对应关系写入自己的 ARP 缓存表中，以后发送数据时，将本应该发往 PC2 的数据发送给了攻击者。同样，攻击者向 PC2 也发送一个伪造的 ARP 响应，告诉 PC2："PC1 的 IP 地址为 192.168.0.1，对应的 MAC 地址为 00aa-0062-c603"，PC2 也会将数据发送给攻击者。至此，攻击者就控制了 PC1 和 PC2 之间的流量，获取密码和其他涉密信息，也可伪造数据，改变 PC1 和 PC2 之间的通信内容，而 PC1 和 PC2 却浑然不知。

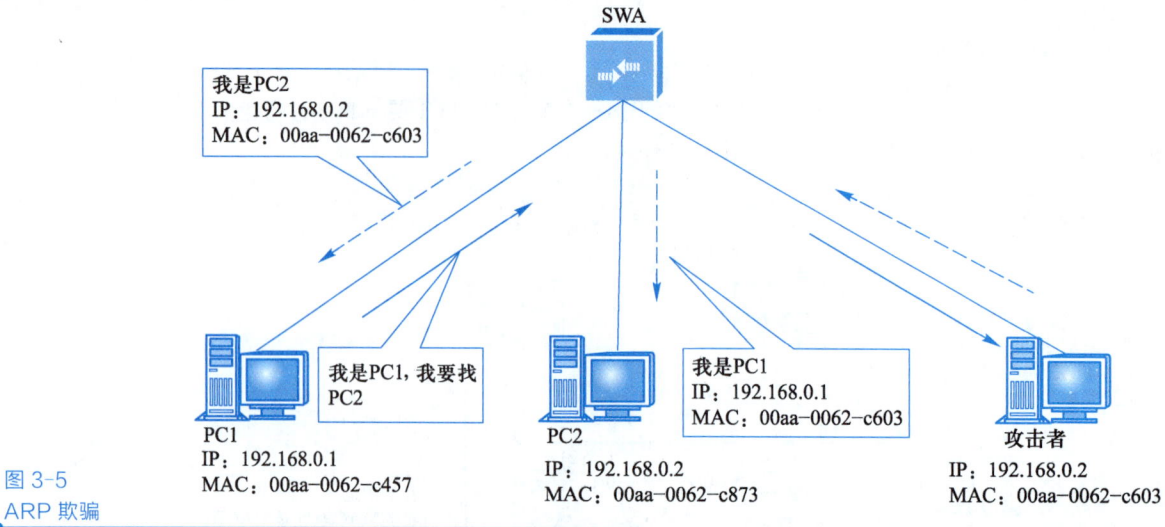

图 3-5
ARP 欺骗

以上过程被称为 ARP 欺骗，攻击者通过发送伪造的 ARP 请求报文、ARP 应答报文或免费 ARP 报文，非法修改设备或网络内其他用户主机的 ARP 表项，造成用户或网络的报文通信异常。

ARP 欺骗的主要类型有 ARP 表项攻击、网关攻击、中间人攻击等。

① ARP 表项攻击：通过修改 ARP 表项来完成。

② 网关攻击：攻击者仿冒网关地址，发送源 IP 地址是网关地址的 ARP 报文，从而使主机修改网关的 MAC 地址为攻击者的 MAC 地址，导致其他主机的 ARP 表记录错误的网关地址映射关系，把发送给原来网关的报文发送给攻击者，攻击者可轻易窃听数据内容，也可造成用户主机无法访问网络。

③ 中间人攻击：同时修改主机和网关的信息。

- 修改主机上的网关信息：攻击者仿冒网关地址，发送源 IP 地址是网关地址的 ARP 报文，使主机修改网关的 MAC 地址为攻击者的 MAC 地址。
- 修改网关上的主机信息：攻击者仿冒主机地址，发送源 IP 地址是主机地址的 ARP 报文，使网关修改主机的 MAC 地址为攻击者的 MAC 地址。

防止 ARP 欺骗是比较困难的，修改协议也不太可能。但是可通过配置 ARP 安全特性方案，如 ARP 表项固化、动态 ARP 监测、ARP 防网关冲突、发送 ARP 免费报文、ARP 报文合法性检查、DHCP 触发 ARP 学习等，提高本地网络的安全性。

3.2.3 交换机防范 ARP 配置

如图 3-6 所示，以使用动态 ARP 监测方案为例进行讲解。

1. 组网要求

使用动态 ARP 监测方案，监测内网可能存在的 ARP 欺骗攻击。

2. 配置要点

① 所有终端都通过 DHCP Server 获取 IP 地址等信息。

② 配置 IP DHCP Snooping。

③ 配置 IP 源防护+ARP-check。

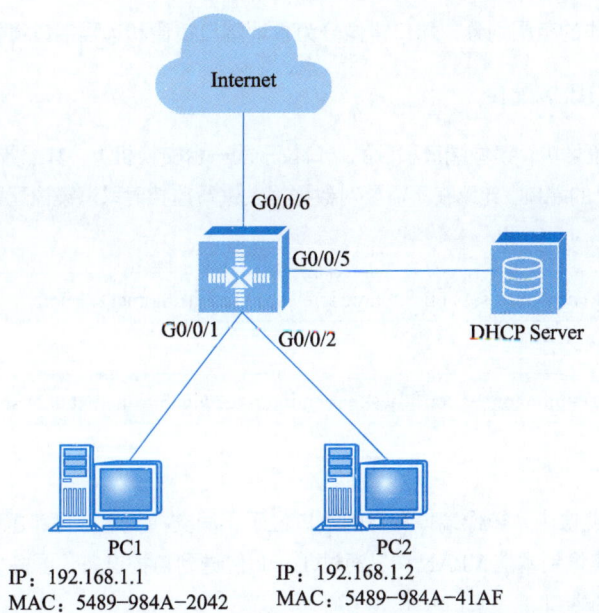

图 3-6
防止 ARP 中间人攻击

3. 配置步骤

```
SWA>enable    // 进入特权模式
SWA #configure terminal    // 进入全局配置模式
SWA(config) #ip dhcp snooping    // 全局开启 DHCP Snooping 功能
SWA(config) #interface gigabitEthernet 0/5    // 进入接口
SWA(config-if-GigabitEthernet 0/0/5) # ip dhcp snooping trust    // 配置接口为 DHCP 信任端口
SWA(config-if-GigabitEthernet 0/0/5) #exit    // 退出接口视图
SWA(config) #interface gigabitEthernet 0/1    // 进入接口
SWA(config-if-GigabitEthernet 0/1) # ip verify source port-security    // 开启源 IP+MAC 的报文检测
SWA(config-if-GigabitEthernet 0/1) #arp-check    // 开启防 ARP 功能
SWA(config-if-GigabitEthernet 0/1) #exit    // 退出接口视图
SWA(config) #interface GigabitEthernet 0/2    // 进入接口
SWA(config-if-GigabitEthernet 0/2) # ip verify source port-security    // 开启源 IP+MAC 的报文检测
SWA(config-if-GigabitEthernet 0/2) #arp-check    // 开启防 ARP 功能
SWA(config-if-GigabitEthernet 0/2) #end    // 退回到特权模式
SWA #write    // 保存设备配置
```

3.2.4 交换机镜像端口配置

在企业网络中，经常涉及交换机端口镜像。所谓端口镜像（Port Mirroring），就是将一个或多个源端口（镜像端口）的入方向、出方向数据报文复制一份到其他端口（目的端口），目的端口与数据监测设备相连，分析复制过来的数据报文，实现对网络监听，快速定位网络故障。镜像端口就是被监控流量的端口，可以是以太网端口，也可以是 Eth-Trunk 端口。

微课 3-4
交换机镜像端口配置

根据镜像工作的范围划分,端口镜像分为本地端口镜像和远程端口镜像两种类型。

1. 本地端口镜像配置

在本地端口镜像中,镜像端口和目的端口位于同一台交换机上,其配置相对较简单,主要定义镜像端口及目的端口。建议在不需要对数据报文进行监控时取消镜像配置,减少系统开销。

(1) 配置镜像端口

> Ruijie(config) #monitor session 1 source interface gigabitEthernet 0/1 both

(2) 配置目的端口

> Ruijie(config) #monitor session 1 destination interface gigabitEthernet 0/24 switch

2. 远程端口镜像配置

在远程端口镜像中,镜像端口和目的端口位于不同交换机上,可跨越多个网络设备,即将端口流量报文镜像到本端 VLAN 中,通过 Trunk 传送到监控设备,再将本地设备 VLAN 中的数据镜像到目的端口。

如图 3-7 所示,园区网内新上一台流量分析设备,需要将终端的设备流量收集起来进行分析,请正确配置监控端和被监控端,将流量送至流量分析设备处,进行流量分析。

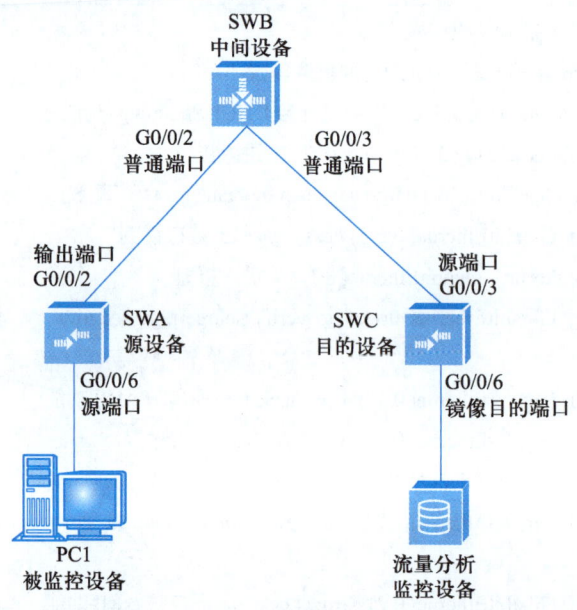

图 3-7 远程目的端口配置示例

(1) 组网要求

园区内部新上架一台流量分析设备,先需要将被监控设备的流量引导至流量分析设备处,分析内网流量。

(2) 配置要点

① 在源设备、中间设备、目的设备上配置 Remote VLAN。
② 在源设备上配置直连用户的端口为镜像端口的源端口。
③ 中间设备上连接源设备目的设备的端口为普通端口。

④ 在目的设备上配置源端口和流量分析的目的端口。

（3）配置步骤

1）配置 SWA、SWB、SWC 源设备的 Remote VLAN

```
SWA>enable    // 进入特权模式
SWA #configure terminal    // 进入全局配置模式
SWA(config) #vlan 10    // 创建 VLAN 10
SWA(config-vlan) #remote-span    // 设置 VLAN 10 为 Remote VLAN
SWA(config-vlan) #exit    // 退出 VLAN 视图
SWB>enable    // 进入特权模式
SWB #configure terminal    // 进入全局配置模式
SWB(config) #vlan 10    // 创建 VLAN 10
SWB(config-vlan) #remote-span    // VLAN 10 为 Remote VLAN
SWB(config-vlan) #exit    // 退出 VLAN 视图
SWC>enable    // 进入特权模式
SWC #configure terminal    // 进入全局配置模式
SWC(config) #vlan 10    // 创建 VLAN 10
SWC(config-vlan) #remote-span    // 设置 VLAN 10 为 Remote VLAN
SWC(config-vlan) #exit    // 退出 VLAN 视图
```

2）配置源设备 SWA

```
SWA>enable    // 进入特权模式
SWA #configure terminal    // 进入全局配置模式
SWA(config) #interface gigabitEthernet 0/0/2    // 进入接口
SWA(config-if-GigabitEthernet 0/0/2) #switchport mode trunk    // 接口类型为 Trunk
SWA(config-if-GigabitEthernet 0/0/2) #exit    // 退出接口视图
SWA(config) #monitor session 1 remote-source    // 创建 RSPAN Session 1 为源设备
SWA(config) #monitor session 1 source interface gigabitEthernet 0/0/6 both    // 设置端口 G0/0/6 为源端口
SWA(config) #monitor session 1 destination remote vlan 10 interface gigabitEthernet 0/2 switch    // 设置端口 G0/0/2 为输出端口
```

3）配置中间设备 SWB

```
SWB>enable    // 进入特权模式
SWB #configure terminal    // 进入全局配置模式
SWB(config) #interface range gigabitEthernet 0/0/2-3    // 同时进入接口 G0/0/2-3
SWB(config-if-range) #switchport mode trunk    // 将接口类型改为 Trunk
```

4）配置目的设备 SWC

```
SWC>enable              // 进入特权模式
SWC#configure terminal  // 进入全局配置模式
SWC(config)#interface gigabitEthernet 0/0/3   // 进入端口
SWC(config-if-GigabitEthernet 0/0/3)#switchport mode trunk   // 接口类型为 Trunk
SWC(config)#monitor session 1 remote-destination   // 创建 RSPAN Session 1 为目的设备
SWC(config)#monitor session 1 destination remote vlan 10 interface gigabitEthernet 0/6 switch
// 设置端口 G0/0/4 为镜像端口的目的端口
```

为了保证数据监测设备只对源端口的报文进行分析，建议目的端口仅用于端口镜像，不用作其他用途。

注意

在聚合链路中，不论是进行本地端口镜像还是远程端口镜像，配置 Eth-Trunk 为镜像端口，则不能再单独配置其成员接口为镜像端口；配置某成员接口为镜像端口，则不能再配置该 Eth-Trunk 为镜像端口。

3.2.5 交换机 DHCP 监听保护

微课 3-5
交换机 DHCP 监听保护

DHCP 通常应用于大型的局域网环境中，主要作用是集中管理和分配 IP 地址，这些 IP 地址在 DHCP 服务器预先保留的一个或多个连续地址段的地址池内。DHCP 服务分为服务器端和客户端两个部分。所有的 IP 网络设定都由 DHCP 服务器集中管理，并负责处理客户端的 DHCP 请求，客户端使用服务器分配的 IP 地址。

1. DHCP 工作原理

如图 3-8 所示，使用 DHCP 服务从网络中获取 IP 地址的过程分为 4 个阶段，分别为发现阶段、提供阶段、请求阶段、确认阶段。

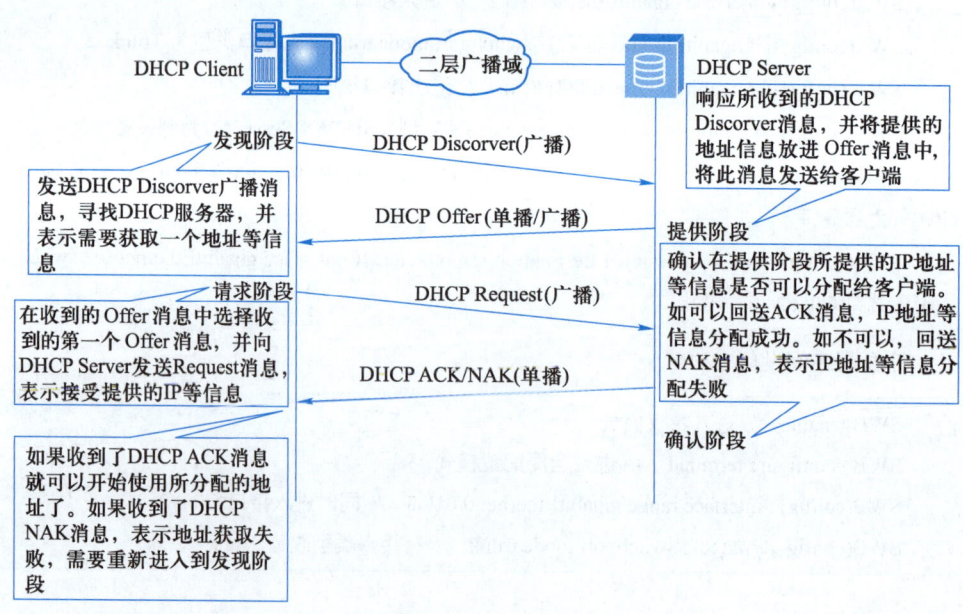

图 3-8
DHCP 工作原理

（1）发现阶段

DHCP Client 寻找 DHCP Server 的阶段。PC 上的 DHCP Client 开始运行后，以广播方式发送 DHCP Discover 消息。若同时存在其他 DHCP Server，则这些 DHCP Server 都会接收到 PC 发送的 DHCP Discover 消息，并对所收到的 DHCP Discover 消息做出回应。

（2）提供阶段

DHCP Server 向 DHCP Client 提供 IP 地址的阶段。每一个接收到 DHCP Discover 消息的 DHCP Server（包括路由器 R 上运行的 DHCP Server）都会从自己维护的地址池中选择一个合适的 IP 地址，通过 DHCP Offer 消息将这个 IP 地址以单播方式发送给 DHCP Client。

（3）请求阶段

DHCP Client 在收到 Offer 消息后（可能会收到若干个 Offer 消息，一般会选择收到的第一个 Offer 消息），以广播方式发送 DHCP Request 消息，希望获取到 DHCP Server 的 Offer 消息中所提供的 IP 地址。其他 DHCP Server 收到 Request 消息后，确认 Client 拒绝了自己的 Offer，将收回准备提供给 Client 的 IP 地址。

（4）确认阶段

DHCP Server 会向 DHCP Client 发送一个 DHCP ACK 消息。注意，由于种种原因，DHCP Server 也可能会向 DHCP Client 发送 DHCP NAK 消息。如果 Client 接收到 NAK 消息，则说明这次获取 IP 地址的尝试失败。在这种情况下，只能重新回到发现阶段开始新一轮的 IP 地址申请过程。

2. DHCP Snooping 工作机制

DHCP 工作机制存在典型漏洞，最常见的就是当非法 DHCP 服务器接入网络后，导致 DHCP 客户端获取错误的 IP 地址信息，造成通信终端或业务受影响。如图 3-9 所示，PC1 可能会选择 Server2 提供的非法 IP 地址（如 Server2 提供的地址不在 192.168.10.0/24 网段内，或者默认网关 IP 地址并非 192.168.10.254 等），启用非法地址后，将出现无法正常通信等问题。

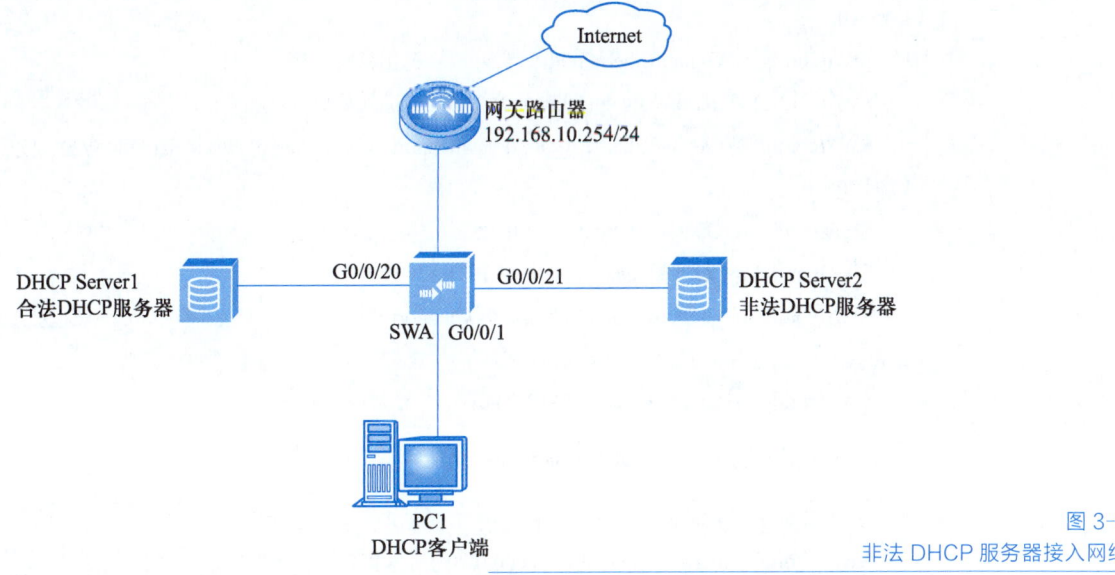

图 3-9
非法 DHCP 服务器接入网络

DHCP Snooping 是一种 DHCP 安全技术，确保 DHCP 客户端从合法的 DHCP 服务器上获取正确的 IP 地址信息。DHCP Snooping 还具备防范攻击功能，如防止 DHCP Server 拒绝服务攻击、DHCP 报文泛滥攻击、仿冒 DHCP 报文攻击等。

图 3-9 中，在 SWA 上相应 VLAN 中激活 DHCP Snooping，SWA 的接口将存在信任接口和非信任接口两种角色。将 SWA 的 G0/0/20 接口指定为 DHCP Snooping 信任接口，其他接口均为非信任接口，则会出现 PC1 只接受 Server1 发送的 DHCP Offer 报文，不会从非信任接口上收到其他非法 DHCP 服务器发送的 Offer 报文。此过程可以确保非法 DHCP 服务器不会对网络造成影响。

3．DHCP Snooping 配置

（1）组网要求

在图 3-9 所示的 SWA 上部署 DHCP Snooping。

（2）配置要点

① 在交换机上配置 VLAN。

② 在接入交换机上开启 DHCP Snooping，并将连接 DHCP Server1 的接口配置为信任接口。

（3）配置步骤

1）配置交换机 SWA 的 VLAN

```
SWA>enable    // 进入特权模式
SWA #configure terminal    // 进入全局配置模式
SWA(config) #vlan 10    // 创建 VLAN 10
SWA(config-vlan) #exit    // 退出 VLAN 视图
SWA(config) #interface gigabitEthernet 0/0/1    // 进入接口
SWA(config-if-GigabitEthernet 0/0/1) #switchport acccess vlan 10    // 将接口 G0/0/1 划分到 VLAN 10
SWA(config-if-GigabitEthernet 0/0/1) #exit    // 退出接口视图
SWA(config) #interface gigabitEthernet 0/0/20    // 进入接口
SWA(config-if-GigabitEthernet 0/0/20) #switchport access vlan 10    // 将接口 G0/0/20 划分到 VLAN 10
SWA(config-if-GigabitEthernet 0/0/20) #exit    // 退出接口视图
SWA(config) #interface gigabitEthernet 0/0/21    // 进入接口
SWA(config-if-GigabitEthernet 0/0/21) #switchport access vlan 10    // 将接口 G0/0/21 划分到 VLAN 10
SWA(config-if-GigabitEthernet 0/0/21) #exit    // 退出接口视图
```

2）配置交换机 SWA 的 DHCP Snooping 功能

```
SWA(config) #ip dhcp snooping    //开启接口 DHCP Snooping 功能
SWA(config) #interface gigabitEthernet 0/0/20 //进入接口
```

  SWA(config-if-GigabitEthernet 0/0/20) # ip dhcp snooping trust //将接口 G0/0/20 配置为信任接口，默认为非信任接口

  SWA(config-if-GigabitEthernet 0/0/20) #end //退回到特权模式

  SWA #write //保存配置

3.3 IP Source Guard 配置

随着网络规模越来越大，基于源 IP 的攻击也逐渐增多。一些攻击者利用欺骗的手段获取网络资源，取得合法使用网络资源的权限，甚至造成被欺骗者无法访问网络、信息泄露等情况。IP 源防护（IP Source Guard）针对基于源 IP 的攻击提供了一种防御机制，可以有效地防止基于源地址欺骗的网络攻击行为。

微课 3-6
IP Source Guard 配置

3.3.1 IP Source Guard

IP Source Guard 维护一个 IP 源地址绑定数据库，通过 DHCP 动态和静态绑定表对 IP 报文进行匹配检查，对端口转发的报文进行基于源 IP、源 IP+源 MAC 的过滤控制，防止用户私设 IP 地址、变化源 IP 等行为，保证只有 IP 源地址绑定数据库中的主机才能正常使用网络，提高端口的安全性。

1．IP Source Guard 实现机制

设备在转发 IP 报文时，将 IP 报文中的源 IP、源 MAC、接口、VLAN 信息和绑定表的信息进行比较，若信息匹配，表明是合法用户，允许此报文正常转发，否则认为是攻击报文，将丢弃该 IP 报文。如果非法主机仿冒合法用户 IP 接入网络，则不能正常使用网络。

常用的 IP Source Guard 的匹配条件有源 IP 地址、源 MAC 地址、VLAN 标签 3 种，不同的设备支持不同的组合方式，常见的组合有 IP+MAC、IP+VLAN、MAC+VLAN、IP+MAC+VLAN 等。有些厂商也支持通过配置访问控制列表（Access Control List，ACL）规则实现 IP Source Guard 功能。

绑定功能是针对端口的，一个端口被绑定后，仅该端口被限制，其他端口不受影响。

2．绑定方式

IP 源地址绑定数据库有静态绑定和动态绑定两种方式。

（1）静态绑定

即通过手动配置 IP Source Guard，并绑定至端口。静态绑定方式适用于局域网中主机数目较少，或者需要针对局域网中某台特定的设备进行绑定操作。

（2）动态绑定

即通过自动获取 DHCP Snooping 或 DHCP Relay 的绑定表项来完成端口控制功能。动态绑定方式适用于局域网中主机较多，且采用 DHCP 进行动态主机配置的情况，可有效防止 IP 地址冲突、盗用等问题。其原理是当 DHCP 为用户分配一条表项时，动态绑定功能就相应增加一条绑定表项以允许该用户访问网络。如某用户私自设置 IP 地址，会因未触发 DHCP 分配表项，导致动态绑定功能不会增加相应的访问允许规则，此用户不能正常访问网络。

3.3.2　IP Source Guard 绑定配置

近期网络内部出现用户私自设置 IP 地址，导致园区网内流量异常，为防止用户私设 IP 地址，现要求部署 IP Source Guard 防止此类事件再次发生。PC1 和 PC2 通过 DHCP 服务器获取地址，如果私自设置 IP 地址，将无法和网关通信。示例如图 3-10 所示。

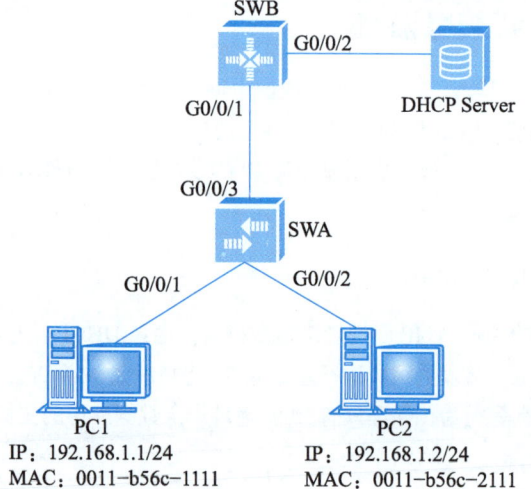

图 3-10　IP Source Guard 绑定配置示例

1. 组网要求

为了防止内部网络用户私自设置 IP 地址，部署 IP Source Guard，不允许使用静态的 PC 访问内部网络。

2. 配置要点

① 在接入 SWA、SWB 交换机上配置 VLAN。
② 在 SWA 上全局开启 DHCP snooping 功能，并在上联 SWB 交换机上配置信任端口。
③ 在 SWA 连接终端的端口开启 IP Source Guard。
④ 配置 IP Source Guard 对静态用户的接入控制。

3. 配置步骤

（1）在 SWA、SWB 上配置 VLAN

```
SWA>enable    // 进入特权模式
SWA #configure terminal    // 进入全局配置模式
SWA(config) #vlan 10    // 创建 VLAN 10
SWA(config) #interface gigabitEthernet 0/0/1    // 进入接口
SWA(config-if-GigabitEthernet 0/0/1) #switchport access vlan 10    // 将 G0/0/1 划分进 VLAN 10
SWA(config) #interface gigabitEthernet 0/0/2    //进入接口
SWA(config-if-GigabitEthernet 0/0/2) #switchport access vlan 10    // 将 G0/0/2 划分进 VLAN 10
```

SWA(config) #interface gigabitEthernet 0/0/3   // 进入接口

SWA(config-if-GigabitEthernet 0/0/3) #switchport mode trunk   // 将接口类型改为 Trunk

SWB>enable   // 进入特权模式

SWB #configure terminal   // 进入全局配置模式

SWB(config) #vlan 10   // 创建 VLAN 10

SWA(config) #interface gigabitEthernet 0/0/1   // 进入接口

SWA(config-if-GigabitEthernet 0/0/1) #switchport mode trunk   //将接口类型改为 Trunk

SWA(config-if-GigabitEthernet 0/0/1) #exit   // 退出接口视图

SWB(config) #interface gigabitEthernet 0/0/2   // 进入接口

SWB(config-if-GigabitEthernet 0/0/2) #switchport access vlan 10   // 将 G0/0/2 划分至 VLAN 10

（2）在 SWA 上开启 DHCP Snooping

SWA>enable   // 进入特权模式

SWA #configure terminal   // 进入全局配置模式

SWA(config) #ip dhcp snooping   // 开启交换机 DHCP Snooping 功能

SWA(config) #interface gigabitEthernet 0/0/3   // 进入接口

SWA(config-if-GigabitEthernet 0/0/2) # ip dhcp snooping trust   // 配置 DHCP Snooping 的信任端口

（3）在 SWA 连接终端的接口开启 IP Source Groud

SWA(config) #interface range gigabitEthernet 0/0/1-2   //同时进入 1 和 2 配置模式

SWA(config-if-range) #ip verify source port-security   //开启源 IP+MAC 报文检测

（4）配置绑定静态用户，希望这些用户采用静态 IP

SWA(config) #ip source binding 0011.b56c.1111 vlan 10 192.168.1.2 interface G0/0/2

SWA(config) #interface gigabitEthernet 0/0/2   // 进入接口

SWA(config-GigabirEthernet 0/15) #ip verify source port-security   // 开启源 IP+MAC 的报文检测

SWA(config- GigabirEthernet 0/15) #exit   // 退出接口视图

SWA #write   // 保存当前配置

3.4 NFPP 配置

由于计算机网络体系结构的复杂性及开放性等特征，在实际网络环境中不可避免存在着一些恶意攻击，这些攻击会给交换机带来过重的负担，引起交换机 CPU、内存、表项或其他资源的利用率过高，导致系统无法进行服务，甚至整个网络无法正常运行。

微课 3-7
NFPP 配置

3.4.1 NFPP

网络基础保护策略（Network Foundation Protection Policy，NFPP）是锐捷公司开发的一套完整的网络基础保护体系。

1. NFPP 的开发

当前,网络设备及数据的安全成为影响网络正常运行的重要因素。网络设备受到的恶意攻击,主要表现在以下几个方面。

① 基于 ARP 的拒绝服务攻击。在局域网中,攻击者向网关发送大量非法的 ARP 报文,消耗设备内存等大量资源,造成网关不能为正常用户提供服务。

② ICMP 洪水。Internet 控制报文协议(Internet Control Message Protocol,ICMP)是诊断网络故障的常用手段。用户发出 ICMP 相应请求报文,路由器或交换机收到请求后发送对应的回应报文,此过程需设备消耗部分 CPU 资源进行处理。如攻击者向目标设备发送大量的请求报文,将导致设备的 CPU 资源被大量消耗,甚至导致设备无法正常工作。

③ DHCP 耗竭。攻击者伪造 MAC 地址进行 DHCP 请求广播,如请求足够多,则可在一段时间内耗竭 DHCP 服务器所提供的地址空间。此时如有合法用户请求 DHCP IP 资源,则无法成功,合法用户无法正常访问网络。

目前常用的安全防护策略如 ACL、服务质量(Quality of Service,QoS)、CPU 保护策略(CPU Protect Policy,CPP)、单播反向路由查找技术(Unicast Reverse Path Forwarding,URPF)等,这些策略通过自行建立攻击检测和保护机制,提供对外的管理接口。这些策略没有统一的框架,基本是针对一个问题解决一个问题,未在流的主干上考虑实施防攻击保护。

在网络受攻击时,NFPP 能够通过对攻击源头采取隔离措施,保护系统各种服务的正常运行,同时保持较低的 CPU 负载,保障网络和设备稳定运行。

2. NFPP 工作原理

NFPP 对报文流策略的实施可以分为分类、入队和策略 3 个主要步骤。

(1) 分类

分类是指采用移动的规则识别出符合某类特征的报文。如根据报文的作用分为控制流、管理流、数据流三大类,根据报文的类型分为 ARP、IPv4、IPv6、Other 四大类。当然,还可在以上大类的基础上继续细分,如根据源 MAC、源端口、VLAN 等相关信息确定 ARP 报文。

NFPP 可在总体上对类流进行策略实施,也可在细分流的基础上对某个端口或某个用户进行限速甚至隔离。

(2) 入队

每一个经过分类后的报文在流表中都可以找到对应的结点。在结点结构中维护此类报文流所对应的策略项,如限速水线,告警水线等。

根据数据流的报文类型及细分的程度,维护结点结构的队列可分为一级流表和二级流表。它们均采用高效的哈希链进行组织,有效保证报文收发过程中的高效率。

- 一级流表是静态创建的,根据 ARP、IPv4、IPv6、Other 这 4 个一级分类定义的所有关键字,记录最完整的流信息。所有的动态 QoS、基于子接口的限速和保护都在一级流表上实现,一级流表对于每个一级分类只能有一个,且由流平台初始化静态创建。
- 二级流表可由用户动态创建和删除,是在一级流表的关键字基础上,根据某些分类规则组成的二级关键字再次组织的结点集合,每个二级流表通过静态挂接 QoS 实现限速,允许在每个一级分类下多个流表并列共存。二级流表可以支持对于扫描攻击的检测,允许用户在二级关键字基础上增加扫描字段和扫描间隔的配置。

(3) 策略

经过分类的流要放入对应的队列，队列结点中保存着报文流的特征信息，还维护着此类流所对应的策略信息，如限速水线、告警水线、放扫描信息等。这些策略信息可以有效避免 CPU 资源过多地浪费在攻击报文上，保证其能正常处理控制管理等报文。

NFPP 会根据其对应的策略对报文做相应处理，如计算报文的速度和在规定时间内接收此类报文数量，与设置的策略值相比较。根据比较的结果向上层发出告警通告，由上层判断并做出相应处理。

策略可以分为软件保护和硬件隔离，以上描述的是软件保护，硬件隔离是指上层收到 NFPP 发出的告警通告时，根据攻击性质做出相应处理措施，限制特定报文流，如可调用 NFPP 的底层接口对攻击源进行限速甚至硬件隔离。限速是规定 CPU 在单位时间内接收此用户报文流的最大值，超出部分则丢弃。如发现某用户确实是在发送大量的攻击报文，也可将此用户进行硬件隔离，在特定时间内不再接收其发出的报文。

3. NFPP 的工作流程

如图 3-11 所示，报文流被接收后会根据预先定义好的分类规则进行流分类，这些规则和各种类型流的关键信息都保存在流数据库中。报文按作用类型分为管理类、控制类、数据类 3 种流，并对每一种流实施攻击检测策略，再按照类型对报文分成 ARP、IPv4、IPv6、Other 这 4 种流。如果用户还注册了更为详细的划分，此分类过程将会继续执行。分类完成后，执行每一种流定义的策略。

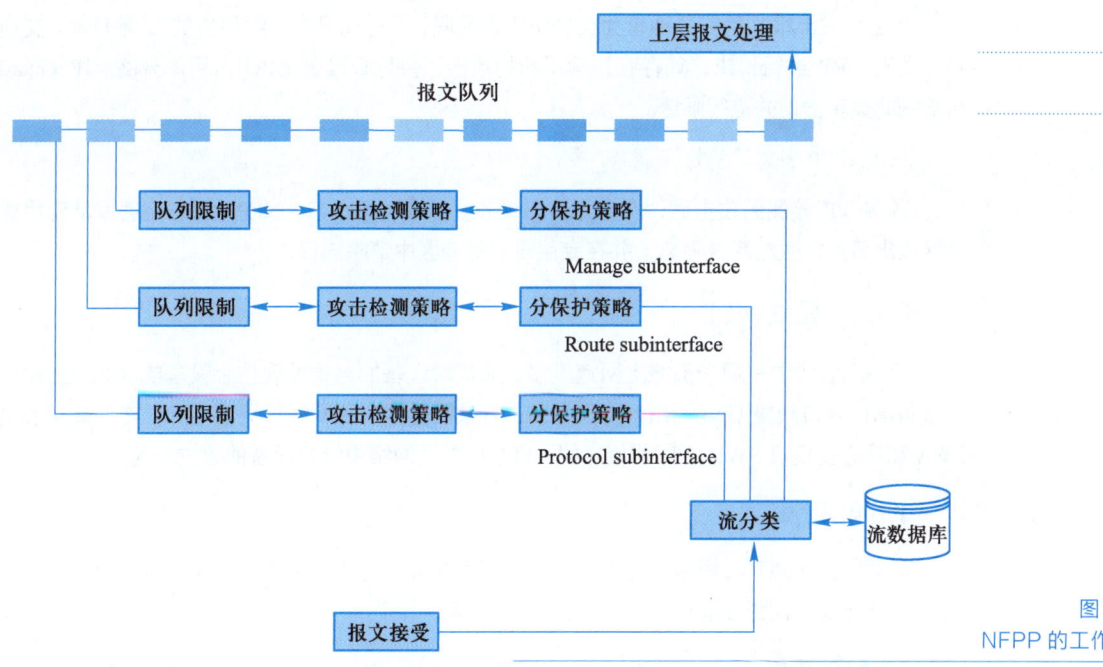

图 3-11 NFPP 的工作流程

分类后的报文流进入分保护策略模块，根据该流的类型判断其是否超过速率限制，以决定该流的行为。保护行为主要有处理该限速范围内的流、丢弃所有流、丢弃超过限速范围的流这 3 种方式。配置相应的流类型将会同时更新该类型到流分类及流数据库管理模块，该模块可按照 QoS 的方法进行动态配置。报文流进入攻击检测模块，检测机制主要基于帧的数目，如检测同一目的 IP 每秒攻击的帧数目等，检测到攻击后，将异步发送攻击消息给外部模块，消息内容可在注册接收时同时指定。

当报文流经过各种策略保护后，被放入报文队列。在放入队列前要对此类型的报文在队列中所占的比例进行限制，避免某种类型的流占满队列，导致各层的报文分发器一直处理某种类型的流而其他类型的流得不到处理。

以上操作完成后，如报文合法、没有被丢弃，那么将报文送到队列等待后续处理。

4. NFPP 子功能

（1）ARP-Guard

ARP-Guard 的功能是保护设备 CPU，防止大量攻击 ARP 报文导致 CPU 利用率升高，实现对 ARP 报文的限速和攻击检测。ARP 攻击识别分为基于主机和基于物理端口两种类别，可细分为基于源 IP 地址/VLAN ID/物理端口和基于链路层源 MAC 地址/VLAN ID/物理端口，每种攻击识别都有限速水线和攻击告警水线。当 ARP 报文速率超过限速水线时，超限报文被丢弃。当 ARP 报文速率超过告警水线时，打印警告信息，发送 Trap。基于主机的攻击识别还可对攻击源头采取硬件隔离措施。

ARP-Guard 能检测出 ARP 扫描。ARP 扫描是指链路层源 MAC 地址固定而源 IP 地址变化，或者链路层源 MAC 地址和源 IP 地址固定而目标 IP 地址不断变化。由于存在误判的可能，对检测出有 ARP 扫描嫌疑的主机不进行隔离，只是提供给管理员参考。

（2）IP-Guard

当主机发出报文的目的地址为交换机直连网段，不存在或未上线用户的 IP 地址时，交换机会发出 ARP 进行请求，如存在连续不断的攻击，会导致设备 CPU 占用率升高。IP-Guard 可识别此类攻击，并进行限速。

（3）NFPP 日志信息打印调整

当 NFPP 检测到攻击后，在专用日志缓冲区生成一条日志。NFPP 以一定速率从专用缓冲区取出日志，生成系统消息，并在专用日志缓冲区中清除该日志。

3.4.2 配置 NFPP

近期园区网内有用户反馈上网速度慢，通过对设备的巡检发现核心设备的 CPU 占用率一直很高，接口频繁 Up/Down，协议震荡，导致园区网内的网络可用性下降。在汇聚交换机 SWA 和核心交换机 SWB 上部署相应的 NFPP 以防止网络中针对设备的攻击行为。

1. 组网要求

近期设备 CPU 占用率居高不下，接口震荡频繁。为了保护内部交换机的安全性，开启 NFPP，防范针对网络设备的攻击，如图 3-12 所示。

2. 配置要点

① 在交换机上配置 VLAN。
② 配置交换机防 ARP 欺骗。
③ 在交换机上启用 NFPP，将上联 NFPP 关闭。
④ 在接口上配置 NFPP。

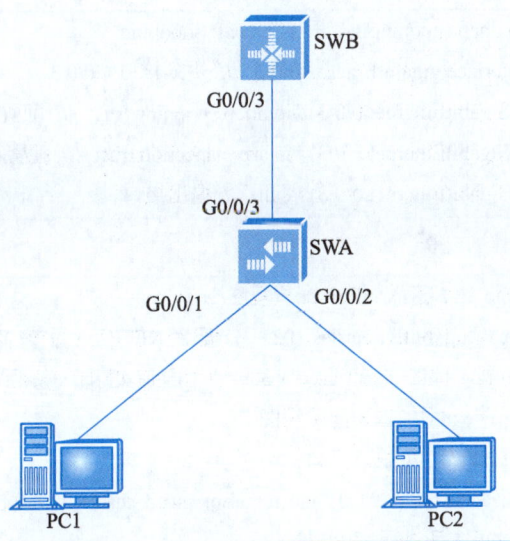

图 3-12
NFPP 配置示例

3. 配置步骤

（1）配置交换机 VLAN 等信息

```
SWA>enable    // 进入特权模式
SWA #configure terminal    // 进入全局配置模式
SWA(config) #vlan 10    // 创建 VLAN 10
SWA(config) #interface gigabitEthernet 0/0/1    // 进入接口
SWA(config-if-GigabitEthernet 0/0/1) #switchport access vlan 10    // 划分 G0/0/1 至 VLAN 10
SWA(config-if-GigabitEthernet 0/0/1) #exit    // 退出接口
SWA(config) #interface gigabitEthernet 0/0/2    // 进入接口
SWA(config-if-GigabitEthernet 0/0/2) #switchport mode access vlan 10    // 划分 G0/0/2 至 VLAN 10
SWA(config-if-GigabitEthernet 0/0/2) #exit    // 退出接口
SWA(config) #interface gigabitEthernet 0/0/3    // 进入接口
SWA(config-if-GigabitEthernet 0/0/3) #switchport mode trunk    // 配置 G0/0/3 为 Trunk
SWA(config-if-GigabitEthernet 0/0/3) #exit    // 退出接口
SWB>enable    // 进入特权模式
SWB #configure terminal    // 进入全局配置模式
SWB(config) #vlan 10    // 创建 VLAN 10
SWB(config) #interface gigabitEthernet 0/0/3    // 进入接口
SWB(config-if-GigabitEthernet 0/0/3) #switchport mode trunk    // 配置 G0/0/3 为 Trunk
SWB(config-if-GigabitEthernet 0/0/3) #exit    // 退出接口
```

（2）在交换机上配置防 ARP 欺骗

```
SWA>enable    // 进入特权模式
SWA #configure terminal    // 进入全局配置模式
SWA(config) #ip arp inspection vlan 10    // 配置检查接口报文的动态 ARP 检测(Dynamic ARP Inspection, DAI)
```

```
SWA(config) #ip dhcp snooping    // 开启 DHCP Snooping
SWA(config) #interface gigabitEthernet0/0/3    // 进入接口 G0/0/3
SWA(config-if-GigabitEthernet 0/0/3) #ip dhcp snooping trust    // 配置 DHCP 信任接口
SWA(config-if-GigabitEthernet 0/0/3) #ip arp inspection trust    // 配置不检查报文的 DAI
SWA(config-if-GigabitEthernet 0/0/3) #exit    // 退出接口
```

（3）交换机上配置 NFPP

```
SWA(config) #nfpp    // 进入 NFPP 配置视图
SWA(config-nfpp) #log-buffer entries 1024    // 配置 NFPP log 缓存的容量为 1024
SWA(config-nfpp) #log-buffer logs 1 interval 300    // 调整每次打印一条相同 log 信息阈值为 300 s
SWA(config-nfpp) #exit    // 退出配置视图
SWA(config) #int g0/0/3    // 进入接口
SWA(config-if-GigabitEthernet 0/0/3) #no nfpp arp-guard enable    // 配置关闭接口 ARP-Guard 功能，关闭后该接口进入的报文不进行 NFPP 检测
SWA(config-if-GigabitEthernet 0/0/3) #no nfpp dhcp-guard enable    // 配置关闭接口的 DHCP-Guard 功能，关闭后该接口进入的报文不进行 NFPP 检测
SWA(config-if-GigabitEthernet 0/0/3) #no nfpp icmp-guard enable    // 配置关闭接口的 ICMP-Guard 功能，关闭后该接口进入的报文不进行 NFPP 检测
SWA(config-if-GigabitEthernet 0/0/3) #no nfpp ip-guard enable    // 配置关闭接口的 IP-Guard 功能，关闭后该接口进入的报文不进行 NFPP 检测
SWA(config-if-GigabitEthernet 0/0/3) #no nfpp nd-guard enable    // 关闭接口的 ND-Guard 功能，关闭后该接口进入的报文不进行 NFPP 检测
SWA(config- GigabitEthernet 0/0/3) #exit    // 退出接口视图
SWA #write    // 保存当前配置
SWB(config) #nfpp    // 进入 NFPP 配置视图
SWB(config-nfpp) #arp-guard attack-threshold per-port 800    // 配置每个端口的攻击阀值为 800 个，超过此值丢弃并打印攻击日志
SWB(config-nfpp) #arp-guard rate-limit per-port 500    // 配置每个端口每秒限速 500 个 ARP 报文，多余的 ARP 报文将被丢弃
SWB(config-nfpp) #log-buffer entries 1024    // 配置 NFPP log 缓存的容量为 1024 条
SWB(config-nfpp) #log-buffer logs 1 interval 300    // 配置 log 打印频率为每 300 s 打印 1 次
SWB(config-nfpp) #arp-guard isolate-period 600    // 配置超过 ARP 攻击阀值后，对用户进行隔离，设置隔离时间为 600 s
SWB(config-nfpp) #arp-guard attack-threshold per-src-mac 40    // 配置每个 MAC 的攻击阀值为 40 个，如果交换机检测每个 MAC 发送的 ARP 报文大于 40 个，那么交换机会将该用户放入 ARP 攻击表，对这些用户可以进行硬件隔离
SWB(config-nfpp) #arp-guard attack-threshold per-src-ip 40    // 配置每个 IP 的攻击阀值为 40 个，如果交换机检测每个 IP 发送的 ARP 报文大于 40 个，那么交换机会将该用户放入 ARP 攻击表，对这些用户可以进行硬件隔离
SWB(config-nfpp) #arp-guard rate-limit per-src-mac 6    // 每个 MAC 每秒限速 6 个 ARP 报文，剩下的 ARP 报文将被丢掉
```

SWB(config-nfpp) #arp-guard rate-limit per-src-ip 6　// 每个 IP 每秒限速 6 个 ARP 报文，剩下的 ARP 报文将被丢掉
　　SWB(config-nfpp) #ip-guard attack-threshold per-src-ip 40　// 配置 IP 攻击阀值为 40 个每秒
　　SWB(config-nfpp) #ip-guard isolate-period 600　// 配置超过 IP 攻击阀值后，对用户进行隔离，设置隔离时间为 600 s
　　SWB(config-nfpp) #exit　// 退出配置视图
　　SWB #write　// 保存当前配置

3.5　DDoS 配置

微课 3-8
DDoS 配置

　　不少网络运维人员都遇到过这种情况，在网络和设备正常运行时，突然出现服务器连接断开、访问卡顿、用户掉线等情况，服务器 CPU 或内存占用率、网络出方向或入方向流量明显增长，业务网站或应用程序突然出现大量的未知访问，登录服务器失败或登录过慢等问题。出现以上情况时，说明可能已经遭受了 DDoS 攻击。

　　DDoS 攻击日益猖獗，从原来的几 MB、几十 MB，到现在的几十 GB、几十 TB 的流量攻击，形成了一个很大的利益链。DDoS 攻击由于容易实施、难以防范、难以追踪等特点，已成为最难解决的网络安全问题之一，给网络社会带来极大危害。

3.5.1　DDoS 攻击

　　分布式拒绝服务攻击（Distributed Denial of Service Attack，DDoS 攻击）是在传统 DoS 攻击基础之上产生的攻击方式，指处于不同位置的多个攻击者同时向一个或数个目标发动攻击，或者一个攻击者控制了位于不同位置的多台机器，控制机器对不同受害者同时实施攻击，这是一种分布的、协同的大规模攻击方式。

1. DDoS 攻击原理

　　与传统 DoS 攻击相比，DDoS 攻击是借助数百、甚至数千台被入侵后安装了攻击进程的主机同时发起攻击的集团行为，可使很多计算机在同一时间遭受攻击，甚至会导致很多大型网站出现无法操作的情况。

　　DDoS 攻击体系分为 4 个部分，分别是攻击者、主控端、代理端和攻击目标。主控端用于发布命令控制攻击，代理端用于发出 DDoS 实际攻击包，攻击者在攻击过程中利用各种手段隐藏自己，对主控端和代理端的计算机拥有控制权或部分控制权。

　　在攻击过程中，真正的攻击者一旦将攻击命令传送至主控端，攻击者就可关闭或离开网络，达到逃避追踪的目的。主控端将命令发布至各代理端主机，每个代理端主机向目标主机发送大量经过伪装的服务请求数据包，目标主机无法识别数据包来源，且数据包所请求的服务往往需消耗大量系统资源，造成目标主机无法为用户提供正常服务，甚至导致系统崩溃。

2. DDoS 攻击方式

　　DDoS 攻击主要有流量攻击和资源耗尽攻击两种表现形式。

　　（1）流量攻击

　　流量攻击主要针对网络带宽攻击，大量攻击包导致网络带宽被阻塞，合法网络包被虚假

的攻击包淹没而无法到达主机。主要表现为：被攻击主机上有大量等待的 TCP 连接，网络中充斥着大量无用的假源地址数据包，高流量无用数据造成网络拥塞，使受害主机无法正常和外界通信。

（2）资源耗尽攻击

资源耗尽攻击主要是针对服务器主机攻击，大量攻击包导致主机的内存被耗尽或 CPU 被应用程序等占满而无法提供网络服务。主要表现为：利用受害主机提供的服务或传输协议缺陷，反复高速地发出特定的服务请求，使受害主机无法及时处理所有正常请求，最终导致系统宕机。

3．DDoS 攻击方式

分析 DDoS 的危害性和攻击行为，可将 DDoS 攻击方式分为以下几类。

（1）资源消耗类攻击

资源消耗类攻击是比较典型的 DDoS 攻击，其目标较简单，通过大量请求消耗正常的带宽和协议栈处理资源的能力，达到服务端无法正常工作的目的。最具代表性的资源消耗类攻击包括 SYN Flood、Ack Flood、UDP Flood 等。

（2）服务消耗类攻击

服务消耗类攻击针对服务的特点进行精确定点打击，让服务端始终处于处理高消耗型业务的忙碌状态，无法对正常业务进行响应。常见的服务消耗类攻击如 Web 的挑战崩塌攻击（Challenge Collapsar，CC）、数据服务的检索、文件服务的下载等。

（3）反射类攻击

反射类攻击也叫放大攻击，以 UDP 为主，通过流量被放大的特点，以较小的流量带宽制造出大规模的流量源，对目标发起攻击。此类攻击，请求回应的流量远远大于请求本身的流量。

反射类攻击严格意义上不算是攻击的一种，它只是利用某些服务的业务特征实现用更小的代价发动 Flood 攻击。

（4）混合型攻击

混合型攻击往往伴随着资源消耗和服务消耗两种攻击类型的特征，结合上述几种攻击类型，在攻击过程中进行探测以选择最佳的攻击方式。

4．防御措施

对于网络中的攻击，应采取尽可能周密的防御措施，同时加强系统检测，建立迅速有效的应对策略。常见的防御措施如下。

① 全面综合地设计网络的安全体系，尽可能选择高性能安全的产品和网络设备。

② 提高网络管理人员的业务素质，关注安全信息，遵从有关安全措施，及时升级系统，加强系统抗击攻击的能力。

③ 增加防火墙系统，对所有出入的数据包进行过滤，检查边界安全规则，确保输出包受到正确限制。

④ 优化路由及网络结构，对路由器进行合理设置，降低攻击的可能性。

⑤ 优化对外提供服务的主机，对所有在网上提供公开服务的主机都加以限制。
⑥ 安装入侵检测工具（如 NIPC、NGREP），定期扫描检查系统，修补系统漏洞，加密系统文件和应用程序，并定期检查这些文件的变化。

3.5.2 交换机防止 DDoS 攻击配置

园区网内部署 Web 服务、FTP 服务及数据库服务器，攻击者针对服务进行了 DDoS 攻击，为保护内网服务器的安全，需在核心交换机及接入交换机上配置全局防护。

1. 组网要求

园区内部部署的有 Web 服务器，近期有大量用户反馈，无法访问 Web 服务器。通过报文分析，存在大量的 DDoS 攻击，需要在交换机上开启防止 DDoS 攻击，保护内部 Web 服务器的安全，如图 3-13 所示。

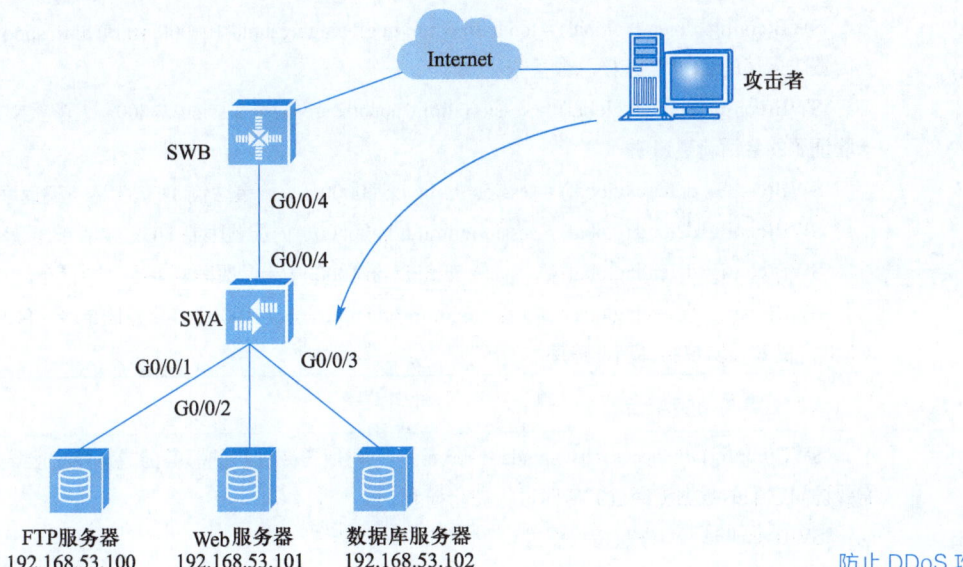

图 3-13 防止 DDoS 攻击配置示例

2. 配置要点

① 配置基础安全攻击防范。
② 配置交换机本身的全局防护。
③ 创建网络防攻击域。

3. 配置步骤

（1）配置基础安全攻击防范

```
SWB>enable    // 进入特权模式
SWB #configure terminal    // 进入全局配置模式
SWB(config)# SWB-config vfw1    // 进入虚拟墙 vfw1 配置模式
SWB(config-vfw)# defend winnuke    // 防 winnuke 攻击
SWB(config-vfw)# defend source-route    // 防带源路由选项 IP 报文攻击
```

```
SWB(config-vfw) # defend route-record    // 防带路由记录选项 IP 报文攻击
SWB(config-vfw) # defend icmp-unreachable    // 防 ICMP 不可达攻击
SWB(config-vfw) # defend icmp-redirect    // 防 ICMP 重定向攻击
SWB(config-vfw) # defend fraggle    // 防 fraggle 攻击
SWB(config-vfw) # defend land    // 防 land 攻击
```

（2）配置交换机全局防护

```
SWB>enable    // 进入特权模式
SWB #configure terminal    // 进入全局配置模式
SWB(config) # SWB-config vfw1    // 进入虚拟墙 vfw1 配置模式
SWB(config-vfw) # defend-zone global    // 配置全局防攻击域
SWB(config-defend-global) # tcp syns-in global threshold 50000 action anti-spoofing    // 配置防火墙的 SYN 报文总速率检查
SWB(config-defend-global) # tcp half-conn-in global threshold 100000 action anti-spoofing    // 配置防火墙的 TCP 半连接总数检查
SWB(config-defend-global) # session-limit unauth-src-new-session 50000    // 配置限制所有未验证源的会话新建速率
SWB(config-defend-global) # session-limit tcp 60000    // 配置限制 TCP 会话新建速率
SWB(config-defend-global) # session-limit udp 20000    // 配置限制 UDP 会话新建速率
SWB(config-defend-global) # session-limit icmp 10000    // 配置限制 ICMP 会话新建速率
SWB(config-defend-global) #session-limit other-protocol 10000    //配置限制除 TCP/UDP/ICMP 外的其他协议会话新建速率
```

（3）创建网路防攻击域

```
SWB(config) #ip access-list standard servers    // 对所需要保护的服务器或某特定区域的 IP，需要访问它们的数据流经过 FW 时进行安全检测
SWB>enable    // 进入特权模式
SWB #configure terminal    // 进入全局配置模式
SWB(config-std-nacl) # permit 192.168.1.0 0.0.0.255    // 允许通过
SWB(config-std-nacl) # exit    // 退出配置视图
SWB(config) # firewall-config vfw1    // 进入虚拟墙 vfw1 配置模式
SWB(config-vfw) # defend-zone web    // 进入安全区域
SWB(config-defend-zone) # ip access-group servers    // 调用策略
SWB(config-defend-zone) #end    // 退回到特权模式
SWB #write    // 保存配置
```

3.6 DLDP 与 BFD 配置

在实际组网中，可能会存在单向链路，即一条链路上的两个接口，只有一端可收到另一端发来的链路层报文。在单向链路中，物理层仍处于连通状态，物理层检测机制（负责物理信号和故障的检测）无法发现设备间的通信异常，从而导致错误转发、环路等问题。

3.6.1 DLDP

设备连接检测协议（Device Link Detection Protocol，DLDP）在链路层进行对端设备识别、单向链路识别以及关闭单通接口等工作，通过在链路层监控光纤或网线的链路状态，检测链路连接是否正确、链路两端能否正常交互报文。DLDP 可以与物理层的自动协商机制协同工作，检测物理信号和链路状态故障，避免物理和逻辑的单向连接。

微课 3-9
DLDP 简介-DLDP 配置

1. DLDP 工作流程

设备连接检测主要工作流程可以分为以下几个阶段。

（1）初始化阶段

当在接口启动 DLDP 功能时，DLDP 转为初始化状态，发送 ARP 请求，获取对端设备的 MAC 地址。如果一直获取不到对端的 MAC 地址，将一直处于初始化阶段，当用户禁止本功能后，转为删除状态。当获取到对端的 MAC 地址后，转为链路成功状态。

（2）链路成功状态

在本状态下，可发起 DLDP 链路探测请求报文检测线路连通性，收到 DLDP 回应报文后标记该接口为 Up 状态。如果接收回应报文失败，则继续发送请求报文，直至超过最大探测次数，标记链路失败，状态转为初始化状态。在此过程中，假如用户删除本功能，则转为删除状态。

（3）删除状态。

本状态下，接口状态不再由链路探测功能进行分析，其状态和物理通道的状态保持一致。

2. 发现单向链路后的处理机制

当 DLDP 检测到单向链路时，可以采用自动模式或手动模式关闭单通接口。

① 自动模式：在此模式下，DLDP 检测到单向链路时会自动关闭单通接口。

② 手动模式：在此模式下，DLDP 检测到单向链路时不会直接关闭单通接口，需要手动将其关闭；单向链路恢复为双向链路后，需要手动将其打开。当网络性能较差、设备业务量较大或 CPU 利用率较高时，容易造成 DLDP 对单通的误判而自动关闭接口，手动模式是为避免此类误判而采取的一种折中方案。

3. 链路恢复后的处理机制

当单向链路恢复双通后，可以通过以下两种方式使接口恢复正常工作。

- 对于手动关闭的接口，需要使用 undo shutdown 命令手动打开。
- 对于系统自动设置为 DLDP Down 状态的接口，链路自动恢复机制可自动检测到 DLDP 邻居恢复并重新打开该接口。

链路自动恢复机制可使处于 DLDP Down 状态的接口在链路恢复后自动从该状态中恢复，具体过程如下。

① 处于 DLDP Down 状态的接口每 2 s 向外发送一次 RecoverProbe 报文，该报文中只携带本接口的信息。

② 对端接口收到该报文，回复 RecoverEcho 报文作为应答。

③ 本端接口收到 RecoverEcho 报文，检查该报文中携带的邻居信息是否与本接口的信息相同。若相同则建立邻居表项，设置邻居状态为 Confirmed，本端接口的状态从 Unidirectional 迁移到 Bidirectional，并定期发送 Advertisement 报文。

3.6.2 DLDP 配置

如图 3-14 所示，园区网出口连接电信和联通两个运营商网络，电信带宽大于联通带宽，平时用户的出口流量走电信链路。如果电信通道出现链路故障，联通链路代替作为出口链路，使园区网访问 Internet 不中断，增加园区网的高可靠性。

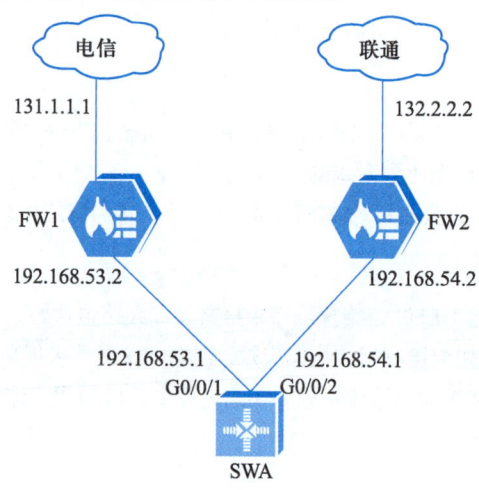

图 3-14
DLDP 配置示例

1. 组网要求

园区网出口为了可靠性，增加了 ISP 的接入链路。如果某一个 ISP 链路中断，要确保园区的内网不能中断，要求部署 DLDP。

2. 配置要点

① 在交换机 SWA 上配置浮动静态路由下一跳指向电信联通。
② 在交换机 SWA 上配置 DLDP。

3. 配置步骤

（1）在交换机上配置浮动静态路由

```
SWA>enable                  // 进入特权模式
SWA #configure terminal     // 进入全局配置模式
SWA(config) #interface gigabitEthernet 0/0/1   // 进入接口
SWA(config-if-GigabitEthernet 0/0/1) #no switchport   // 将接口改为三层接口
SWA(config-if-GigabitEthernet 0/0/1) #ip address 192.168.53.1 255.255.255.0   // 配置接口 IP 地址
SWA(config-if-GigabitEthernet 0/1) #exit   // 退出接口视图
SWA(config) #interface GigabitEthernet 0/2   // 进入接口视图
SWA(config-if-GigabitEthernet 0/0/2) #no switchport   // 将接口改为三层接口
SWA(config-if-GigabitEthernet 0/0/2) #ip address 192.168.54.1 255.255.255.0   // 配置接口 IP 地址
```

SWA(config-if-GigabitEthernet 0/0/2) #exit   // 退出接口视图

SWA(config) #ip route 0.0.0.0 0.0.0.0 192.168.53.2   // 配置默认路由

SWA(config) #ip route 0.0.0.0 0.0.0.0 192.168.54.2 20   // 配置浮动路由，metric 值为 20

（2）在交换机 SWA 上配置 DLDP

SWA(config) #interface gigabitEthernet 0/1   // 进入接口

SWA(config-if-GigabitEthernet 0/0/1) #dldp 131.1.1.1 192.168.53.2   // 配置 DLDP 检测电信出口链路默认的探测参数

SWA(config-if-GigabitEthernet 0/0/01) #end   // 退回到特权模式

SWA #write   // 保存配置

4．配置验证

SWA #show dldp interface gi gabitEthernet 0/1

Interface	Type	Ip	Next-hop	Interval	Retry	Resume	state
Gi0/1	Active	131.1.1.1	192.168.53.2	100	4	3	Down

3.6.3　BFD

双向转发检测（Bidirectional Forwarding Detection，BFD）用于检测两个转发点之间的故障，可以提供轻负载、快速检测两台邻接路由器之间转发路径连通状态的方法。通过与上层路由协议联动，如开放最短路径优先（Open Shortest Path First，OSPF）、边界网关协议（Border Gateway Protocol，BGP）、路由选择信息协议（Routing Information Protocol，RIP）等，BFD 可以实现路由的快速收敛，加快启用备份转发路径，提升现有网络性能。BFD 本身没有发现邻居的能力，需要上层协议通知其与哪个邻居建立会话。

微课 3-10
BFD 简介-BFD 配置

1．BFD 工作原理

（1）会话建立过程

BFD 使用三次握手的机制建立会话，发送方在发送 BFD 控制报文时会在 Sta 字段填入本地当前的会话状态（如 Down、Init 或 Up），接收方根据收到的 BFD 控制报文的 Sta 字段以及本地当前会话状态进行状态机的迁移，并建立会话，如图 3-15 所示。

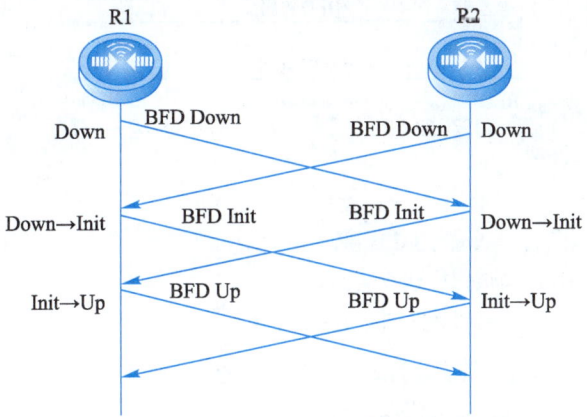

图 3-15
会话建立过程

（2）状态迁移过程

BFD 会话根据收到的对端 BFD 报文状态字段，在 3 种不同的状态中迁移，状态迁移过程如图 3-16 所示。

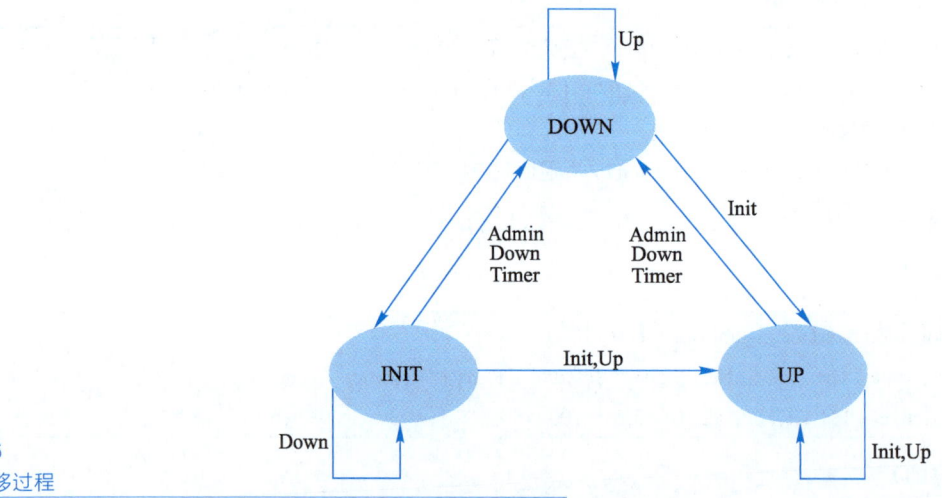

图 3-16
状态迁移过程

① Down 状态收到状态为 Init 的报文，切换为 Up 状态；收到状态为 Down 的报文，切换为 Init 状态；收到其他报文，则状态保持不变。

② Init 状态收到状态为 Init 或 Up 的报文，切换为 Up 状态；收到状态为 Admin 的报文，切换为 Down 状态；收到其他报文，则状态保持不变。

③ Up 状态收到状态为 Admin 或 Down 的报文，切换为 Down 状态；收到其他报文，则状态保持不变。

双方的 BFD 会话状态都处于 Up 状态，则表示 BFD 会话连接建立成功。

2．**BFD 与 OSPF 联动**

两台路由器通过一台二层交换机相连，两台路由器同时运行 OSPF 和 BFD。

（1）BFD 会话建立过程（见图 3-17）

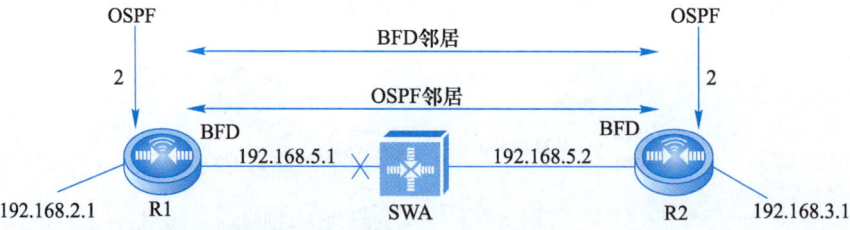

图 3-17
BFD 会话建立过程

① OSPF 发现邻居，与邻居建立连接。

② OSPF 通知 BFD 与该邻居建立会话。

③ 路由器根据协商逻辑和对端建立 BFD 会话。

（2）R1 与 R2 之间链路通信异常时，BFD 故障检测过程（见图 3-18）

① R1 与 SWA 之间的链路通信发生故障。

② R1 与 R2 之间的 BFD 会话检测到故障。
③ BFD 通知本地运行的 OSPF 到邻居的转发路径发生故障。
④ OSPF 进行邻居 Down 过程的处理，如存在备份转发路径，则进行协议收敛，备份转发路径。

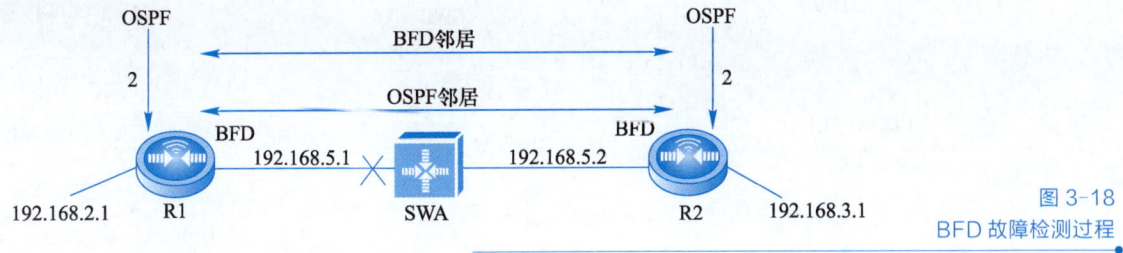

图 3-18 BFD 故障检测过程

3. BFD 会话检测模式

BFD 包含异步模式和查询模式两种检测模式。

（1）异步模式

系统之间相互周期性地发送 BFD 控制报文。如果某个系统在检测时间内没有收到对端发来的 BFD 控制报文，则宣布会话为 Down。

（2）查询模式

一个 BFD 会话建立后，系统将停止发送 BFD 控制报文。若某个系统需要显式地验证连接性，系统将发送一个短序列的 BFD 控制包。如果在检测时间内未收到返回的报文，则宣布会话为 Down；如收到对端的回应报文，则表示转发路径正常。

4. BFD 和 DLDP 的区别

BFD 和 DLDP 的主要区别如下。
① DLDP 只能用于以太接口，BFD 与接口无关，任意两个邻居之间均可建立 BFD 关系。
② DLDP 利用 ICMP 报文探测，BFD 使用协议自身探测报文。
③ DLDP 是单向检测行为，可以单向使用；BFD 是双向联动探测行为，两端都要启用。
④ DLDP 基于接口，即探测失败后，逻辑上 shutdown 该接口（如 SVI、no switchport、三层 AP 口），和接口相关的路由均失效；BFD 是基于邻居对，即探测一对邻居间的联通性，只对和该 BFD 关联的路由条目进行处理，控制粒度相对更精细。

3.6.4 BFD 配置

3 台交换机上运行了 OSPF 动态路由协议，OSPF 检测 Down 的时间过长，需要 4 倍的 Hello 时间，通过部署 BFD 加快 OSPF 的邻居检测时间，如图 3-19 所示。

1. 组网要求

园区内部运行的有 OSPF 动态路由协议，由于其邻居失效时间是 4 倍的 Hello 间隔（40 s），时间过长，为了加快 OSPF 的收敛，部署 BFD 与 OSPF 进行联动，加快 OSPF 的邻居失效检测时间。

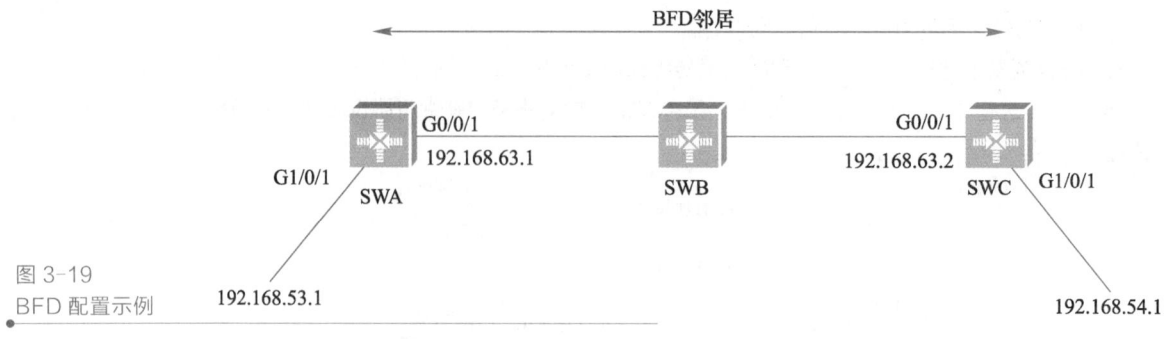

图 3-19 BFD 配置示例

2. 配置要点

① 配置接口 IP 地址。
② 在交换机上配置 OSPF 邻居。
③ 配置 OSPF 与 BFD 联动。

3. 配置步骤

（1）配置交换机上的地址

```
SWA>enable                                                        // 进入特权模式
SWA #configure terminal                                           // 进入全局配置模式
SWA(config) #interface gigabitEthernet0/2                         // 进入接口
SWA(config-GigabitEthernet 0/2) #no switchport                    // 将接口修改为三层接口
SWA(config-GigabitEthernet 0/2) #ip address 192.168.63.1 255.255.255.0   // 接口 IP 地址
SWA(config) #interface gigabitEthernet 0/1                        // 进入接口
SWA(config-GigabitEthernet 0/1) #no switchport                    // 将接口修改为三层接口
SWA(config-GigabitEthernet 0/1) #ip address 192.168.53.1 255.255.255.0   // 接口 IP 地址
SWC>enable                                                        // 进入特权模式
SWC #configure terminal                                           // 进入全局配置模式
SWC(config) #interface gigabitEthernet0/2                         // 进入接口
SWC(config-GigabitEthernet 0/2) #no switchport                    // 将接口修改为三层接口
SWC(config-GigabitEthernet 0/2) #ip address 192.168.63.2 255.255.255.0   // 配置 IP 地址
SWC(config) #interface gigabitEthernet 0/1                        // 进入接口
SWC(config-GigabitEthernet 0/1) #no switchport                    // 将接口修改为三层接口
SWC(config-GigabitEthernet 0/1) #ip address 192.168.53.2 255.255.255.0   // 接口 IP 地址
SWC(config-GigabitEthernet 0/1) #end                              // 退出接口视图
```

（2）在交换机上配置

```
SWA>enable                                               // 进入特权模式
SWA #configure terminal                                  // 进入全局配置模式
SWA(config-router) #router ospf 1                        // 创建 OSPF 进程
SWA(config-router) #network 192.168.53.0 0.0.0.255 area 0   // 将 192.168.53.0 宣告进 OSPF 区域 0 中
```

```
SWA(config-router) #network 192.168.63.0 0.0.0.255 area 0   // 将 192.168.63.0 宣告进 OSPF 区域 0 中
SWA(config-router) #end   // 退出协议配置视图
SWC(config-router) #router ospf 1   // 创建 OSPF 进程
SWC(config-router) #network 192.168.53.0 0.0.0.255 area 0   // 将 192.168.53.0 宣告进 OSPF 区域 0 中
SWC(config-router) #network 192.168.63.0 0.0.0.255 area 0   // 将 192.168.63.0 宣告进 OSPF 区域 0 中
SWC(config-router) #end   // 退出协议配置视图
```

（3）配置 OSPF 与 BFD 联动加快邻居检测

```
SWA>enable   // 进入特权模式
SWA #configure terminal   // 进入全局配置模式
SWA(config-GigabitEthernet 0/2) #bfd interval 500 min_rx 500 multiplier 3   // 配置 BFD 间隔 500 ms 发送一个探测报文，连续 3 次没收到回应则宣告链路失败。
SWA(config-GigabitEthernet 0/2) #no bfd echo   // 配置关闭 BFD Echo 模式
SWA(config-router) #router ospf 1   // 进入协议视图
SWA(config-router) #bfd all-interfaces   // 开启 OSPF 与 BFD 联动
SWA(config-router) #end   // 退出协议视图
SWA # write   // 保存配置
SWC>enable   // 进入特权模式
SWC #configure terminal   // 进入全局配置模式
SWC(config) #interface gigabitEthernet0/2   // 进入接口
SWC(config-GigabitEthernet0/2) #bfd interval 500 min_rx 500 multiplier 3   // 配置 BFD 间隔 500 ms 发送一个探测报文，连续 3 次没收到回应则宣告链路失败
SWC(config-GigabitEthernet0/2) #no bfd echo   // 配置关闭 BFD Echo 模式
SWC(config-router) #router ospf 1   // 进入协议视图
SWC(config-router) #bfd all-interfaces   // 开启 OSPF 与 BFD 联动
SWC(config-router) #end   // 退出协议视图
SWC # write   // 保存配置
```

4．配置验证

```
SWC #show running-config
router ospf 1
bfd all-interfaces
network 192.168.53.0 0.0.0.255 area0
network 192.168.63.0 0.0.0.255 area0
```

3.7　局域网运维工程规范

局域网规划应遵循统一标准、统一管理、资源共享、分步实施的原则，充分考虑局域网

微课 3-11
局域网运维工程
规范

的可管理性与安全性、高可靠性与稳定性、技术先进性与实用性、灵活性与可扩展性及经济性。局域网的设计应遵循近期建设规模与远期发展规划协调一致的原则。

3.7.1 设备主机名称命名规则

局域网设备应是市场的主流产品，有稳定的生命周期和发展策略，同时应兼容现有设备，能够保证整个网络系统稳定可靠的运行。建议同一局域网中采用同品牌的设备。

根据网络设备的层级、数量或向下直连的用户信息点数量，将网络设备进行分级命名。

1. 核心设备名称命名规则

规则：一级单位+设备安装位置+设备型号+序号。

示例：位于甘肃销售核心机房的核心交换机 ZXR10 8908，命名为 GSXS-HXJF-Z8908-01。

2. 其他设备名称命名规则

（1）单位设备命名规则

规则：二级单位（具体设备安装位置）+三级单位（具体设备安装位置）+设备型号+序号。

示例：甘肃销售天水分公司天水石油库的一台 ZSR1842，命名为 TS-TSYK-ZSR1842-01。

单位名称应基于所属各企事业单位的汉语拼音缩写，二级单位、三级单位名称应统一按照单位简称拼音首字母排列缩写。如果遇两个单位首字母排列重复，可用关键字全拼区分；若全拼仍无法区分，则可在该单位首字母排列后加上该单位总部所在城市拼音首字母以示区分。例如，山西销售（总部在太原）缩写为 SXXSTY，陕西销售（总部在西安）缩写为 SXXSXA。

（2）机房设备命名规则

规则：所在机房-所在机架-设备功能-设备层次-设备型号-设备编号。

示例：位于核心机房 C 排第 7 个机架核心交换机 S10508，命名为 HW-C07-HX-H10508-SW01。

3.7.2 设备访问权限规则

局域网建设以维护用户网络活动保密性、网络数据传输完整性和应用系统可用性为基本目标。在网络设备层面，应在各网络区域之间根据访问控制策略设置访问控制规则，对非授权用户访问进行阻断。

常见访问权限规则有以下几种。

① 在网络边界或区域之间根据访问控制策略设置访问控制规则，默认情况下除允许通信外，受控接口拒绝所有通信。

② 删除多余或无效的访问控制规则，优化访问控制列表，并保证访问控制规则数量最小化。

③ 对源地址、目的地址、源端口、目的端口和协议等进行检查，以允许/拒绝数据包进出。

④ 根据会话状态信息为进出数据流提供明确的允许/拒绝访问功能，控制粒度为端口级。

⑤ 在关键网络结点处对进出网络的信息内容进行过滤，实现对内容的访问控制。

⑥ 针对设备不同的管理权限应设置不同的管理账号并设置密码。

⑦ 所有设备及各类权限不使用统一密码，且密码保存方式不使用明文方式。

3.7.3 接口描述规则

局域网中所有激活接口都应使用规范描述，如果没有相应特殊规范，一般按照下列规则进行描述。

（1）非以太网链路接口

非以太网链路接口的描述内容字符应大写标明：本端设备主机名+本端端口号+TO+连接对端设备主机名称+对端接口号+带宽+链路序号+运营商。

（2）以太网链路接口

以太网链路接口的描述内容字符应大写标明：本端设备主机名+本端端口号+TO+连接对端设备主机名称+对端接口号。

3.7.4 设备互连规则

网络设备种类繁多，在连接时，不同类型的网络设备之间应当有针对性地遵循不同的连接规则，以获得最佳的网络性能。常见的设备互连规则如下。

① 上联端口电口从交换设备的最后端口开始使用，光口从第一个端口开始使用。
② 下联端口电口按端口顺序使用，光口按端口顺序使用。
③ 默认路由地址的设置应使用该段的第一个或最后一个地址作为默认路由地址。

学习总结

通过本项目的学习，我认识了_____
_____
_____
_____

我对哪些还有疑问：_____
_____
_____
_____

 知识检测

1. 计算机病毒的危害性表现在（　　）。
   A. 能造成计算机器件永久性失效
   B. 影响程序的执行，破坏用户数据与程序
   C. 不影响计算机的运行速度
   D. 不影响计算机的运算结果，不必采取措施
2. 计算机网络安全层次分为_____和_____。
3. BFD 会话的 3 种状态分别是_____、_____和_____。
4. 常见的局域网攻击有_____、_____、_____和_____。

5. _____和_____方法可以减少特洛伊。
6. 按照防火墙对内外往来数据的处理方法，大致可以分为三大类，分别为_____、_____和_____。
7. 简述包过滤防火墙的优缺点及局限性。
8. 简述 DDoS 攻击的特点及常用攻击手段。
9. 简述防范远程攻击的技术措施。
10. 分析 TCP/IP 协议，说明各层可能受到的威胁及防御方法。

项目 4
网络互联技术

学习背景

新年职业技术学院在局域网中划分多个业务网段等方式,将不同区域的计算机等终端设备连在一起。通过规划网络架构,配置路由器、交换机等设备并合理优化,利用动态路由协议自动更新路由表,选择合适的网间路由和交换结点,确保整个网络的连通性和可靠性。

本项目以典型的企业局域网为案例,以路由协议配置和互联网接入为出发点,结合 TCP/IP 模型、动态路由协议、网络服务、广域网接入等内容,介绍网络互联技术。

通过学习,达成如下学习目标。
- 掌握 TCP/IP 模型中各层的作用。
- 了解 TCP/IP 模型中的主要协议。
- 了解路由器、三层交换机等设备。
- 掌握 RIP 的原理和配置方法。
- 掌握 OSPF 的原理和配置方法。
- 掌握 DHCP 的原理和配置方法。
- 掌握 PPP 的原理和配置方法。
- 掌握 NAT 的原理和配置方法。
- 了解路由规划和路由优化。

 **知识结构**

本项目的知识结构如图 4-1 所示。

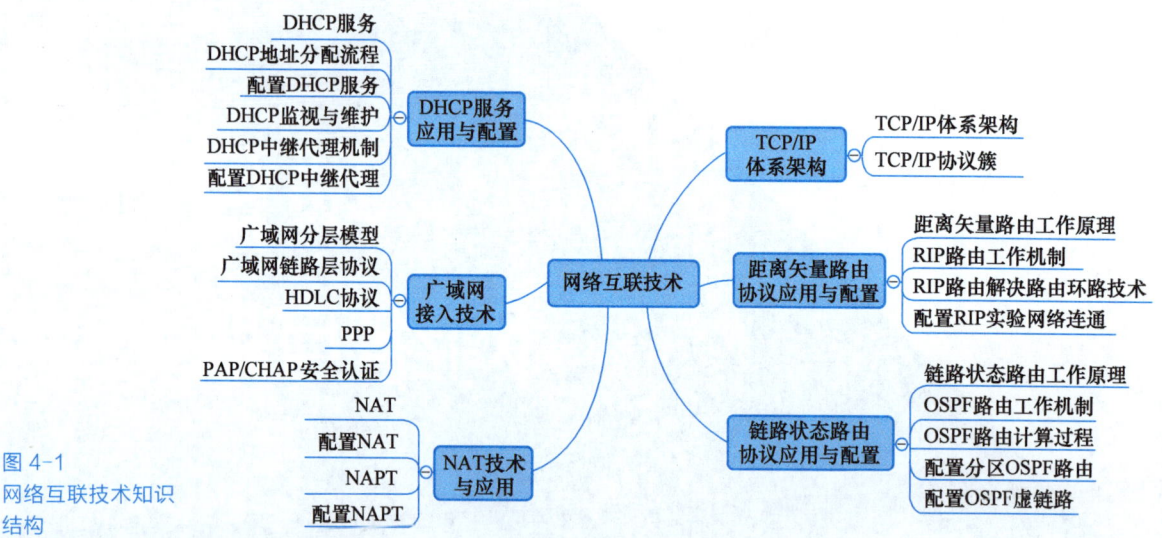

图 4-1
网络互联技术知识结构

 课前自测

在开始本项目学习之前，请先尝试回答以下问题。

1. 请了解你所在学校、单位网络中是否存在路由器或三层交换机，并简单描述其在网络中的位置。
2. 请了解你所在学校、单位网络的 IP 地址网段划分情况。
3. 请参考网络设备厂商官网介绍，简单描述一下路由器主要有哪些功能。

项目分析及准备

4.1 TCP/IP 体系架构

TCP/IP 是 20 世纪 70 年代中期美国国防部为其 ARPANET 广域网开发的网络体系结构和协议标准，以它为基础组建的 Internet 是目前国际上规模最大的计算机网络，正因为 Internet 的广泛使用，使得 TCP/IP 成为事实上的标准。

微课 4-1
TCPIP 体系架构

4.1.1 TCP/IP 体系架构

TCP/IP 参考模型是 Internet 最基本的协议，是 Internet 国际互联网络的基础。它将 OSI 模型中的最高 3 层（表示层、会话层、应用层）合并为应用层，将 OSI 的 7 层简化为 4 层，如图 4-2 所示。在具体实现过程中，TCP/IP 这一简化模型被广泛采用，成为网络互联的标准。

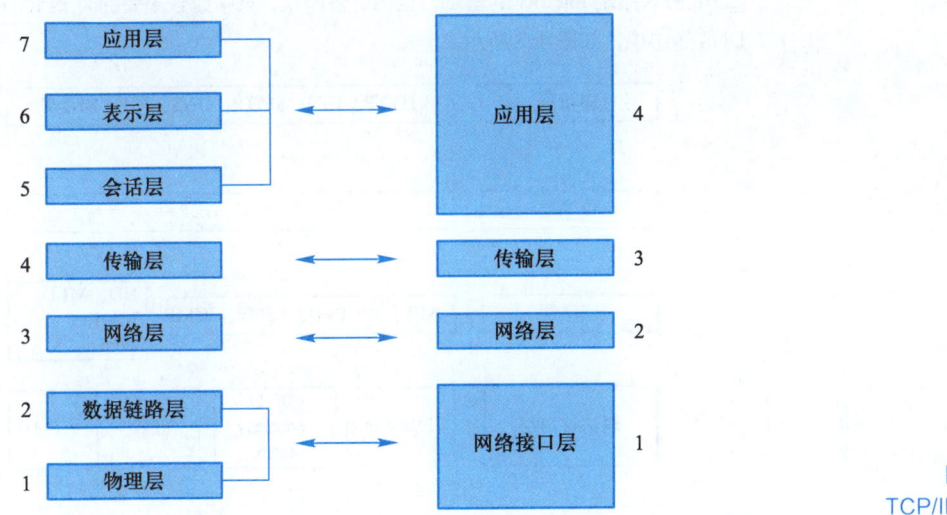

图 4-2
TCP/IP 模型

1．网络接口层

网络接口层负责把物理层的比特流封装成帧（数据报），并管理数据帧在网络上的传输，同时也支持容错和速率匹配。本层主要的设备为交换机。

> 说明 »»»»»»
>
> 在有些教材中 TCP/IP 模型被划分为 5 层，即将网络接口层划分为数据链路层和物理层。

2．网络层

网络层数据由数据链路层的数据帧加入网络层信息组成。网络层定义了终端设备的逻辑地址规范，用于在网络层唯一标识一台设备。例如 IPv4 地址规范中，常见计算机自动获取的地址为 169.254.X.X，就是一个典型的 B 类 IP 地址。网络层还提供路由的定义，保证将数据报文从一条链路发送至另一条链路。网络层的典型设备为路由器。

3. 传输层

传输层屏蔽底层网络复杂的连接，为应用层提供端到端的连通性保障，如建立终端到终端的连接，以传输数据流。

TCP/IP 的传输层协议主要包括两种：传输控制协议（Transmission Control Protocol，TCP）和用户数据报协议（User Datagram Protocol，UDP）。TCP 需要保持连接，提供面向可靠的传输服务，UDP 提供无连接的问答式服务。

4. 应用层

应用层协议是最高级别协议，这里的最高并非技术最复杂，而是更加接近用户使用，主要包括为用户提供应用程序接口、数据加密、解密及表示规范等。应用层的常见协议包括超文本传输协议（HyperText Transfer Protocol，HTTP）、Telnet、DNS 等。

4.1.2　TCP/IP 协议簇

TCP/IP 协议簇是 Internet 的基础，包括许多协议，其中比较重要的有 PPP、IP、ARP、TCP、UDP、DNS 等协议，如图 4-3 所示。

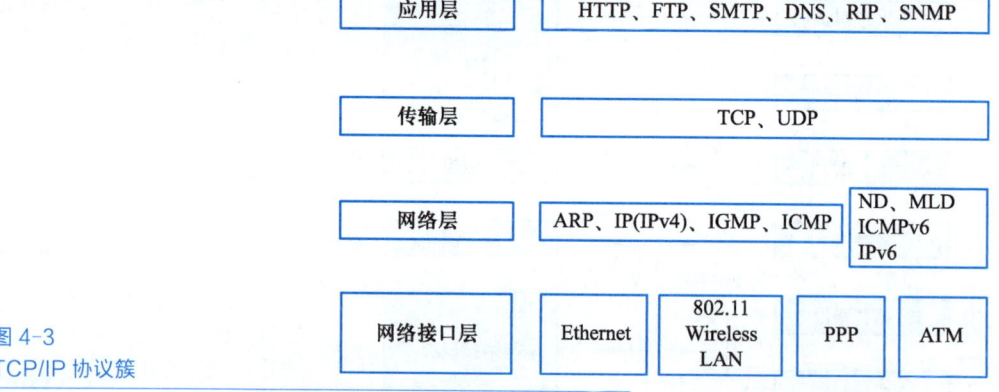

图 4-3　TCP/IP 协议簇

1. PPP

点对点协议（Point to Point Protocol，PPP）是一种有效的点对点通信协议，由串行通信线路上的组帧方式，用于建立、配置、测试和拆除数据链路的链路控制协议（Link Control Protocol，LCP）及一组用以支持不同网络层协议的网络控制协议（Network Control Protocol，NCP）3 部分组成。PPP 中的 LCP 提供了通信双方进行参数协商的手段，并提供一组 NCP，使得 PPP 可以支持多种网络层协议，如 IP、IPX、OSI 等。另外，支持 IP 的 NCP 提供在建立链接时动态分配 IP 地址的功能，解决了个人用户访问 Internet 的问题。

PPP 的优点在于简单、具备用户验证能力、可以解决 IP 分配等，如家庭拨号上网时通过 PPP 在用户端和运营商的接入服务器之间建立通信链路。

2. IP

互联网协议（Internet Protocol，IP）将多个网络连成一个互联网，可以把高层的数据以多个数据包的形式通过互联网分发出去。IP 的基本任务是通过互联网传送数据包，各 IP 数据包之间相互独立。

3. ARP

ARP 在 TCP/IP 网络环境下，每个主机都分配了一个 32 位的 IP 地址，这种互联网地址是在网际范围内标识主机的一种逻辑地址。为了让报文在物理网络中传送，必须提前获取目的主机的物理地址。这需要在网络层有一种服务将 IP 地址转换为相应的物理地址，即 ARP。

4. TCP

TCP 提供一种可靠的数据流服务。当因传输受差错干扰的数据而出现网络故障或网络负荷太重时，网际基本传输系统不能正常工作，需要通过其他协议来保证通信的可靠。TCP 就是这样的协议，它采用"带重传的肯定确认"技术实现传输的可靠性，使用"滑动窗口"的流量控制机制提高网络的吞吐量。TCP 通信建立实现了一种"虚电路"的概念，在双方通信前，先建立一条虚拟链接，双方在其上发送数据流。这种数据交换方式可提高网络速率，但事先建立连接和事后拆除连接需要开销。

5. UDP

UDP 为应用程序提供一种无须建立连接就可以发送封装的 IP 数据报的方法。UDP 提供无连接通信，且不对传送数据报进行可靠性保证，适合于一次传输少量数据，UDP 传输的可靠性由应用层负责。常用的 UDP 端口号有 53（DNS）、69（TFTP）、161（SNMP）。

6. DNS 协议

域名解析服务（Domain Name System，DNS）协议提供域名到 IP 地址的转换，允许对域名资源进行分散管理。DNS 的最初设计目的是使邮件发送方获取邮件接收主机及邮件发送主机的 IP 地址，后来发展为可服务于其他许多目标的协议。

4.2 距离矢量路由协议应用与配置

距离矢量名称的由来是路由以矢量方式被通告出去，距离是根据度量来决定的，可通俗地理解为在某个方向上的距离。

4.2.1 距离矢量路由工作原理

1. 距离矢量路由算法

距离矢量路由算法是动态路由算法的一种，能够适应网络的拓扑和流量变化，在 RIP、BGP 等路由协议中使用。

距离矢量路由算法，要求每台路由器维护一个距离矢量表，通过相邻路由器之间的距离矢量通告，进行距离矢量表的更新。每个距离矢量表项包括两部分，分别是到达目的结点的最佳输出线路和到达目的结点所需的距离。通信子网中其他每台路由器在表中占据一个表项，并作为该表项的索引。

微课 4-2
距离矢量路由协议
应用与配置

2. 距离矢量路由工作原理

每隔一段时间，路由器将它到每个目的结点的距离表发送至所有邻居结点，同时接收每个邻居结点发来的距离表。经过一段时间后，各路由器所获得的距离矢量信息汇总统一，各路由器只需要看距离矢量表就可为到达不同结点的路由找到一条最佳路径。

采用距离矢量算法的路由协议，会要求路由器把自己的路由表分享给所有相邻结点，通过分析收到的新路由表，如结点发现达到其他结点的距离发生改变，则将更新的路由表发送给邻居结点。每个结点都需要计算出到其他任意结点的最小距离。

如图 4-4 所示，距离矩阵中位于上方的是结点 E 的所有邻居，侧面的是所有结点。每一行是结点 E 经过不同相邻结点到达目标结点的距离的集合，选择最小的距离。

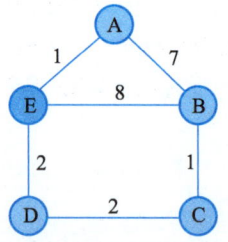

图 4-4 结点 E 的距离矩阵

$D^E(A,D)=c(E、D)+D^D(A,w)$
$=2+3=5$

距离矢量算法需要维护每个结点经过相邻结点到全部目的地的路径表。当发现到达其他结点的路径成本发生变化时将计算更新路由表，并将路由表广播给所有相邻结点，同时接收相邻结点发来的路由表更新信息，经计算更新自己的路由表后，再将新的路由表发出去。

距离矢量算法的好处是，任何一个新加入的结点都会很快地和其他结点建立联系，缺点是收敛速度慢。

4.2.2 RIP 路由工作机制

1. RIP

路由选择信息协议（Routing Information Protocol，RIP）是一种相对古老、在小型以及同介质网络中得到广泛应用的路由协议。RIP 基于距离矢量算法，使用"跳数"，即 metric 来衡量到达目标地址的路由距离。

RIP 有 RIPv1 和 RIPv2 两个版本，RIP 使用 UDP 报文交换路由信息，UDP 端口号为 520。通常情况下，RIPv1 报文为广播报文，RIPv2 报文为组播报文，组播地址为 224.0.0.9。

2. RIP 工作原理

RIP 用"更新（Update）"和"请求（Request）"两种分组传输信息。每个具有 RIP 功能的路由器每隔 30 s 用 UDP 520 端口给相邻结点广播更新信息，描述路由器所有的路由选择信息数据库。

路由选择信息数据库的每个条目由"局域网上能达到的 IP 地址"和"与该网络的距离"两部分组成。请求信息用于寻找网络上能发出 RIP 报文的其他设备。若设备经过 180 s 未收到来自对端的路由更新报文，则将所有来自此设备的路由信息标志为不可达，进入不可达状态后，经过 120 s 仍未收到更新报文，则将路由信息从路由表中删除。

RIP 用"跳数"作为网络距离的尺度。每个路由器在给相邻路由器发出路由信息时，为每个路径加上内部距离。如图 4-5 所示，路由器 3 直接和网络 C 相连。当它向路由器 2 通告网络 142.10.0.0 的路径时，将跳数增加 1，路由器 2 将跳数增加至 2，通告路径给路由器 1，则路由器 2 和路由器 1 与路由器 3 所在网络 142.10.0.0 的距离分别是 1 跳和 2 跳。

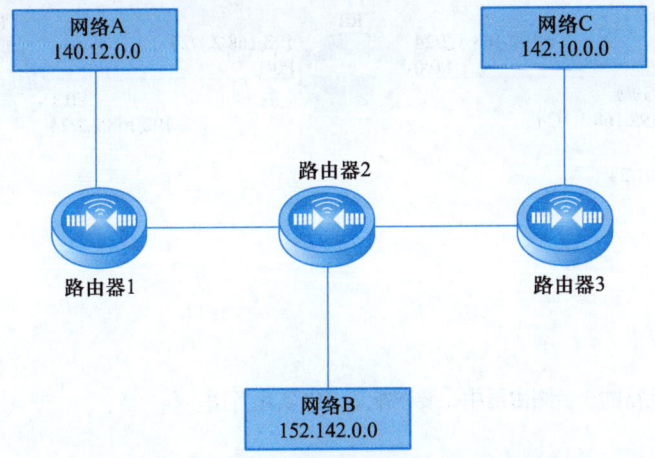

图 4-5
RIP 工作原理示例

4.2.3 RIP 路由解决路由环路技术

在 RIP 中，路由器依靠相邻路由器来获取网络的可达信息，不能掌握全局情况，同时由于算法收敛慢的问题，可能导致路由环路的产生。常见的防环机制有触发更新、水平分割、毒性逆转等。

1. 触发更新

触发更新是指当 RIP 路由表中某些路由项的内容发生改变，路由器应立即向所有邻居发布响应信息，而不需等待更新定时器所规定的下一个响应消息的发送时刻。为减少带宽及路由器处理资源的消耗，触发更新的响应消息中只包含路由信息发生改变的路由项。触发更新功能除了能够降低路由环路产生的概率外，还能够加快路由收敛速度。

2. 水平分割

水平分割的原理是，若一台路由器的 RIP 路由表中目的地/掩码为 z/y 的路由信息是通过该路由器的 interface-x 接口学习来的，则该路由器在通过 interface-x 接口向外发送响应消息时，响应消息中一定不要包含关于 z/y 这个路由项的信息。

3. 毒性逆转

毒性逆转的原理是，若一台路由器的 RIP 路由表中目的地/掩码为 z/y 的路由信息是通过该路由器的 interface-x 接口学习来的，则该路由器在通过 interface-x 接口向外发送消息时，响应消息中仍然需要包含 z/y 这个路由项，但是这个路由项的 Cost 总是设置为 16。

毒性逆转方法和水平分割方法都能避免路由环路的产生，二者的工作原理也非常相似。但这两种方法是互斥的，即 RIP 路由器可以具备水平分割功能，也可以具备毒性逆转功能，但是不能同时具备这两种功能。在实际应用中，通常会在 RIP 路由器上配置触发更新后，在水平分割和毒性逆转中选择配置其中一种。

4.2.4 配置 RIP 实验网络连通

由于 RIP 本身的局限性，它通常适用于规模较小的网络，如 10 台以下路由器，可以在整个网络的所有路由器上启用 RIP，具体示例如图 4-6 所示。

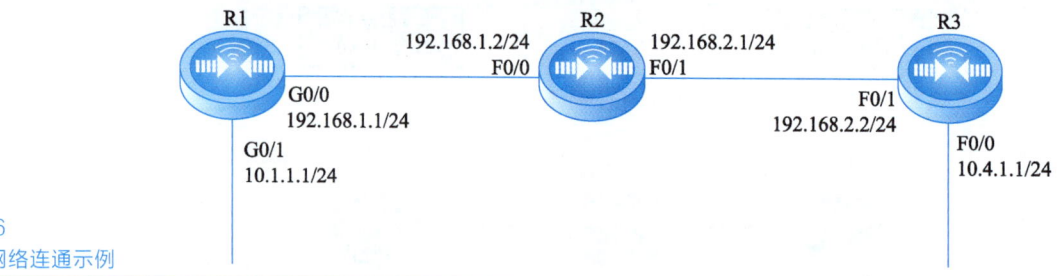

图 4-6
RIP 网络连通示例

1．组网要求

在校园网运行的 3 台路由器中，要求配置 RIP 实现互通。

2．配置要点

① 完成全网基本 IP 地址配置。
② 全网路由启用 RIP，并将对应的接口通告到 RIP 进程。

3．配置步骤

（1）全网基本 IP 地址配置

```
Ruijie(config) #hostname R1
R1(config) #interface gigabitEthernet 0/0
R1(config-GigabitEthernet 0/0) #ip address 192.168.1.1 255.255.255.0
R1(config-GigabitEthernet 0/0) #exit
R1(config) #interface gigabitEthernet 0/1
R1(config-GigabitEthernet 0/1) #ip address 10.1.1.1 255.255.255.0
R1(config-GigabitEthernet 0/1) #exit
Ruijie(config) #hostname R2
R2(config) #interface gigabitEthernet 0/0
R2(config-if-GigabitEthernet 0/0) #ip address 192.168.1.2 255.255.255.0
R2(config-if-GigabitEthernet 0/0) #exit
R2(config) #interface gigabitEthernet 0/1
R2(config-if-GigabitEthernet 0/1) #ip address 192.168.2.1 255.255.255.0
R2(config-if-GigabitEthernet 0/1) #exit
Ruijie(config) #hostname R3
R3(config) #interface gigabitEthernet 0/0
R3(config-if-GigabitEthernet 0/0) #ip address 10.4.1.1 255.255.255.0
R3(config-if-GigabitEthernet 0/0) #exit
R3(config) #interface gigabitEthernet 0/1
```

R3(config-if-GigabitEthernet 0/1) #ip address 192.168.2.2 255.255.255.0

R3(config-if-GigabitEthernet 0/1) #exit

（2）全网路由启用 RIP，并将对应的接口通告到 RIP 进程

R1(config) #router rip

R1(config-router) #version 2   // 启用 RIP version 2

R1(config-router) #no auto-summary   // 关闭自动汇总

R1(config-router) #network 192.168.1.0   // 把 192.168.1.0 网段通告到 RIP 进程

R1(config-router) #network 10.0.0.0

R1(config-router) #exit

R2(config) #router rip

R2(config-router) #version 2

R2(config-router) #no auto-summary

R2(config-router) #network 192.168.1.0

R2(config-router) #network 192.168.2.0

R2(config-router) #exit

R3(config) #router rip

R3(config-router) #version 2

R3(config-router) #no auto-summary

R3(config-router) #network 192.168.2.0

R3(config-router) #network 10.0.0.0

R3(config-router) #exit

4.3 链路状态路由协议应用与配置

链路状态路由协议是层次式的，网络中的路由器不向邻居传递"路由项"，而是通告给邻居其链路状态。与距离矢量路由协议相比，链路状态路由协议对路由的计算方法有本质差别。距离矢量路由协议是平面式的，所有路由学习完全依靠邻居，交换的是路由项。链路状态路由协议将路由器分成区域，收集区域所有路由器的链路状态信息，根据状态信息生成网络拓扑结构，每一台路由器再根据拓扑结构计算出路由。

4.3.1 链路状态路由工作原理

链路状态路由协议是目前使用范围最广的域内路由协议，采用"拼图"的设计策略，即每台路由器将其到周围邻居的链路状态向全网的其他路由器进行广播。当路由器收到从网络中其他路由器发送的路由信息后，对这些链路状态进行拼装，最终生成一个全网的拓扑视图，进而可通过最短路径算法来计算它到其他路由器的最短路径。运行链路状态路由协议的路由器在接口状态发生变化时，将变化后的状态发送给其他所有路由器，每台路由器都使用收到的信息重新计算前往每个网络的最佳路径，并将这些信息存储到自己的路由选择表中。

链路状态路由算法可以用以下 5 个基本步骤来描述。

微课 4-3
链路状态路由工作
原理

① 发现邻居结点，获取邻居结点的网络地址。
② 测量到各邻居结点的延迟或开销。
③ 构造一个分组，分组中包含所有收到的信息。
④ 将分组发送给其他路由器。
⑤ 计算出到达每一台其他路由器的最短路径。

链路状态算法是路由器在不同链路中选择一条从源主机到目的主机的最佳路径。如图 4-7 所示，其中的数字代表链路开销，值越大，开销越高，越应避开。每台路由器都生成一个全网的拓扑视图，并分别以自己为根结点计算最小生成树，可得到如图 4-8 所示的结果。

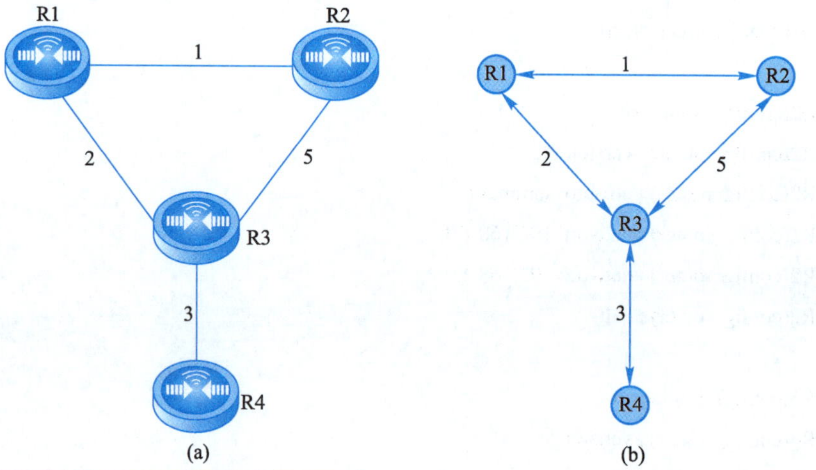

图 4-7 链路状态算法示例

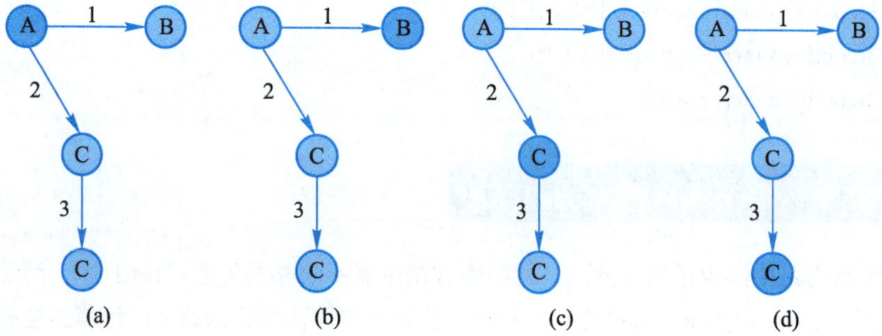

图 4-8 链路选择结果

微课 4-4
OSPF 工作机制-
OSPF 路由计算
过程

4.3.2　OSPF 路由工作机制

OSPF 是国际互联网工程任务组（Internet Engineering Task Force，IETF）定义的一种基于链路状态的内部网关路由协议。OSPF 是专为 IP 开发的路由协议，直接运行在 IP 层，协议号为 89，采用组播方式进行 OSPF 包交换，组播地址为 224.0.0.5（全部 OSPF 设备）和 224.0.0.6（指定设备）。OSPF 已逐渐取代存在着收敛慢、易产生路由环路、可扩展性差等问题的 RIP。

1. OSPF 的特点

① OSPF 是一种基于链路状态的路由协议，它从设计上保证了无路由环路。OSPF 支持区域的划分，区域内部的路由器使用最短路径算法（Shortest Path First，SPF）保证区域内部无环路。OSPF 利用区域间的连接规则保证区域之间无路由环路。

② OSPF 支持触发更新，可快速检测并通告自治系统内的拓扑变化。

③ OSPF 可解决网络扩容带来的问题。当网络上的路由器越来越多，路由信息流量急剧增长，OSPF 可以将每个自治系统划分为多个区域，限制每个区域的范围。OSPF 这种分区域的特点，使得 OSPF 特别适用于大中型网络。

④ OSPF 可以提供认证功能。OSPF 路由器之间的报文可以配置为必须经过认证才能进行交换。

2．OSPF 基本原理

OSPF 要求每台运行 OSPF 的路由器都了解整个网络的链路状态信息，因此可计算出到达目的结点的最优路径。

OSPF 的收敛过程由链路状态公告（Link State Advertisement，LSA）泛洪开始，LSA 中包含路由器已知的接口 IP 地址、掩码、开销和网络类型等信息。收到 LSA 的路由器都可以根据 LSA 提供的信息建立自己的链路状态数据库（Link State Database，LSDB），并在 LSDB 的基础上使用 SPF 算法进行运算，建立到达每个网络的最短路径树。通过最短路径树得出到达目的网络的最优路由，并将其加入到 IP 路由表中，如图 4-9 所示。

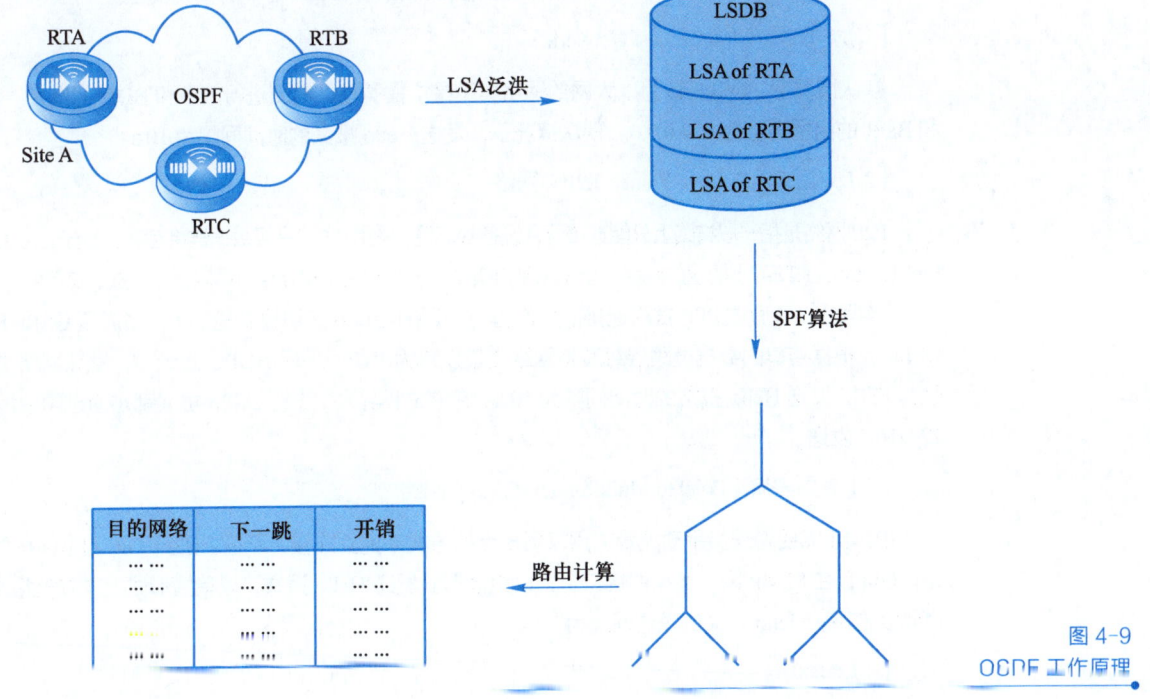

图 4-9 OSPF 工作原理

3．OSPF 报文

OSPF 报文类型有 Hello 报文、DD（Database Deion）报文、LSR（LSA Request）报文、LSU（LSA Update）报文、LSAck（Link State Acknowledgment）报文 5 种。

（1）Hello 报文

Hello 报文用于发现和维护邻居关系，在广播和非广播多路访问网络（None-Broadcast Multi-Access，NBMA）类型的网络中选举指定路由器（Designated Router，DR）和备份指定路由器（Backup Designated Router，BDR）。

（2）DD 报文

DD 报文用于两台路由器进行 LSDB 数据库同步时描述自己的 LSDB。DD 报文的内容包括

LSDB 中每一条 LSA 的头部（LSA 头部可以唯一标识一条 LSA）。LSA 头部只占一条 LSA 整个数据量的小部分，可以减少路由器之间的协议报文流量。

（3）LSR 报文

两台路由器相互交换 DD 报文后，确定对端路由器有哪些 LSA 是本地 LSDB 所缺少的，这时需要发送 LSR 报文向对方请求相关的 LSA，LSR 只包含所需要的 LSA 的摘要信息。

（4）LSU 报文

LSU 报文用来向对端路由器发送所需要的 LSA。

（5）LSAck 报文

LSAck 报文用来对接收到的 LSU 报文进行确认。

4. OSPF 支持的网络类型

OSPF 支持广播网络、点到点网络、点到多点网络、NBMA 这 4 种网络类型。

（1）广播网络（Broadcast Network）

默认情况下，OSPF 认为以太网的网络类型是广播类型，需要进行 DR 和 BDR 的选举。DR 和 BDR 的组播地址为 224.0.0.6。默认情况下，发送 Hello 报文的时间间隔为 10 s。

（2）点到点（Point to Point，P2P）网络

P2P 网络是指一段链路上只能连接两台设备的环境，采用 PPP、高级数据链路控制（High-level Data Link Control，HDLC）协议的网络类型是点到点类型，P2P 网络中相邻结点可以直接形成邻接关系。

当两台设备通过 PPP 链路连接时，设备上采用的接口封装协议就是 PPP，当激活 OSPF 时，OSFP 会根据接口的数据链路层封装将网络类型设置为 P2P，采用 HDLC 封装时，默认网络类型也为 P2P，发送 Hello 报文的时间间隔为 10 s。在 P2P 网络中，5 种 OSPF 报文都是通过组播地址 224.0.0.5 发送。

（3）点到多点（Point to MultiPoint，P2MP）网络

P2MP 需要管理员手动配置。用点到多点的方式来建立连接，不需要进行 DR 和 BDR 的选举。OSPF 在 P2MP 网络类型的接口上，以组播形式发送 Hello 报文，以单播形式发送其他报文。默认状态下，Hello 报文的发送间隔为 30 s。

（4）NBMA

默认情况下，OSPF 认为帧中继、ATM 的网络类型是 NBMA。NBMA 虽然允许多台设备接入，但是它并不具备广播功能。为了顺利地建立邻接关系，一般用单播形式发送 Hello 报文。在 NBMA 网络中，也会进行 DR 和 BDR 的选举。默认状态下，Hello 报文的发送间隔为 30 s。

5. DR 和 BDR

（1）DR 和 BDR 的作用

DR 负责在广播型网络中建立和维护邻接关系并负责 LSA 的同步。通过 DR 可以减少广播型网络中邻接关系的数量。

DR 与其他所有路由器形成邻接关系并交换链路状态信息，其他路由器之间不直接交换链路状态信息，减少广播型网络中的邻接关系数量及交换链路状态信息消耗的资源。

DR 一旦出现故障，与其他路由器之间的邻接关系将全部失效，链路状态数据库也无法同步，此时需重新选举 DR，与非 DR 路由器建立邻接关系，完成 LSA 的同步。为了规避单点故障风险，通过选举 BDR，在 DR 失效时可快速接管 DR 的工作，如图 4-10 所示。

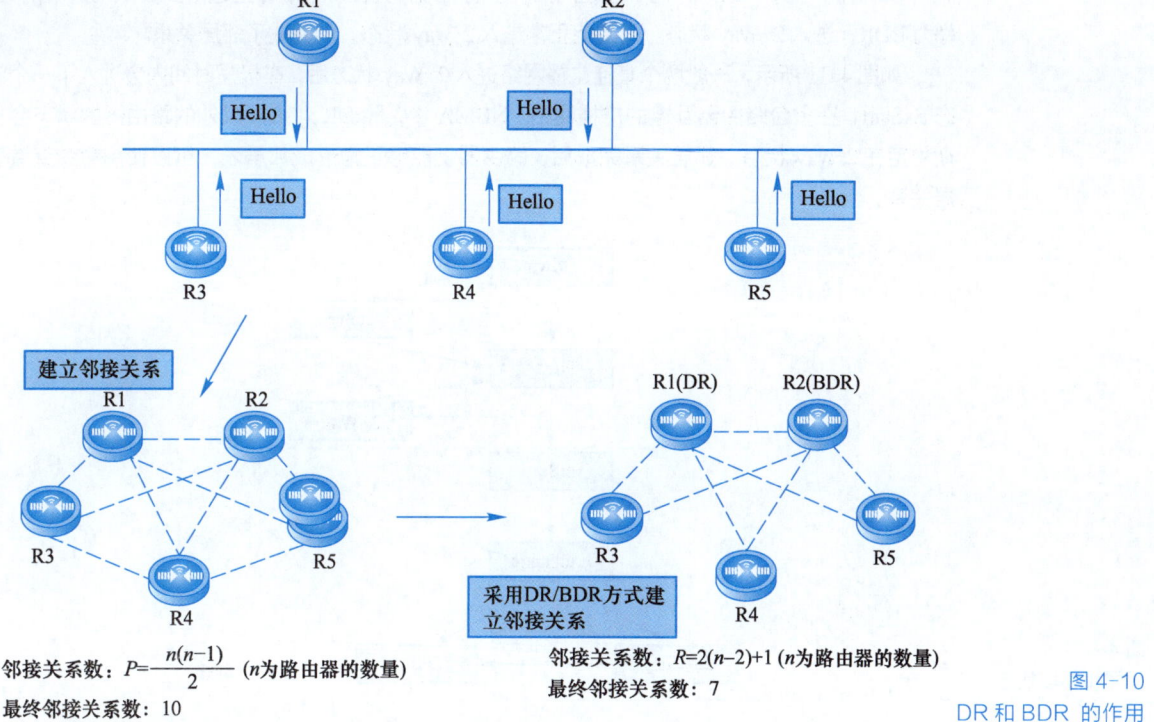

图 4-10 DR 和 BDR 的作用

（2）DR/BDR 的选举

DR/BDR 的选举是基于路由器接口的，接口优先级越大越优先；接口优先级相等时，Router ID 越大越优先；接口优先级为 0 时，表示不参与选举。

Router ID 是一个和 IP 地址类似的 32 位值，可以作为一台设备的标识符。在使用 OSPF 的网络中，每台路由器都需使用唯一的 ID 标识自己。建议手动配置 OSPF 路由器的 Router ID，如未手动配置 Router ID，则使用 Loopback 接口中最大的 IP 地址作为 Router ID；如未配置 Loopback 接口，则使用路由器物理接口中最大的 IP 地址作为 Router ID。如重新配置了 OSPF 路由器的 Router ID，则应重置 OSPF 进程来更新 Router ID。

选举 DR/BDR 需要注意以下几点。

① 只有广播或 NBMA 类型的接口才会选举 DR，在点到点或点到多点类型的接口上无需选举 DR。

② DR 是指某个网段的概念，是针对路由器的接口而言。某台路由器在一个接口上可能是 DR，在另一个接口上有可能是 BDR 或 DR Other。

③ 若 DR/BDR 已经选择完毕，当一台新路由器加入后，即使它的 DR 优先级值最大，也不会立即成为该网段中的 DR。

④ DR 并不一定就是 DR 优先级最大的路由器；同理，BDR 也并不一定就是 DR 优先级第二大的路由器。

6. 邻居与邻接

邻居关系是双方交互 Hello 报文，Hello 报文中的 Hello Time 、Dead Time、Area ID、验证信息、Stub Flag 信息一致时，两个直连广播类型的网络就会在一个端口上选举出 DR，另一端口选举为 BDR，进入 2-Way 状态。只要能正常进入 2-way 状态，就完成了邻居关系。

如图 4-11 所示，一般两个直连广播网络进入 2-Way 状态后，在极短时间内会进入下一个状态 ExStart，在多台路由器互连的广播网络、NBMA 中，除 DR、BDR 以外的路由器的状态会长期稳定在 2-way 状态。邻居关系完成后，路由器上能够正常形成邻居表，可以使用命令查看邻居关系。

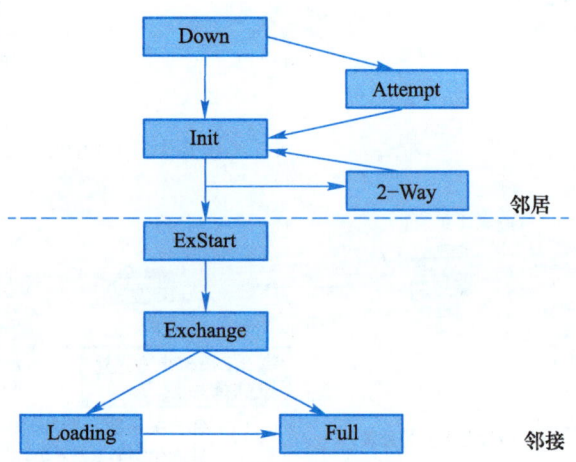

图 4-11 邻居和邻接状态

邻接关系是双方交互 DD、LSR、LSU、LSAck 报文完成后，两端设备 LSDB 相同，才进入邻接状态。邻接关系是由邻居关系 2-Way 继续向后发展，依次经历 ExStart→Exchange→Loading→Full 状态。邻接关系完成后，多台路由器能够正常形成链路状态数据库。

OSPF 邻居和邻接状态含义如下。

① Down：邻居的初始状态，表示没有从邻居收到任何信息。

② Init：路由器已经从邻居收到了 Hello 报文，但自己的 Router ID 不在所收到 Hello 报文的邻居列表中，表示尚未与邻居建立双向通信关系。

③ 2-Way：路由器发现自己的 Router ID 存在于所收到 Hello 报文的邻居列表中，确认可以双向通信。

④ Full：表示在 OSPF 邻居间已经交换完整的信息。

4.3.3 OSPF 路由计算过程

1. OSPF 工作过程

（1）邻居发现

如图 4-12 所示，Hello 报文用来发现和维持 OSPF 邻居关系。

（2）数据库同步

路由器使用 DD 报文进行主从路由器的选举和数据库摘要信息的交互。DD 报文包含 LSA 的头部信息，用来描述 LSDB 的摘要信息。每台路由器产生并向邻居泛洪链路状态信息，同时收集来自其他路由器的状态信息，完成 LSDB 的同步，如图 4-13 所示。

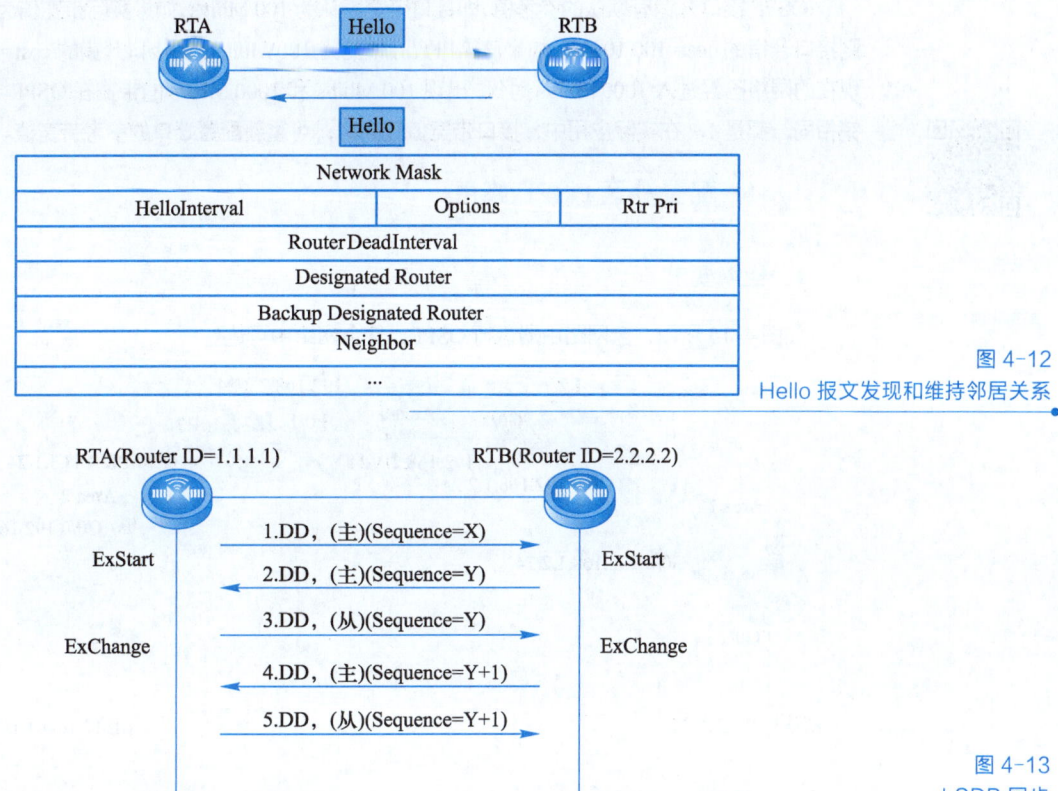

图 4-12
Hello 报文发现和维持邻居关系

图 4-13
LSDB 同步

（3）建立完全邻接关系

每台路由器基于 LSDB 通过 SPF 算法，计算得到一棵以自己为根的最小生成树（Minimum Spanmig Tree，MST），再以 MST 为基础计算去往各邻居连接网络的最优路由，并形成路由表。其中，LSR 用于向对方请求所需的 LSA，LSU 用于向对方发送其所需要的 LSA，LSAck 用于向对方发送收到 LSA 的确认，如图 4-14 所示。

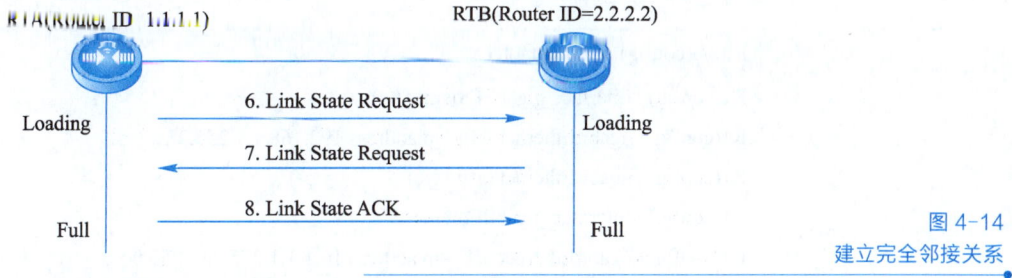

图 4-14
建立完全邻接关系

2. OSPF 的开销计算

OSPF 的度量值为链路开销（cost），是根据链路带宽计算出来的，是设备两端的接口开销总和。

接口开销=参考带宽/逻辑带宽（逻辑带宽通常配置和物理接口带宽相同）

OSPF 先分别计算链路每段的开销，然后计算从当前结点到达任意目标地址的网络开销，多段链路累加，最终选出到达目标网络开销最小的路径（即最佳路径）。

OSPF 接口开销有默认的参考值，即接口带宽默认为 100 Mbit/s，如果实际带宽值为 10 Mbit/s，则接口开销的 cost=100/10=10，如果该接口实际带宽为 100 Mbit/s，则接口开销的 cost=100/100=1。现在的网络已经进入 1000 Mbit/s 时代，出现 100 Mbit/s 和 1000 Mbit/s 的带宽在 OSPF 中得到的开销相同，都是 1。在实际应用中，接口带宽值较高时，可重新配置端口的参考带宽值。

微课 4-5
配置分区 OSPF 路由
-配置 OSPF 虚链路

4.3.4 配置分区 OSPF 路由

1．组网要求

如图 4-15 所示，全网路由器运行 OSPF，使全网路由可达。

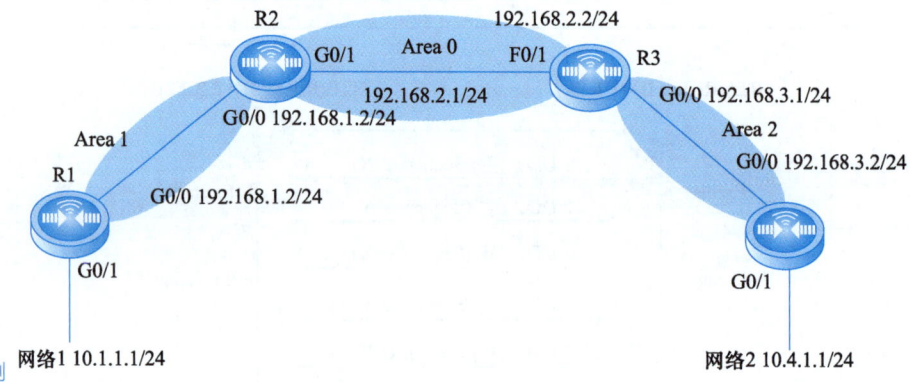

图 4-15
OSPF 分区域配置示例

2．配置要点

① 全网基本 IP 地址配置。
② 全网路由启用 OSPF，并将对应的接口通告到指定区域。
③ 调整以太网接口的 OSPF 网络类型。

3．配置步骤

（1）全网基本 IP 地址配置

```
Ruijie(config) #hostname R1
R1(config) #interface gigabitEthernet 0/0
R1(config-GigabitEthernet 0/0) #ip address 192.168.1.1 255.255.255.0
R1(config-GigabitEthernet 0/0) #exit
R1(config) #interface gigabitEthernet 0/1
R1(config-GigabitEthernet 0/1) #ip address 10.1.1.1 255.255.255.0
R1(config-GigabitEthernet 0/1) #exit
R1(config) #interface loopback 0    // 配置 Loopback 0 接口的地址作为 OSPF 的 Router ID
R1(config-Loopback 0) #ip address 1.1.1.1 255.255.255.255
R1(config-Loopback 0) #exit

Ruijie(config) #hostname R2
```

```
R2(config) #interface gigabitEthernet 0/0
R2(config-if- GigabitEthernet 0/0) #ip address 192.168.1.2 255.255.255.0
R2(config-if- GigabitEthernet 0/0) #exit
R2(config) #interface gigabitEthernet 0/1
R2(config-if- GigabitEthernet 0/1) #ip address 192.168.2.1 255.255.255.0
R2(config-if- GigabitEthernet 0/1) #exit
R2(config) #interface loopback 0
R2(config-if-Loopback 0) #ip address 2.2.2.2 255.255.255.255
R2(config-if-Loopback 0) #exit

Ruijie(config) #hostname R3
R3(config) #interface gigabitEthernet 0/0
R3(config-if- GigabitEthernet 0/0) #ip address 192.168.3.1 255.255.255.0
R3(config-if- GigabitEthernet 0/0) #exit
R3(config) #interface gigabitEthernet 0/1
R3(config-if- GigabitEthernet 0/1) #ip address 192.168.2.2 255.255.255.0
R3(config-if- GigabitEthernet 0/1) #exit
R3(config) #interface loopback 0
R3(config-if-Loopback 0) #ip address 3.3.3.3 255.255.255.255
R3(config-if-Loopback 0) #exit

Ruijie(config) #hostname R4
R4(config) #interface gigabitEthernet 0/0
R4(config-GigabitEthernet 0/0) #ip address 192.168.3.2 255.255.255.0
R4(config-GigabitEthernet 0/0) #exit
R4(config) #interface gigabitEthernet 0/1
R4(config-GigabitEthernet 0/1) #ip address 10.4.1.1 255.255.255.0
R4(config-GigabitEthernet 0/1) #exit
R4(config) #interface loopback 0
R4(config-Loopback 0) #ip address 4.4.4.4 255.255.255.255
R4(config-Loopback 0) #exit
```

（2）全网路由启用 OSPF，并将对应的接口通告到指定区域

```
R1(config) #router ospf 1          //启用 OSPF，进程号为 1
    R1(config-router) #network 192.168.1.1 0.0.0.0 area 1     // 将 192.168.1.1 所属的接口通告
到 OSPF 进程，区域号为 1
    R1(config-router) #network 10.1.1.1 0.0.0.0 area 1
    R1(config-router) #exit
    R2(config) #router ospf 1
    R2(config-router) #network 192.168.1.2 0.0.0.0 area 1
    R2(config-router) #network 192.168.2.1 0.0.0.0 area 0
    R2(config-router) #exit
```

```
R3(config) #router ospf 1
R3(config-router) #network 192.168.2.2 0.0.0.0 area 0
R3(config-router) #network 192.168.3.1 0.0.0.0 area 2
R3(config-router) #exit

R4(config) #router ospf 1
R4(config-router) #network 192.168.3.2 0.0.0.0 area 2
R4(config-router) #network 10.4.1.1 0.0.0.0 area 2
R4(config-router) #exit
```

（3）调整以太网接口的 OSPF 网络类型

```
R2(config) #interface gigabitEthernet 0/1
R2(config-if- GigabitEthernet 0/1) #ip ospf network point-to-point   // 调整接口的 OSPF 网络
类型为 P2P (链路两端 OSPF 网络类型必须一致)
R2(config-if- GigabitEthernet 0/1) #exit


R3(config) #interface gigabitEthernet 0/1
R3(config-if- GigabitEthernet 0/1) #ip ospf network point-to-point
R3(config-if- GigabitEthernet 0/1) #exit
```

（4）出口位置设备向 OSPF 普通区域下发默认路由

```
R2(config) #router ospf 1
R2(config-router) #default-information originate always   // 加上 always 参数后，无论设备本
地是否存在生效的默认路由，设备都会向 OSPF 区域下发默认路由。如果没有加 always 参数，
那么只有在该路由器上存在有效默认路由时，设备才会向 OSPF 区域下发默认路由
```

4.3.5 配置 OSPF 虚链路

如图 4-16 所示，通过配置，使 D 能够学习到 192.168.1.0/24（区域 0）、192.168.2.0/24（区域 1）网段的路由；同时，B 也能学习到 192.168.3.0/24（区域 2）网段的路由，各设备名称、标识符及接口地址见表 4-1。

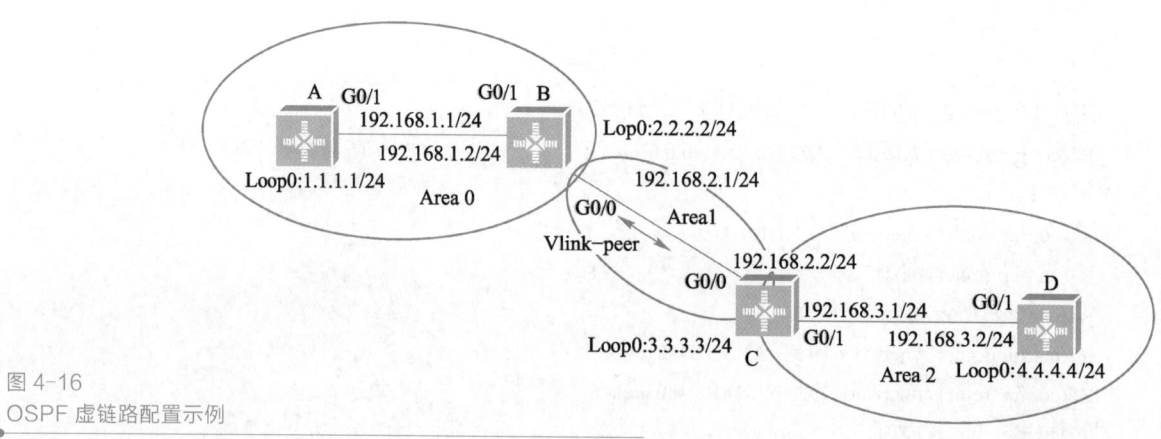

图 4-16
OSPF 虚链路配置示例

表 4–1 OSPF 虚链接配置表

设备名称	设备标识符	接口地址
A	1.1.1.1	G0/1: 192.168.1.1/24
B	2.2.2.2	G0/1: 192.168.1.2/24 G0/0: 192.168.2.1/24
C	3.3.3.3	G0/0: 192.168.2.2/24 G0/1: 192.168.3.1/24
D	4.4.4.4	G0/1: 192.168.3.2/24

1. 组网要求

全网配置 OSPF 路由协议，在 B 和 C 上配置虚链路。

2. 配置要点

① 全网基本 IP 地址配置。
② 全网路由启用 OSPF，并将对应的接口通告到指定区域。
③ 进行虚链路的配置。

3. 配置步骤

（1）配置 OSPF 基本功能

```
A(config) #interface   gigabitEthernet 0/1
A(config-if-GigabitEthernet 0/1) #ip address 192.168.1.1 255.255.255.0
A(config) #router ospf 1
A(config-router) #network 192.168.1.0 0.0.0.255 area 0
A(config-router) #exit
A(config) #interface loopback 0
A(config-Loopback 0) #ip address 1.1.1.1 255.255.255.0   //配置回环地址 1.1.1.1 为 A 的标识符
B(config) #interface   gigabitEthernet 0/1
B(config-if-GigabitEthernet 0/1) #ip address 192.168.1.2 255.255.255.0
B(config-if-GigabitEthernet 0/1) #exit
B(config) #interface   gigabitEthernet 0/0
B(config-if-GigabitEthernet 0/0) #ip address 192.168.2.1 255.255.255.0
B(config) #router ospf 1
B(config-router) #network 192.168.1.0 0.0.0.255 area 0
B(config-router) #network 192.168.2.0 0.0.0.255 area 1
B(config-router) #exit
B(config) #interface loopback 0
B (config-Loopback 0) #ip address 2.2.2.2 255.255.255.0   //配置回环地址 2.2.2.2 为 B 的标识符


C(config) #INTerface   gigabitEthernet 0/0
C(config-if-GigabitEthernet 0/0) #ip address 192.168.2.2 255.255.255.0
C(config-if-GigabitEthernet 0/0) #exit
```

```
C(config) #int gigabitEthernet 0/1
C(config-if-GigabitEthernet 0/1) #ip address 192.168.3.1 255.255.255.0
C(config-if-GigabitEthernet 0/1) #exit
C(config) #router ospf 1
C(config-router) #network 192.168.2.0 0.0.0.255 area 1
C(config-router) #network 192.168.3.0 0.0.0.255 area 2
C(config-router) #exit
C(config) #interface loopback 0
C(config-Loopback 0) #ip address 3.3.3.3 255.255.255.0   //配置回环地址 3.3.3.3 为 C 的标识符

D(config) #interface   gigabitEthernet 0/1
D(config-if-GigabitEthernet 0/1) #ip address 192.168.3.2 255.255.255.0
D(config-if-GigabitEthernet 0/1) #exit
D(config) #router ospf 1
D(config-router) #network 192.168.3.0 0.0.0.255 area 2
D(config-router) #exit
D(config) #interface loopback 0
D(config-Loopback 0) #ip address 4.4.4.4 255.255.255.0   //配置回环地址 4.4.4.4 为 D 的标识符
```

（2）创建虚链接

```
B(config) #router ospf 1
B(config-router) #area 1 virtual-link 3.3.3.3    // 在 B 上创建虚链接
C(config) #router ospf 1
C(config-router) #area 1 virtual-link 2.2.2.2    // 在 C 上创建虚链接
```

4.4 DHCP 服务应用与配置

当一个局域网中计算机较多时，如果为每个客户端手动设置 IP 地址、子网掩码、DNS 及网关等地址，操作会非常麻烦。DHCP 服务可为客户机分配上述网络参数信息，减轻网络管理负担，即使网关或 DNS 等信息发生变化，仅修改 DHCP 服务器的参数即可，无需对每台客户机都进行设置。

4.4.1 DHCP 服务

微课 4-6
DHCP 服务简介-DHCP 地址分配流程-配置 DHCP 服务

动态主机配置协议（Dynamic Host Configuration Protocol，DHCP）是一个局域网的网络协议，使用 UDP 工作，其中 UDP 67 和 UDP 68 为 DHCP 服务端口，分别作为 DHCP 服务器端（Server）和 DHCP 客户端（Client）的服务端口。

DHCP 服务的作用是为局域网中各个主机动态分配 IP 地址、网关地址、DNS 服务器等相关网络信息，可以为大量客户机自动分配地址，提供集中管理，减轻管理和维护成本，提高网络配置效率。

DHCP 服务分为 DHCP 服务器端和 DHCP 客户端，其中 DHCP 服务器端设置对应的 IP 地址池以及 DNS 服务器地址等信息以动态分配给客户端，DHCP 客户端从服务器端动态获取 IP 地址、网关地址、DNS 服务器地址等信息。DHCP 服务器端可以是路由器、三层交换机、Windows 服务器或 Linux 服务器等，DHCP 客户端可以是计算机、便携式计算机、手机、网络打印机等。

4.4.2 DHCP 地址分配流程

DHCP 采用 Client/Server 模型，DHCP Client 需要从 DHCP Server 获得各种网络配置参数，这个过程通过 DHCP Client 与 DHCP Server 之间交互各种 DHCP 消息来实现。DHCP 消息封装在 UDP 报文中，DHCP Server 使用端口号 67 接收 DHCP 消息，DHCP Client 使用端口号 68 接收 DHCP 消息。

具体的 DHCP 实现过程如图 4-17 所示，分为以下 6 个阶段。

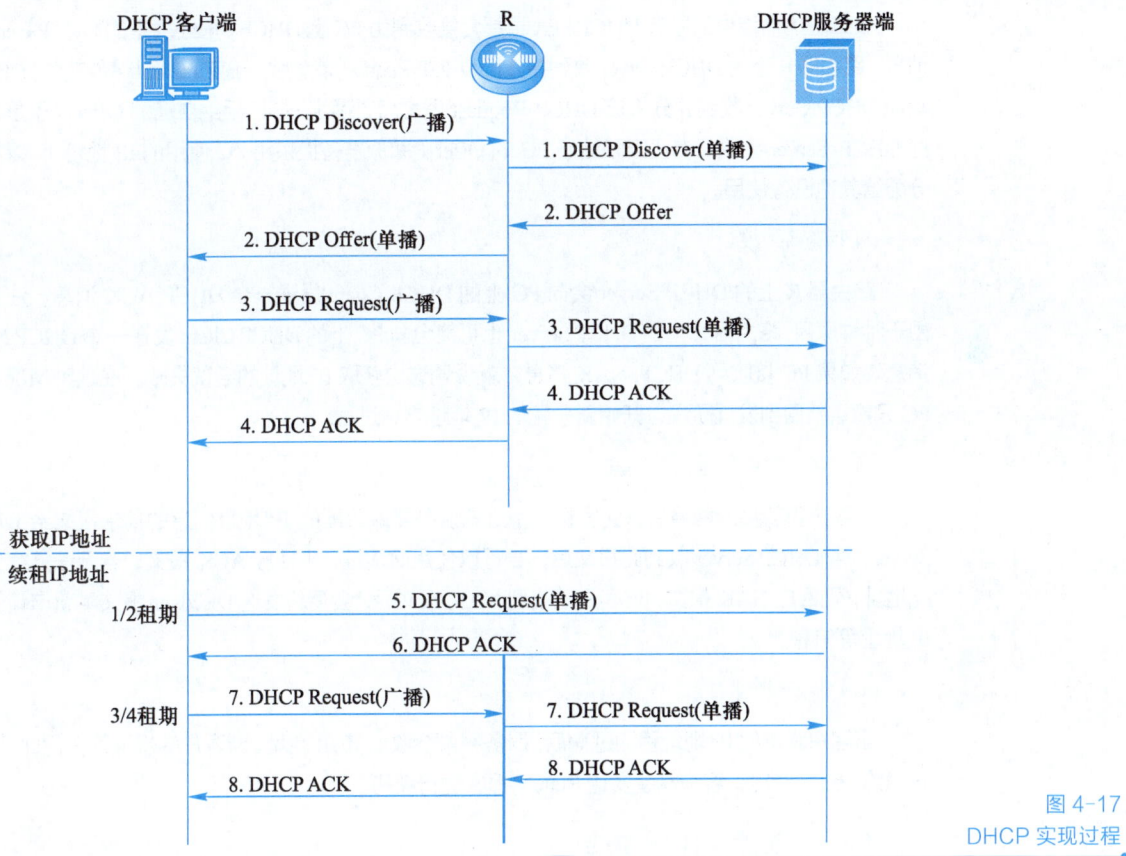

图 4-17
DHCP 实现过程

（1）发现阶段

发现阶段是 PC 上的 DHCP Client 寻找 DHCP Server 的阶段。DHCP Client 运行后，以广播方式发送 DHCP Discover 消息。

如图 4-17 所示的二层广播域中，除了路由器 R 上运行 DHCP Server 外，可能还有其他设备也在运行 DHCP Server，这些 DHCP Server 都会接收到 PC 发送的 DHCP Discover 消息，也都会对所收到的 DHCP Discover 消息做出回应。

（2）提供阶段

提供阶段是 DHCP Server 向 DHCP Client 提供 IP 地址的阶段。每一个接收到 DHCP Discover 消息的 DHCP Server（包括路由器 R 上运行的 DHCP Server）都会从自己维护的地址池中选择一个合适的 IP 地址，通过单播方式的 DHCP Offer 消息将这个 IP 地址信息发送给 DHCP Client。

（3）请求阶段

PC 上的 DHCP Client 会在收到的若干个 Offer 中根据某种原则确定接受哪一个 Offer。通常情况下，DHCP Client 会接受收到的第一个 Offer（即最先收到的那个 DHCP Offer 消息）。图 4-17 中，假设 PC 最先收到的 DHCP Offer 消息来自路由器 R。于是，PC 上的 DHCP Client 会以广播方式发送 DHCP Request 消息，向路由器 R 上的 DHCP Server 提出请求，希望获取该 DHCP Server 发送的 DHCP Offer 消息中所提供的那个 IP 地址。注意，这个 DHCP Request 消息中携带有路由器 R 上的 DHCP Server 标识，表示 PC 上的 DHCP Client 只愿意接受路由器 R 上的 DHCP Server 所给出的 Offer。

该二层广播域中的所有 DHCP Server 都会接收到由 PC 上 DHCP Client 发送的 DHCP Request 消息。路由器 R 上的 DHCP Server 收到并分析 DHCP Request 消息后，确定 PC 已接受自己的 Offer。其他 DHCP Server 收到并分析该 DHCP Request 消息后，确定 PC 已拒绝自己的 Offer。于是，这些 DHCP Server 会收回自己当初给予 PC 的 Offer（即原准备提供给 PC 使用的 IP 地址），以用来分配给其他设备使用。

（4）确认阶段

路由器 R 上的 DHCP Server 会向 PC 上的 DHCP Client 发送一个 DHCP ACK 消息。注意，由于种种原因，路由器 R 上的 DHCP Server 也可能会向 PC 上的 DHCP Client 发送一个 DHCP NAK 消息。如果 PC 接收到 DHCP NAK 消息，就说明这次获取 IP 地址的尝试失败。在这种情况下，PC 只能重新回到发现阶段，开始新一轮的 IP 地址申请过程。

（5）客户重新登录网络阶段

在客户重新接入网络后，会发送一个之前服务器端分配的 IP 地址信息的请求报文给 DHCP Server，当 DHCP Server 收到此报文后，若可以使用此地址，则回应 ACK 报文；若无法继续分配此地址，则回应 NAK 报文，当客户端收到 NAK 报文后，会重新发送 Discover 报文重新申请新的 IP 地址等信息。

（6）客户续约阶段

当客户获取的 IP 地址租约过期后，服务器端会收回其 IP 地址，若客户端想继续使用此地址，在租约期过一半时，客户端会发送 Renew 报文进行续约。

4.4.3 配置 DHCP 服务

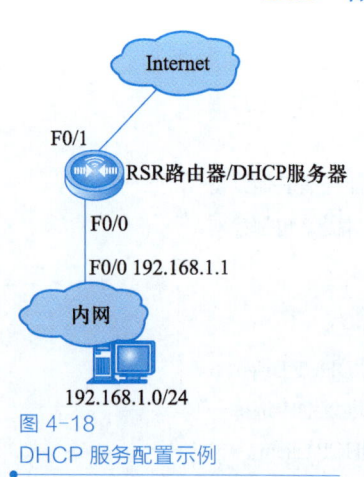

图 4-18
DHCP 服务配置示例

1. 组网要求

如图 4-18 所示，公司使用 RSR 路由器作为 DHCP 服务器，要求配置 DHCP 的地址池并将 IP 地址分配给公司的 PC。

2. 配置要点

① 开启 DHCP 服务。
② 配置 DHCP 地址池。
③ 配置哪些地址不想被分配给 PC 使用。
④ 检查配置，保存。

3. 配置步骤

（1）开启 DHCP 服务

Ruijie>enable
Ruijie #configure terminal
Ruijie(config) #service DHCP   // 开启 DHCP 功能（RSR 系列路由器默认关闭 DHCP 服务）

（2）配置 DHCP 地址池

Ruijie(config) #ip DHCP pool ruijie   // 创建一个名为 ruijie 的 DHCP 地址池
Ruijie(DHCP-config) #lease 1 2 3   // 1、2、3 分别是天、小时、分钟（地址释放时间默认为 24 小时）
Ruijie(DHCP-config) #network 192.168.1.0 255.255.255.0   // 可分配的地址范围为 192.168.1.1～192.168.1.254
Ruijie(DHCP-config) #dns-server 8.8.8.8 6.6.6.6   //8.8.8.8 为主 DNS，6.6.6.6 为备用 DNS。实际工作中，DNS 地址通常由电信运营商指定
Ruijie(DHCP-config) #default-router 192.168.1.1   //网关地址只需要 IP 地址，不用填写掩码
Ruijie(DHCP-config) #exit

（3）配置哪些地址不想被分配给 PC 机使用

Ruijie(config) #ip DHCP excluded-address 192.168.1.1 192.168.1.10   // 192.168.1.1～192.168.1.10 不被 DHCP 分配

（4）检查配置，保存

Ruijie(config) #end
Ruijie #write   // 确认配置正确，保存配置

4. 配置验证

Ruijie #show running-config
service dhcp
ip dhcp excluded-address 192.168.1.1 192.168.1.10
ip dhcp pool ruijie
  lease 1 2 3
  network 192.168.1.0 255. 255. 255.0
  dns-server 8.8.8.8 6.6.6.6
  default-router 192.168. 1.1

4.4.4 DHCP 监视与维护

1. DHCP 常见问题

在使用过程中，DHCP 服务器可能会遇到以下问题。

① 客户端数量太多，IP 地址池中地址资源数量不够，造成新加入的客户端无法获取 IP 地址，不能连接网络。

微课 4-7
DHCP 监视与维护

② 租约期限设置不合理。例如，时间太短，造成客户端频繁与服务器通信；时间太长，IP 地址资源不能及时释放。

③ 局域网用户手工配置客户端的 IP 地址，造成 IP 地址冲突问题。

2. DHCP 监视与维护

使用 DHCP 出现问题时，可以通过查看 DHCP 服务器中 IP 地址资源池的分配和使用情况，合理调整资源池大小及租约期限等参数。也可通过 DHCP 服务器维护解决问题，如 DHCP 数据库的备份、恢复、重整和迁移，以及 DHCP 服务的启动、停止、恢复和删除等。

4.4.5 DHCP 中继代理机制

微课 4-8
DHCP 中继代理机制

1. DHCP 中继代理的作用

由于 DHCP 客户端是通过广播机制寻找 DHCP 服务器，因此当 DHCP 客户端与 DHCP 服务器端处于同一个网段时，客户端可正确获取动态分配的 IP 地址。如果不处于同一个网段，则需要 DHCP 中继代理（DHCP Relay Agent）。DHCP 中继代理可以实现在不同子网和物理网段之间处理和转发 DHCP 信息的功能。

2. DHCP Relay Agent 原理

① 当 DHCP Client 启动并进行 DHCP 初始化时，会在本地网络广播配置请求报文。

② 如本地网络存在 DHCP Server，则可直接进行 DHCP 配置，不需要 DHCP Relay Agent。

③ 如本地网络不存在 DHCP Server，则与本地网络相连的具有 DHCP Relay Agent 功能的网络设备收到该广播报文后，修改 DHCP 消息中的相应字段，将 DHCP 的广播包改成单播包，转发给指定的其他网络上的 DHCP Server。

④ DHCP Server 根据 DHCP Client 提供的信息进行相应配置，并通过 DHCP Relay Agent 设备将配置信息发送给 DHCP Client，完成对 DHCP Client 的动态配置。

其过程如图 4-19 所示。

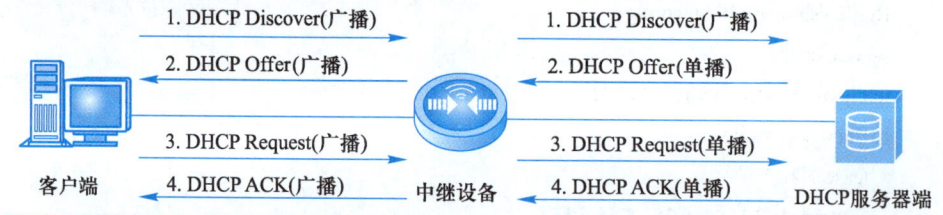
图 4-19 DHCP 中继代理

4.4.6 配置 DHCP 中继代理

微课 4-9
配置 DHCP 中继代理

1. 组网要求

如图 4-20 所示，企业内的 DHCP 服务器经过路由器分配给 PC 地址，要求在路由器上开启 DHCP 中继代理服务。

2. 配置要点

① 开启 DHCP 服务。

② 开启 DHCP 中继代理服务。

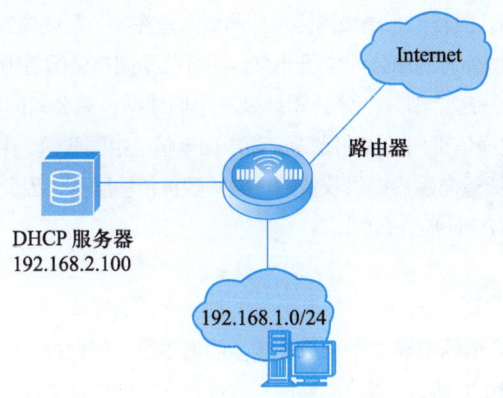

图 4-20
DHCP 中继代理配置示例

3. 配置步骤

（1）开启 DHCP 服务

```
Ruijie>enable
Ruijie #configure terminal
Ruijie(config) #service DHCP      // 开启 DHCP 功能（RSR 系列路由器默认关闭 DHCP 服务）
```

 注意

该路由器作为中继代理，必须开启 DHCP 功能，但并未配置为 DHCP 服务器。

（2）开启 DHCP 中继代理服务

```
Ruijie(config) #ip helper-address 192.168.2.100    // 指定 DHCP 服务器地址为 192.168.2.100
```

4. 配置验证

```
Ruijie #show running-config
no service password-encrypt ion
service dhcp
ip he lper-address 192.168.2.100
```

4.5 广域网接入技术

在个人计算机和局域网广泛使用后，广域网就成为实现局域网之间远距离互联和跨地域数据通信的主要手段。

4.5.1 广域网分层模型

1. 广域网的概念

广域网（Wide Area Network，WAN）是一种跨越大、具有地域性的计算机网络的集合，能

微课 4-10
广域网分层模型

够将相隔很远的计算机连接在一起，如 Internet 是世界范围内最大的广域网。

广域网包含局域网，由若干个局域网组成。局域网是在某一区域内的，而广域网要跨越较大的地域。例如，一家大型公司的总公司位于北京，而分公司遍布全国各地，如果该公司将所有分公司都通过网络连接在一起，则一个分公司就是一个局域网，总公司网络就是一个广域网。

广域网通常由公共通信部门建设和管理，如中国电信、中国联通、中国移动等。公共通信部门利用所拥有的广域网资源向用户提供收费的广域网数据传输服务，因此常被称为 Internet 服务提供商（Internet Service Provider，ISP）。

2. 广域网的工作层

如图 4-21 所示，广域网主要工作于 OSI 模型的低 3 层，即物理层、数据链路层和网络层，由于目前网络层普遍采用 IP 协议，因此广域网技术或标准主要关注物理层和数据链路层的功能及实现。

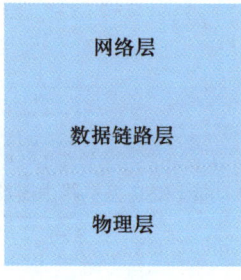
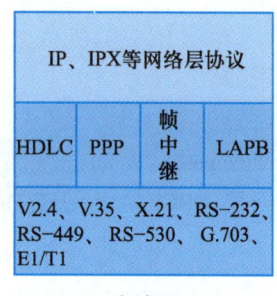

图 4-21 广域网与 OSI 参考模型对应关系

4.5.2 广域网链路层协议

微课 4-11
广域网链路层协议

广域网协议在 OSI 参考模型的低 3 层操作，定义了在不同广域网介质上的通信。常见广域网数据链路层协议包括 PPP、HDLC、Frame-relay、X.25、SDLC 等。

- PPP：点对点协议，华为路由器默认的封装，是面向字符的控制协议。
- HDLC：高级数据链路控制协议，Cisco 路由器默认的封装，是面向位的控制协议。
- Frame-relay：帧中继交换网，是 X.25 分组交换网的改进，以虚电路方式工作。
- SDLC：同步数据链路控制（Synchronous Data Link Control，SDLC）协议是一种 IBM 数据链路层协议，适用于系统网络体系结构（System Network Architecture，SNA）。

4.5.3 HDLC 协议

1. HDLC 协议概述

微课 4-12
HDLC 协议

高级数据链路控制（High-Level Data Link Control，HDLC）协议是链路层协议的一项国际标准，用以实现远程用户间的资源共享及信息交互。HDLC 协议保证传送到下一层的数据在传输过程中能够被准确接收，即差错释放中没有任何损失且序列正确。HDLC 协议的另一个重要功能是流量控制，即一旦接收端收到数据，便能立即进行传输。

在通信领域中，HDLC 协议应用非常广泛，其工作方式可以支持半双工、全双工传送，支持点到点、多点结构，支持交换型、非交换型信道。

2. HDLC 链路协商过程

（1）协商建立过程

HDLC 每隔 10 s 互相发送链路探测协商报文，报文的收发顺序由序号决定，序号失序则造成链路中断。这种用来探询点到点链路是否激活状态的报文称为 Keepalive 报文。

（2）传输报文过程

IP 报文封装在 HDLC 层，在数据传输过程中，仍然进行 Keepalive 的报文协商以探测链路是否合法有效。

（3）超时断连阶段

当封装 HDLC 的接口连续 3 次（当接收包速率超过 1000 packets/s 时为 6 次），无法收到对方对自己递增序号的确认时，HDLC 协议 Line Protocol 由 Up 向 Down 转变，此时链路处于瘫痪状态，数据无法通信。

当链路处于 Down 状态，设备检测到载波或网管配置指示物理层可用时，HDLC 发送一个 Up 事件，进入 Establish 阶段。启动链路检测定时器、初始化超时计数器，通过 Keepalive 报文交互建立连接，当收到对端链路检测帧时，将链路协议 Up 并进入 Maintain 阶段，链路始终处于 Up 状态、可承载网络层报文。

4.5.4 PPP

1. PPP 概念

点对点协议（Point to Point Protocol，PPP）是现在广域网中应用最广泛的协议之一，位于数据链路层，在同等单元之间传输数据包。PPP 中提供一整套方案来解决链路建立、维护、拆除、上层协议协商、认证等问题。

微课 4-13
PPP 协议

2. PPP 的功能

PPP 的主要功能如下。
① 具有动态分配 IP 地址的能力，允许在连接时协商 IP 地址。
② 支持多种网络协议，如 TCP/IP、NetBEUI、NWLink 等。
③ PPP 是不可靠传输协议，具有错误检测能力，但不具备纠错能力。
④ 无重传的机制，网络开销小，速度快。
⑤ 具有身份验证功能。
⑥ 可以用于多种类型的物理介质上，包括串口线、电话线、移动电话和光纤（如 SDH），PPP 也用于 Internet 接入。

3. PPP 的组成

PPP 包含 3 部分，分别为链路控制协议（Link Control Protocol，LCP）、网络控制协议（Network Control Protocol，NCP）和认证协议。

（1）LCP

LCP 主要负责链路的协商、建立、回拨、认证、数据的压缩、多链路捆绑等。

（2）NCP

NCP 主要负责和上层协议进行协商，为网络层协议提供服务。

（3）认证协议

最常用的认证协议包括密码验证协议（Password Authentication Protocol，PAP）和挑战握手验证协议（Challenge-Handshake Authentication Protocol，CHAP）。

4．PPP 工作状态

一个典型的 PPP 链路建立过程分为 3 个阶段，分别为创建（Establish）阶段、认证（Authenticate）阶段和网络协商（Network）阶段，如图 4-22 所示。

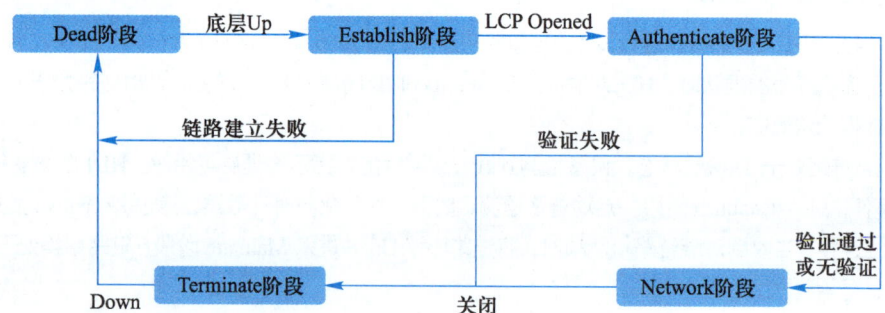

图 4-22
PPP 工作过程

（1）创建阶段

LCP 负责创建链路，选择基本的通信方式。链路两端设备通过 LCP 向对方发送配置信息报文。一旦配置成功，信息包被发送且被成功接收，则完成交换，进入 LCP 开启状态。

 注意

在链路创建阶段，只对验证协议进行选择，用户验证在第 2 阶段实现。

（2）认证阶段

在此阶段，客户端将自己的身份信息发送给远端的接入服务器，使用一种安全验证方式以防止第三方窃取数据或冒充远程客户接管与客户端的连接。在认证完成前，禁止从认证阶段进入网络协商阶段。如果认证失败，认证者应跃迁至链路终止阶段。

在这一阶段中，只有链路控制协议、认证协议和链路质量监视协议的 Packets 被允许传送，接收到的其他 Packets 均被丢弃。

（3）网络协商阶段

认证阶段完成后，PPP 调用在链路创建阶段选定的各 NCP。所选的 NCP 解决 PPP 链路之上的高层协议问题，如在该阶段 IP 控制协议（IP Control Protocol，IPCP）可向拨入用户分配动态地址。

在网络排障中，可通过查看路由器接口的 PPP 状态，判断线路故障的原因。如果链路一直处于 LCP 状态，无法进入 NCP Open 状态时，可判断为 PPP 认证失败。

微课 4-14
PAP CHAP 安全认证

4.5.5 PAP/CHAP 安全认证

PPP 中，通信双方可以使用 PAP 或 CHAP 来进行安全认证。

1. PAP 认证

PAP 是 PPP 协议集中的一种链路控制协议，通过 2 次握手建立认证，对等结点持续重复发送 ID/密码（明文）给认证方，直至认证得到响应或连接终止，常见于 PPPoE 拨号环境中。

如图 4-23 所示，PAP 认证过程如下。

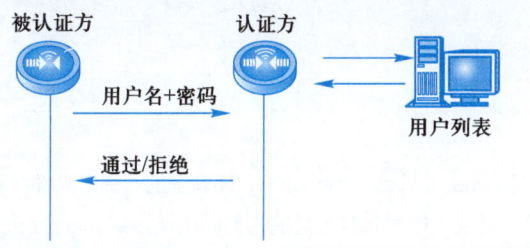

图 4-23
PAP 认证过程

① 被认证方向认证方发送认证请求（包含用户名和密码），以明文形式进行传输。

② 认证方接到认证请求，根据被认证方发送来的用户名、密码信息，检验与自己数据库认证用户名、密码信息是否一致。如果信息一致，PAP 认证通过；如果信息不一致，则 PAP 认证不通过。

由于密码以文本格式在电路上进行发送，PAP 对于窃听、重放或重复尝试和错误攻击无任何保护。

2. CHAP 认证

CHAP 通过 3 次握手验证被认证方的身份（密文），在初始链路建立时完成，为了提高安全性，在链路建立后进行周期性验证。CHAP 认证在企业网的远程接入环境中比较常见。

如图 4-24 所示，CHAP 认证过程如下。

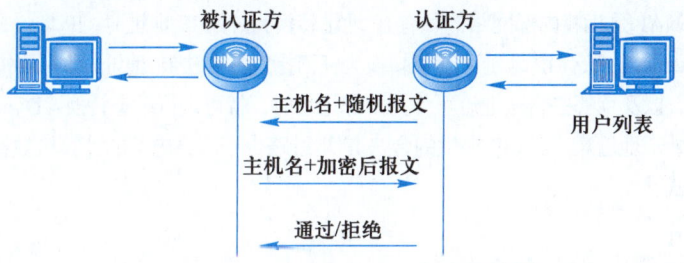

图 4-24
CHAP 认证过程

① 链路建立阶段结束后，认证方主动向被认证方发送 Challenge 消息（认证序列号 ID+认证方主机名+随机数）。

② 被认证方到自己的数据库查找认证方主机名对应的密码，用查到的密码结合认证方发的认证序列号 ID 和随机数，通过单向哈希函数采用消息摘要算法第五版（Message Digest Algorithm 5，MD5）计算的值，向认证方做出应答。

③ 根据被认证方发来的认证用户名，认证方在本地数据库中查找被认证方对应的密码，结合 ID 找到先前保存的随机数据和 ID，根据 MD5 算法算出的 Hash 值，与被认证方得到的 Hash 值做比较，如一致则认证通过，如不一致则认证不通过。

④ 经过一定的随机间隔，认证方发送一个新的 Challenge 消息给被认证方，重复步骤①~③即可。

4.6 NAT 技术与应用

NAT 协议的实现能解决 IP 地址耗尽的问题，也能将内部网络和外部网络隔离，为网络提供一定的安全保障。

4.6.1 NAT

微课 4-15
NAT 简介-配置 NAT

1．NAT 概述

网络地址转换（Network Address Translation，NAT）是一种把内部私有网络 IP 地址翻译成公有网络 IP 地址的技术，可以让使用私有地址的内部网络连接到 Internet 或其他 IP 网络上。

NAT 路由器在将内部网络的数据包发送至公用网络时，在 IP 包的报头将私有地址转换成合法的 IP 地址。

2．NAT 实现方式

NAT 的实现方式有 3 种，分别为静态转换（Static NAT）、动态转换（Dynamic NAT）和网络地址端口转换（NAPT）。

（1）Static NAT

Static NAT 是指将内部网络的私有 IP 地址转换为公有 IP 地址，是一对一的关系，某个私有 IP 地址只转换为某个公有 IP 地址。借助于 Static NAT，可以实现外部网络对内部网络中某些特定设备（如服务器）的访问。

（2）Dynamic NAT

Dynamic NAT 是指将内部网络的私有 IP 地址转换为外网 IP 地址时，IP 地址是随机的，所有被授权访问 Internet 的私有 IP 地址可随机转换为任何指定的合法 IP 地址，即只要指定哪些内部地址可进行转换，以及用哪些合法地址可作为外部地址时，就可进行动态转换。Dynamic NAT 可以使用多个合法外部地址集。当 ISP 提供的合法 IP 地址略少于网络内部的计算机数量时，可以采用动态转换的方式。

（3）NAPT

NAPT 是指改变外出数据包的源端口信息并进行端口转换，可实现内部网络中多台主机共享一个合法的外部 IP 地址实现对 Internet 的访问，最大限度地节约 IP 地址资源。同时，可隐藏网络内部的所有主机，有效避免来自 Internet 的各种攻击。目前网络中应用最多的转换方式就是 NAPT。

如图 4-25 所示，使用 NAPT 时，转换后的外网 IP 地址，可以是一个预先申请好的地址池，也可以是路由器外网接口的外网 IP 地址（Easy IP 方式）。

3．内网服务器映射功能

出于安全考虑，通常将服务器置于内网环境中，同时需要向外网提供各种服务功能，此时需要用到 NAT 的内网服务器映射功能，以实现外网对内网服务器的访问。

内网服务器映射（NAT Server）通常使用静态转换，可选以下两种映射方式。

① 把内部主机的 IP 地址一对一地映射成公网 IP 地址。

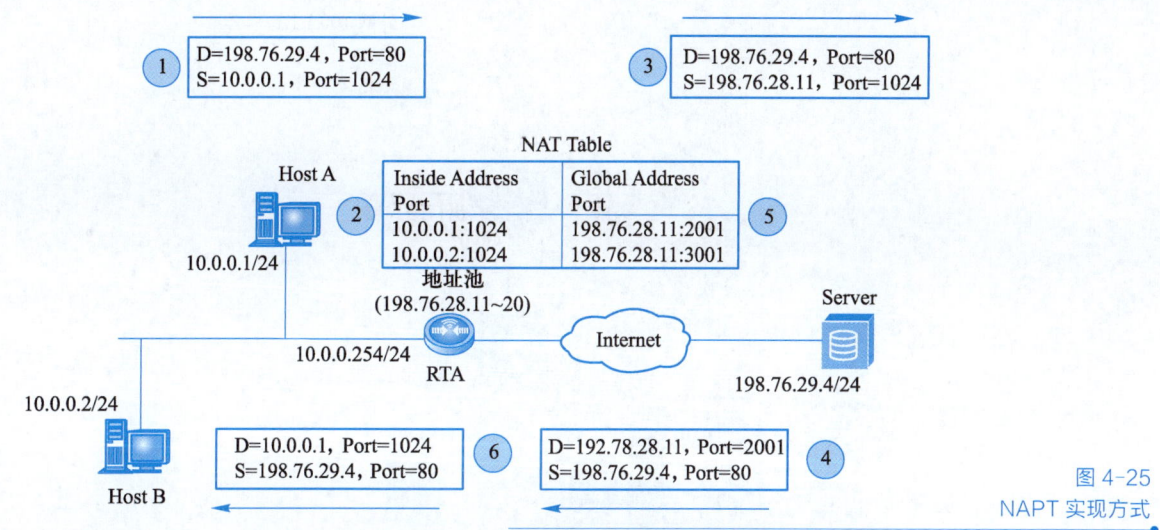

图 4-25
NAPT 实现方式

② 把内部主机的"IP 地址+端口号"一对一地映射成"公网 IP 地址+端口号"。

如图 4-26 所示,内网服务器映射可达到通过访问公网地址或"公网地址+端口号"来访问内部服务器的目的。

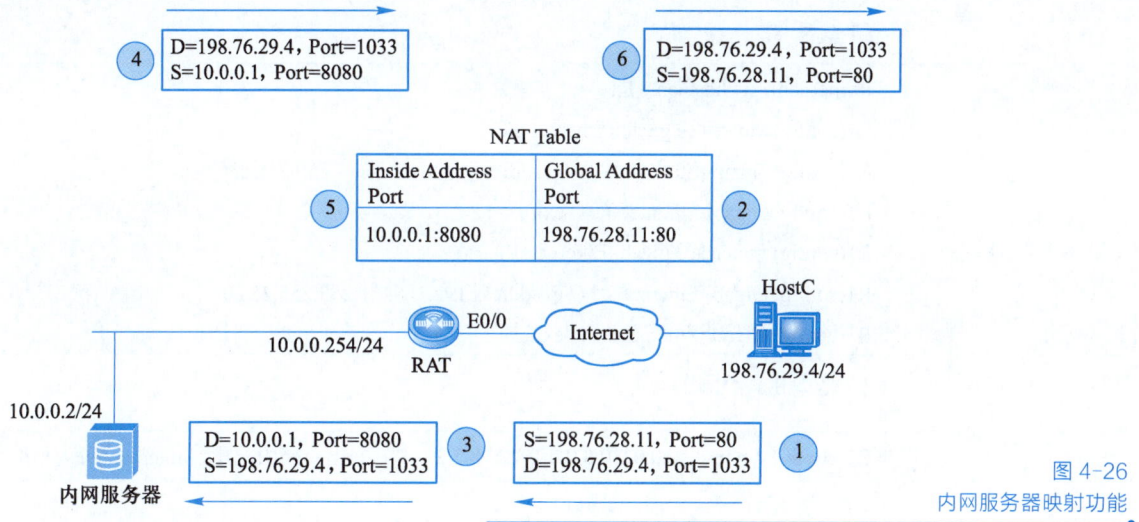

图 4-26
内网服务器映射功能

4.6.2 配置 NAT

1. 组网要求

如图 4-27 所示,在公司的出口路由器上进行地址转换配置,使内网用户可以访问外网。

2. 配置要点

① 基本 IP 地址配置。
② 基本 IP 路由配置。
③ 定义 NAT 的内网口和外网口。
④ 在出口路由器上配置一对一映射的 NAT 转换。

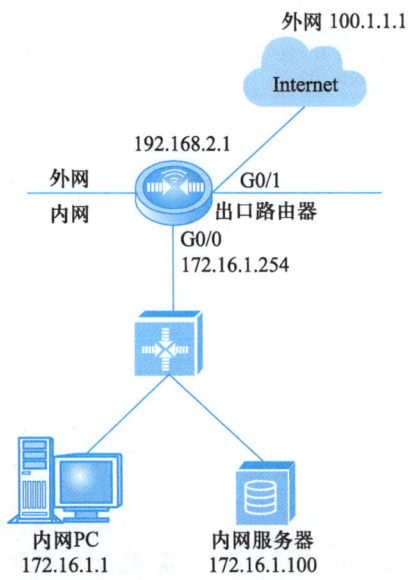

图 4-27
NAT 配置示例

3．配置步骤

（1）基本 IP 地址配置

Ruijie(config) #hostname R1

R1(config) #interface gigabitEthernet 0/0

R1(config-GigabitEthernet 0/0) #ip address 172.168.1.254 255.255.255.0

R1(config-GigabitEthernet 0/0) #exit

R1(config) #interface gigabitEthernet 0/1

R1(config-GigabitEthernet 0/1) #ip address 192.168.2.1 255.255.255.0

R1(config-GigabitEthernet 0/1) #exit

（2）基本 IP 路由配置

R1(config) #ip route 0.0.0.0 0.0.0.0 192.168.2.2　　// 出口路由配置到 Internet 的默认路由

（3）定义 NAT 的内网口和外网口

R1(config) #interface gigabitEthernet 0/1

R1(config-GigabitEthernet 0/1) #ip nat outside　　// 配置 NAT 的外网口

R1(config-GigabitEthernet 0/1) #exit

R1(config) #int gigabitEthernet 0/0

R1(config-GigabitEthernet 0/0) #ip nat inside　　// 配置 NAT 的内网口

R1(config-GigabitEthernet 0/0) #exit

（4）配置一对一映射的 NAT 转换

R1(config) #ip nat inside source static 172.16.1.100 192.168.2.168 permit-inside

//将内网 172.16.1.100 映射成公网的 192.168.2.168

R1(config) #ip nat inside source static tcp 172.16.1.100 80 192.168.2.168 80　permit-inside

//将内网 172.16.1.100 映射成公网的 192.168.2.169

```
R1 #show running-config
ip nat inside source static 172.16.1.100 192.168.2.168 permit-inside
ip nat inside source static 172.16.1.100 192.168.2.169 permit-inside
```

4.6.3 NAPT

1. NAPT 的概念

微课 4-16
NAPT 简介-配置 NAPT

由于是 NAT 实现私有 IP 和公有 IP 之间的转换，私有网与公用网进行通信的主机数量受到 NAT 的公共 IP 地址数量的限制。为克服这种限制，NAT 被进一步扩展到在进行 IP 地址转换时进行 Port 转换，这就是网络地址端口转换（Network Address Port Translation，NAPT）技术。NAPT 可将多个内部地址映射为一个合法公网地址，以不同的协议端口号与不同的内部地址相对应。

NAPT 普遍用于接入设备中，可将内部网络隐藏在合法 IP 地址后。NAPT 也被称为"多对一"的 NAT，或端口地址转换（Port Address Translations，PAT）、地址超载（Address Overloading）。

2. NAPT 的优缺点

NAPT 与动态地址 NAT 不同，它将内部连接映射到外部网络中一个单独的 IP 地址上，同时为该地址加上一个由 NAT 设备选定的 TCP 端口号。

NAPT 的主要优势在于，能够使用一个全球有效 IP 地址来获得通用性。主要缺点在于，其通信仅限于 TCP 或 UDP。当所有通信都采用 TCP 或 UDP 时，NAPT 允许一台内部计算机访问多台外部计算机，并允许多台内部计算机访问同一台外部计算机，相互之间不会发生冲突。

4.6.4 配置 NAPT

1. 组网要求

如图 4-28 所示，在公司的出口路由器上进行地址转换配置，使内网用户可以访问外网。

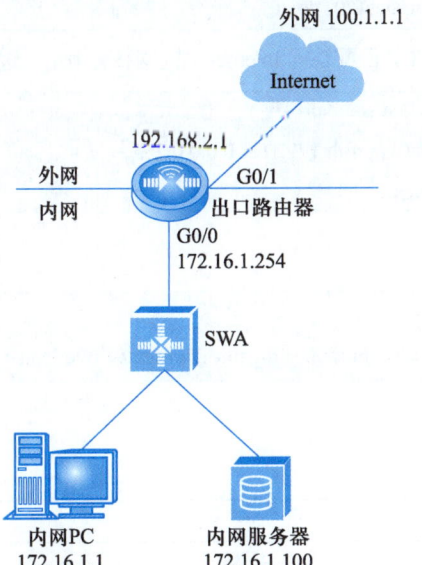

图 4-28
NAPT 配置示例

2. 配置要点

① 基本 IP 地址配置。
② 基本 IP 路由配置。
③ 定义 NAT 的内网口和外网口。
④ 在 R1 上配置 ACL，匹配访问 Internet 的内网私有地址，进行 NAPT 转换。

3. 配置步骤

（1）基本 IP 地址配置

```
Ruijie(config) #hostname R1
R1(config) #interface gigabitEthernet 0/0
R1(config-GigabitEthernet 0/0) #ip address 172.168.1.254 255.255.255.0
R1(config-GigabitEthernet 0/0) #exit
R1(config) #interface gigabitEthernet 0/1
R1(config-GigabitEthernet 0/1) #ip address 192.168.2.1 255.255.255.0
R1(config-GigabitEthernet 0/1) #exit
```

（2）基本 IP 路由配置

```
R1(config) #ip route 0.0.0.0 0.0.0.0 192.168.2.2    // 出口路由配置到 Internet 的默认路由
```

（3）定义 NAT 的内网口和外网口

```
R1(config) #interface gigabitEthernet 0/1
R1(config-GigabitEthernet 0/1) #ip nat outside    //配置 NAT 的外网口
R1(config-GigabitEthernet 0/1) #exit
R1(config) #int gigabitEthernet 0/0
R1(config-GigabitEthernet 0/0) #ip nat inside    //配置 NAT 的内网口
R1(config-GigabitEthernet 0/0) #exit
```

（4）在 R1 上配置 ACL，匹配访问 Internet 的内网私有地址，进行 NAPT 转换

```
R1(config) #ip access-list standard 10
R1(config-std-nacl) #10 permit 172.16.1.0 0.0.0.255
R1(config-std-nacl) #exit
```

4. 配置验证

```
R1 #show running-config
ip nat inside source list 10 interface Gi gabitEthernet 0/1 overload
```

学习总结

通过本项目的学习，我认识了_____
_____
_____

我对哪些还有疑问：_____

 知识检测

1. 下列关于 OSPF 的描述，正确的是（　　）。
   A. 若网络拓扑结构发生变化，立即发送更新报文，并使这一变化在自治系统中同步
   B. 和 RIP 相比，可以更有效地利用带宽
   C. 支持以组播地址发送协议报文
   D. 度量值的取值范围为 0～255
   E. 支持到同一目的地址的多条等值路由
   F. 从算法本身保证了不会生成自环路由
   G. 支持可变长子网掩码（Variable Length Subnet Mask，VLSM）

2. OSPF 使用 IP 报文直接封装协议报文，使用的协议号是（　　）。
   A. 23　　　　　　　B. 89　　　　　　　C. 520　　　　　　　D. 170

3. 以下关于 OSPF 协议的说法，正确的是（　　）。
   A. 它是 IETF 组织开发的一个基于链路状态的自治系统内部路由协议
   B. 由于 OSPF 通过收集到的链路状态用最短路径树算法计算路由，从算法本身保证了不会生成自环路由
   C. 允许自治系统的网络被划分成区域（Area）来管理，区域间传送的路由信息被进一步抽象，从而减少占用网络带宽
   D. 在有组播发送能力的链路层上以组播地址收发报文，既达到了广播的作用，又最大程度地减少了对其他网络设备的干扰

4. 对 OSPF 协议计算路由的过程，下列排列顺序正确的是（　　）。
   ① 每台路由器都根据自己周围的拓扑结构生成一条 LSA。
   ② 根据收集的所有 LSA 计算路由，生成网络的最小生成树。
   ③ 将 LSA 发送给网络中其他所有路由器，同时收集所有其他路由器生成的 LSA。
   ④ 生成 LSDB。
   A. ①-②-③-④　　　　　　　　　　B. ①-③-②-④
   C. ①-③-④-②　　　　　　　　　　D. ④-①-③-②

5. 对于划分区域的必要性，下列描述正确的是（　　）。
   A. 减小 LSDB 的规模　　　　　　　B. 减轻运行 SPF 算法的复杂度
   C. 缩短路由器间 LSDB 的同步时间　D. 有利于路由进行聚合

6. 不支持可变长子网掩码的路由协议有（　　）。
   A. RIPv1　　　　B. RIPv2　　　　C. OSPF　　　　D. IS-IS

7. NAT 的特点包括（　　）。
   A. 节约 IP 地址　　　　　　　　　B. 提高内网安全性
   C. 私网主机不允许使用公网地址　　D. NAT 设备必须具有固定的公网地址

8. NAT 的功能是（　　）。
    A. 将 IP 协议改为其他协议　　B. 实现 ISP 之间的通信
    C. 实现拨号用户的接入功能　　D. 实现私有 IP 地址与公共 IP 地址的相互转换
9. 如果企业内部需要接入 Internet 的用户一共有 400 个，但该企业只申请到一个 C 类合法 IP 地址，则应该使用（　　）方式实现。
    A. 静态 NAT　　　　　　　　B. 动态 NAT
    C. NAPT　　　　　　　　　　D. TCP 负载均衡
10. 以下 NAT 技术中，可以使多个内网主机共用一个 IP 地址的是（　　）。
    A. Basic NAT　　　　　　　　B. NAPT
    C. Easy IP　　　　　　　　　D. NAT ALG

项目 5
网络安全技术及运维

 **学习背景**

　　网络安全技术指保障系统硬件、软件、数据及其服务的安全而采用的信息安全技术。新年职业技术学院信息化建设不断推进，在促进专业发展、人才培养、科技创新的同时，也存在一些安全问题。被动防御技术已不能保证网络系统的安全，需采用主动防御技术，及时检测入侵的发生。

　　本项目重点讲述用户准入安全技术、ACL 和防火墙基础知识及主要配置命令，涉及 AAA 认证、802.1 认证、RADIUS 认证、ACL 技术、防火墙技术等方面内容。

　　通过学习，达成如下学习目标。

- 掌握 AAA 认证原理。
- 了解 802.1 认证过程及配置。
- 了解 RADIUS 认证过程及配置。
- 掌握 ACL 技术规则及应用。
- 了解防火墙设备及选型注意事项。

 知识结构

本项目的知识结构如图 5-1 所示。

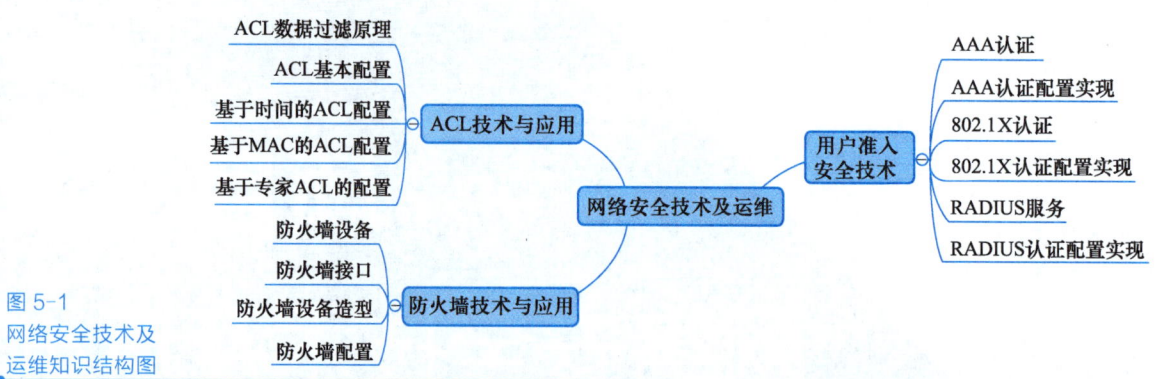

图 5-1 网络安全技术及运维知识结构图

课前自测

在开始本项目学习之前，请先尝试回答以下问题。
1. 请说出你所了解的用户准入认证方式，并进行简单描述。
2. 简单描述 ACL 数据过滤原理。
3. 列举出你所了解的防火墙设备厂商及设备选型时的注意事项。

项目分析及准备

5.1 用户准入安全技术

为避免来自企业内部的安全威胁，确保企业内部网络的安全可控变得越来越重要，通过使用用户身份认证等技术手段，对用户的接入设备进行状态评估，实现对用户属性、在线状态、流量限制的全面管理。

5.1.1 AAA认证

1. AAA的工作原理

认证授权计费（Authentication Authorization and Accounting，AAA）以模块化方式提供认证、授权和记账3种安全服务，是网络安全中进行访问控制的一种安全管理机制。

微课 5-1
AAA 认证简介
-AAA 认证配置实现

（1）认证

验证用户是否可获得访问权，可选择使用远程用户拨号认证系统（Remote Authentication Dial In User Service，RADIUS）协议、终端访问控制器访问系统（Terminal Access Controller Access-Control System Plus，TACACS+）协议或 Local（本地）等。身份认证是在允许用户访问网络和网络服务之前对其身份进行识别的方法。

（2）授权

授权用户可使用哪些服务。AAA 授权通过定义一系列属性对来实现，这些属性对描述了用户被授权执行的操作。这些属性对可以存放在网络设备上，也可以远程存放在安全服务器上。

（3）记账

记录用户使用网络资源的情况。当 AAA 记账被启用时，网络设备便开始以统计记录的方式向安全服务器发送用户使用网络资源的情况。每个记账记录都以属性对的方式组成，存放在安全服务器上，这些记录可以通过专门软件进行读取分析，实现对用户使用网络资源的情况进行记账、统计、跟踪。

2. AAA基本框架

如图 5-2 所示，AAA 一般采用 Client/Server 结构，客户端运行于网络接入服务器（Network Access Server，NAS）上，负责验证用户身份与管理用户接入，集中管理用户信息。NAS 对于用户来说是服务器端，对于服务器来说是客户端。

AAA 可以通过多种协议来实现，如 RADIUS 协议、华为 TACACS（Huawei TACACS，HWTACACS）协议等，在实际应用中，最常使用 RADIUS 协议。

用户可以根据实际组网需求决定认证、授权、记账功能分别使用哪种协议类型的服务器来承担。用户也可只使用 AAA 提供的一种或两种安全服务。例如，公司仅让员工在访问某些特定资源时进行身份认证，则只需配置认证服务器即可。若对员工使用网络的情况进行记录，还需配置记账服务器。

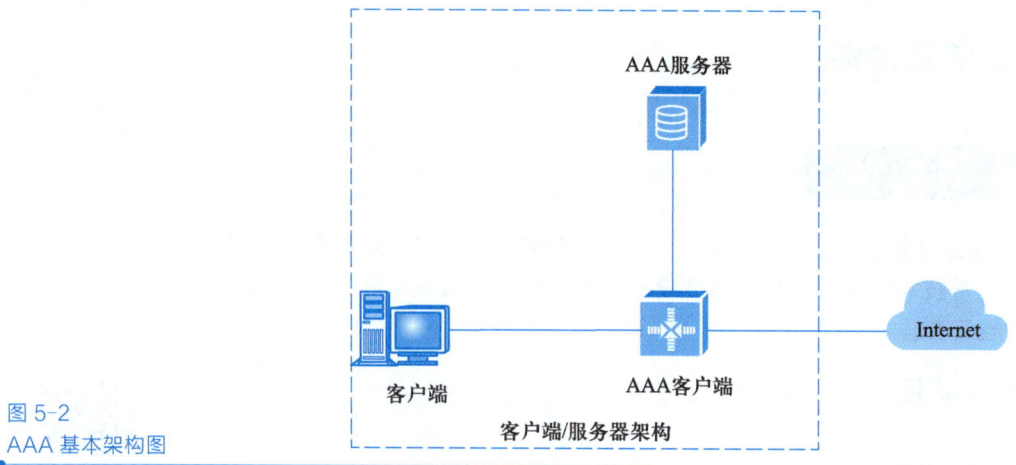

图 5-2
AAA 基本架构图

5.1.2 AAA 认证配置实现

1．组网需求

如图 5-3 所示，PC 客户端使用远程登录方式登录交换机时需要输入用户名和密码，验证用户身份是否合法，保护内网设备以及网络的安全。

图 5-3
AAA 认证配置示例

2．配置要点

采用 AAA 本地认证方式实现用户通过 Telnet 登录设备的身份认证。

3．配置步骤

（1）交换机上开启 AAA 认证

```
Ruijie>enable    // 进入系统视图
Ruijie #configure terminal    // 进入配置视图
Ruijie(config) #username admin password ruijie    // 配置本地用户名和密码
Ruijie(config) #aaa new-model    // 开启 AAA 功能
```

（2）设置 AAA 认证模式为本地认证

```
Ruijie(config) #aaa authentication login ruijie local    // 设置登录方法认证列表为 ruijie，使用本地用户名和密码登录
Ruijie(config) #line vty 0 4    // 进入虚拟接口
Ruijie(config-line) #login authentication ruijie    // VTY 模式下应用 Login 认证
Ruijie(config-line) #exit    // 退出视图
```

(3) 对 enable 密码进行 AAA 认证并设置登录策略

> Ruijie(config) #enable password ruijie   // 配置 enable 密码
>
> Ruijie(config) #service password-encryption   // 对密码进行加密，这样 show run 就是密文显示配置的密码
>
> Ruijie(config) #aaa local authentication attempts 3   // 配置限制用户尝试次数为 3 次，如果 3 次输入有误，将会无法登录交换机
>
> Ruijie(config) #aaa local authentication lockout-time 2   // 如果登录失败后，需要等待 2 h 才能再次尝试

(4) 配置 VLAN 1 并设置 IP

> Ruijie(config) #interface vlan 1   // 进入接口
>
> Ruijie(config-if-VLAN 1) #ip add 192.168.33.155 255.255.255.0   // 配置 IP 地址
>
> Ruijie(config-if-VLAN 1) #end   // 退出视图
>
> Ruijie #write   // 确认配置正确，保存配置

4．配置验证

> Ruijie>enable
>
> Password:******
>
> Ruijie #
>
> PC1>telnet 192.168.33.155
>
> Trying 192.168.33.155，23...
>
> user Access verification
>
> user name: admin
>
> Password :******
>
> Ruijie>

5.1.3　802.1X 认证

1．802.1X 认证概述

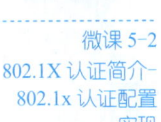

微课 5-2
802.1X 认证简介-
802.1x 认证配置
实现

802.1X 是一种基于端口的对用户进行认证的方法和策略。这个端口可以是物理端口也可以是像 VLAN 一样的逻辑端口，对无线局域网来说，这个"端口"就是一条信道。802.1X 认证的目的就是确定端口是否可用，如认证成功就"打开"这个端口，允许所有报文通过；如认证不成功则使端口保持"关闭"状态，只允许 802.1X 的基于局域网的扩展认证协议（Extensible Authentication Protocol over LAN，EAPOL）认证报文通过。

802.1X 协议是基于 Client/Server 的访问控制和认证协议，可限制未经授权的用户/设备通过接入端口（Access Port）访问 LAN/WLAN。在获得交换机或 LAN 提供的各种业务前，802.1X 对连接到交换机端口上的用户/设备进行认证。在认证通过前，802.1X 只允许 EAPOL 数据通过设备连接的交换机端口，当认证通过后，正常的数据可顺利地通过以太网端口。

2．802.1X 认证的体系结构

简单地说，802.1X 认证体系结构就是要确定 802.1X 认证时需要搭建哪些环境。802.1X 系统

是 Client/Server 结构，包括客户端（Client）、设备端（Device）和认证服务器（Server）3 个实体，如图 5-4 所示。

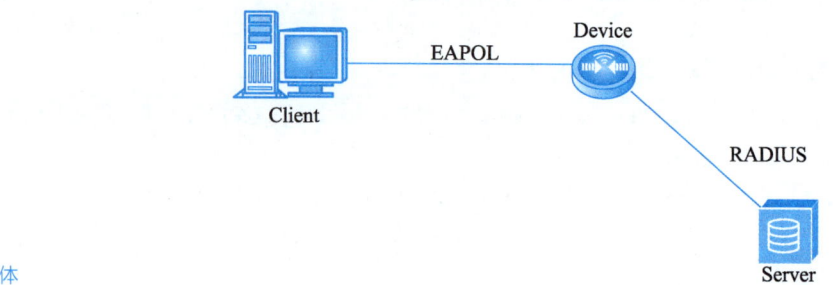

图 5-4
802.1X 认证实体

（1）客户端

客户端是需要通过认证后享受网络服务的设备，必须支持 EAPOL 协议。

（2）设备端

设备端是对客户端设备执行认证监测并转发认证数据的设备，其本身不对客户端上报的认证信息进行匹配认证，只相当于中介角色，用于联系客户端和认证服务器。

（3）认证服务器

认证服务器为客户端提供认证服务，对设备端实现认证、授权和记账，通常为 RADIUS 服务器。

3．发起认证主动方

在认证过程中，主动发起认证请求的一方为主动方，主动方发起认证请求有以下两种情况。

（1）客户端主动触发

客户端主动向设备端发送 EAPOL-Start 报文来触发认证。

（2）设备端主动触发

设备端每隔 N s（如 30 s）主动向客户端发送 EAP-Request/Identity 报文触发认证，此种方式主要用于客户端不支持主动发送 EAPOL-Start 报文的情况。

5.1.4 802.1x 认证配置实现

1．组网要求

如图 5-5 所示，在接入交换机开启 802.1 功能实现下联用户的认证。

2．配置要点

① 开启 AAA 功能。
② 配置 RADIUS 服务器相关参数。

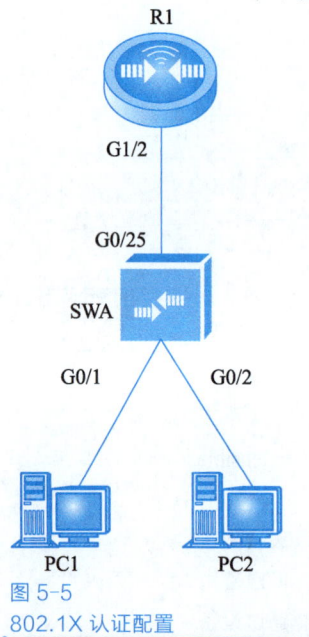

图 5-5
802.1X 认证配置

3．配置步骤

（1）开启 AAA 功能

```
SWA>enable
```

```
SWA #configure terminal
SWA (config) #aaa new-model    // 开启 AAA 功能
SWA (config) #radius-server host 192.168.1.2    // 指定 RADIUS IP
SWA (config) #radius-server key ruijie    //配置 key
SWA (config) #aaa authentication dot1x ruijie group radius    //创建 dot1x 认证方法认证列表
SWA (config) #aaa accounting network ruijie start-stop group radius    //创建 dot1x 记账方法认证列表，名称为 ruijie
```

（2）配置 RADIUS 服务器相关参数

```
SWA (config) #dot1x authentication ruijie    //应用认证方法列表
SWA (config) #dot1x accounting ruijie    //应用记账方法列表
SWA (config) # snmp-server community ruijie rw    //指定 SNMP 共同体
SWA (config) #interface range gi0/1-2    //进入接口视图
SWA (config-if-range) #dot1x port-control auto    //启用 dot1x 认证
SWA (config) #interface vlan 10
SWA (config-if-VLAN 10) #ip add 192.168.1.1 255.255.255.0    //配置交换机的 IP 地址
```

4．配置验证

SWA #show dot1x summary						
ID	MAC	Interface	VLAN	Auth-State	Backend-Status	Port-Status
1	0011.1114.fc60	Gi0/1	1	Authenticated	Idle	Authed

5.1.5　RADIUS 服务

1．RADIUS 服务概述

微课 5-3
Radius 服务简介-
Radius 认证配置
实现

RADIUS 采用 Client/Server 结构，客户端最初是 NAS，现在任何运行 RADIUS 客户端软件的计算机都可以成为 RADIUS 客户端。RADIUS 协议认证机制灵活，可以采用 PAP、CHAP 或 UNIX 登录认证等多种方式，是目前应用最广泛的 AAA 协议。除了提供认证服务，RADIUS 服务器还提供接入用户的授权和记账的服务。

RADIUS 安全协议（也称 RADIUS 方法）是以 RADIUS 服务器组为单位进行配置的。每一个 RADIUS 方法对应一个 RADIUS 服务器组，每一个 RADIUS 服务器组可配置一至多台 RADIUS 服务器。例如，在一个 RADIUS 服务器组中配置了多台 RADIUS 服务器，当设备同第一台 RADIUS 服务器通信失败，或第一台 RADIUS 服务器变成不可达状态时，设备将自动尝试同第二台 RADIUS 服务器通信，以此类推，直至成功或者全部失败为止。

2．RADIUS 基本工作原理

用户接入 NAS，NAS 向 RADIUS 服务器使用 Access-Require 数据包提交用户信息，包括用户名、密码等相关信息。其中用户密码经过 MD5 加密，双方使用共享密钥，密钥不经过网络传播；RADIUS 服务器对用户名和密码的合法性进行检验，必要时可提出一个 Challenge，要求进一步对用户认证，也可对 NAS 进行类似认证；如合法，则给 NAS 返回 Access-Accept 数据包，允许用户进行下一步工作，否则返回 Access-Reject 数据包，拒绝用户访问；如允许访问，NAS 向

RADIUS 服务器提出记账请求 Account-Require，RADIUS 服务器响应 Account-Accept 开始对用户记账，同时用户可以进行自己的相关操作。

RADIUS 还支持代理和漫游功能。代理是一台服务器，可作为其他 RADIUS 服务器的代理，负责转发 RADIUS 认证和记账数据包。漫游功能是代理的具体实现，用户通过本来与其无关的 RADIUS 服务器进行认证，用户到非归属于运营商所在地也可得到服务，实现虚拟运营。

RADIUS 服务器和 NAS 服务器通过 UDP 进行通信，RADIUS 服务器的 1812 端口负责认证工作，1813 端口负责记账工作。NAS 和 RADIUS 服务器大多处于同一个局域网，因此使用 UDP 更加快捷方便。

RADIUS 协议还规定了重传机制，如 NAS 向某个 RADIUS 服务器提交请求未收到返回信息时，可要求备份 RADIUS 服务器重传。由于有多个备份 RADIUS 服务器，NAS 进行重传时，可采用轮询的方法。如果备份 RADIUS 服务器的密钥和以前 RADIUS 服务器的密钥不同，则需重新进行认证。

5.1.6　RADIUS 认证配置实现

1．组网要求

如图 5-6 所示，当客户端远程访问设备时，内部用户需要在 RADIUS 服务器上进行认证。

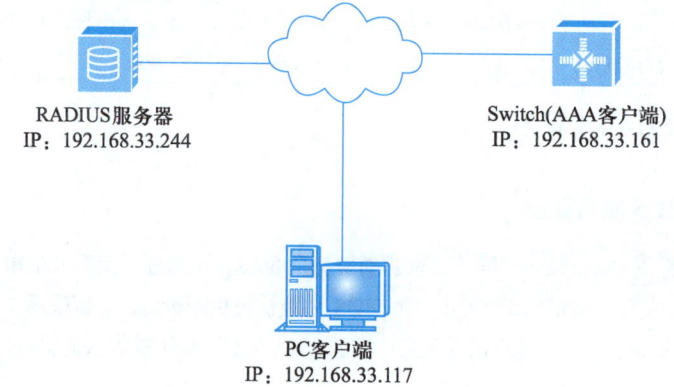

图 5-6
RADIUS 认证配置示例

2．配置要点

① 在交换机上开启 AAA 功能，并且配置 RADIUS 服务器及 key 等相关参数。
② 优化 AAA 登录的配置（AAA lock）。

3．配置步骤

（1）交换机上开启 AAA 认证并对 RADIUS 进行关联设置

```
Ruijie>enable                // 进入系统视图
Ruijie #configure terminal   // 进入配置视图
Ruijie(config) #username admin password ruijie   // 配置本地用户名和密码
Ruijie(config) #aaa new-model    // 开启 AAA 功能
```

（2）对 RADIUS 进行关联设置

　　Ruijie(config) #radius-server host 192.168.33.244　// 配置 RADIUS IP

　　Ruijie(config) #radius-server key ruijie　// 配置与 RADIUS 通信的 key

（3）设置 AAA 认证模式

　　Ruijie(config) #aaa authentication login ruijie group radius local　// 设置登录方法认证列表为 ruijie，先用 RADIUS 组认证，如果 RADIUS 无法响应，将用本地用户名和密码登录

　　Ruijie(config) #line vty 0 4

　　Ruijie(config-line) #login authentication ruijie　// VTY 模式下应用 Login 认证

　　Ruijie(config-line) #exit

（4）对 enable 密码进行 AAA 认证并设置登录策略

　　Ruijie(config) #enable password ruijie　// 配置 enable 密码

　　Ruijie(config) #service password-encryption　// 对密码进行加密，这样 show run 就是密文显示配置的密码

　　Ruijie(config) #aaa local authentication attempts 3　// 配置限制用户尝试次数为 3 次，如果 3 次输入有误，将会无法登录交换机

　　Ruijie(config) #aaa local authentication lockout-time 1　// 如果登录失败，需要等待 1 h 才能再次尝试

（5）配置 VLAN 1 并设置 IP

　　Ruijie(config) #interface vlan 1　// 进入接口视图

　　Ruijie(config-if-VLAN 1) #ip add 192.168.33.161 255.255.255.0　// 配置 IP 地址

　　Ruijie(config-if-VLAN 1) #end　// 退出视图

　　Ruijie #write　// 确认配置正确，保存配置

5.2　ACL 技术与应用

　　针对网络安全可以采用的技术手段有很多，但由于中小型网络各方面条件的限制，ACL 可以代替昂贵的硬件防火墙实现对网络数据流的管控、过滤，同时还可实现过滤某些常见病毒，以实现基础的、低成本的网络安全目标。

5.2.1　ACL 数据过滤原理

1．ACL 基础

　　访问控制列表（Access Control List，ACL）可以定义一系列不同的规则，设备根据这些规则对数据包进行分类，并针对不同类型的报文进行不同的处理，以控制网络访问行为、限制网络流量、提高网络性能、防止网络攻击等。

　　ACL 应用非常广泛，在许多领域都可以见到其身影，如内/外网用户的网络访问控制、路由信息过滤、QoS 流策略、IPSec 报文加密过滤、策略路由等。当 ACL 被其他功能引用时，根据设备在实现功能时的处理方式（硬件处理或软件处理），ACL 可以分为基于硬件的应用和基于软件的应用。

微课 5-4
ACL 数据过滤原理–
ACL 基本配置

2. ACL 分类

按照功能进行分类，ACL 可以分为以下 4 种。

① 标准 ACL，取值范围为 1～99 和 1300～1999，只能对源 IP 地址进行控制。

② 扩展 ACL，取值范围为 100～199 和 2000～2699，可以对源 IP 地址、目的 IP 地址、源端口、目的端口进行控制。

③ 二层 ACL，取值范围为 700～799，可以对源 MAC 地址、目的 MAC 地址、以太网协议类型进行控制。

④ Expert 扩展，取值范围为 2700～2899，可根据偏移位置和偏移量从报文中提取出一段内容进行匹配。

3. ACL 过滤原理

一个 ACL 可以由多条 deny/permit 语句组成，每一条语句描述一条规则。由于每条规则中的报文匹配选项不同（同一 ACL 中的各条规则不可能完全相同），这些规则之间可能存在交叉甚至矛盾的地方。因此，在将一个报文与 ACL 的各条规则进行匹配时，需有明确的匹配顺序以确定规则执行的优先级。

ACL 匹配顺序有配置顺序和自动排序两种，当一个数据包与访问控制列表的规则进行匹配时，由规则的匹配顺序设置决定规则的优先级（并不一定就是按照规则号的大小顺序）。ACL 通过设置规则的优先级来处理规则之间重复或矛盾的情形。

① 配置顺序：按照用户配置规则编号的大小顺序进行匹配。利用这一特点，在原来规则前、后或中间插入新规则，可修改原来的规则匹配结果。因此，后插入的规则如果编号较小，也可能先被匹配。默认采用配置顺序进行 ACL 匹配。

② 自动排序：按照"深度优先"原则由深到浅进行匹配。"深度优先"即根据规则的精确度排序，匹配条件（如协议类型、源和目的 IP 地址范围等）限制越严格越精确，优先级越高，如可比较地址的通配符掩码（Wildcard，每位由 1 和 0 组成，0 表示要精确匹配的位，1 表示不需要匹配的位）。通配符越小（0 的位数越多），则指定的主机范围就越小，限制就越严格（通配符全为 0 时，表示要精确匹配地址中的每一位，相当于只有一个地址符合匹配条件，所以主机地址的通配符为 0）。若"深度优先"的顺序相同，则匹配该规则时按规则编号从小到大排列。

通配符掩码与反向掩码类似，以点分十进制表示，并用二进制的 0 表示需要进行匹配操作，1 表示不需要进行匹配操作（即忽略）。

无论是哪一种匹配顺序，当报文与各条规则进行匹配时，一旦匹配上某条规则，将不会继续匹配，系统将依据该规则对报文执行相应操作，每个报文实际匹配的规则只有一条。

在 ACL 的最后，都有一条 deny ip any any，即拒绝所有报文通过的规则，当前面所有规则都匹配不上时，将直接采用这条规则，不允许通过。

4. ACL 规则实例

每个 ACL 可以包含多条规则，RTA 根据规则对数据流进行过滤，ACL 中第 1 条规则未匹配上 172.16.0.0/24，则查看第 2 条规则是否匹配，图 5-7 所示实例中第 2 条规则未匹配上，则继续向下匹配，第 3 条规则匹配上，操作为 permit，RTA 允许源地址为 172.16.0.0/24 的数据通过。同理，172.17.0.0/24 未匹配上 ACL 中的前 3 条规则，直接采用 deny any any 规则，RTA 允许源地址为 172.17.0.0/24 的数据通过。

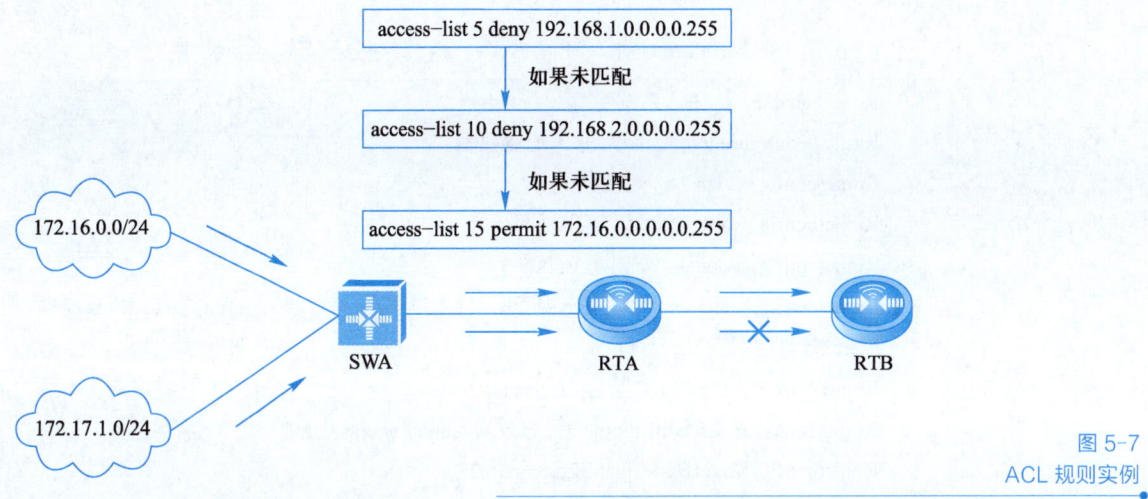

图 5-7
ACL 规则实例

5.2.2 ACL 基本配置

1. 组网要求

如图 5-8 所示，使用 ACL 匹配内部用户的 IP 地址，在接口上调用。允许 VLAN 2 内的流量从 G0/24 口访问网络，其他流量一律拒绝。

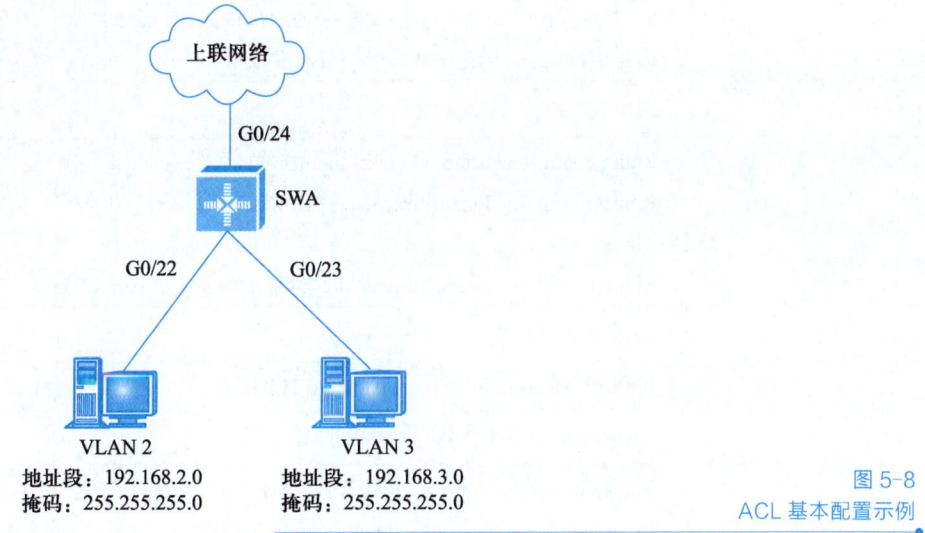

图 5-8
ACL 基本配置示例

2. 配置要点

① ACL 默认最后有一条 deny ip any any，故允许的 ACL 应该写在上面。若是禁止某网段访问，其他网段均允许，则应该在最后加一条 permit any。

② 标准 ACL 只匹配源 IP 地址。

③ 如果是单个 IP 地址，可写为 access-list 1 permit host 192.168.1.1。

3. 配置步骤

（1）配置 VLAN SVI 口地址（VLAN 网关），接口划分到相应 VLAN 中

```
Ruijie>enable    // 进入系统视图
Ruijie #configure terminal    // 进入配置视图
Ruijie(config) #vlan 2    // 创建 VLAN 2
Ruijie(config-vlan) #exit    // 退出视图
Ruijie(config) #vlan 3    // 创建 VLAN 3
Ruijie(config-vlan) #exit    // 退出视图
//划分接口到相应 VLAN 下
Ruijie(config) #interface GigabitEthernet 0/22
Ruijie(config-if-GigabitEthernet 0/22) # switchport access vlan 2
Ruijie(config) #interface GigabitEthernet 0/23
Ruijie(config-if-GigabitEthernet 0/23) # switchport access vlan 3    // 将交换机的第 23 个千兆接口划入 VLAN 3
//配置 VLAN 2 和 VLAN 3 的 SVI 口地址
Ruijie(config) #interface vlan 2    // 创建 VLAN
Ruijie(config-if-VLAN 2) #ip address 192.168.2.254 255.255.255.0    // 配置 VLAN 2 的网关地址
Ruijie(config-if-VLAN 2) #exit    // 退出视图
Ruijie(config) #interface vlan 3
Ruijie(config-if-VLAN 3) #ip address 192.168.3.254 255.255.255.0    // 配置 VLAN 3 的网关地址
Ruijie(config-if-VLAN 3) #exit    // 退出视图
```

（2）配置 G0/24 为路由口

```
Ruijie(config) #interface GigabitEthernet 0/24    // 进入接口视图
Ruijie(config-if-GigabitEthernet 0/24) #no switchport    // 将交换机的第 24 千兆接口属性改为路由接口
Ruijie(config-if-GigabitEthernet 0/24) #ip address 172.16.1.1 255.255.255.0    // 配置 IP 地址
```

（3）配置默认路由

```
Ruijie(config) #ip route 0.0.0.0 0.0.0.0 172.16.1.2    // 配置默认路由
```

（4）配置标准 ACL，并在 G0/24 调用

```
Ruijie(config) #access-list 1 permit 192.168.2.0 0.0.0.255    //标准 ACL 序列 1～99，指定源地址
Ruijie(config) #access-list 20 permit any    //配置一条 permit any 的条目
Ruijie(config) #interface vlan 2    //创建 VLAN 2
Ruijie(config-if-VLAN 2) #ip access-group 1 in    //应用 ACL
```

（5）保存配置

```
Ruijie(config-if-GigabitEthernet 0/24) #end    // 退出视图
Ruijie #write    // 确认配置正确，保存配置
```

4. 配置验证

```
Ruijie #show access-lists 1    // 查看 ACL 的配置
  ip access-list standard 1
    10 permit 192.168.2.0 0.0.0.255
    20 deny any
Ruijie #show ip access-group   // 查看 ACL 在接口下的应用
  ip access-group 1 out
  Applied On interface GigabitEthernet 0/24
```

5.2.3 基于时间的 ACL 配置

1. 组网需求

如图 5-9 所示，禁止内网 PC 在白天上班时间（9:00—12:00 及 14:00—18:00）访问互联网，其他时间段可访问互联网，内网之间互访的流量不受限制。

微课 5-5
基于时间的 ACL 配置-基于 MAC 的 ACL 配置-基于专家 ACL 的配置

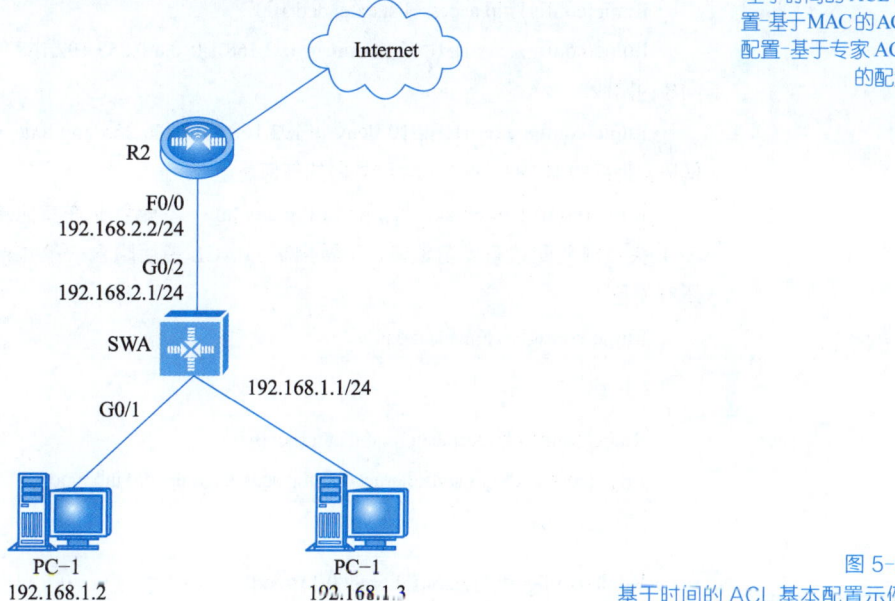

图 5-9 基于时间的 ACL 基本配置示例

2. 配置要点

① 先配置设备的时间，ACL 生效时间参照本设备的时间。

② 时间段不能跨 0:00，如 22:00 至第 2 天 7:00 的时间段，需分为两段时间。

```
Ruijie(config) #time-range aaa
Ruijie(config-time-range) #periodic daily 0:00 to 7:00
Ruijie(config-time-range) #periodic daily 22:00 to 23:59
```

③ 标准 ACL 及扩展 ACL 都支持基于时间段来控制。

3. 配置步骤

（1）配置设备时间

> Ruijie>enable
> Ruijie(config) #clock timezone beijing 8　　// 设置设备的时区为东 8 区
> Ruijie(config) #exit
> Ruijie #clock set10:00:00 12 1 2012 // clock set 小时:分钟:秒 月 日 年
> Ruijie #configure terminal　　// 进入全局配置模式

（2）配置时间段参数

> Ruijie(config) #time-range work　　// 定义一个名称为 work 的时间段
> Ruijie(config-time-range) #periodic daily 9:00 to 12:30
> Ruijie(config-time-range) #periodic daily 14:00 to 18:30
> Ruijie(config-time-range) #exit

（3）配置关联时间段的 ACL

> Ruijie(config) #ip access-list extended 100
> Ruijie(config-ext-nacl) #5 permit ip 192.168.1.0 0.0.0.255 192.168.0.0 0.0.255.255　　// 允许访问校内网段
> Ruijie(config-ext-nacl) #10 deny ip 192.168.1.0 0.0.0.255 any time-range work　　// 在 work 时间段，拒绝内网 192.168.1.0/24 到外网的任何流量
> Ruijie(config-ext-nacl) #20 permit ip any any　　// 配置允许其他流量（必须配置，当时间 ACL 失效时匹配这条安全策略，不做控制），ACL 最后隐含一条 deny any any 语句，会拒绝所有流量
> Ruijie(config-ext-nacl) #exit

（4）接口下调用

> Ruijie(config) #interface GigabitEthernet 0/1
> Ruijie(config-if-GigabitEthernet 0/1) #ip access-group 100 inbound　　// 在内网口调用 ACL 100

（5）保存配置

> Ruijie(config-if-GigabitEthernet 0/1) #end
> Ruijie #write　　// 确认配置正确，保存配置

4. 配置验证

通过 clock set 调整设备的时间，内网 PC 分别测试是否能够访问互联网，上班时间（9:00—12:00、14:00—18:00）内网 PC 不能访问互联网，非上班时间内网 PC 可以访问互联网。

（1）查看设备的时间

> Ruijie #show clock
> 10:14:01 beijing Sat, Dec 1, 2012

（2）查看 ACL 的配置

> Ruijie #show access-lists

```
ip access-list extended 100
  5 permit ip 192.168.1.0 0.0.0.255 192.168.0.0 0.0.255.255
  10 deny ip 192.168.1.0 0.0.0.255 any time-range work (active)    // ACL 状态为生效,因为当前设备时间为上班时间
  20 permit ip any any
```

(3)查看 ACL 在接口下的调用

```
Ruijie #show ip access-group
ip access-group 100 in
Applied On interface GigabitEthernet 0/1
```

5.2.4 基于 MAC 的 ACL 配置

1. 组网需求

如图 5-10 所示,过滤 VLAN 2 中的 0001.1111.2222 这个 MAC 地址,即此物理地址的数据不允许它访问其他 VLAN。

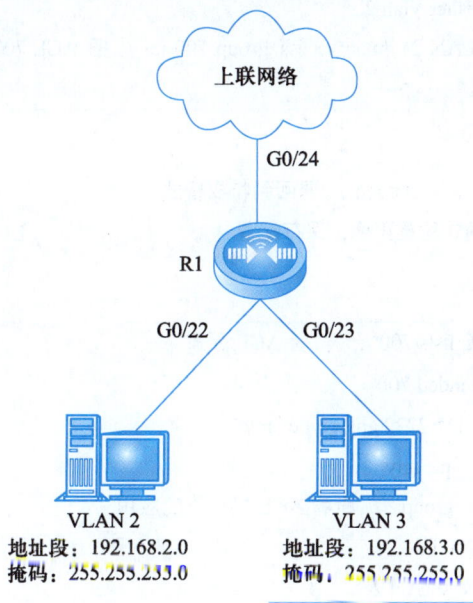

图 5-10 基于 MAC 的 ACL 基本配置示例

2. 配置要点

① 配置 VLAN、SVI 口地址,接口划分到相应 VLAN 中。
② 配置 ACL,并在 VLAN 2 调用。

3. 配置步骤

> **注意**
> 配置前建议使用 Ruijie #show interface status 命令查看接口名称,常用接口名称有 FastEthernet(百兆)、GigabitEthernet(千兆)和 TenGigabitEthernet(万兆),以下配置以千兆接口为例。

（1）配置 VLAN、SVI 口地址，接口划分到相应 VLAN 中

```
Ruijie>enable
Ruijie #configure terminal
Ruijie(config) #vlan 2          // 创建 VLAN 2
Ruijie(config) #exit
```

（2）划分接口到相应 VLAN 中

```
Ruijie(config) #interface GigabitEthernet 0/22
Ruijie(config-if-GigabitEthernet 0/22) # switchport access vlan 2   // 配置 VLAN 2 的 SVI 口地址
Ruijie(config) #int vlan 2
Ruijie(config-if-VLAN 2) #ip address 192.168.2.254 255.255.255.0
```

（3）配置 ACL，并在 VLAN 2 调用

```
Ruijie(config) #access-list 700 deny host 0001.1111.2222 any  //拒绝 MAC 地址 0001.1111.1111 访问任意地址
Ruijie(config) #access-list 700 permit any any
Ruijie(config) #interface vlan 2
Ruijie(config-if-VLAN 2) #mac access-group 700 in   // 把 ACL 700 应用在入方向（SVI 上只能应用在入方向）
```

（4）保存配置

```
Ruijie(config-if-VLAN 2) #end   // 退回到特权模式
Ruijie #write    // 确认配置正确，保存配置
```

4．配置验证

```
Ruijie #show access-lists 700   // 查看 ACL 配置
 mac access-list extended 700
 10 deny host 0001.1111.2222 any etype-any
 20 permit any any etype-any
Ruijie #show access-group   // 查看 ACL 接口下的应用
 mac access-group 700 in
 Applied On interface VLAN 2
```

5.2.5 基于专家 ACL 的配置

1．组网需求

如图 5-11 所示，某公司的一个简单局域网中，通过使用 1 台交换机提供主机及服务器的接入，所有主机和服务器均属于 VLAN 2。网络中有 3 台主机和 1 台财务服务器（Accounting Server）。现需要实现访问控制，只允许财务部主机（172.16.1.1）访问财务服务器上的特定服务（TCP 5555），其他服务不允许访问。

2．配置要点

① 配置 VLAN，接口划分到相应 VLAN 中。

② 配置 ACL，并在接口进行调用。

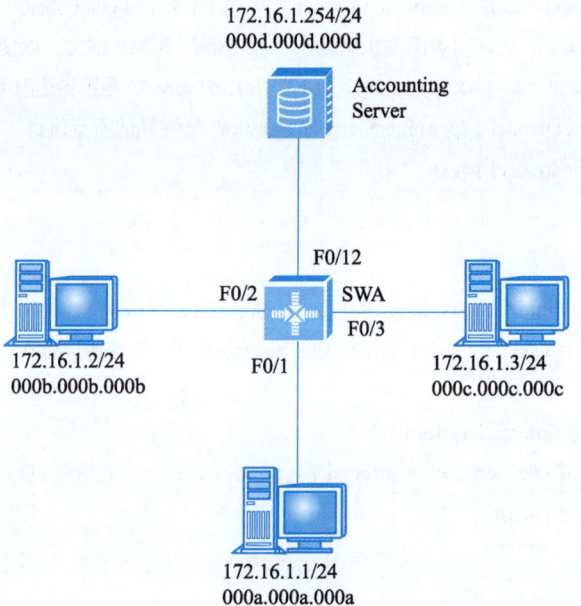

图 5-11
基于专家的 ACL 基本配置示例

3. 配置步骤

（1）交换机基本配置

> Ruijie(config)#enable
>
> Ruijie(config)#configure terminal
>
> Ruijie(config)#vlan 2   // 创建 VLAN 2
>
> Ruijie(config-vlan)#exit   // 退出该视图
>
> Ruijie(config)#interface range fastEthernet 0/1-3   // 进入 F0/1～3 端口组
>
> Ruijie(config-if-range)#switchport access vlan 2   // 将该端口组设置为 VLAN 2
>
> Ruijie(config-if-range)#exit
>
> Ruijie(config)#interface fastEthernet 0/12   // 进入 F0/0/12 端口
>
> Ruijie(config-if)#switchport access vlan 2   // 将该端口设置为 VLAN 2
>
> Ruijie(config-if)#exit

（2）配置针对非财务部主机的专家 ACL

> Ruijie(config)#expert access-list extended deny_to_accsrv   // 设置专家 ACL
>
> Ruijie(config-exp-nacl)#deny any any host 172.16.1.254 host 000d.000d.000d   // 拒绝到达财务服务器的所有流量
>
> Ruijie(config-exp-nacl)#permit any any   // 允许其他所有流量
>
> Ruijie(config-exp-nacl)#exit

（3）配置针对财务部主机的专家 ACL

> Ruijie(config)#expert access-list extended allow_to_accsrv5555   // 设置专家 ACL
>
> Ruijie(config-exp-nacl)#permit tcp host 172.16.1.1 host 000a.000a.000a host172.16.1.254 any

eq 5555   // 允许财务部主机访问财务服务器上的特定服务

  Ruijie(config-exp-nacl) #permit icmp host 172.16.1.1 host 000a.000a.000a host172.16.1.254 host 000d.000d.o00d   // 允许财务部主机到达财务服务器的 ICMP 报文，以便后续进行测试

  Ruijie(config-exp-nacl) #deny any any host 172.16.1.254 any   // 拒绝到达财务服务器的所有流量

  Ruijie(config-exp-nacl) #permit any any any any   // 允许其他所有流量

  Ruijie(config-exp-nacl) #exit

（4）将专家 ACL deny_to_accsrv 应用到 F0/2 接口和 F0/3 接口的入方向，以限制非财务部主机访问财务服务器

  Ruijie(config) #interface fastEthernet 0 /2   // 进入 F0/2 端口

  Ruijie(config-if) #expert access-group deny_to_accsrv in   // 应用到 F0/2 接口的入方向

  Ruijie(config-if) #exit

  Ruijie(config) #interface fastEthernet 0/ 3

  Ruijie(config-if) #expert access-group deny_to_accsrv in   // 应用到 F0/3 接口的入方向

  Ruijie(config-if) #exit

（5）将专家 ACL allow_to_accsrv5555 应用到 F0/1 接口的入方向，以限制财务部主机访问财务服务器的其他服务

  Ruijie (config) #interface fastEthernet 0/1   // 进入 F0/1 端口

  Ruijie(config-if) #expert access-group allow_to_accsrv5555 in   // 应用到 F0/1 接口的入方向

  Ruijie(config-if) #end

4．验证测试

在财务部主机上 ping 财务服务器，可以 ping 通，也可以访问服务器上的特定服务（TCP5555），但不能访问服务器上的其他服务。在其他两台非财务部主机上 ping 财务服务器，无法 ping 通，说明其他两台主机到达财务服务器的流量被专家 ACL 拒绝。

5.3 防火墙技术与应用

网络本身具有公众性、虚拟性和技术性的特点，计算机网络安全面临不同程度的侵扰。防火墙技术的应用能够实时监测计算机与网络内部、互联网间的信息交换，判别和屏蔽不良信息的干扰，提升计算机网络的安全。

5.3.1 防火墙设备

1．防火墙

防火墙（Firewall），也称防护墙，是由 Check Point 创立者 Gil Shwed 于 1993 年发明并引入国际互联网。防火墙的核心理念就是隔离。在网络通信体系中，防火墙用来将危险隔离在内网之外，根据预先配置好的规则，对外网数据进行安全过滤后，再转发给内网，是一道相对隔绝的保护屏障。

防火墙分为硬件防火墙和软件防火墙两种。硬件防火墙是使用一个专用设备将危险隔离在内网之外，软件防火墙是使用一个软件将危险隔离在内网之外。本节只介绍硬件防火墙。

硬件防火墙可简单理解为过滤性能加强版的路由器。但也有很多不同，如专用硬件结构、高速 CPU、嵌入式操作系统等。由于硬件防火墙不断发展，越来越多的功能被集成到其中，如 VPN 技术、地址转换技术、身份验证、数据加密、访问控制、网络杀毒软件、入侵检测、ASPF 技术等。

现代防火墙已经形成一个信息进出的关口，对流经防火墙的数据进行检查，并对每个网络进行标记（如信任、不信任或其他等），根据策略对标记网络进行数据转发，达到安全通信的目的。

2. 防火墙的分类

按照防火墙实现技术的不同可以将防火墙分为以下几种类型。

（1）包过滤防火墙

包过滤防火墙是对数据包进行过滤的防火墙。在每一个数据包传送到源主机时，都会根据事先配置好的策略对 IP 协议的报头进行检查，对于不合法的数据访问，防火墙会选择阻拦或丢弃，类似路由器上 ACL 的功能。其缺点是无法关联数据包之间的关系，无法适应多通道协议，通常不检查应用层数据。

（2）状态/动态检测防火墙

在实际数据通信过程中，包过滤防火墙对经常变化端口的应用并不能起到灵活配置的作用，如果使用人工配置，往往会造成更多的问题。状态/动态检测防火墙根据数据包的状态进行转发，即检查数据包并抽取出与应用层状态有关的信息，并以此为依据决定对该连接是接受还是拒绝。状态/动态检测防火墙是基本包过滤防火墙。

（3）应用程序代理防火墙

应用程序代理防火墙又称为应用层防火墙，工作于 OSI 的应用层上。在实际工作中，防火墙充当代理人的角色，即服务器和客户端之间不能直接通信，必须经过防火墙中转。在此过程中，防火墙可以对连接和数据进行安全检查，在很大程度上降低安全风险，其缺点是处理速度慢，升级困难。

5.3.2 防火墙接口

防火墙通过接口来连接网络，将接口划分到安全区域后，通过接口就能把安全区域和网络关联起来。为了更好地配置防火墙，需要了解防火墙各个接口的功能及特点。防火墙接口分为物理接口和逻辑接口两大类。

1. 防火墙的物理接口

防火墙支持的物理接口可以是二层或三层接口。

（1）二层接口

二层接口是交换机的接口，该接口只能配置 VLAN 等二层信息，不能配置 IP 地址等三层信息。具体使用时可以将多个二层接口划分到同一个 VLAN，并给该 VLAN 配置一个 IP 地址进行三层通信。

（2）三层接口

三层接口是路由器的接口，该接口可以直接配置 IP 地址等网络信息，直接进行三层的转发和相关控制。在实际使用中，如有特殊需要也可在该接口上连接二层交换机，同时接入多台设备。

在具体设备上，二层与三层接口可以相互转换，但在转换时会出现网络中断的情况，具体需要根据不同厂商和型号的设备进行操作。

2. 防火墙的逻辑接口

防火墙支持的逻辑接口，是根据自己的需要进行自定义的接口，没有具体的物理形态。常见的逻辑接口有 VT（Virtual Template）接口、Dialer 接口、Tunnel 接口、SVI 接口、三层以太网子接口、Eth-Trunk 接口、Loopback 接口等。

逻辑接口的主要用途是通信测试、接口聚合、接口拆分、通信标记、用户接口模版应用等。

逻辑接口的大量使用，使通信过程更加灵活，应用更加丰富，管理更加方便。

5.3.3 防火墙设备选型

防火墙是网络安全的经典产品，可有效阻止外部网络对内部网络的攻击。因防火墙技术的发展，很多功能可集成至现有防火墙上，市面上可购买到多种类型的防火墙。结合目前网络发展的趋势和用户对防火墙的需求，了解如何选择更适合不同企业的防火墙。在选择防火墙时应该注意以下几点。

1. 防火墙系统的安全性

防火墙自身操作系统的安全，是整个防火墙系统的基础，其自身安全实现也直接影响整个系统的安全性。防火墙系统主要使用嵌入式系统，其内核为 Linux 内核，Linux 系统本身的安全是防火墙操作系统的基础，同时防火墙系统厂商的二次开发部分也可影响整体安全。

验证防火墙自身安全可以使用以下方法。

① 通过渗透工具对防火墙进行扫描，评估其保护权限，抗拒绝服务等高风险安全漏洞的能力。

② 通过扫描工具检测是否含 SQL 注入、跨站脚本等漏洞。

③ 尝试暴力破解攻击，检查其自身安全性。

④ 检测是否提供多余的网络服务。

2. 防火墙系统的稳定性

有些防火墙设备并未经过严格的大量测试就被推向市场，其稳定性并不理想。防火墙是否能够稳定地运行关系到用户业务的稳定性。一般用户很难通过测试或试用来准确地评估防火墙的稳定性。

防火墙的稳定性可以通过以下几个方面进行判断。

① 是否获得权威测评认证机构的认证。

② 是否为成熟型号（一般推出至少两年以上的产品为成熟产品）。

③ 产品年度销售额及在线运行的数量。

3. 防御能力

防御能力是评估防火墙在恶劣网络安全环境中对企业网络安全防护的重要标准。但对用户而言，一般很难进行防御能力的评估。因此，可参考权威机构的检测报告，使用辅助检测软件对防火墙的防御能力进行评估。

具有较好防御能力的防火墙，需具备基本能力（如包过滤、状态检测、访问控制、用户控制、入侵检测、内容检测、高性能等），还应具备对恶劣网络安全环境的防御功能（如 Web 攻击防御能力、漏洞攻击防御能力、僵尸网络检测防御能力、防信息泄露能力、对恶意应用的控制能力及主动防御能力等）。

4．高性能

防火墙的性能指标是评估产品的重要指标。吞吐量、并发连接数、新建连接数已成为防火墙的基础指标，不足以全面评估防火墙的实际性能。除可在生产环境中实际测试外，还可借助专业测试报告（如思博伦测试），以更好地评估防火墙的主要性能指标。防火墙主要性能指标可参照吞吐量、应用层吞吐量、并发连接数及新建连接数等。

5．易运维管理

清晰明了、简单有效是评估防火墙产品易维护能力的重要原则。防火墙应具备优秀的运维管理能力，主要参考标准为：能否快速部署安全策略；能否有完善的可视化报表，让用户清晰了解当前的威胁情况；能否帮助管理员快速找到威胁，并进行有效处理。

6．性价比

由于防火墙产品种类繁多，功能和价格也不尽相同。用户需根据自身情况，选择一款既能满足自身功能需求，又能节约资金的高性价比防火墙。评估防火墙产品的性价比，应在用户需求和价格之间找到一个用户可接受的平衡点。

7．厂商服务响应能力

防火墙厂商的服务响应能力，直接影响防火墙在实际使用过程中的效果。选择具有良好服务响应能力厂商的产品，由于有专业的服务响应团队，可及时应对新的威胁。

5.3.4 防火墙配置

1．组网需求

如图 5-12 所示，出口防火墙有多条链路与互联网互联，为了保证每条链路都能使用，需在防火墙上配置防火墙多出口，即 3 条链路的流量比例约为 1∶2∶5。

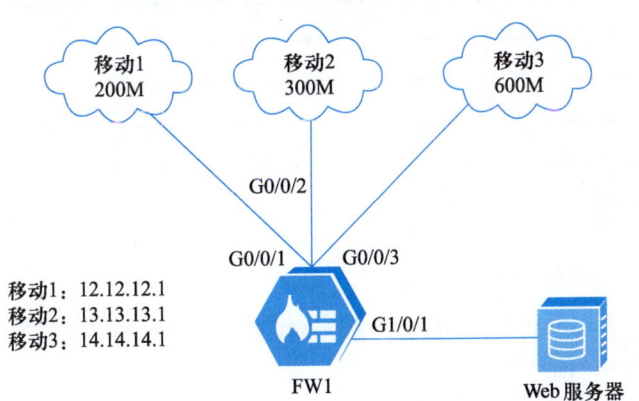

图 5-12 防火墙配置示例

2．配置要点

① 在防火墙上开启多链路负载均衡（Muliti Link Load Balance，MLLB）分担。
② 配置 3 条等价默认路由。

3. 配置步骤

（1）配置开启多链路负载均衡功能

```
Ruijie # configure terminal           // 进入配置模式
Ruijie(config) #mllb enable           // 配置开启 MLLB 功能
Ruijie(config) #mllb policy bandwidth   // 配置负载均衡策略为 bandwidth
Ruijie(config) #mllb load-sharing original   // 配置 MLLB 基于源 IP
Ruijie(config) #ip ref load-sharing original-only   // 配置 ref 基于源 IP
```

（2）配置等价默认路由

```
Ruijie(config) # ip route 0.0.0.0 0.0.0.0 12.12.12.1   // 配置默认路由
Ruijie(config) # ip route 0.0.0.0 0.0.0.0 13.13.13.1   // 配置默认路由
Ruijie(config) # ip route 0.0.0.0 0.0.0.0 14.14.14.1   // 配置默认路由
Ruijie(config) # end    // 退回到特权模式
Ruijie #write    // 确认配置正确，保存配置
```

4. 验证配置

```
FW1 #show running-config
ip route0.0.0.00.0.0.0
p route0.0.0.00.0.0.01313
ip route0.0.0.00.0.0.014.14.14.1
```

学习总结

通过本项目的学习，我认识了_____
_____
_____
_____

我对哪些还有疑问：_____
_____
_____
_____

知识检测

1. 802.1X 认证的体系结构包括（   ）实体。
   A．客户端（Client）   B．设备端（Device）   C．认证服务器（Server）
2. 简述 AAA 认证的基本原理。
3. 简述 ACL 匹配顺序中配置顺序和自动排序的匹配规则。
4. 按照防火墙实现技术的不同可以将防火墙分为哪几种类型？
5. 在选购防火墙时，应注意哪些方面？

项目 6
无线网络搭建及优化

学习背景

新年职业技术学院应用无线通信技术将计算机设备互连起来,构成可以互相通信和实现资源共享的网络体系,即无线局域网络(Wireless Local Area Network,WLAN)。WLAN 不使用通信线缆将计算机与网络连接,而是利用射频(Radio Frequency,RF)技术,使用电磁波,通过无线方式连接,使网络的构建和终端的移动更加灵活,实现"信息随身化、便利走天下"的目标。

通过学习,达成如下学习目标。
- 了解 WLAN 技术的发展。
- 了解 802.11n 和 802.11ac 协议的优势。
- 掌握 CAPWAP 隧道协议。
- 掌握 WLAN 转发方式。
- 掌握 WLAN 业务配置流程。

知识结构

本项目的知识结构如图 6-1 所示。

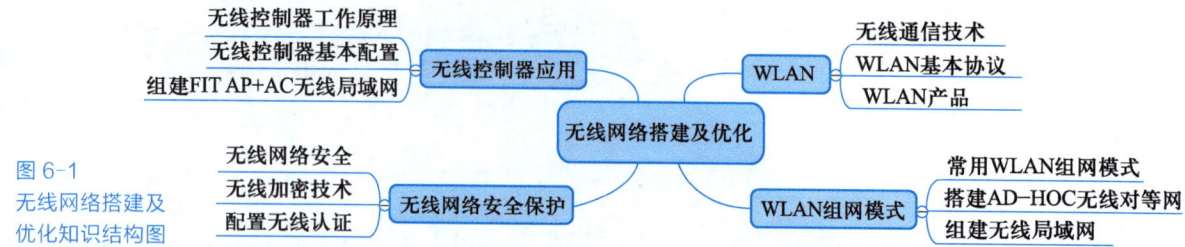

图 6-1 无线网络搭建及优化知识结构图

课前自测

在开始本项目学习之前，请先尝试回答以下问题。

1. WLAN 有哪些便利之处？
2. 请列举出 802.11ac 技术的优势。

 项目分析及准备

6.1 WLAN

个人计算机、手持设备（如 PDA、手机）等无线终端层出不穷，无线网络的需求量也越来越大，无线局域网逐渐变为公共性无线局域网。

微课 6-1
WLAN 概述

6.1.1 无线通信技术

1. 无线通信技术

无线通信（Wireless Communication）技术是指多个结点间利用电磁波信号，而不通过缆线传播的近距离或远距离传输的通信方式。无线通信可以用来传输电话、传真、图像数据和广播电视等通信业务，与有线通信相比，具有不需架设传输线路、不受通信的距离限制、机动性能好、建立迅速等优势。

2. 无线通信技术的发展阶段

无线通信初期，受技术条件限制，大量使用长波及中波通信，20 世纪 20 年代初，短波通信开始出现，对应急通信和军用通信有一定的使用价值。无线通信技术的发展可分为以下 5 个阶段。

- 第 1 阶段（20 世纪 20 年代初至 50 年代初）：舰船及军用、短波及电子管技术。
- 第 2 阶段（20 世纪 50 年代至 60 年代）：半导体器件技术、移动环境中的专用系统。
- 第 3 阶段（20 世纪 70 年代初至 80 年代初）：蜂窝系统概念（贝尔实验室）。
- 第 4 阶段（20 世纪 80 年代初至 90 年代末）：二代数字移动通信、个人业务。
- 第 5 阶段（20 世纪 90 年代末至今）：移动数据、计算、多媒体运作需求，三代数字移动通信兴起。

3. 无线通信技术的分类

① 按传输距离可分为近距离（小于 1 米，如 RFID、NFC 等）、短距离（1 米至几百米，如红外、蓝牙、Wi-Fi、ZigBee 等）、中距离（几百米至几千米，如微波通信）和长距离（可至几百千米，如 GPRS/CDMA、GSM 等）无线通信技术。

② 按移动性可分为固定接入（3.5 GHz 无线接入多路微波分配系统、区域多点传输服务）和移动接入技术（GPRS、WPAN、WLAN、WWAN）。

4. 无线通信技术发展趋势

① 联合化和一体化：联合各种技术手段，采用一体化的思路建设无线通信网络。
② 带宽化：更宽的网络带宽和更高的通信速率。
③ 网络的融合化：包括核心网、接入技术及业务的融合。
④ 无线通信终端的信息个人化：移动智能终端将是移动智能网与 IP 技术的进一步融合。
⑤ 无线通信技术的跨行业创新应用：多个领域（如健康、生物、环境、信息）之间彼此关联。

6.1.2 WLAN 基本协议

1. WLAN 发展历程

无线局域网（Wireless Local Area Network，WLAN）是计算机网络与无线通信技术相结合，构成可以互相通信和实现资源共享的网络体系。WLAN 技术最早主要应用于最后一段网线的无线延伸，即在家庭中使用。WLAN 的发展主要经历以下几个阶段。

① 第一代 WLAN：采用单射频模块 2.4 GHz 接入，WEP 加密。

② 第二代 WLAN（适合家庭、热点接入）：采用双射频模块 2.4/5 GHz，比较安全。

③ 第三代 WLAN（智能 WLAN，与 WiMax/3G 融合）：采用多射频模块 11n，高带宽和广覆盖范围，更安全。

2. WLAN 组件

WLAN 由以下 4 个组件组成。

① Station（工作站）：支持 802.11 的终端设备（如安装无线网卡的 PC）、支持 WLAN 的手机、支持 WLAN 的 PDA 等，都属于 Station 范畴（简称 STA）。

② 接入点（Access Point，AP）：为 STA 提供基于 802.11 的无线接入服务，同时将无线的 802.1 MAC 帧格式转换为有线网络的帧，相当于有线网络的无限延伸。

③ Wireless Media（无线媒介）：将 802.11 标准定义为两类物理层，即射频物理层和红外物理层。目前广泛应用的是射频物理层。

④ 分布式系统（Distribution System，DS）：即将各个接入点连接起来的骨干网络，通常是以太网。

3. WLAN 数据转发工作原理

WLAN 采用半双工通信机制，在同一个区域内，只能有一个设备发包。WLAN 设备使用冲突检测与退避机制应对无线环境中的干扰，避免由于同频信号重叠导致无法解调，即载波侦听多路访问/冲突避免（Carrier Sense Multiple Access with Collision Avoidance，CSMA/CA）。

CSMA/CA 要求设备以主动避免冲突而非被动侦测的方式来解决冲突问题，避免冲突的方法有以下两种。

① 送出数据前，监听媒体状态，确认无信号进行传输时，再等待一段随机时间后发现依然无信号传输，才送出数据。

② 送出数据前，先向目标端发送一段很小的请求发送（Request to Send，RTS）报文，等待目标端回应允许发送（Clear to Send，CTS）报文后，才开始发送。利用 RTS-CTS 握手（Handshake）程序，确保后续发送数据时，不会被碰撞。由于 RTS-CTS 封包都很小，因此发送的无效开销也都很小。

CSMA/CA 协议的主要流程如下。

- 检测信道是否有使用，如检测出信道空闲，则等待一段随机时间后，发送出数据。
- 接收端如正确收到数据帧，经过一段时间间隔后，向发送端发送确认帧 ACK。
- 发送端收到 ACK 帧，确定数据正确传输，在经过一段时间间隔后，再发送数据。

4. WLAN 的优点

（1）移动性

用户有四处移动的需要，而数据经常是集中存储，WLAN 能够让用户在移动中访问数据，可以大幅提高生产率。

（2）灵活性

对传统有线网络而言，要在某些场所布线相当困难。例如，老旧建筑物的设计蓝图丢失，在旧式的石材建筑中穿墙布线十分困难，WLAN 在这些场合布放就显得非常灵活。

（3）可扩展性

利用无线网络，可迅速构建小型、临时性的群组网络供会议使用。因为无线传播介质无处不在，WLAN 的扩充十分方便，用户不再需要到处拉线、接线、绕线。无线 AP 还可以部署在宾馆、火车站、机场等地点。

（4）经济性

采用 WLAN 技术可以节约成本。例如，在两栋建筑间搭建 WDS 进行传输，虽初期采购户外设备、无线 AP 以及无线网卡会存在部分成本，但扣除这类初期的固定资本投入，后期每月支付的运营成本微乎其微。长期而言，这种点对点的无线链路远比租用运营商的专线便宜得多。

由于 WLAN 的优点，近些年，WLAN 在家庭、学校与企业等场景广泛使用。

6.1.3　WLAN 产品

目前 WLAN 主要采用 IEEE 802.11 系列技术标准，为保持和有线网络同等级的接入速度，比较常用的 802.11g 能提供 54 Mbit/s 的速率，802.11n 能提供 300 Mbit/s（最高 600 Mbit/s）的速率。

常用 WLAN 产品有胖 AP、瘦 AP 和无线控制器。

1. 胖 AP（Access Point）

胖 AP 能提供无线接入的功能，具备 WAN 口、LAN 口，还能实现接入、认证、路由、VPN、地址翻译等功能。

数据帧在客户端和 LAN 之间传输需要经过无线到有线、有线到无线的转换，需要一种控制和管理无线客户端的无线设备（即胖 AP）。胖 AP 将 WLAN 的物理层、用户数据加密、用户认证、QoS、网络管理、漫游技术以及其他应用层的功能集于一体。

胖 AP 常见的部署方式有路由模式和网络模式两种。其中，在路由模式中，AP 可以启用三层接口、BVI 口和三层路由协议（仅限于静态路由）；在网桥模式中，AP 位于二层，STA 网关在 AP 上联的三层交换机上。

2. 瘦 AP（Access Point）

瘦 AP 一般指无线网络或网桥，不能独立工作。可以理解为将胖 AP 进行瘦身，去掉路由、DNS、DHCP 服务器等功能，仅保留无线接入部分。

瘦 AP 包括本地转发与集中转发两种模式。在集中转发模式中，AP 和 AC 之间建立无线接入点的控制和配置协议（Control And Provisioning of Wireless Access Points Protocol

Specification，CAPWAP）隧道传输无线用户数据帧，所有用户数据均由 AC 转发。在本地转发模式中，则是将 WLAN 用户的数据映射到相应的 802.1q VLAN，通过 AP 的上联口发送，但所有控制报文仍通过 CAPWAP 隧道转发到 AC，由 AC 进行集中处理。

在本地转发模式中，用户管理数据帧，AP 将数据报文通过 CAPWAP 隧道转发给 AC 集中处理，以实现漫游、认证功能。用户数据帧在 AP 本地进行解析、封装等处理后，直接由 AP 进行转发。

3. 无线控制器

在目前组网中，越来越重视网络环境的稳定性，无线控制器（Wireless Access Point Controller，AC）的热备功能最大程度地降低因 AC 故障导致的无线网络中断，提高无线网络的可靠性。

无线热备采用 Active/Standby（A/S）和 Active/ Active（A/A）两种工作模式。在 A/S 模式中，主设备处理所有业务，并将业务状态信息传送到备份设备进行备份，备份设备只进行备份业务，不处理业务。两台 AC 都准备工作时，所有业务由主 AC 处理，备份 AC 不处理，主 AC 发生故障后，备份 AC 接管所有业务。在 A/A 模式中，两台 AC 均作为主设备处理业务流量，同时又作为另一台设备的备份设备，备份端口业务状态信息。

6.2 WLAN 组网模式

微课 6-2
WLAN 组网模式

WLAN 技术不受电缆铺设的限制，是一种便利的数据传输系统。无线局域网与传统有线局域网相比，具有可实现移动办公、架设与维护容易等多种优势，近些年在越来越多的场合得到应用。

6.2.1 常用 WLAN 组网模式

1. 胖 AP 设备的典型组网

如图 6-2 所示，在家庭或 SOHO 中，由于所需要的无线覆盖范围小，一般采用胖 AP 组网。胖 AP 可以实现无线覆盖的要求，同时还可作为路由器，实现对有线网络的路由转发。

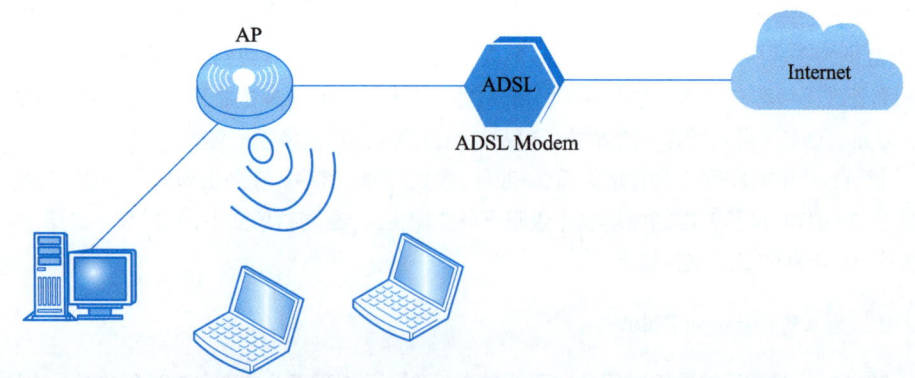

图 6-2
家庭组网模式

如图 6-3 所示，在企业网络或其他大型场所中，所需无线覆盖范围较大。若采用胖 AP 组网，可将 AP 接入到接入交换机端，数据通过交换机的转发，到达企业核心网。在企业核心网也可架设网管系统，便于对 AP 的统一管理。

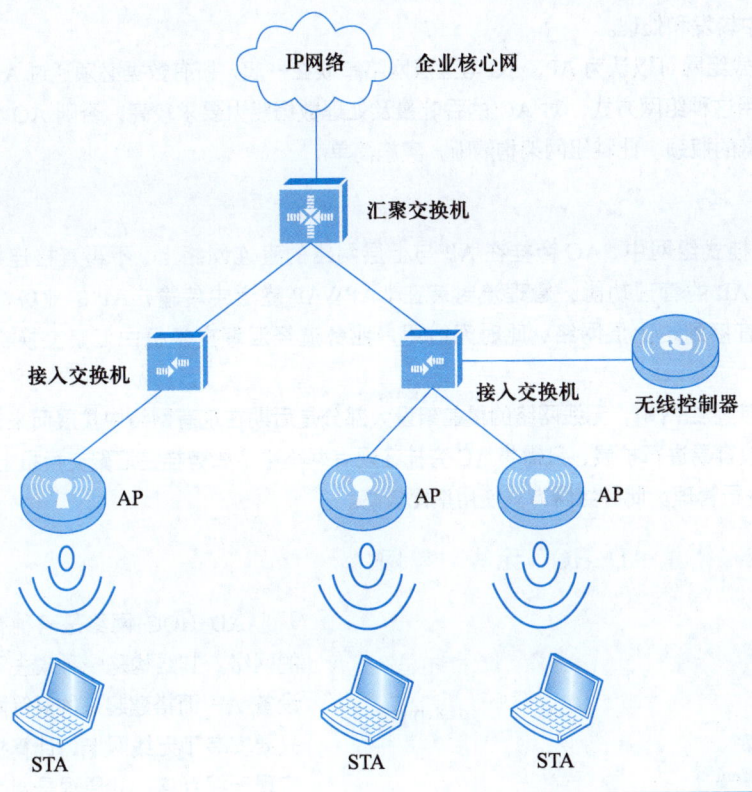

图 6-3
企业网络的组网模式

2. 瘦 AP+AC 组网方式

瘦 AP+AC 控制架构（瘦 AP）对设备的功能进行了重新划分。其中，AC 负责无线网络的接入控制、转发和统计、AP 配置监控、漫游管理、AP 网管代理、安全控制；瘦 AP 负责 802.11 报文加/解密、802.11 物理层功能、接受无线控制器的管理、RF 空口的统计等简单功能。

（1）二层网络连接模式

瘦 AP 和 AC 同属于一个二层广播域，瘦 AP 和 AC 之间通过二层交换机互连。当 AP 与 AC 之间的网络为直连或二层网络时，此组网方式为二层组网。二层组网比较简单，适用于简单临时的组网，能够进行比较快速的组网配置，但不适用于大型组网架构。

（2）三层网络连接模式

瘦 AP 和 AC 属于不同的 IP 网段。瘦 AP 和 AC 之间的通信需要通过路由器或三层交换机的三层转发来完成。当 AP 与 AC 之间的网络为三层网络时，WLAN 组网为三层组网。

在实际组网中，一台 AC 可以连接几十甚至几百台 AP，组网相对复杂。例如，在企业网络中，AP 可放置在办公室、会议室、会客间等场所，AC 可以放置在机房，AP 和 AC 之间的网络就是比较复杂的三层网络。在大型组网中一般采用三层组网。

3. AC 部署方式

（1）直连式组网

在直连式组网中，AC 同时扮演 AC 和汇聚交换机的功能，AP 的数据业务和管理业务都由 AC 集中转发和处理。

直连式组网可以认为 AP、AC 与上层网络串联在一起，所有数据必须通过 AC 到达上层网络。采用这种组网方式，对 AC 的吞吐量及处理数据能力要求较高，否则 AC 会是整个无线网络带宽的瓶颈。此种组网架构清晰，实施简单。

（2）旁挂式组网

在旁挂式组网中，AC 旁挂在 AP 与上层网络的直连网络上，不再直接连接 AP，AC 只承载对 AP 的管理功能，管理流封装在 CAPWAP 隧道中传输，AP 的业务数据可以不经 AC 而直接到达上层网络，此时无线用户业务流经汇聚交换机由汇聚交换机传输至上层网络。

由于实际组网中，无线网络的覆盖架设大部分是后期在现有网络中扩展而来，采用旁挂式组网比较容易进行扩展，只需将 AC 旁挂在现有网络中（如旁挂在汇聚交换机上），就可对终端 AP 进行管理。此种组网方式使用率比较高。

6.2.2　搭建 AD-HOC 无线对等网

AD-HOC 网络是一种有特殊用途的网络。其结构是一种省去了无线中介设备 AP 而搭建起来的对等网络结构，只要安装了无线网卡，计算机之间即可实现无线互连。其原理是网络中的一台计算机主机建立点对点连接，相当于虚拟 AP，其他计算机可直接通过这个点对点连接进行网络互联与共享，如图 6-4 所示。

在 AD-HOC 网络中，结点具有报文转发能力，结点间的通信要经过多个中间结点的转发（即经过多跳），这是 AD-HOC 网络与其他移动网络最根本的区别。结点通过分层网络协议和分布式算法相互协调，实现网络的自动组织和运行。因此，它也被称为多跳无线网络、自组织网络或无固定设施的网络。

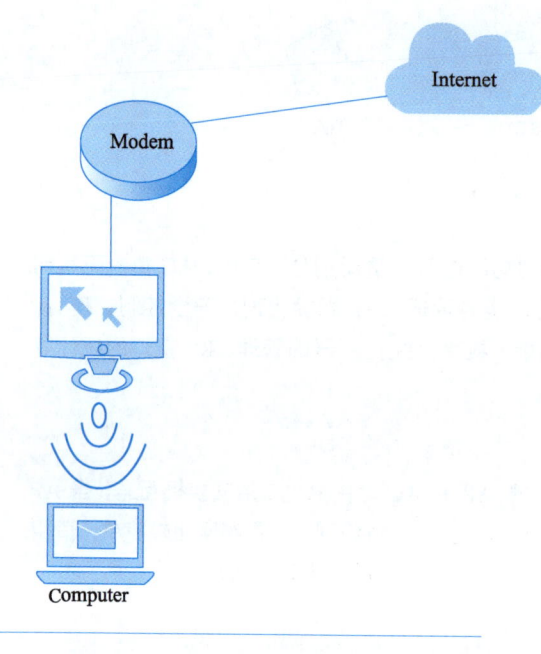

图 6-4　AD-HOC 无线对等网

6.2.3　组建无线局域网

1. 场景介绍

在所有无线场景中，企业办公中 Wi-Fi 使用率最高，其他场景并发率一般在 30%～40%，企业办公的并发率可达 90%。因入网终端种类繁多（如无线路由器、手机、Pad、便携式计算机、台式机 USB 网卡、无线打印机等），对超高密度接入、超高带宽提出进一步需求。同时，业务类型多样（如网页、视频、上传下载、邮件、即时聊天软件等），对时延丢包要求极其苛刻。

2. 办公网无线网部署步骤

信息收集是整个方案的基础，直接影响后续的覆盖、容量评估与方案制订等工作。收集信息应至少包含以下 5 类。

① 需覆盖无线的区域（办公室、走廊等），可要求用户提供平面图（考虑哪个区域要终端覆盖）。

② 无线终端数量与终端类型（便携式计算机、台式机无线 USB 网卡、无线打印机等）。

③ 无线的网络业务需求（网站浏览、微信、直播、视频、FTP 下载、组播应用、特殊行业应用业务等）与各类业务的保障等级（考虑哪种业务优先保障）。

④ 了解当前办公方式（主要采用无线形式或无线只是辅助使用）。

⑤ 了解是否有无线会议室、无线打印机等需求。

3. 规划建设

规划建设主要工作包括网络规划和网络建设。

（1）网络规划

根据现有有线网络情况，确定 AC、POE 交换机的有线部署方式。需要注意，网线是新部署还是利旧，如果是利旧，需要理清各设备的连接情况，整理详细的拓扑图。此处分为两种情况：一是 AC 独立组网与现有网络物理隔离，二是 AC 接入现有网络。

针对第一种 AC 独立组网，需确认出口设备、用户网段、AP 网段，如图 6-5 所示。

针对第二种 AC 接入现有网络，需确认是串接还是旁挂。建议 AC 旁挂于核心或者汇聚交换机，并注意与现有网络做好二层隔离，如图 6-6 所示。

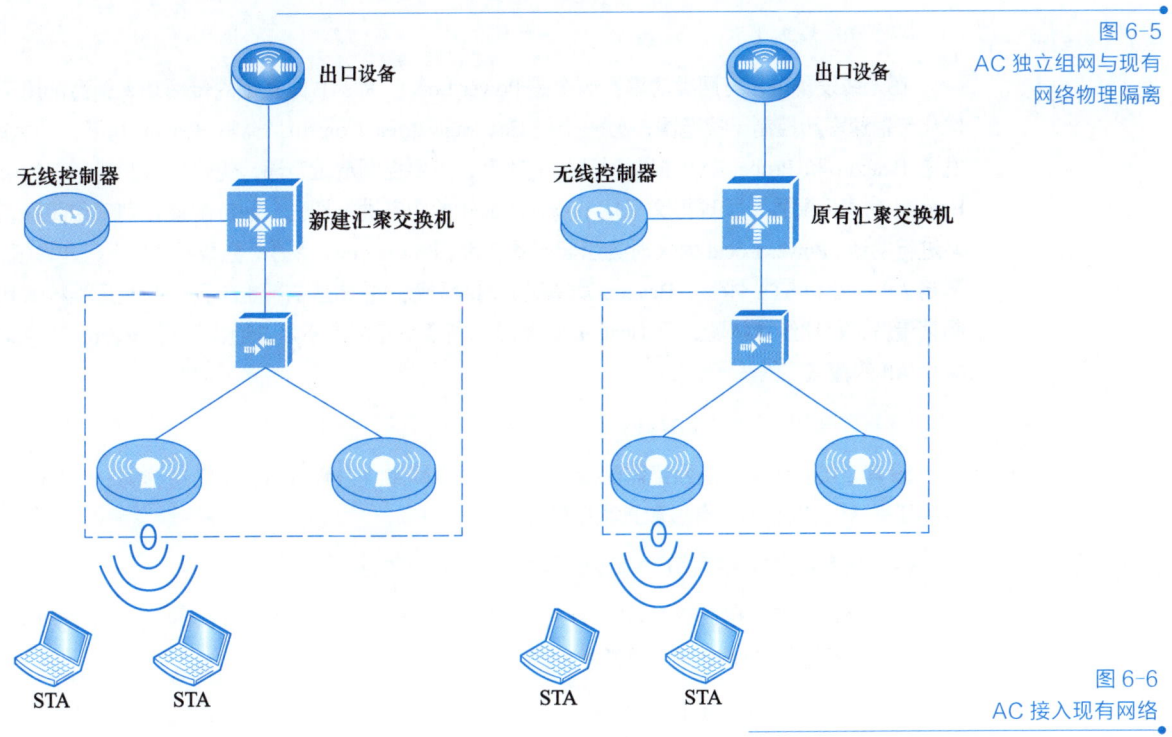

图 6-5 AC 独立组网与现有网络物理隔离

图 6-6 AC 接入现有网络

（2）网络建设

网络建设应遵循以下原则。

① AP 与交换机采用六类线/超六类线连接时，交换机与 AP 之间的距离应满足六类线的 100 m 传输距离限制。

② 交换机端口使用数量应根据 AP 功耗、交换机的供电能力计算，预留扩容、维护等端口需求。

③ AP 的安装位置应考虑网线、电源线、馈线的布线，便于维护和更换。

④ AP 的覆盖范围、AP 之间的间距应根据链路预算和边缘场强要求确定。

⑤ 办公网业务根据需求，设置多个服务集标识（Service Set Identifier，SSID），一般设置两个（一个用于内部员工接入，一个用于访客接入），需要重点保障的区域可单独部署一个 SSID（如领导办公室、无线会议室等）。

⑥ 提前做好地址规划，有线 VLAN、无线用户 VLAN、AP 管理 VLAN 需要区分开，使用不同的 VLAN。

4. 网络优化

（1）信道规划

① 2.4G 信道推荐采用 1、5、9、13 共 4 个不重叠的信道规划方案。

② 5G 信道推荐采用 36、40、44、48、52、56、60、64、149、153、157、161、165，共 13 个不重叠的信道以供辅助规划；可根据 AP 点位情况手动规划信道，如果 WIS 下发的信道不合理，可迅速调整 AP 信道。

③ AP 点位规划采用蜂窝状部署，尽可能地使同频间距加大。

（2）功率规划（5G 优先）

在无线设备中，有两类功率：一个是 Power Local，即 AP 数据帧的传输功率，通常用于优化传输速率和控制干扰范围；另一个是 Coverage-Area-Control，也叫 Beacon 功率，即 AP 发送 Beacon 和 Probe RSP 报文时采用的功率，主要控制覆盖范围、优化接入和漫游。如果 Beacon 功率无配置，管理报文采用 Power Local 的功率进行发送，如有配置，则采用配置功率进行发送。Power Local 太大时会引起干扰变大，Power Local 太小，会导致 AP 下行速率低，影响 AP 吞吐和 STA 体验。Beacon 功率过大时会导致 AP 覆盖范围也过大，引起远端接入和频繁漫游，恶化终端体验，而 Beacon 功率过小则会引起覆盖不足。通常利用 Beacon 功率来减小 AP 的覆盖范围。

（3）启用无线用户 VLAN 内的二层隔离

没有二层互访需求的网络需配置该功能，减少网络攻击和多播报文发送给同一个 VLAN 中的所有 AP，以免消耗有线和无线空口资源。

（4）所有用到的无线用户 VLAN 都必须在 AC 上创建

如果 AC 上无线用户有用到的 VLAN，必须在 AC 上手动创建该 VLAN，否则可能导致无法认证、不能获取到 IP 地址等严重问题。

（5）减少网络中的低速结点

在实际网络中，会有较多的低速结点，低速结点报文采用低速率发送，占用的空口资源多,降低了整个 AP 的用户体验。

6.3 无线控制器应用

对于无线网络而言,AP 的作用非常重要。在实际企业环境中,一般使用的都是瘦 AP。利用无线控制器,可以很方便地对瘦 AP 进行管理。

微课 6-3
无线控制器应用

6.3.1 无线控制器工作原理

1. 无线控制器的作用

无线控制器用于集中化控制无线 AP,是无线网络的核心,负责管理无线网络中的所有无线 AP。AC 对 AP 管理包括下发配置、修改相关配置参数、射频智能管理、接入安全控制等。

2. 无线控制器工作原理

AC 承载管理流和数据业务流。其中,管理流必须封装在 CAPWAP 隧道中传输,数据流可以根据实际情况选择是否封装在 CAPWAP 隧道中传输。

CAPWAP 定义了 AP 与 AC 之间的通信规则,为实现 AP 和 AC 之间的互通性提供通用封装和传输机制。CAPWAP 隧道封装发往 AC6605 的 802.11 协议数据包。CAPWAP 隧道提供远程 AP 配置和 WLAN 管理。

根据数据流(也称业务流)是否封装在 CAPWAP 隧道中转发,可以分为直接转发和隧道转发两种模式。直接转发也称本地转发或分布转发,隧道转发也称集中转发,通常用于集中控制无线用户流量的场景。

AP 与 AC 间的控制报文必须采用 CAPWAP 隧道进行转发,而数据报文除采用 CAPWAP 隧道转发外,还可采用直接转发方式。

当 AC 为旁挂式组网时,如果数据是直接转发,则数据流不经过 AC;如果数据是隧道转发模式,则数据流经过 AC。无论直连式组网还是旁挂式组网,都可以根据需要自行选择,AC 支持两种模式混合,即根据需要将部分 AP 配置为直接转发模式,部分 AP 配置为隧道转发模式。

由于在隧道转发模式下,所有无线用户流量都将汇聚到 AC 上处理,存在交换瓶颈的风险,在企业网中并不常使用。

6.3.2 无线控制器基本配置

1. 组网需求

如图 6-7 所示,无线网络中 AP 数量众多,需要统一在 AC 上进行管理和配置。

2. 配置要点

① 所有 AP 都是通过 AC(WS 系列无线交换机)下发配置和管理。
② 所有 AP 能发出信号和接入无线客户端。

项目 6 无线网络搭建及优化

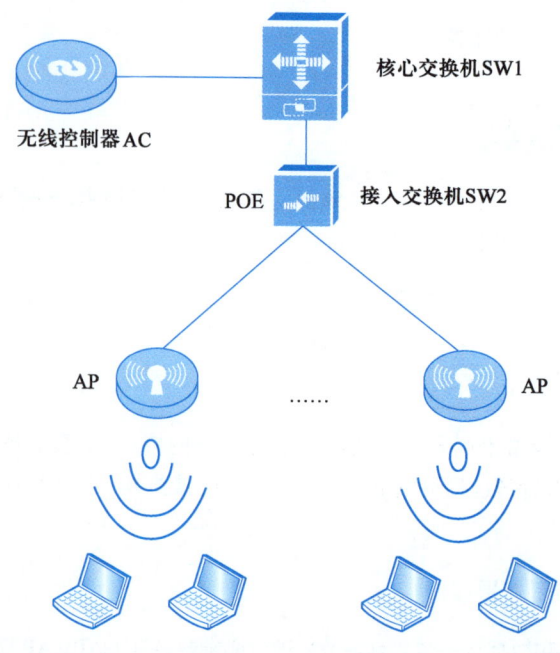

图 6-7
无线控制器基本配置示例

3．配置步骤

（1）AC（WS 系列无线交换机）配置，VLAN 配置，创建用户 VLAN 和互联 VLAN

> AC1>enable　　//进入特权模式
> AC1 #configure terminal　　//进入全局配置模式
> AC1(config) #vlan 10　　//用户 VLAN
> AC1(config) #vlan 20　　//AC 与 SW1 互连的 VLAN

（2）配置用户 VLAN，目的是与 WLAN 关联

> AC1(config) #interface vlan 10　　//用户 SVI 接口。用户网关建议配置在 SW1 上，这个接口可以不用配置地址
> AC1(config-int-vlan) #ip add 192.168.10.2 255.255.255.0　　//用户网关地址
> AC1(config-int-vlan) #exit

（3）Wlan-config 配置，创建 SSID

> AC1(config) #wlan-config 1　Ruijie　　//配置 wlan-config, ID 为 1, SSID（无线信号）为 Ruijie
> AC1(config-wlan) #enable-broad-ssid　　//允许广播 SSID
> AC1(config-wlan) #exit

（4）ap-group 配置，关联 wlan-config 和用户 VLAN

> AC1(config) #ap-group defaul　　//default 组默认关联到所有 AP 上
> AC1(config-ap-group) #interface-mapping 1 10　　//把 wlan-config 1 和 VLAN 10 进行关联，1 是 wlan-config, 10 是 VLAN

（5）配置路由和 AC 接口地址

AC1(config) #ip route 0.0.0.0 0.0.0.0 192.168.20.1   //默认路由，192.168.20.1 是 SW1 的地址
AC1(config) #interface vlan 20   //与 SW1 相连使用的 VLAN
AC1(config-int-vlan) #ip address 192.168.20.2 255.255.255.0
AC1(config-int-vlan) #exit
AC1(config) #interface loopback 0
AC1(config-int-loopback) #ip address 1.2.10.1 255.255.255.0 //默认为 Loopback 0 接口的 IP 地址，用于 AP 寻找 AC 的地址
AC1(config-int-loopback) #exit
AC1(config) #interface GigabitEthernet 0/1
AC1(config-int-GigabitEthernet 0/1) #switchport mode trunk //与 SW1 相连的接口

（6）核心交换机 SW1 的配置，VLAN 配置，创建用户 VLAN、AP VLAN 和互联 VLAN

SW1>enable   //进入特权模式
SW1 #configure terminal   //进入全局配置模式
SW1(config) #vlan 10   //用户 VLAN
SW1(config-vlan) #exit
SW1(config) #vlan 20   //核心交换机（SW1）与 AC 互连的 VLAN
SW1(config-vlan) #exit
SW1(config) #vlan 30   // AP VLAN
SW1(config-vlan) #exit

（7）配置接口和接口地址

SW1(config) # interface GigabitEthernet 0/1
SW1(config-int-GigabitEthernet 0/2) #switchport mode trunk   //与 AC 无线控制器相连的接口
SW1(config-int-GigabitEthernet 0/2) #exit
SW1(config) #interface GigabitEthernet 0/1
SW1(config-int-GigabitEthernet 0/1) #switchport mode trunk   //与接入交换机（SW2）相连的接口
SW1(config-int-GigabitEthernet 0/1) #exit
SW1(config) #interface vlan 30   //AP 建立隧道的网关，用于 AP 的 DHCP 寻址，如果不配置地址，那么 AP 将获取不到 IP
SW1(config-int-vlan) #ip address 192.168.30.1 255.255.255.0
SW1(config-int-vlan) #interface vlan 10   //无线用户的网关地址，如果不配置地址，那么无线用户将获取不到 IP
SW1(config-int-vlan) #ip address 192.168.10.1 255.255.255.0
SW1(config-int-vlan) #interface vlan 20   //和 AC 无线交换机的互连地址
SW1(config-int-vlan) #ip address 192.168.20.1 255.255.255.0
SW1(config-int-vlan) #exit

（8）配置 AP 的 DCHP

> SW1(config) #service dhcp　　//开启 DHCP 服务
> SW1(config) #ip dhcp pool ap_SW1　　//创建 DHCP 地址池，名称为 ap_SW1
> SW1(config-dhcp) #option 138 ip 1.2.10.1　　//配置 option 字段，指定 AC 地址，即 AC 的 Loopback 0 地址
> SW1(config-dhcp) #network 192.168.10.0 255.255.255.0　　//分配给 AP 的地址
> SW1(config-dhcp) #default-route 192.168.10.1　　//分配给 AP 的网关地址
> SW1(config-dhcp) #exit
> SW1(config) #ip dhcp pool user_SW1　　//配置 DHCP 地址池，名称为 user_SW1
> SW1(config-dhcp) #network 192.168.20.0 255.255.255.0　　//分配给无线用户的地址
> SW1(config-dhcp) #default-route 192.168.20.1　　//分配给无线用户的网关
> SW1(config-dhcp) #dns-server 114.114.114.114　　//分配给无线用户的 DNS

（9）配置静态路由

> SW1(config) #ip route 1.2.10.1 255.255.255.255 192.168.20.2　　//配置静态路由，指明到达 AC 的 Loopback 0 路径

（10）配置接入交换机

> //VLAN 配置，创建 AP VLAN，接入交换机只配置 AP 的 VLAN 即可
> SW2>enable　　//进入特权模式
> SW2 #configure terminal　　//进入全局配置模式
> SW2(config) #vlan 10　　//AP VLAN

（11）配置接口

> SW2(config) #interface GigabitEthernet 0/1
> SW2(config-int-GigabitEthernet 0/1) #switchport access vlan 10　　//与 AP 相连的接口，划入 AP VLAN
> SW2(config) #interface GigabitEthernet 0/1
> SW2(config-int-GigabitEthernet 0/1) #switchport access vlan 10　　//与 AP 相连的接口，划入 AP VLAN
> SW2(config) #interface GigabitEthernet 0/2
> SW2(config-int-GigabitEthernet 0/1) #switchport access vlan 10　　//与 AP 相连的接口，划入 AP VLAN
> SW2(config-int-GigabitEthernet 0/3) #switchport mode trunk　　//与核心交换机相连的接口

4. 配置验证

① 使用客户端连接无线。

② 在无线交换机上使用以下命令查看 AP 的配置。

AC1 #show ap-config summary

③ 查看关联的无线客户端。

Ruijie #show ac-config client by-ap-name

6.3.3 组建 FIT AP+AC 无线局域网

1．组网需求

如图 6-8 所示，AC 旁挂二层交换机，无线用户地址池网关在出口路由器上，AP 管理段地址池网关在 AC 上。

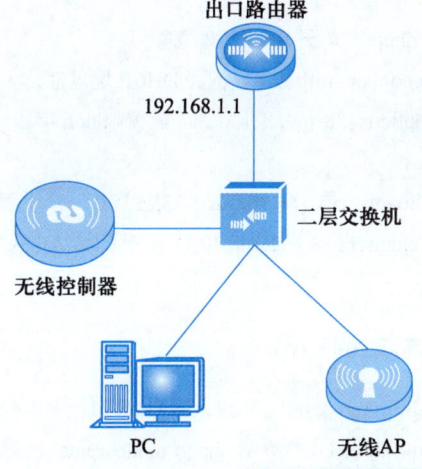

图 6-8
FIT AP+AC 组网拓扑图

 说明 》》》》》

① 无线用户的地址池网关在出口路由器，二层交换机上默认使用 VLAN 1。
② AP 管理网关为 VLAN 2，地址池网关在 AC：VLAN 20:192.168.20.1/24。

2．配置要点

① 配置 AP 的业务 VLAN 和管理 VLAN，以及 DHCP 地址池配置。
② 在 AC 上配置 AP 的上线参数。

3．配置步骤

（1）AC 配置

1）AP 上线配置

Ruijie>enable
Ruijie #configure terminal
Ruijie(config) #int loopback 0

```
Ruijie(config-if-Loopback 0) #ip address 1.1.1.1 255.255.255.0   // 配置该 IP 地址用于与 AP 建立 CAPWAP 隧道
Ruijie(config-if-Loopback 0) #exit
```

2）AP 网关和 DHCP 配置

```
Ruijie(config) #vlan  20
Ruijie(config-vlan) #exit
Ruijie(config) #interface vlan 20
Ruijie(config-int-vlan) #ip add 192.168.20.1 255.255.255.0   // 该地址作为 AP 的网关地址
Ruijie(config-int-vlan) #exit
Ruijie(config) #service dhcp     // 开启 DHCP 服务
Ruijie(config) #ip dhcp pool ap_ruijie   // 创建 DHCP 地址池，名称为 ap_ruijie
Ruijie(config-int-vlan) #exit
Ruijie(config) #service dhcp     // 开启 DHCP 服务
Ruijie(config) #ip dhcp pool ap_ruijie   // 创建 DHCP 地址池，名称为 ap_ruijie
Ruijie(config-dhcp) #option 138 ip 1.1.1.1   // 配置 option 字段，指定 AC 地址，即 AC 的 Loopback 0 地址
Ruijie(config-dhcp) #network 192.168.20.0 255.255.255.0   // 分配给 AP 的地址
Ruijie(config-dhcp) #default-route 192.168.20.1   // 分配给 AP 的网关地址
Ruijie(config-dhcp) #exit
```

3）AC 和交换机互连端口 Trunk 配置

```
Ruijie(config) #int gigabitEthernet 0/8   // 进入到 G0/8 口
Ruijie(config-if-GigabitEthernet 0/8) #switchport mode trunk   // 将该接口配置成 Trunk 端口
Ruijie(config-if-GigabitEthernet 0/8) #exit
```

（2）SSID（无线信号）配置

1）创建 SSID，配置转发模式为本地转发

```
Ruijie(config) #wlan-config 1 Ruijie   //配置 wlan-config，ID 为 1, SSID（无线信号）为 Ruijie
Ruijie(config-wlan) #enable-broad-ssid   //允许广播 SSID
Ruijie(config-wlan) #tunnel local   //配置该 SSID 为本地转发
Ruijie(config-wlan) #exit
```

2）AP-group 配置，关联 WLAN-config 和用户 VLAN

```
Ruijie(config) #ap-group default   // default 组默认关联到所有 AP 上
Ruijie(config-ap-group) #interface-mapping 1 1
Ruijie(config-ap-group) #exit
```

3）SSID 密码配置

```
Ruijie(config) #wlansec 1
```

Ruijie(config-wlansec) #security rsn enable   // 开启无线加密功能

Ruijie(config-wlansec) #security rsn ciphers aes enable   // 无线启用 AES 加密

Ruijie(config-wlansec) #security rsn akm psk enable   // 无线启用共享密钥认证方式

Ruijie(config-wlansec) #security rsn akm psk set-key ascii 1234567890   // 无线密码为 1234567890，配置无线密码时应大于 8 位

Ruijie(config-wlansec) #end

Ruijie #wr   // 保存配置

若转发模式配置成本地转发，需要更改 AP-VLAN（默认 VLAN 1）为 AP 的 VLAN 20。

Ruijie>enable   // 进入特权模式

Ruijie #configure terminal   // 进入全局配置模式

Ruijie(config) #ap-config all   // 进入所有的 AP 模式下

Ruijie(config-ap) #ap-vlan 20   // 20 为 AP 的管理 VLAN

Ruijie(config-ap) #end

Ruijie #wr   // 保存配置

注意

无线本地转发模式下，存在两种情况下需要更改 AP-VLAN。
① 无线用户 VLAN 和 AP 管理 VLAN 属于相同的 VLAN（除 VLAN 1）。
② 无线用户 VLAN 为 VLAN 1，AP 管理 VLAN 不属于 VLAN 1。

（3）出口路由器的配置

出口路由器与二层交换机的互连口配置为 192.168.1.254，保证计算机在用网线接入后能够自动获取 192.168.2.0/24 网段地址且能够正常访问外网。

（4）二层交换机交换机的配置

接入交换机上创建 VLAN 20（VLAN 1 默认存在）。

Ruijie(config) #vlan 20

//接入交换机与核心交换机的互连口配置为 Trunk 口，并且放通 VLAN 1（默认放通）和 VLAN 20

Ruijie(config) #sw mo trunk

Ruijie(config) #sw tr al vlan add 20

//接入交换机与 AP 的互连口配置为 Trunk 口，放通 VLAN 1（默认放通）和 VLAN 20，并更改 Native VLAN 为 VLAN 20

Ruijie(config) #interface GigabitEthernet 0/1

Ruijie(config-if) #switchport mode trunk

Switch(config-if) #switchport trunk native vlan 20

（5）AP 配置

AP 上无需任何配置，需要保证 AP 为瘦模式（设备刚拆封时默认为瘦模式），且接入交

换机后能够正常供电。

4．配置验证

查看 AP 在 AC 上是否能正常上线。

```
Ruijie # sh ap-con sun
```

如图 6-9 所示，终端可正常搜到无线信号，接入终端获取正确地址并与外网通信。

图 6-9
无线信号图

6.4 无线网络安全保护

微课 6-4
无线网络安全保护

目前，无线网络安全问题受到了广泛关注，为有效维护无线通信网络中的个人信息，应采取相应的安全保护措施，提升个人信息安全系数。

6.4.1 无线网络安全

1．无线网络安全风险和隐患

无线网络在数据传输时以微波进行辐射传播，只要在无线接入点 AP 覆盖范围内，所有无线终端都可接收到无线信号。AP 无法将无线信号定向到一个特定的接受设备，时常有无线网络被他人免费接入或盗号等。

由于 IEEE 802.11 规范安全协议设计与实现缺陷等原因，致使无线网络存在安全漏洞和风险，黑客可进行中间人攻击、DoS 攻击、封包破解攻击等。由于无线网络自身的特性，黑客很容易搜寻到网络接口，利用窃取的有关信息接入客户网络，肆意盗取机密信息或进行破坏。另外，企业对无线设备的滥用也会造成安全隐患和风险，如随意开放 AP 或随意打开无线网卡的 AD-HOC 模式等。

2．无线网络安全

目前，无线网络安全主要措施有访问控制和数据加密，访问控制保证机密数据只能由授权用户访问，数据加密要求发送的数据只能被授权用户所接受和使用。

无线接入点 AP 用于实现无线客户端之间的信号互联和中继，常用安全措施如下。

（1）修改 admin 密码

无线 AP 与其他网络设备一样，提供了初始的管理员用户名和密码，如果不修改初始用户名和密码，将给不法之徒可乘之机。

（2）WEP 加密传输

数据加密是实现网络安全的一项重要技术，可通过 WEP 协议进行。WEP 是 IEEE 802.11b 协议中最基本的无线安全加密措施，是所有经过 WiFi-TM 认证的无线局域网产品所支持的一项标准功能。

（3）禁用 DHCP 服务

启用无线 AP 的 DHCP 时，黑客可自动获取 IP 地址接入无线网络。若禁用此功能，黑客将只能以猜测破译 IP 地址、子网掩码、默认网关等接入网络。

（4）修改 SNMP 字符串

必要时应禁用无线 AP 支持的 SNMP 功能，特别是无专用网络管理软件且规模较小的网络。若确需 SNMP 进行远程管理，需修改公开及专用的共用字符串，否则，黑客可能利用 SNMP 获得有关的重要信息，借助 SNMP 漏洞进行攻击破坏。

（5）禁止远程管理

规模较小的网络直接登录到无线 AP 管理，无需开启 AP 的远程管理功能。

3．无线路由器安全

无线路由器位于网络边缘，面临更多安全危险。无线路由器不仅具有无线 AP 功能，还集成了宽带路由器的功能，可实现小型网络的 Internet 连接共享。

除采用无线 AP 的安全策略外，还应采用如下安全策略。

① 利用网络防火墙。充分利用无线路由器内置的防火墙功能，加强防护能力。

② IP 地址过滤。启用 IP 地址过滤列表，进一步提高无线网络的安全性。

6.4.2 无线加密技术

无线网络的安全性由认证和加密来保证。认证允许只有被许可的用户才能连接到无线网络，加密提供数据的保密性和完整性（数据在传输过程中不会被篡改）。

1．有线等效加密

传统安全机制有线等效加密（Wired Equivalent Privacy，WEP）是一种基于 40 位共享密钥编码的数据加密装置，因不可变换，所以非常容易入侵。

WEP 加密不在 IEEE 802.11 标准中。WEP 加密方式有多种，但不完全，如 MAC 地址部分就没有被加密。使用 WEP 加密无线网络可提供最低限度的安全，这种加密很容易被破解。因此，保护无线数据需要使用 WPA（Wi-Fi 保护接入）等更安全的加密方式。

2．Wi-Fi 保护接入

WI-FI 保护接入（Wi-Fi Protected Access，WPA）的加密特性决定了它比 WEP 更难以入侵，如果对数据安全性有较高要求，建议选用 WPA 加密方式。WPA 是目前最好的无限安全加密系统，它包含 Pre-shared 密钥和 RADIUS 密钥两种方式。

① Pre-shared 密钥有两种密码方式：临时密钥完整性协议（Temporal Key Integrity Protocol，TKIP）和高级加密标准（Advanced Encryption Standard，AES）。

② RADIUS 密钥利用 RADIUS 服务器认证并可以动态选择 TKIP、AES、WEP 方式。

TKIP 是 IEEE 802.11i 规范中负责处理无线安全问题的加密协议，允许 WPA 向下兼容 WEP 协议和现有的无线硬件。TKIP 与 WEP 一起工作，组成一个更长的 128 位密钥，并根据每个数据包变换密钥，使用该密钥比单独使用 WEP 协议更加安全。

3．可扩展认证协议

可扩展的身份认证协议（Extensible Authentication Protocol，EAP）是一系列验证方式的集合，其设计理念是满足任何链路层的身份验证需求，支持多种链路层认证方式。EAP 是 IEEE 802.1x 认证机制的核心，它将实现细节交由附属的 EAP Method 协议完成，如何选取 EAP Method 由认证系统特征来决定。

有了 EAP 的支持，WPA 加密可提供与控制访问无线网络有关的更多功能。其方法不是根据可能被捕捉或假冒的 MAC 地址过滤来控制无线网络的访问，而是根据公共密钥基础设施（Public Key Infrastructure，PKI）来控制无线网络的访问。

6.4.3 配置无线认证

1．组网要求

如图 6-10 所示，现内网需要部署 AP，提供给需要的用户使用。

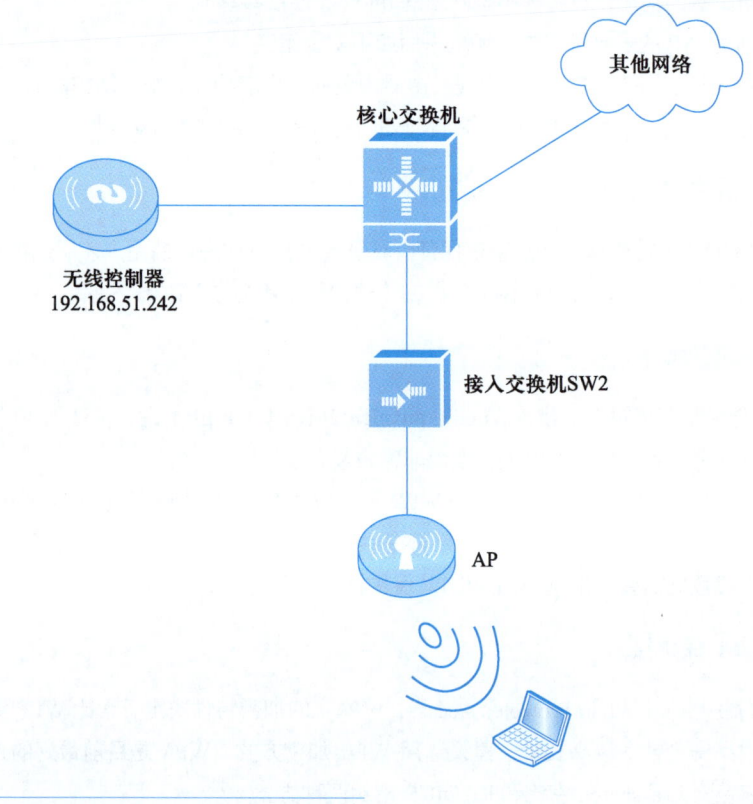

图 6-10
无线认证组网拓扑图

2．配置要点

① 配置无线用户的认证方式。
② 启用 AC 内置 Web 认证功能，创建认证账号。

3. 配置步骤

（1）启用内置 portal AAA 认证

```
AC #config terminal
AC(config) #aaa new-model        // 启用 AAA 认证功能
AC(config) #aaa accounting network default start-stop none   // 关闭审计功能
AC(config) #aaa authentication iportal default local   // 内置 portal 使用本地账号认证，local 表示本地
```

（2）配置本地账号

```
AC(config) #username ruijie password ruijie   //配置本地账号为 ruijie，密码为 ruijie。该账号即 Web 本地认证部署，用来认证用户的账号和密码
AC(config) #username admin web-auth password admin   //配置用户密码
//放通网关和 STA 的 ARP 报文
AC(config) #http redirect direct-arp 192.168.51.1   // 没有配置 arp-check 情况下，可以不配置网关 ARP 直通；如果有配置 arp-check，则必须开放无线用户网关 ARP
//在 AC 上对 WLAN 1 开启 Web 认证功能
AC(config) #web-auth template iportal    //配置内置 portal
AC(config.tmplt.iportal) #exit
AC(config) #wlansec 1   // wlansec 后面的数字，取决于配置无线信号发射时使用的 WLAN-ID，这里配置的是 WLAN 1
AC(config-wlansec) #web-auth portal iportal   // 启用内置 Web 认证
AC(config-wlansec) #webauth   // 启用 Web 认证功能
AC(config-wlansec) #end
AC #write    // 保存配置
```

4. 配置验证

登录到 AC，通过 show web-auth user all 命令确认无线用户认证状态。

```
AC #show web-auth user all
Statistics:
IndexAddressOnline Time LimitTime used    Status
Intra Portal Authentication Users   // 内置 Web 认证用户
IndexAddressOnline Time LimitTime used    Status
    192.168.51.111n      0d 00:00:00    0d 00:00:00    Active
```

学习总结

通过本项目的学习，我认识了_____

我对哪些还有疑问：

 知识检测

1. WLAN 相对于目前的有线网络主要有哪些优点？
2. 无线射频的工作原理是什么，有哪几种工作方式？
3. 请列举 IEEE 802.11ac 技术的优势。
4. 瘦 AP 发现 AC 的方式有哪些？
5. WLAN 二层组网和三层组网各有什么优缺点？
6. AC 直连式组网和旁挂式组网各有什么优缺点？
7. 如何配置 AC 基本属性。
8. AP 加入 AC 的 3 种认证模式是什么？

项目 7
多园区网络规划和设计

学习背景

新年职业技术学院进行了校区扩建,新校区与原有校区分散在不同的地理位置,给管理和教学带来诸多不便。为便于进行统一管理,加强校园信息化建设,实现不同校区的信息资源共享,需要将原本独立、分散的网络合而为一,形成一个对外部而言是整体、对内部而言是相互独立的系统。

园区网络是一个具有交互功能和专业性很强的区域性网络。多园区网络建设具有其特殊性,必须充分认识各校区网络应用的侧重点及安全需求,统一规划,分步实施。使用 BGP 向其他自治系统通告其内部网络的可达性信息,实现不同园区的网络系统通信。

通过学习,达成如下学习目标。
- 了解多园区网络的业务需求。
- 熟悉 IPv6 技术基本概念。
- 掌握自治系统常用协议及类型。
- 掌握 BGP 对等体关系的建立过程。
- 了解多园区网络文档的编写。

项目 7　多园区网络规划和设计

 知识结构

本项目的知识结构如图 7-1 所示。

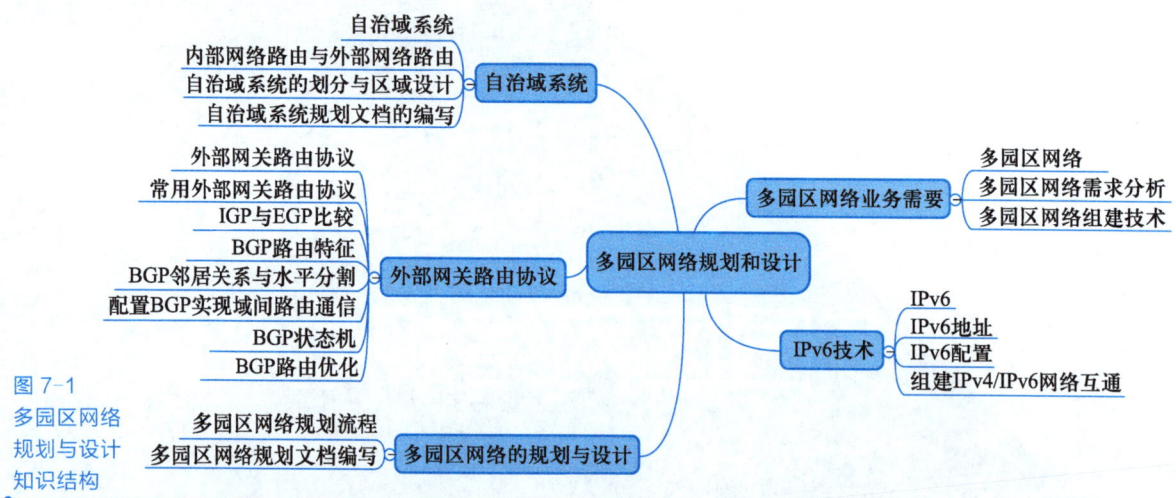

图 7-1　多园区网络规划与设计知识结构

 课前自测

在开始本项目学习之前，请先尝试回答以下问题。

1. 请了解你所接触的具有不同校区的学校，并对其网络进行简单描述。
2. 多园区网络具有哪些优点？
3. 多园区网络应怎样进行连接？

项目分析及准备

7.1 多园区网络业务需要

多园区网络将原本处于不同地理位置的局域网进行统一规划，利用公共网络资源实现专门连接，实现多个局域网的数据通信、资源共享和协同工作。

7.1.1 多园区网络

1. 多园区网络

园区网泛指大学校园网或企业内部网，主要由计算机、路由器、交换机等组成。多园区网络是在简单网络的基础上，利用成熟的网络技术和通信技术，采用统一的网络协议（如TCP/IP），将原本松散的、处于各地的网络从规格、管理软件、安全防护等方面进行统一，建设成一个可实现各种网络综合应用的安全、便捷、高速的计算机网络系统，提供统一身份认证、电子邮件等网络服务，建立实时数据传输，提供可靠的、高速的、可管理的网络环境，以实现广泛的资源和数据共享，并使未来的系统升级变得简单可行。

2. 多园区网络存在的问题

针对多园区网络使用现状，分析其存在的问题如下。

① 实现多园区网络互联，不仅在速度上、容量上完全满足长时间、多人数上网的需求，还使长距离的主-分园区实现一致的网络体验、自由的集中存储和共享，对网络整体性能优化要求较高。

② 在网络使用高峰时段，网络将承受成千上万人同时在线的压力，对网络速度是一个较大的挑战。

③ 多园区网络建设环境复杂，如网络管理制度缺乏统一标准，容易造成管理混乱，这就要求网络管理人员具有扎实的专业知识，能有效地规范和约束师生的网络访问行为，能根据上网监控和日志准确分析网络行为。

3. 多园区网络工作场景

新年职业技术学院现由东、西两个校区组成，如图7-2所示。各校区网络应用的侧重点不同，加之学生宿舍网络建设及应用的开展，造成网络结构复杂、网络结点较多、流量分布不均及流量内容多样化，同时，网络平台上运行的各类业务系统有着不同的环境与安全需求，这些都对新年职业技术学院校园网建设提出了更高的要求。

对于多校区的校园网络而言，每个局域网本身是相互独立的。多园区网络的统一规划将原本处于不同校区的局域网络，从信息资源共享角度来实现管理与安全防护等方面的完整统一，利用低成本的公共网络资源实现多个局域网的专门连接，使其连接成的专用网络尽可能地与公共网络隔离，以确保其专用性和安全性，为跨校区实现教务管理、财务管理、图书文献资料等系统的统一使用奠定基础，并在速度及容量上满足要求。

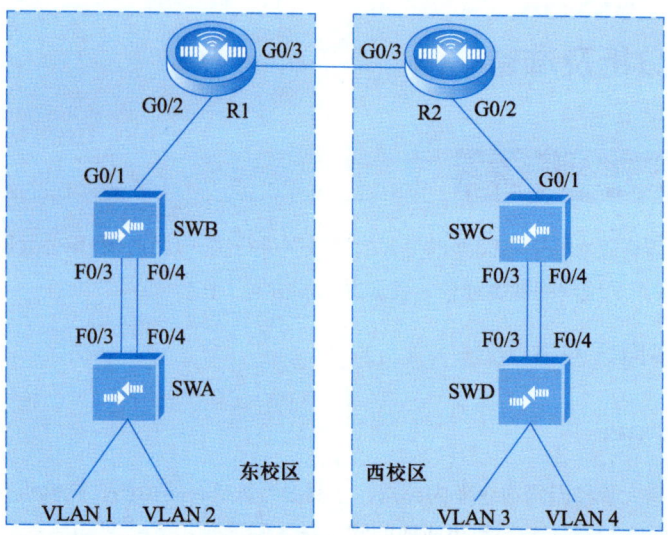

图 7-2
多园区网络拓扑

7.1.2 多园区网络需求分析

多园区网络作为现代信息化的具体体现，不仅需要提供计算机与网络的硬件平台，而且需要根据园区网络自身特点提供全面的信息化应用平台。通过分析具体需求，确定对应用、组网、网络安全、网络管理、用户管理、网络出口等各方面的要求。

1．应用需求

为加快网络信息化建设，保证教学、办公等网络服务的正常运行，需架设覆盖全网的 OA 办公系统、教学资源平台、教务管理平台、信息发布平台、网络管理平台等。常用网络服务平台的设计应避免出现信息孤岛、互不兼容等状况，使用单点登录，提高网络平台使用效率，同时充分考虑系统升级及应用扩展需求，避免重复投资。

2．组网需求

按"统一规划，统一管理"的原则，要求两个校区所有办公区域及教学场所进行校园网覆盖，并保证足够的数据传输带宽，提供足够的系统容量和 QoS 服务品质，从设备性能、系统管理、厂商技术支持及维修维护等方面着手，确保网络的可用性、可靠性、稳定性、冗余性和负载均衡。

3．网络安全需求

充分考虑计算机系统漏洞、蠕虫、病毒、内部攻击、外部攻击、资源滥用、垃圾邮件等常见网络安全问题，及信息组员共享和信息保护与隔离等，通过部署防火墙、建立访问控制策略、部署网络安全联动平台等手段，将威胁到网络安全的风险降到最低。

4．网络管理需求

有效实施对网络的管理是网络正常运行的保证。多数情况下，由于设备分散且距离较远，同时兼顾运维效率和成本，难于在网络故障发生的第一时间到达现场，因此就需要网络设备的远程管理。远程管理既可保证网络管理人员对网络设备的有效访问，又可拒绝非授权人员对网络设备的访问。

5．用户管理需求

按网络用户的需求区分用户群体，指定有针对性的服务方案和计费方式等，保证用户的IP、账号等信息的可用性，使其不因网络攻击或信息盗用等问题而无法接入网络。在为用户提供网络服务时，使用相关技术手段保留用户信息、网络访问记录等相关日志审计信息。

6．网络出口需求

① 出口带宽。保证有足够的带宽并进行合理分配，使网络出口为内、外网的通信提供优质服务。

② 网络地址转换。由于公网地址有限，园区大多采用私网地址，网络出口设备需要进行海量的地址转换。最大并发连接数、新建连接速率及吞吐能力是网路地址转换的 3 个决定因素。出口设备的 NAT 性能成为决定校园网络出口速度的重要因素。

③ 出口冗余度。网络出口的冗余设计为网络提供更大的出口带宽，降低网络出口设备的负荷及成为瓶颈的风险，出现结点故障时快速切换保证业务的连续性，提高网络的稳定性。

7.1.3 多园区网络组建技术

典型的多园区网络采用园区核心层结点互联方案，各园区核心结点及园区出口设备是整个网络的枢纽。核心结点及出口设备进行交换与路由、报文过滤、安全策略和地址转换等。多园区组网一般采用一种路由协议、一种传输介质，核心设备要求无客户接入，以保证骨干网的安全，如图 7-3 所示。

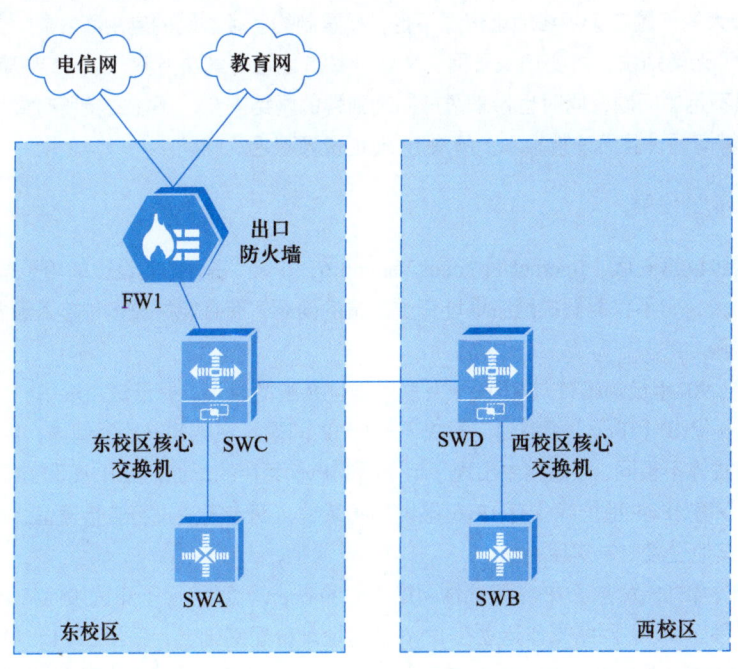

图 7-3 多园区网络核心骨干网

1．核心结点

园区核心结点一般使用双机冗余热备份或使用负载均衡功能来改善网络性能，部署在园区核心机房中，汇聚整个园区所有的用户流量，提供三层交换机功能，连接园区外部网络到内部用户的"纵向流量"和不同汇聚区域用户之间的"横向流量"。这要求能够快速转发不同汇聚交换机的数据，强调数据的快速转发，以及接口数量多且带宽高，故核心交换机有着高性能、高效率、高容错性、可管理性、低时延性等特点。

2．出口设备

多园区网络使用高性能出口设备，出口设备一般具有多核多线程并发工作功能，支持超大容量 NAT 并发会话数和超大的出口吞吐量，同时独立处理不同的业务，互不干扰，最大限度地发挥 CPU 的处理能力，为整个网络构建一条高性能、稳定的出口平台。

出口是网络的最后一个通道，如果出口设备出现问题，那么整体网络都会受到干扰，造成无法接入外网等严重问题。

7.2 IPv6 技术

以 IPv4 为基础的全球互联网面临网络地址消耗殆尽、服务质量难以保证等问题。相对于 IPv4，IPv6 拥有海量的地址表、高效的转发能力、即插即用、安全报文机制等优势，是全球公认的下一代互联网商业应用解决方案。

微课 7-2
IPv6 技术

7.2.1 IPv6

1．IPv6 出现的背景

IPv4 最大的问题在于网络地址资源不足，严重制约了互联网的应用和发展。为解决这一问题，提出了无类路由、可变产长子网、NAT、私有地址等解决方案，从一定程度上缓解了 IP 地址资源不足的问题，同时也带来了抑制端到端的网络安全、不能支持所有应用、私有地址合并重叠等问题，且无法从根本上解决 IP 地址资源不足的问题。

2．IPv6 的发展

互联网协议第 6 版（Internet Protocol Version 6，IPv6）是 IETF 设计的用于替代 IPv4 的下一代 IP 协议，它不仅能解决网络地址资源数量的问题，而且能解决多种接入设备连入互联网障碍的问题。

20 世纪 90 年代，IETF 提出关于互联网地址系统的建议，并形成白皮书。此后，IETF 建立临时下一代 IP（IPng）领域专门解决下一代 IP 问题。在很长一段时间内，由于 IPv4 和 IPv6 地址格式等不相同，互联网中出现了 IPv4 和 IPv6 共存的局面。在 IPv4 和 IPv6 共存的网络中，对于仅有 IPv4 地址或仅有 IPv6 地址的端系统，两者无法进行直接通信，需依靠中间网关或使用其他过渡机制实现通信。

2003 年，IETF 发布了 IPv6 测试性网络（即 6bone 网络），用于测试如何将 IPv4 网络向 IPv6 网络迁移。6bone 网络操作建立在 IPv6 试验地址分配基础上，采用 3FFE::/16 的 IPv6 前缀，包括协议的实现、IPv4 向 IPv6 迁移等功能。6bone 网络最初开始于虚拟网络，它使用 IPv6-over-IPv4 隧道过渡技术，是一个基于 IPv4 互联网且支持 IPv6 传输的网络，后来逐渐建立纯 IPv6 链接。至 2009 年，6bone 网络技术已经支持 39 个国家的 260 个组织机构。

2011 年开始，主要用于个人计算机和服务器系统上的操作系统基本都支持高质量 IPv6

配置产品，如 Windows 7、Windows 8、Windows 10、Mac OS X Panther（10.3）、Linux 2.6、FreeBSD 和 Solaris 等。

2012 年 6 月 6 日，国际互联网协会举行了世界 IPv6 启动纪念日，全球 IPv6 网络正式启动。

3．IPv6 在国内的发展

在国内，基于 IPv6 的下一代互联网建设已经进入快速发展阶段，IPv6 用户渗透率和网络流量持续提升。自 2017 年 11 月 26 日，中共中央办公厅、国务院办公厅印发《推进互联网协议第六版（IPv6）规模部署行动计划》以来，政府部门积极推进落实 IPv6，产业链各环节通力协作密切配合，由点及面深入推进。

2018 年 11 月，国家下一代互联网产业技术创新战略联盟在北京发布了中国首份 IPv6 业务用户体验监测报告，报告显示移动宽带 IPv6 普及率为 6.16%，IPv6 覆盖用户数为 7017 万户，IPv6 活跃用户数仅有 718 万户，与国家规划部署的目标还有较大距离。

2019 年 4 月 16 日，工业和信息化部发布《关于开展 2019 年 IPv6 网络就绪专项行动的通知》。

2020 年 3 月 23 日，工业和信息化部发布《关于开展 2020 年 IPv6 端到端贯通能力提升专项行动的通知》，要求到 2020 年末，IPv6 活跃连接数达到 11.5 亿，较 2019 年 8 亿连接数的目标提高了 43%。

我国 IPv6 规模部署将进一步提质增效，聚焦薄弱环节，拓展 IPv6 改造的广度和深度，扩大 IPv6 应用推广范围，推动构建高速率、广普及、全覆盖、智能化的下一代互联网，为经济社会发展提供有力支撑。

7.2.2　IPv6 地址

1．IPv6 地址表示

IPv6 有 128 位，可以提供 2^{128} 个地址空间，相比于 IPv4 的地址空间而言，几乎不会被消耗殆尽，完全满足未来 5G、万物互联等新应用。

IPv6 的 128 位由冒号分隔为 8 段，每段 2B 共 16 位，这 16 位由十六进制表示，一个 IPv6 地址的完整表达为：2001:0000:0000:ABAA:00b0:0000:0002:0200。

IPv6 地址书写较长，零压缩法可以用来缩减其长度。例如，几个连续段位的值都为 0，可将 0 简单地以::来表示，上述地址可表示为：2001::ABAA:00B0:0000:0002:0200。为了能准确还原被压缩的 0，使用零压缩法只能简化连续段位的 0，且只能使用一次。本例中 00B0 后面的 0000 不能再次简化，当然也可在 00B0 后使用::，那么前面 8 个 0 不可再使用零压缩。

2．IPv6 寻址模式

IPv6 寻址模式分为 3 种，即单播地址、任播地址和组播地址。

（1）单播地址（Unicast）

IPv6 单播地址相当于 IPv4 中的单播地址，唯一标识一个接口。发送到单播地址的数据包将被传输到此地址所标识的唯一接口。一个接口可以有多个单播 IPv6 地址。单播地址可以分为链路本地地址、唯一本地地址、全球单播地址 3 种类型。

- 链路本地地址（Link Local Address）：是结点启动后每个接口自动生成的，前缀 64 位为标准制定，其余 64 位按照 EUI-64 格式构造。链路本地地址只在同一链路上的结点之间有效，在 IPv6 启动后自动生成，前 64 位的前缀为 FE80::/10。链路本地地址也可使用手工方式配置，便于管理。
- 唯一本地地址（Unique Local Address）：类似于 IPv4 地址中的私有 IP 地址，仅能在本地网络使用，不能在公网上进行路由。它主要用于满足本地环境中私有 IPv6 地址的使用，其前缀是固定的 FC00::/7。
- 全球单播地址（Global Unicast Address）：相当于 IPv4 网络中的公网 IP 地址。目前已分配出去的前 3 位固定为 001，已分配的范围为 2000:3。

（2）任播地址（Anycast）

任播地址主要为 DNS 和 HTTP 提供服务。IPv6 中没有为任播规定单独的地址空间，任播地址使用单播地址空间。IPv6 任播地址可以被分配给多个设备，即多个设备可以使用同一个 IPv6 地址，以任播地址为目标的数据包会通过路由器的路由表被路由到离源设备最近的拥有该目标地址的设备。任播地址的技术优点在于源结点不需要了解为其提供服务的具体结点，就可接受特定服务。

（3）组播（Multicast）地址

在 IPv6 网络中没有广播报文，部分的广播应用使用组播来实现，广播本身就是组播的一种应用。IPv6 固定的组播地址如下。
- 所有结点的组播地址：FF02::1（可理解为 IPv4 中的广播）。
- 所有路由器的组播地址：FF02::2（可理解为 224.0.0.2）。
- 所有 OSPFv3 路由器地址：FF02::5（可理解为 224.0.0.5）。
- 所有 OSPFv3 DR 和 BDR：FF02::6（可理解为 224.0.0.6）。
- 所有 RIP 路由器：FF02::9（可理解为 224.0.0.9）。
- 所有 PIM 路由器：FF02::D（可理解为 224.0.0.13）。
- 被请求结点组播地址：由固定前缀 FF02::1:FF00:0/104 和单播地址的最后 24 位组成。

3．IPv6 地址分配策略

为防止 IP 地址的浪费，IPv6 的地址空间管理按规定的等级结构在全球范围内分配，即按 IANA-区域注册机构 RIR-国家注册机构 NIR-ISP/本地注册机构 LIR-最终用户或 ISP 的层次结构进行地址分配。

IPv6 地址分配有两种策略：一是主机分配策略，上层注册机构将地址划分给下层注册机构进行分配与管理；二是指派策略，注册机构直接将地址分配给用户使用。

7.2.3 IPv6 配置

1．组网要求

如图 7-4 所示，R1 下接两台交换机 SWA 与 SWB，要求在 R1 上配置 IPv6 相关功能。

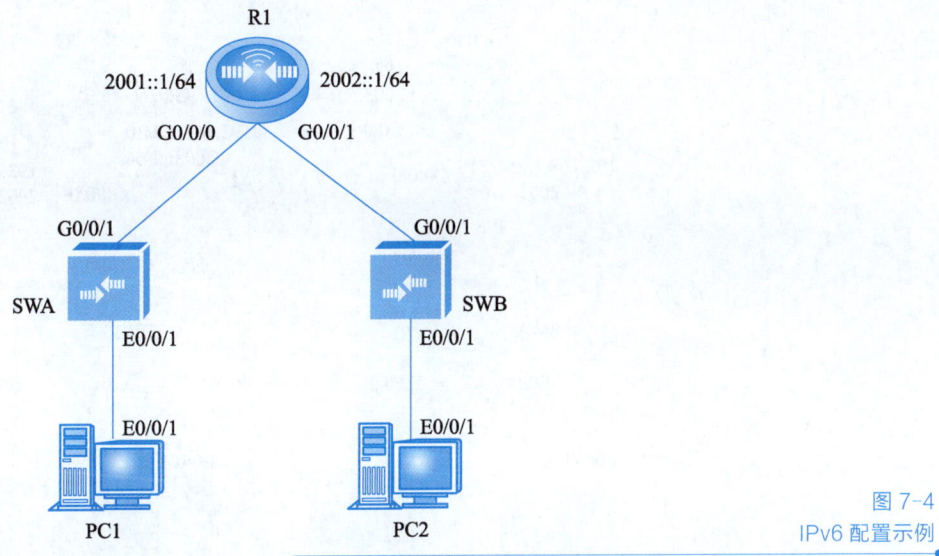

图 7-4
IPv6 配置示例

2. 配置要点

① 配置 IPv6 地址和启动路由器接口的 IPv6 功能。
② 启动 IPv6 分组转发功能。

3. 配置步骤

```
R1>enable  // 进入特权模式
R1 #configure terminal   // 进入全局配置模式
R1(config) #interface GI0/0/0   // 进入接口视图
R1(config-if) #no shutdown   // 激活端口
R1(config-if) #IPv6 address 2001::1/64   // 配置 IPv6 地址和地址前缀长度
R1(config-if) #IPv6 enable   // 启动接口的 IPv6 功能,自动生成链路本地地址
R1(config-if) #exit   // 退出接口视图
R1(config) #interface GI0/0/1   // 进入接口视图
R1(config-if) #no shutdown   // 激活端口
R1(config-if) #IPv6 address 2002::1/64   // 配置 IPv6 地址和地址前缀长度
R1(config-if) #IPv6 enable   // 启动接口的 IPv6 功能,自动生成链路本地地址
R1(config-if) #exit   // 退出接口视图
R1(config) #IPv6 unicast-routing   // 启动路由器转发单播 IPv6 分组的功能
```

7.2.4 组建 IPv4/IPv6 网络互通

1. 组网要求

如图 7-5 所示，在 R1 与 R2 上配置 IPv4/IPv6 协议，使全网互通。

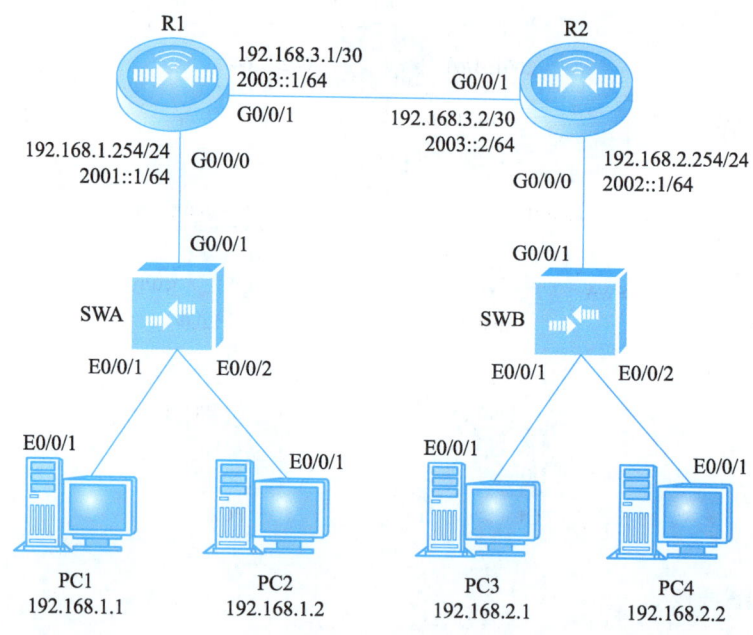

图 7-5
IPv4/IPv6 网络互通配置示例

2. 配置要点

① 配置 IPv4 地址与 IPv6 地址。
② 启动 IPv6 分组转发功能。
③ 配置路由，使网络互通。

3. 配置步骤

```
R1>enable                              // 进入特权模式
R1 #configure terminal                 // 进入全局配置模式
R1(config) #interface GI0/0/0          // 进入接口视图
R1(config-if) #no shutdown             // 激活端口
R1(config-if) #ip address 192.168.1.254 255.255.255.0  // 配置 IPv4 地址
R1(config-if) #IPv6 address 2001::1/64 // 配置 IPv6 地址
R1(config-if) #IPv6 enable             // 开启 IPv6 功能
R1(config-if) #exit
R1(config) #interface GI0/0/1          // 进入接口视图
R1(config-if) #no shutdown             // 激活端口
R1(config-if) #ip address 192.168.3.1 255.255.255.252  // 配置 IPv4 地址
R1(config-if) #IPv6 address 2003::1/64 // 配置 IPv6 地址
R1(config-if) #IPv6 enable             // 开启 IPv6 功能
R1(config-if) #exit                    // 退出接口视图
R1(config) #IPv6 unicast-routing       // 启动路由器转发单播 IPv6 分组的功能
R1(config) #ip route 192.168.2.0 255.255.255.0 192.168.3.2 //配置 IPv4 路由
```

```
R1(config) #IPv6 route 2002::/64 2003::2  // 配置 IPv6 路由

R2>enable  // 进入特权模式
R2 #configure terminal  // 进入全局配置模式
R2(config) #interface GI0/0/0    //进入接口视图
R2(config-if) #no shutdown    //激活端口
R2(config-if) #ip address 192.168.2.254 255.255.255.0  //配置接口 IPv4 地址
R2(config-if) #IPv6 address 2002::1/64    //配置接口 IPv6 地址
R2(config-if) #IPv6 enable    //开启 IPv6 功能
R2(config-if) #exit  //退出接口视图
R2(config) #interface GI0/0/1    //进入接口视图
R2(config-if) #no shutdown    //激活端口
R2(config-if) #ip address 192.168.3.2 255.255.255.252  //配置 IPv4 地址
R2(config-if) #IPv6 address 2003::2/64  //配置 IPv6 地址
R2(config-if) #IPv6 enable    //激活 IPv6 功能
R2(config-if) #exit  //退出接口视图
R2(config) #IPv6 unicast-routing  //启动路由器转发单播 IPv6 分组的功能
R2(config) #ip route 192.168.1.0 255.255.255.0 192.168.3.1  //配置静态路由
R2(config) #IPv6 route 2001::/64 2003::1    //配置 IPv6 路由
```

7.3 自治系统

每个自治系统都有一个唯一的编号,其基本思想就是通过不同的编号区分不同的自治系统。当网络管理员不希望某些通信数据通过某个自治系统时,这个编号方式就显得十分重要。

微课 7-3
自治系统

7.3.1 自治系统概述

自治系统(Autonomous System,AS)是网络中使用相同路由协议或遵循相同路由管理策略的一组路由器,即在单一技术管理下,采用同一种内部网关协议和统一度量值在 AS 内转发数据包、并采用一种外部网关协议将数据包转发到其他 AS 的一组路由器。

每个自治系统都有唯一的一个由互联网数字分配机构(The Internet Assigned Numbers Authority,IANA)分配的编号。2009 年 1 月之前,只能使用最多 2B 长度的 AS 编号,即 1~65535。其中,1~64511 为公有 AS,64512~65534 为私有 AS。在 2009 年 1 月之后,IANA 决定使用 4B 长度 AS,范围为 1~4294967295。

如图 7-6 所示,两个 AS 中的两台主机进行通信,AS100 中的主机 A 向 AS200 中的主机 B 发送数据包,A 的数据包到达出口路由器时要查找去往 B 的路由条目,发现去往 B 的路由条目是由 AS200 路由器传递过来的,将 A 去往 B 的数据包交给 AS200 的出口路由器,数据包到达 AS200 后,根据内网转发,将数据包交给 B,完成本次通信。

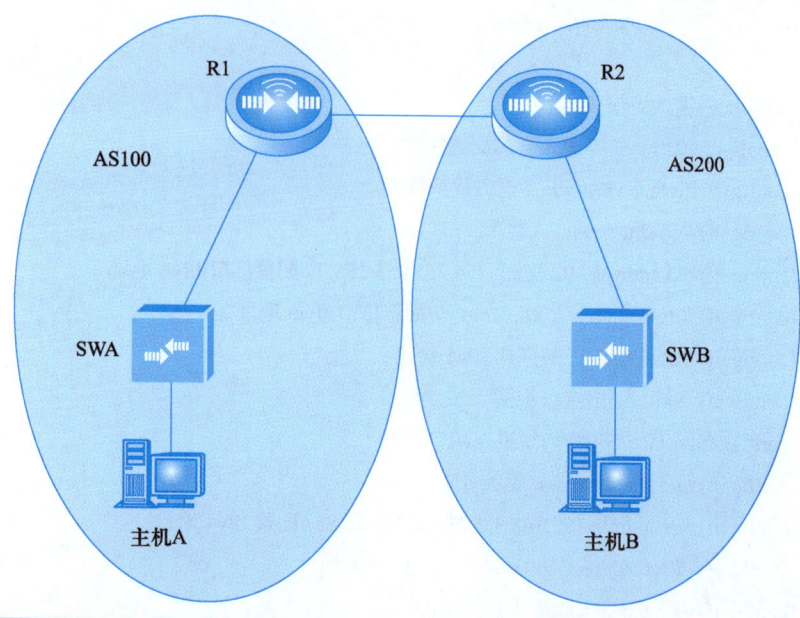

图 7-6
两个 AS 中的主机互相通信

7.3.2 内部网络路由与外部网络路由

根据是否在同一个 AS 内部使用，动态路由协议分为内部网关协议（Inner Gateway Protocol，IGP）和外部网关协议（Exterior Gateway Protocol，EGP）。AS 内部采用的路由选择协议称为内部网关协议，常用的有 RIP、OSPF、中间系统到中间系统（Intermediate System-to Intermediate System，IS-IS）；外部网关协议主要用于多个 AS 之间的路由选择，常用的是边界网关协议（Border Gateway Protocol，BGP）。图 7-7 所示为两个 AS，IGP 用在 AS 中，BGP 用在 AS 之间。

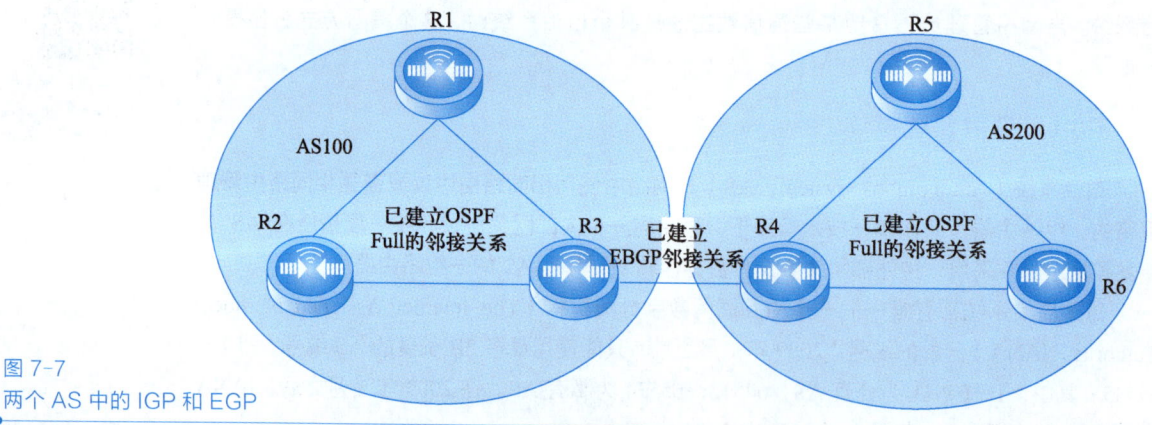

图 7-7
两个 AS 中的 IGP 和 EGP

AS 内部可以使用多种 IGP 进行互联，如 RIP、OSPF、IS-IS，也可以采用多种度量值。AS 之间是广域网链路，使用 BGP，数据包在广域网上传递时可能出现不可预测的链路拥塞或丢失等情况，因此 BGP 使用 TCP 作为其承载协议以保证可靠性。关于 BGP，将在 7.4 节中详细介绍。

7.3.3　自治系统的划分与区域设计

为了便于网络的管理，将互联网人为划分为若干个 AS，每个 AS 由一组在统一机构管理下的路由器组成，对外呈现统一的路由机制（作为独立的网络组成单元）。

AS 可根据其连接和运作方式分为多出口的自治系统、末端自治系统、中转自治系统 3 类。

1．多出口的自治系统

多出口的自治系统（Multihomed AS）是具有与其他 AS 多于一个连接的 AS。一旦连接中的某个 AS 完全失效，这个多出口的 AS 仍能保持和其他 AS 之间的通信。需要注意的是，这类 AS 不允许与自己所连接的其他任一个 AS 越过自己去访问另一个 AS。

如图 7-8 所示，AS1、AS2、AS3、AS4 和 AS5 是 5 个自治系统，如果 AS2 和 AS3 的连接发生了故障，其他 AS 之间的连接不受影响。

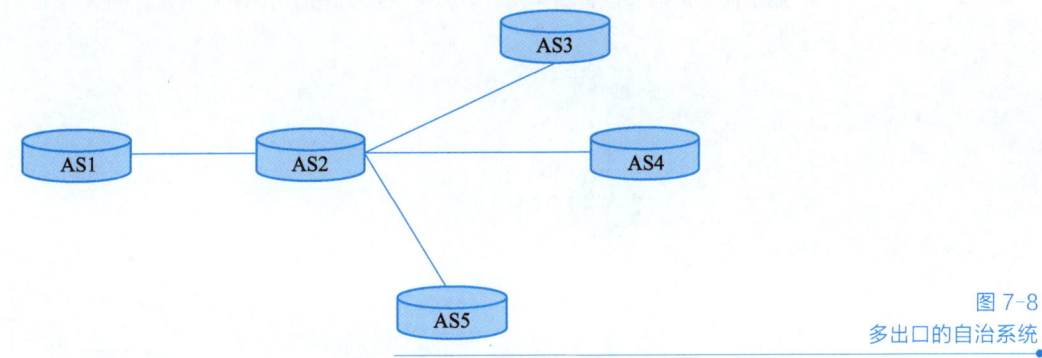

图 7-8　多出口的自治系统

2．末端自治系统

末端自治系统（Stub AS）是仅与一个其他 AS 相连的 AS，如图 7-9 所示，AS1 仅与 AS2 相连，AS1 为末端自治系统。

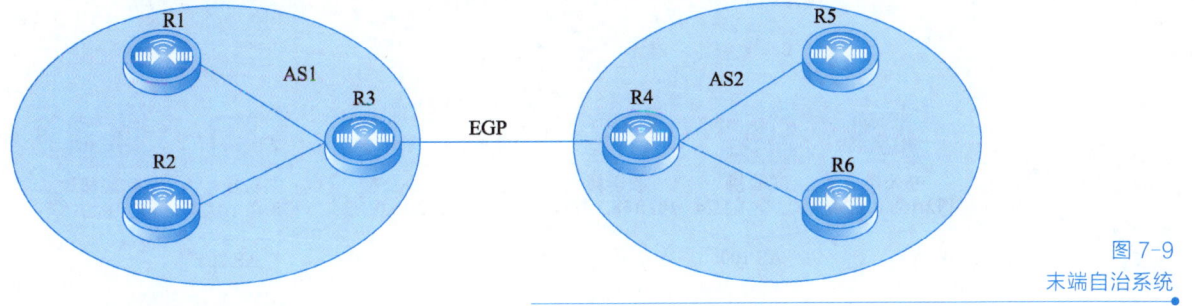

图 7-9　末端自治系统

3．中转自治系统

中转自治系统是指一个 AS 通过自己为几个隔离开的网络提供连通服务。即网络 A 可通过作为中转 AS 的网络 B 来连接到网络 C，如图 7-8 所示，AS1 可以通过 AS2 连接到 AS3 和 AS4。

7.3.4 自治域系统规划文档的编写

某学校将校区扩建为东、西校区，东校区有一栋办公楼、一栋实验楼和一栋教学楼，西校区有一栋办公楼和两栋实验楼，每栋楼均为 4 层楼房，且每栋楼中的教学办公计算机不超过 40 台。

1. 项目总体设计

该校网络为全新建设，应当满足外部上网、内部员工办公等需求，并遵循高性能、安全性、标准开放性、灵活性及可扩展性等建网原则，保障网络及设备的高吞吐能力，保证各种信息（如数据、语音、图像）的高质量传输。根据未来业务的增长和变化，新建网络可以平滑地扩充和升级，使用 BGP 将两个校区的网络连通。

2. 项目实施拓扑图

通过需求沟通和设备清单对比，规划完成如图 7-10 所示的拓扑图。

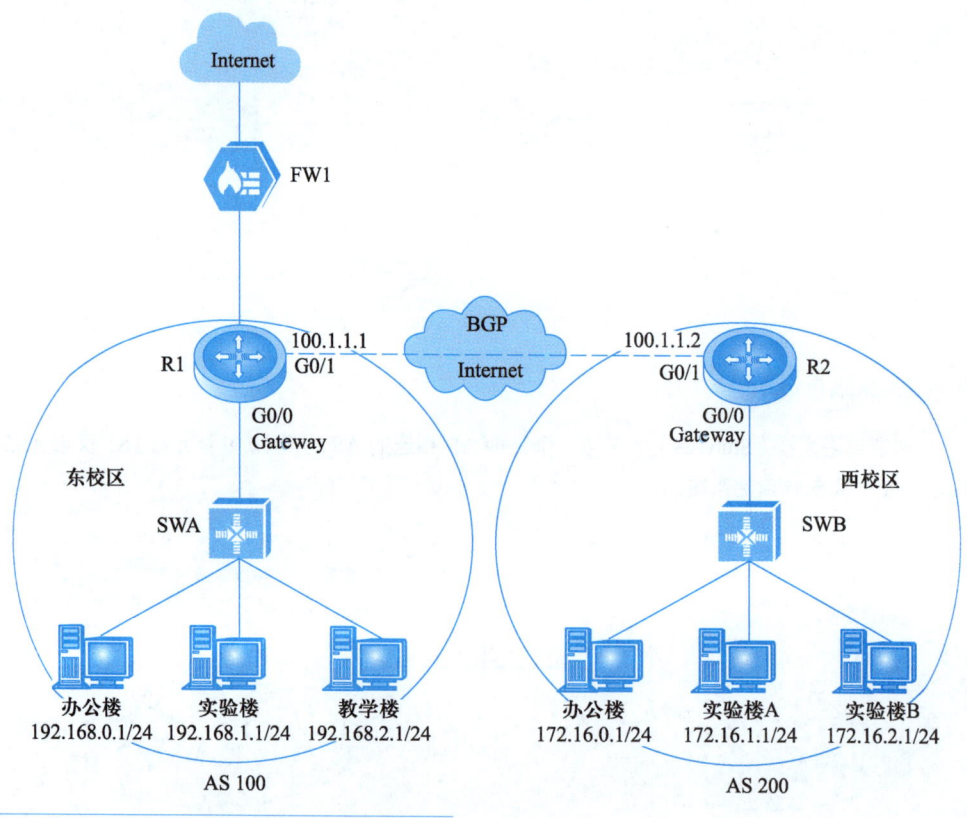

图 7-10
新建网络拓扑图

3. 设备部署规划

- 设备命名规范：实验楼一层 101 机房的交换机设备命名为 ShiYan1-1F-101。
- 软件版本规划：设备类型 S8610，软件版本 RGOS 10.3（5b1）-Release（87006）。
- 端口描述规划：TO-设备名称-端口编号-V+VID。例如，用 VLAN 连接 ShiYan1-1F-101 的 GE1/1 端口，VLAN 号是 100，描述为 TO-ShiYan1-1F-101-GE1/1-V100。

4. IP 地址分配

东校区管理地址使用 172.16.200.0/24 网段；西校区管理地址使用 172.16.201.0/24 网段；路由器到交换机之间使用二层互连互通；东校区办公楼地址段为 192.168.0.1/24，实验楼地址段为 192.168.1.1/24，教学楼地址段为 192.168.2.1/24，网关均在 R1 处；西校区办公楼地址段为 172.16.0.1/24，实验楼 A 地址段为 172.16.1.1/24，实验楼 B 地址段为 172.16.2.1/24。

5. 关键设备详细配置及实现

```
Ruijie(config) #hostname R1
R1(config) #interface gigabitEthernet 0/0.1
R1(config-if-FastEthernet 0/0.1) #ip address 192.168.0.254 255.255.255.0
R1(config-if-FastEthernet 0/0.1) #exit
R1(config) #interface fastEthernet 0/0.2
R1(config-if-FastEthernet 0/0.2) #ip address 192.168.1.254 255.255.255.0
R1(config-if-FastEthernet 0/0.2) #exit
R1(config) #interface fastEthernet 0/0.3
R1(config-if-FastEthernet 0/0.3) #ip address 192.168.2.254 255.255.255.0
R1(config-if-FastEthernet 0/0.3) #exit
R1(config) #interface fastEthernet 0/1
R1(config-if-FastEthernet 0/1) #ip address 100.1.1.1 255.255.255.0
R1(config-if-FastEthernet 0/1) #exit
R1(config) #router bgp 100    //启动 BGP 进程，AS 号为 100
R1(config-router) #neighbor 100.1.1.2 remote-as 200    //指定 BGP 邻居地址及邻居的 AS 号
R1(config-router) # network 192.168.0.0 mask 255.255.255.0
R1(config-router) # network 192.168.1.0 mask 255.255.255.0
R1(config-router) # network 192.168.2.0 mask 255.255.255.0
R1(config-router) #exit


Ruijie(config) #hostname R2
R2(config) #interface gigabitEthernet 0/0.1
R2(config-if-FastEthernet 0/0.1) #ip address 172.16.0.254 255.255.255.0
R2(config-if-FastEthernet 0/0.1) #exit
R2(config) #interface fastEthernet 0/0.2
R2(config-if-FastEthernet 0/0.2) #ip address 172.16.1.254 255.255.255.0
R2(config-if-FastEthernet 0/0.2) #exit
R2(config) #interface fastEthernet 0/0.3
R2(config-if-FastEthernet 0/0.3) #ip address 172.16.2.254 255.255.255.0
R2(config-if-FastEthernet 0/0.3) #exit
R2(config) #interface fastEthernet 0/1
R2(config-if-FastEthernet 0/1) #ip address 100.1.1.2 255.255.255.0
```

```
R2(config-if-FastEthernet 0/1) #exit
R2(config) #router bgp 200    //启动 BGP 进程，AS 号为 200
R2(config-router) #neighbor 100.1.1.1 remote-as 100   //指定 BGP 邻居地址及邻居的 AS 号
R2(config-router) # network 172.16.0.0 mask 255.255.255.0
R2(config-router) # network 172.16.1.0 mask 255.255.255.0
R2(config-router) # network 172.16.2.0 mask 255.255.255.0
R2(config-router) #exit
```

6．系统测试

```
PC>ping 172.16.0.1
Ping 172.16.0.1: 32 data bytes, Press Ctrl_C to break
From 172.16.0.1: bytes=32 seq=1 ttl=126 time=62 ms
From 172.16.0.1: bytes=32 seq=2 ttl=126 time=63 ms
From 172.16.0.1: bytes=32 seq=3 ttl=126 time=46 ms
From 172.16.0.1: bytes=32 seq=4 ttl=126 time=47 ms
From 172.16.0.1: bytes=32 seq=5 ttl=126 time=47 ms


----172.16.0.1 ping statistics----
    5 packet(s) transmitted
    5 packet(s) received
    0.00% packet loss
    Round-trip min/avg/max=46/53/63ms


PC>ping 8.8.8.8
Ping 8.8.8.8: 32 data bytes, Press Ctrl_C to break
From 8.8.8.8: bytes=32 seq=1 ttl=255 time=47 ms
From 8.8.8.8: bytes=32 seq=2 ttl=255 time=15 ms
From 8.8.8.8: bytes=32 seq=3 ttl=255 time<1 ms
From 8.8.8.8: bytes=32 seq=4 ttl=255 time<1 ms
From 8.8.8.8: bytes=32 seq=5 ttl=255 time=15 ms

----8.8.8.8 ping statistics----
    5 packet(s) transmitted
    5 packet(s) received
    0.00% packet loss
    Round-trip min/avg/max=0/15/47ms
```

7．工程实施进度规划

具体见表 7-1。

表 7-1　工程实施进度规划

序号	开始日期	结束日期	工作内容	负责人	备注
1	2021-3-1	2021-3-2	开箱验货	锐捷 xxx	
2	2021-3-5	2021-3-10	方案撰写	锐捷 xxx	
3	2021-3-11	2021-3-11	方案评审	锐捷 xxx	
4	2021-3-22	2021-3-23	项目实施	锐捷 xxx	
5	2021-3-30	2021-3-30	项目验收	锐捷 xxx	

7.4　外部网关协议

内部网关协议的工作范围往往是在一个 AS 内部，通过各自的路由算法实现去往 AS 内部的各条路由。但要实现全球范围内的网络互联，就要求数量众多的 AS 之间实现互联，这时就需要外部网关协议来完成此任务。

7.4.1　外部网关协议

微课 7-4
外部网关路由协议简介-常用外部网关路由协议-IGP 与 EGP 比较

外部网关协议（Exterior Gateway Protocol，EGP）是在 AS 中两个相邻网关设备（每个设备都有自己的路由）间进行路由信息交换的协议。它用于连接不同的 AS，在不同 AS 之间交换路由信息，主要使用路由策略和路由过滤等控制路由信息。

大部分公司将其拥有的路由器组成一个 AS，使用 OSPF 或 RIP 等内部网关协议收集 AS 的本地路由，而在不同 AS 之间，通过位于各 AS 边界的两台相邻路由器设备来提供交换路由信息。例如，EGP 路由器只向其 AS 边界路由器转发路由信息，获取对方 AS 的路由信息，为 IP 数据包选择最优路径。

EGP 应具有以下 3 个基本功能。

① 支持邻居获取机制。
② 路由器持续测试其 EGP 邻居是否有响应。
③ EGP 邻居周期性地传送路由更新报文，交换网络的可达路由信息。

7.4.2　常用外部网关协议

1. EGP 和 BGP

外部路由协议主要有 EGP（RFC904）和 BGP（RFC1771）。

- EGP 作为 BGP 的前身，设计得非常简单，只能在 AS 之间简单地传递路由信息，不会对路由进行任何优选，也未考虑如何在 AS 之间避免路由环路等问题，EGP 最终被 BGP 取代。
- BGP 是一种在 AS 之间传递并选择最佳路由的矢量路由协议，定义了路由的多种属性，有灵活的路由选路规则和丰富的路由策略，主要运用于大型企业或互联网接入等场景。

2. BGP 的优势

相比于 EGP，BGP 更具有路由协议的特征，具体如下。

① 邻居的发现与邻居关系的建立。
② 路由的获取、优选和通告。
③ 提供路由环路避免机制，并能够高效传递路由，维护大量路由信息。
④ 在不完全信任的 AS 之间提供丰富的路由控制能力。

7.4.3　IGP 与 EGP 比较

IGP 是一种专用于一个 AS 中网关（主机和路由器）间交换数据流转通道信息的协议。常用 IGP 有 RIP、OSPF、IS-IS 等。

EGP 是不同 AS 的相邻两个网关设备之间交换路由信息的协议。EGP 是一个轮询协议，通常用于主机间交换路由表信息。如无特别说明，以下 EGP 指 BGP。

IGP 和 EGP 的区别如下。

- IGP 是在一个 AS 中发现和计算路由。通常路由收敛相对较迅速，一般工作在直连邻居之间，使用的度量计算方法较为单一，路由选择实施复杂，适用于中小型企业网络。
- EGP 在不同 AS 间传递路由表。EGP 既可工作在直连邻居之间，也可工作在非直连邻居之间，使用 TCP 作为传输层协议，提高了可靠性；EGP 支持无类别域间路由（Classless Inter-Domain Routing，CIDR），路由更新时，EGP 只发送更新路由，减少占用带宽，适用于传播大量路由信息；EGP 提供丰富的路由策略，能够对路由实现灵活的过滤和选择，且易于扩展，能适应网络新技术的发展，适用于大型网络。

7.4.4　BGP 路由特征

微课 7-5
BGP 路由特征-BGP 邻居关系与水平分割-配置BGP实现域间路由通信

在 AS 内部使用 IGP 计算和发现相关路由，如 OSPF、IS-IS、RIP 等，在 AS 内部的路由器之间是相互信任的，IGP 的路由计算和信息泛洪完全处于开放状态，不需人为干预。不同 AS 之间的连接需求推动了外部网关协议的发展，BGP 作为一种外部网关协议，用于在 AS 之间进行路由控制和优选。

BGP 路由特征如下。

① BGP 运行在 AS 之间传递路由，AS 之间是广域网链路，数据包在广域网上传递时可能出现不可预测的链路拥塞或丢失等情况，因此 BGP 使用 TCP 作为其承载协议保证可靠性。

② BGP 使用 TCP 封装建立邻居关系，端口号为 179，TCP 采用单播建立连接，因此 BGP 不可使用组播发现邻居。单播建立连接也使得 BGP 只能手动指定邻居。

③ BGP 对等体和 IGP 对等体不同，BGP 对等体是指使用 TCP 建立连接的两端，只需要 TCP 就能建立连接，不一定必须是直连，与 IGP 直连邻居是不同的概念。BGP 的对等体之间必须逻辑上连通，并进行 TCP 连接，目的端口为 179，本地端口任意设置。

④ BGP 能承载大量的路由信息和丰富的路由策略，能够对路由实现灵活的过滤和选择，支撑大型网络。BGP 本身只负责控制路由，数据转发仍然依靠静态或 IGP 路由。

⑤ 路由更新时，BGP 只发送更新路由，减少 BGP 传播路由所占用的带宽，适用于在 Internet 上传播大量路由信息。

⑥ BGP 是一种增强的距离矢量路由协议，通过携带 AS Path 信息标记途径的 AS，带有本地 AS 号的路由将被丢弃，从而避免域间产生环路，并提供防止路由震荡的机制（路由衰减），有效提高 Internet 网络的稳定性。

⑦ BGP 在 AS 内学习到的路由不会通告给 AS 内的 BGP 邻居，从而避免 AS 内产生环路。

⑧ BGP 不仅能传递 IPv4 的路由，使用多协议扩展的 MP-BGP 还可传递 IPv6、VPNv4、VPNv6 等其他路由。

7.4.5　BGP 邻居关系与水平分割

1．EBGP 和 IBGP

BGP 按照运行方式可以分为 IBGP（Internal BGP）和 EBGP（External BGP）两种邻居关系。

运行于同一 AS 内部的 BGP 称为 IBGP，为了防止在本 AS 内产生环路，从 IBGP 邻居处学习到的路由不能转发给其他 IBGP 邻居。在不同 AS 之间运行的 BGP 称为 EBGP，为避免不同 AS 之间产生环路，当运行 BGP 的设备接受 EBGP 对等体发送的路由时，会将带有本地 AS 号的路由丢弃。

2．BGP 报文角色

BGP 报文交互中有两种角色：Speaker 角色和 Peer 角色。

① Speaker。发送 BGP 消息的路由器称为 BGP Speaker，它接收或产生新的路由信息，并发布给其他 BGP Speaker。

② Peer。相互交换消息的 BGP Speaker 之间互称对等体（Peer），若干相关的对等体可以构成对等体组（Peer Group）。

3．BGP 邻居建立

BGP 建立 IBGP 邻居与建立 EBGP 邻居时选用接口不同，具体如下。

① IBGP 邻居间常使用本地回环地址建立连接。在一个 AS 中有多条链路相互连接，当一条链路发生故障时，会切换至其他链路以保证通信的可靠性，IGP 路由会重新收敛，使用回环接口建立邻居，保证链路的稳定性，起到冗余效果。

② EBGP 邻居常使用物理地址建立连接。EBGP 传递一般只有一跳的距离，因此，EBGP 直接用物理直连接口建立邻居关系。如果 EBGP 邻居间有多条链路，可使用本地回环接口和静态路由建立连接。使用本地回环接口建立邻居关系是为了达到冗余效果，但大多数 EBGP 邻居之间只有一条链路，当发生故障时，连接会断开，达不到冗余效果，而且用回环接口配置过于麻烦，因此，EBGP 邻居之间一般使用物理直连链路建立连接。

4．BGP 的水平分割

BGP 的水平分割是 IBGP 的一种防环机制，规定从 IBGP 邻居学来的相关路由信息不再向 IBGP 路由器转发，但可以传递给 EBGP 邻居。

7.4.6　配置 BGP 实现域间路由通信

1．组网要求

如图 7-11 所示，在 R1 与 R2 之间配置 BGP 路由协议，实现域间路由通信。

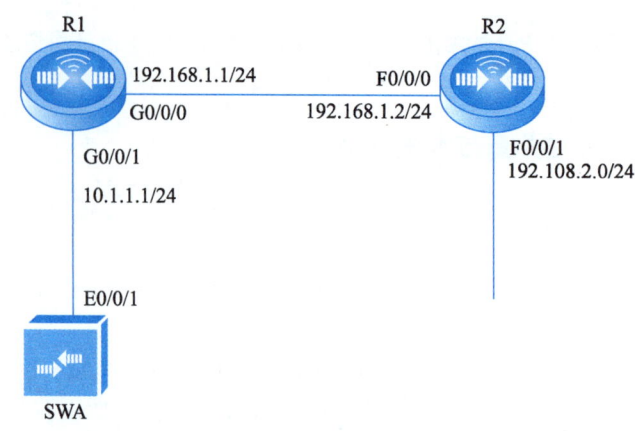

图 7-11
BGP 实现域间路由通信示例

2．配置要点

① 全网配置基本的 IP 地址。
② 配置静态路由，使两台路由器间 Loopback0 地址可达。
③ 配置 BGP 邻居，通告路由。

3．配置步骤

（1）配置 IP 地址

```
Ruijie(config) #hostname R1
R1(config) #interface gigabitEthernet 0/0/0 //进入接口视图
R1(config-GigabitEthernet 0/0/0) #ip address 192.168.1.1 255.255.255.0 //配置 IP 地址
R1(config-GigabitEthernet 0/0/0) #exit   //退出接口视图
R1(config) #interface gigabitEthernet 0/0/1   //进入接口视图
R1(config-GigabitEthernet 0/0/1) #ip address 10.1.1.1 255.255.255.0 //配置 IP 地址
R1(config-GigabitEthernet 0/0/1) #exit //退出
R1(config) #interface loopback 0   //进入 Loopback0 接口视图
R1(config-Loopback 0) #ip address 1.1.1.1 255.255.255.255 //配置 IP 地址
R1(config-Loopback 0) #exit //退出接口视图

Ruijie(config) #hostname R2
R2(config) #interface fastEthernet 0/0/0 //进入接口视图
R2(config-if-FastEthernet 0/0/0) #ip address 192.168.1.2 255.255.255.0//配置 IP 地址
R2(config-if-FastEthernet 0/0/0) #exit //退出接口视图
R2(config) #interface fastEthernet 0/0/1 //进入接口视图
R2(config-if-FastEthernet 0/0/1) #ip address 192.168.2.1 255.255.255.0 //配置 IP 地址
R2(config-if-FastEthernet 0/0/1) #exit //退出接口视图
R2(config) #interface loopback 0 //进入 Loopback0 接口视图
R2(config-if-Loopback 0) #ip address 2.2.2.2 255.255.255.255 //配置 IP 地址
R2(config-if-Loopback 0) #exit //退出接口视图
```

（2）配置路由

```
R1(config) #ip route 2.2.2.2 255.255.255.255 192.168.1.2 //配置静态路由
```

R2(config) #ip route 1.1.1.1 255.255.255.255 192.168.1.1 //配置静态路由

（3）配置 BGP

R1(config) #router bgp 123　　//开启 BGP 进程，AS 号为 123
R1(config) #neighbor 2.2.2.2 remote-as 123　　//指定 BGP 邻居
R1(config-router) #neighbor 2.2.2.2 update-source loopback 0 //配置 BGP 的更新源地址
R1(config-router) #exit　　//退出
R2(config) #router bgp 123　　//开启 BGP 进程，AS 号为 123
R2(config-router) #neighbor 1.1.1.1 remote-as 123　　//指定 BGP 邻居
R2(config-router) #neighbor 1.1.1.1 update-source loopback 0 //配置 BGP 的更新源地址
R2(config-router) #exit　　//退出

（4）通告路由

R1(config) #router bgp 123
R1(config-router) #network 10.1.1.0 mask 255.255.255.0　　//通告路由
R1(config-router) #exit

7.4.7　BGP 状态机

1．BGP 状态机

如图 7-12 所示，BGP 的状态机一共分为 6 种，分别为 Idle、Connect、Active、OpenSent、OpenConfirm、Established，用于描述 BGP 邻居建立和维护的过程。

微课 7-6
BGP 状态机-BGP 路由优化

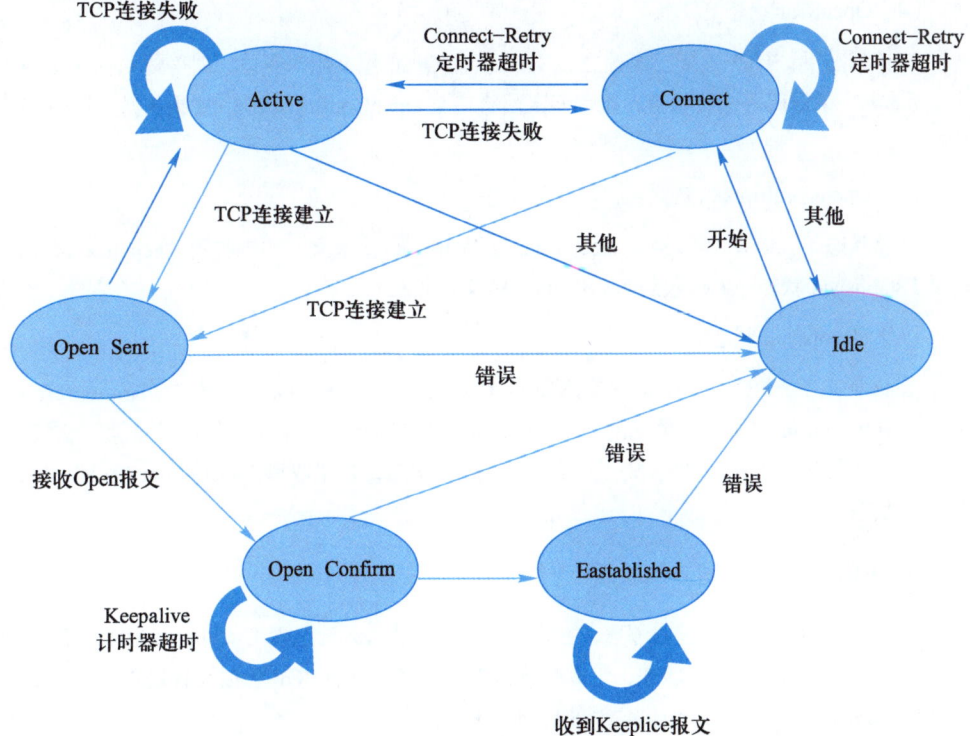

图 7-12
BGP 状态机

（1）Idle 状态

Idle 状态是 BGP 空闲时的状态，一般 BGP 进程被启动或被重置时，该状态为等待开始，当 BGP 设备收到 TCP 连接请求后，开始侦听远端对等体发起连接的端口，转至 Connect 状态，当路由器或 Peer 重置，将返回 Idle 状态。

（2）Connect 状态

在该状态下，BGP 启动连接重传计时器，等待 TCP 完成连接，如果连接成功，向 BGP 对等体发送 Open 报文，并转至 OpenSent 状态；如果 TCP 连接失败，将转至 Active 状态；如果连接重传计时器超时（默认为 32 s），BGP 依然未收到任何响应，BGP 会继续尝试与其他 BGP 对等体进行 TCP 连接，状态会停留在 Connect；如果发生其他事件，返回 Idle 状态。

（3）Active 状态

在该状态下，BGP 总是尝试与对等体建立 TCP 连接，如果连接成功，将关闭连接重传定时器，转至 OpenSent 状态；如果连接失败，BGP 依然停留在 Active 状态；等到连接重传定时器超时，仍未收到 BGP 对等体响应，BGP 转至 Connect 状态；如果发生其他事件，返回 Idle 状态。

当 BGP 认证失败时，状态首先会停留在 Connect。一般情况下，BGP 不会一直停留在 Connect 和 Active 状态，而是在 Connect 和 Active 状态之间来回切换，一般由 TCP 重传次数过多或者 IP 地址不可达所造成。在 Connect 状态中 TCP 重传次数过多，触发 TCP 报错，将进入 Active 状态，在 Active 状态中连接超时，将进入 Connect 状态。

当 Connect 和 Active 状态切换次数达到临界值，会重新转化为 Idle 状态，等待 32 s 后重新进入 Connect 状态进行连接，周而复始。

（4）OpenSent 状态

在该状态下，TCP 连接已经建立，BGP 发送 Open 报文给对等体，对等体对报文中 AS 号、版本号、认证码等进行检查，检查无误后将转至 OpenConfirm 状态，如果失败，返回 Idle 状态。

（5）OpenConfirm 状态

在该状态下，BGP 等待接收 Keepalive 或 Notification 报文，如果收到 Keepalive 报文，转至 Established 状态；如果收到 Notification 报文，返回 Idle 状态。

（6）Established 状态

在该状态下，BGP 可以与对等体交换 Update 报文、Keepalive 报文、Route-refresh 报文、Notification 报文。如果从对端收到 Update 和 Keepalive 报文，将保持连接、交换数据；如果收到 Route-refresh 报文，不会改变 BGP 状态；如果收到 Notification 报文，将转至 Idle 状态。

2．BGP 邻居无法建立的原因

BGP 对等体之间无法建立邻居，主要体现在邻居状态无法进入 Established 状态，有可能处于 Idle、Connect、Active 状态，如果处于这 3 种状态，说明 BGP 会话没有建立成功，如果处于 OpenSent、OpenConfirm 则说明邻居协商出现问题。

BGP 邻居无法建立的因素如下。
① 两边 BGP Peer 地址不可达，一般是底层原因或缺少可达的路由所致。
② 对等体 AS 配置错误。
③ EBGP 的跳数问题。
④ 更新源问题。

7.4.8 BGP 路由优化

多个 AS 相互连接时，仅简单地使用 BGP 将很难得到最优路由路径，这种情况可使用 BGP 优化路由。常用优化 BGP 路由的方法有路由反射器、BGP 联邦、BGP 路由聚合、BGP 对等体组 4 种。

1. 路由反射器

在大型网络中，BGP 规模也较大，每台设备都会建立全互连的邻居关系，由于水平分割原则，IBGP 邻居之间传递路由时只能传一跳，IBGP 邻居过多时，无法保证每台路由器都能收到所有路由。针对这种情况，可使用路由反射器实现将 IBGP 邻居学习到的路由传递给其他 IBGP 邻居。

在一个 AS 内，其中一台路由器作为路由反射器（Route Reflector，RR），其他路由器作为客户机（Client）。Client 与 RR 之间建立 IBGP 连接，组成一个集群（Cluster），Client 之间不需要建立 BGP 连接。在向 IBGP 邻居发布学习到的路由信息时，RR 按照以下规则发布路由。
① 从 EBGP 对等体学到的路由，发布给所有非客户机和客户机。
② 从非客户机 IBGP 对等体学到的路由，发布给该 RR 的所有客户机。
③ 从客户机学到的路由，发布给该 RR 的所有非客户机和客户机（发起此路由的客户机除外）。

2. BGP 联邦

除了使用路由反射器来解决 IBGP 邻居之间路由传递的问题外，还可以使用 BGP 联邦进行解决。联邦的概念是将一个 AS 划分为若干个子 AS，子 AS 之间属于 EBGP 邻居关系，可正常传递路由。子 AS 对外是透明的，建议子 AS 使用私有 AS 号，对外仍呈现为主 AS。子 AS 的 AS 号只有在主 AS 内部传递时才会写入路由的 AS_Path 中。

3. BGP 路由聚合

在 BGP 默认情况下，汇总路由会将所有明细路由的 AS_Path 去掉，汇总路由发给其他邻居之后，由于 AS_Path 丢失，很有可能造成路由环路，因此 BGP 汇总路由中会附加一定的属性以提示该路由产生了丢失，此属性为 atomic-agregate（公认可选）。

4. BGP 对等体组

BGP 对等体组能简化 BGP 对邻居的参数配置，但同一个 Peer Group 中的所有邻居必须全部为 IBGP 邻居或 EBGP 邻居。如果为 EBGP 邻居，则邻居可以是任意 AS，不要求必须是同一个 AS。

7.5 多园区网络的规划与设计

微课 7-7
多园区网络的规划
与设计

多园区网络建设前应做好统一规划,保证整体网络的统一性,保证不同园区网络之间不会形成干扰。

7.5.1 多园区网络规划流程

多园区网络建设有其特殊性,必须提高认识,统一规划,分步实施。

1. 明确设计目标

根据用户需求进行项目分析,了解园区网络现状,结合计算机网络技术、通信技术等进行科学论证与设计,向用户和工程人员提供详尽、科学的工程方案。

2. 设备选型

同一类型网络设备尽量选取同一厂商的产品,在设备可互连性、协议互操作性、技术支持性等方面都更有优势。产品线齐全、技术认证队伍力量雄厚、产品市场占有率高的厂商是网络设备品牌的首选。主干设备选择应预留一定的能力,以便将来扩展,低端设备更新快且易于扩展,设计时够用即可。

3. 拓扑图

根据用户具体需求,规划相应拓扑图。网络拓扑影响着整个网络的设计、功能、可靠性和通信费用等多个方面。

4. 涉及的网络技术

使用 VLAN 技术、路由选择技术(静态、动态)、NAT 技术等对主园区的核心设备进行周密配置,包括虚网划分、路由设计及安全防范等,再对其他园区的接入设备进行分步实施。

5. IP 地址规划

判断园区网用户对网络与主机数的需求,计算满足用户需求的最基本网络地址结构,然后计算地址掩码、网络地址、广播地址,最后计算出主机使用的地址。建议每个 VLAN 一个 C 类地址,即掩码为/24,可容纳 254 台主机。规划各段 IP 地址时应方便进行路由汇总,简化路由条目。

6. 安全防范措施

常见的园区网安全威胁有非法接入网络、非法访问资源、网络窃听、MAC 地址欺骗等。网络安全防范首先要保护内部局域网的安全,保证内网和外网数据交换的安全。

① 使用端口接入控制。802.1X、MAC 地址认证和端口安全等基于端口的安全技术能有效防护非法接入。

② 限制用户访问的资源。使用端口接入控制、认证用户、访问控制等策略限制已经认证过的合法用户所能访问的资源,并进行安全扫描终端 PC,检查终端是否存在安全漏洞。

③ 防范远程连接的攻击。采用 SSH 协议进行远程连接攻击的防范,SSH 通过加密和认

证机制,能实现安全的远程访问和文件传输等业务。

7.5.2 多园区网络规划文档编写

新年职业技术学院进行了校区扩建,现由东、西两个校区组成,相距 30 km,要求实现两个校区教学资源、信息资源、硬件资源和软件资源的共享。在规划多园区网络时,在现有网络设计的基础上对校园网进行有机整合。

1. 项目总体设计

采用先进的 IP 光纤网络技术,骨干网带宽 10 Gbit/s。因自行铺设光纤资金投入大且施工困难,这里考虑租用运营商光纤线路,采用 BGP 实现两个校区的网络互联。各校区的校园网采用"万兆主干,千兆到桌面"模式。

2. 项目实施拓扑图

通过需求沟通和设备清单对比,规划完成拓扑图如图 7-13 所示。

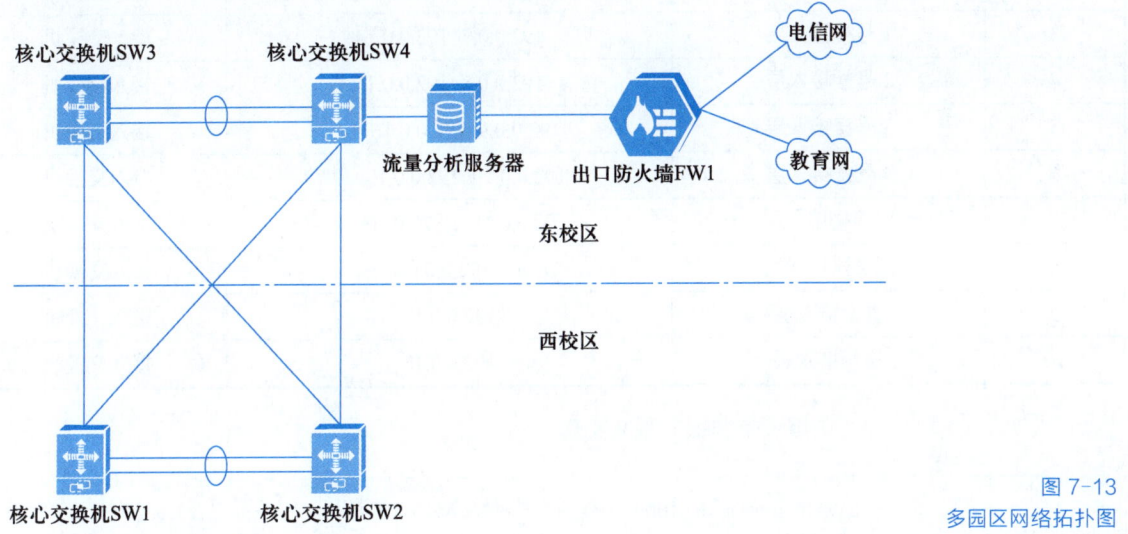

图 7-13
多园区网络拓扑图

3. 设备部署规划

设备命名规则:1 号教学楼 2 楼的接入交换机:JiiaoXue1-2F。
实训楼设备命名规则:4 号实训楼 3 楼汇聚:ShiXun4-3F-HJ。
设备软件版本见表 7-2。

表 7-2 设备软件版本

设备类型	软件版本	备注
RG-S2900G	RGOS 11.4(1)B42P1	
RG-S6120	RGOS 11.0(5)B9P25	
RG-S5750-H	RGOS 11.4(1)B42P1	
RG-S8606-B	RGOS 10.4(3b17)p3_Release(170416)	

为便于识别和维护，交换机之间使用 VLAN，VLAN 接口的描述规则为：

TO_设备名称-端口编号-V+VLAN ID

如用 VLAN 连接 S8610 交换机 01 的 GE1/1 端口，VLAN 号为 100，可描述为：

TO_Core-RUIJIE-S8610-01_GE1/1_V100。

4．IP 地址分配

交换机之间管理地址使用 VLAN 100，地址为 10.0.1.0/24 网段，设备之间互连使用 192.0.0.0/24 网段，具体见表 7-3。

表 7-3　IP 地址分配

序号	设备名称	管理地址	设备描述
1	核心	192.0.0.254	核心交换机
2	办公楼接入层	192.0.0.1- 192.0.0.5	接入交换机
3	1 号楼接入层	192.0.0.7/ 192.0.0.14	接入交换机
4	2 号楼接入层	192.0.0.8/ 192.0.0.15	接入交换机
5	3 号楼接入层	192.0.0.9/ 192.0.0.16-17	接入交换机
6	4 号楼接入层	192.0.0.10/ 192.0.0.18-19	接入交换机
7	实验楼接入层	192.0.0.11/ 192.0.0.20-21	接入交换机
8	服务器接入层	192.0.0.6	接入交换机
9	食堂接入层	192.0.0.12	接入交换机
10	操场接入层	192.0.0.13	接入交换机

5．关键设备详细配置及实现

```
SWA(config) # vlan100 to 104   // 创建 VLAN 100-104
SWA(config) #vlan 100   // 进入 VLAN 100
SWA(config-vlan) # name user_1   // VLAN 100 的备注
SWA(config) #vlan 101   // 进入 VLAN 101
SWA(config-vlan) # name user_2   // VLAN 101 的备注
SWA(config) #vlan 102   // 进入 VLAN 102
SWA(config-vlan) # name jiankong   // VLAN 101 的备注
SWA(config) #vlan 103   // 进入 VLAN 103
SWA(config-vlan) # name guangbo   // VLAN 101 的备注
SWA(config) #vlan 104   // 进入 VLAN 104
SWA(config-vlan) # name guanli   // VLAN 101 的备注
SWA(config) # ip dhcp excluded-address 10.0.1.253 10.0.1.254   // 保留地址
SWA (config) # ip dhcp excluded-address 10.0.2.253 10.0.2.254   // 保留地址
SWA(config) # ip dhcp pool user_1   // 创建地址池 user_1
```

SWA(dhcp-config)# lease 0 6 0   // 设置地址租期时间为 6 h
SWA(dhcp-config)# network 10.0.1.0 255.255.255.0   // 地址池地址
SWA(dhcp-config)# dns-server 202.102.134.68 202.102.128.68   //分配 DNS 地址
SWA(dhcp-config)# default-router 10.0.1.254   // 分配网关
SWA(config)# ip dhcp pool user_2   // 创建地址池 user_2
SWA(dhcp-config)# lease 0 6 0   // 设置地址租期时间为 6 h
SWA(dhcp-config)# network 10.0.2.0 255.255.255.0   // 地址池地址
SWA(dhcp-config)# dns-server 202.102.134.68 202.102.128.68   //分配 DNS 地址
SWA(dhcp-config)# default-router 10.0.2.254   // 分配网关
SWA(config)#enable password ruijie   // 配置进入 enable 时的密码
SWA(config)#spanning-tree   //开启生成树
SWA(config)interface GigabitEthernet 1/1   // 进入接口
SWA(config-if-GigabitEthernet 1/1)# switchport mode trunk   // 接口为 Trunk
SWA(config-if-GigabitEthernet 1/1)# switchport trunk allowed vlan remove 1-99，105-999，1001-4094   // 除以上 VLAN 外，其余 VLAN 可以带标签通过
SWA(config)interface GigabitEthernet 1/2   // 进入接口
SWA(config-if-GigabitEthernet 1/2)# switchport mode trunk   // 接口为 Trunk
SWA(config-if-GigabitEthernet 1/2)# switchport trunk allowed vlan remove 1-99，105-999，1001-4094   // 除以上 VLAN 外，其余 VLAN 可以带标签通过
SWA(config)interface GigabitEthernet 1/3   // 进入接口
SWA(config-if-GigabitEthernet 1/3)# switchport mode trunk   // 接口为 Trunk
SWA(config-if-GigabitEthernet 1/3)# switchport trunk allowed vlan remove 1-99，105-999，1001-4094   // 除以上 VLAN 外，其余 VLAN 可以带标签通过
SWA(config)interface GigabitEthernet 1/12   // 进入接口
SWA(config-if-GigabitEthernet 1/3)# no ip proxy-arp   // 关闭路由式 ARP
SWA(config-if-GigabitEthernet 1/3)# ip address 172.16.3.1 255.255.255.0   //配置接口 IP 地址
SWA(config) ip route 0.0.0.0 0.0.0.0 172.16.3.2   // 配置静态路由
SWA(config)interface GiabitEthernet 1/47   // 进入接口
SWA(config-if-GigabitEthernet 1/47)# port-group 1   // 将接口加入聚合组
SWA(config)interface GiabitEthernet 1/48   // 进入接口
SWA(config-if-GigabitEthernet 1/48)# port-group 1   // 将接口加入聚合组
SWA(config)#interface aggregateport 1   // 创建聚合组 1
SWA(config-if-AggregatePort 1)# switchport mode trunk   // 接口为 Trunk
SWA(config-if-AggregatePort 1)# switchport trunk allowed vlan remove 1-99，105-999，1001-4094   // 除以上 VLAN 外，其余 VLAN 可以带标签通过
SWA(config)# aaa new-model   // 开启认证
SWA(config)#aaa accounting   // 打开计账
SWA(config)#aaa accounting update   // 开启计账更新
Switch(config)# aaa accounting network SWA start-stop group radius   // 配置身份认证方法
Switch(config)# aaa group server radius SWA
Switch(config-gs-radius)# server 192.168.5.131   // 指定记账服务器地址

Switch(config-gs-radius) # exit //退出当前视图
Switch(config) # aaa authentication dot1x ruijie group radius local // 配置 dot1x 认证方法
Switch(config) # radius-server host 192.168.5.100   // 指定认证服务器地址
Switch(config) # radius-server key 0 password // 指定 RADIUS 共享口令
Switch(config) # dot1x accounting ruijie   // 开启计账功能
Switch(config) # dot1x authentication ruijie   // 开启认证功能
Switch(config) # snmp-server community ruijie   // 指定 SNMP 共同体字段
SWA(config) # interface GiabitEthernet 1/32
SWA(config-if-GigabitEthernet 1/32) # dot1x port-control auto
SWA(config) #interface GiabitEthernet 1/33   // 进入接口
SWA(config-if-GigabitEthernet 1/32) #switchport port-security binding 0011.1111.1112 vlan 1 192.168.1.2   //绑定到交换机的 G1/32 接口
SWA(config-if-GigabitEthernet 1/32) #switchport port-security   // 开启端口安全功能
SWA(config) #enable service ssh-server // 开启 SSH 服务
SWA(config) #ip ssh version 2   // 设置 SSH 版本为 V2
SWA(config) #crypto key generate rsa   // 加密方式为 RSA
SWA(config-line) # login local // 登录认证为本地认证
SWA(config-line) #transport input ssh   // 设置传输模式为 SSH，设置远程登录只允许使用 SSH，不能使用 Telnet
SWA（config) #line vty 0 4   // 进入 VTY 接口
SWA(config-line) #login   // 启用需输入密码
SWA(config-line) #password ruijie   // 配置远程登录时的密码
SWA(config-line) #exit // 退出
SWA#write // 保存配置

6. 系统测试

```
Ruijie#show running-config
PC>ping    172.16.3.1
Ping 172.16.3.1: 32 data bytes, Press Ctrl_C to break
From 172.16.3.1: bytes=32 seq=1 ttl=255 time=15 ms
From 172.16.3.1: bytes=32 seq=2 ttl=255 time=15 ms
From 172.16.3.1: bytes=32 seq=3 ttl=255 time<1 ms
From 172.16.3.1: bytes=32 seq=4 ttl=255 time<1 ms
From 172.16.3.1: bytes=32 seq=5 ttl=255 time=31 ms
--- 172.16.3.1 ping statistics ---
  5 packet(s) transmitted
  5 packet(s) received
  0.00% packet loss
  round-trip min/avg/max = 0/12/31 ms
```

```
PC>ping 8.8.8.8
Ping 8.8.8.8: 32 data bytes, Press Ctrl_C to break
From 8.8.8.8: bytes=32 seq=1 ttl=255 time=15 ms
From 8.8.8.8: bytes=32 seq=2 ttl=255 time=15 ms
From 8.8.8.8: bytes=32 seq=3 ttl=255 time=31 ms
From 8.8.8.8: bytes=32 seq=4 ttl=255 time<1 ms
From 8.8.8.8: bytes=32 seq=5 ttl=255 time=31 ms
--- 8.8.8.8 ping statistics ---
  5 packet(s) transmitted
  5 packet(s) received
  0.00% packet loss
  round-trip min/avg/max = 0/18/31 ms
```

学习总结

通过本项目的学习，我认识了_____

_____

_____

我对哪些还有疑问：_____

_____

_____

知识检测

1. IPv6 地址中包含下列（　　）类型。
   A. 单播　　　　　　　　B. 多播
   C. 任播　　　　　　　　D. 广播

2. 下列（　　）地址是合法的链路本地地址。
   A. fe80::11　　　　　　B. fec0::2
   C. ff02::a001　　　　　D. ff02::1:ff00:0101:0202

3. 下面 IPv6 地址表示错误的是（　　）。
   A. ::1/128　　　　　　B. 1:2:3:4:5:6:7:8:/64
   C. 1:2::1/64　　　　　D. 2001::1/128

4. 下列（　　）协议是 EGP 协议。
   A. RIP　　　　　　　　B. BGP
   C. IS-IS　　　　　　　D. OSPF

5. BGP 把 TCP 作为它的传送协议，使用的端口号为（　　）。
   A. 79　　　　　　　　　B. 179
   C. 89　　　　　　　　　D. 189

6. BGP 协议中，每隔（　　）时间向邻居发送路由更新信息。
   A. 30 s　　　　　　　　　　B. 60 s
   C. 180 s　　　　　　　　　 D. 无固定周期
7. 下列（　　）组网比较适合 BGP 路由协议。
   A. 对路由信息需要进行大量的控制
   B. 路由条目数量较多，万条以上
   C. 需要使用 MPLS VPN
   D. 网络规模较小，路由数目较小，比较稳定
8. IPv4 地址长度为_____个二进制，用_____来表示。
9. IPv6 地址长度为_____个二进制，用_____来表示。
10. IPv6 采用_____协议来完成地址解析，该协议工作在网络体系结构的_____层。

项目 8 园区网构建及优化

 学习背景

新年职业技术学院新校区的校园网项目,为了保障建设完成的校园网网络中心的稳健性,实现高带宽的网络出口传输效果,准备在网络中心的建设上实现虚拟化技术。

特别是在校园网的出口设计方面,在全力保障网络安全的基础上,还需要实现网络出口的冗余和备份。通过实施完成网络出口的设计,保障校园网出口带宽的稳定性。

通过学习,达成如下学习目标。

- 掌握 VRRP 技术。
- 掌握 VSU 虚拟交换技术。
- 掌握 BFD 技术。
- 掌握 RUEP 技术。
- 掌握 LDP 与 DLDP 技术。

项目 8　园区网构建及优化

 **知识结构**

本项目的知识结构如图 8-1 所示。

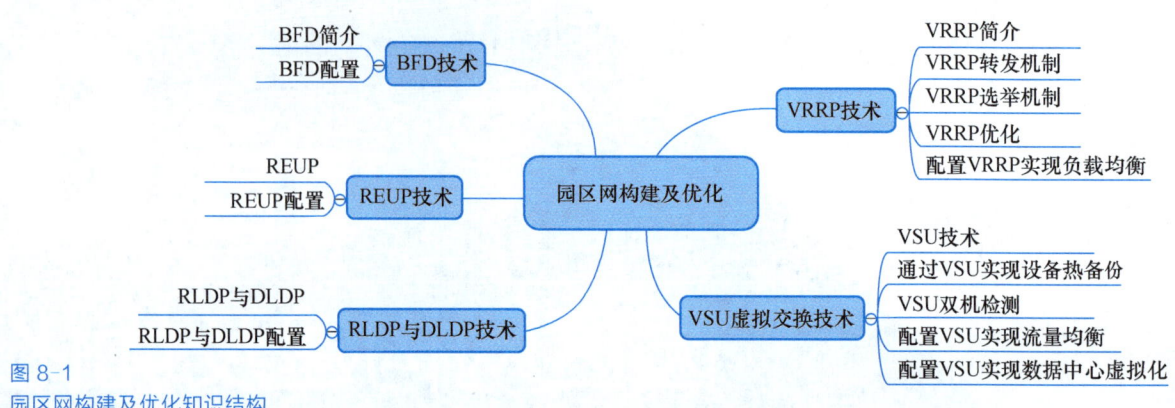

图 8-1
园区网构建及优化知识结构

 课前自测

在开始本项目学习之前，请先尝试回答以下问题。
1. 什么是生成树协议？网络中的生成树协议有哪些功能？主要有哪些生成树协议？
2. 什么是网关？网关有哪些应用？
3. 在传统网络设计中，有哪些技术可以保障网络中心的稳定性？

 项目分析及准备

项目分析及准备

8.1 VRRP 技术

VRRP 将局域网中的一组路由器划分在一个组内，称为一个备份组。备份组由一台 Master 主路由器和多台 Backup 备份路由器组成，相当于一台虚拟路由器。

微课 8-1
VRRP 技术

8.1.1 VRRP 简介

1．虚拟路由冗余协议

虚拟路由冗余协议（Virtual Router Redundancy Protocol，VRRP）是由 IETF 提出的解决局域网中配置静态网关出现单点失效现象的路由协议。VRRP 广泛应用于边缘网络中，其设计目标是保证特定情况下，IP 数据流量失败转移不会引起混乱，以及允许主机即使在第一跳路由使用失败的情形下，仍能维护出口网络之间的连通性。

2．VRRP 的特点

VRRP 是一种容错协议，能在提高可靠性的同时，简化主机配置。在具有多播或广播能力的局域网（如以太网）中，当某台设备出现故障时，借助 VRRP 仍能提供可靠的默认链路，有效避免单一链路发生故障后网络中断的问题（不需要修改动态路由协议、路由发现协议等配置信息）。

8.1.2 VRRP 转发机制

局域网内的主机只需获取虚拟路由器的 IP 地址，将主机的默认网关设置为该虚拟路由器的 IP 地址，主机可通过该虚拟网关与外部网络进行通信，如图 8-2 所示。

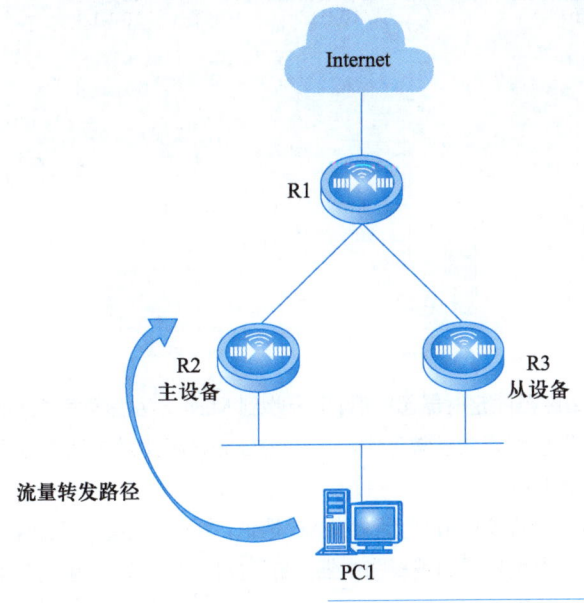

图 8-2
虚拟路由冗余

VRRP 将虚拟路由器动态关联到承担传输业务的物理路由器上，当该物理路由器出现故障时，再次选择新路由器接替业务传输工作，整个过程对用户完全透明，实现了内部网络和外部网络不间断通信。

8.1.3 VRRP 选举机制

1. VRRP 常用术语

① VRRP 路由器：所有运行 VRRP 的路由器，是物理实体。

② VRRP 备份组：多台路由器被分到一个组中构成一个备份组。在组中选举一台主路由器，其他作为备份路由器。正常状态下主路由器工作，备份路由器空闲。当主路由器故障后，从备份路由器中选举出一台路由器，替代发生故障的主路由器工作。

③ VRID：虚拟路由器的标识。具有相同 VRID 的一组路由器构成一台虚拟路由器。

④ 虚拟路由器：VRRP 备份组中所有路由器的集合，是一个逻辑概念，并不是真正存在的。一组 VRRP 路由器协同工作，共同构成一台虚拟路由器，负责 ARP 解析和转发 IP 数据包。

开启 VRRP 功能后，路由器会根据优先级确定自己在备份组中的角色。备份组中的路由器根据优先级选举出 Master 路由器，承担报文的转发功能。优先级高的路由器成为 Master 路由器，优先级低的成为 Backup 路由器。Master 路由器定期发送 VRRP 通告报文，通知备份组中其他设备自己处在工作正常状态，Backup 路由器则启动定时器等待通告报文的到来。

在抢占方式下，当 Backup 路由器收到 VRRP 通告报文后，会将自己的优先级与通告报文中的优先级进行比较。如果大于通告报文中的优先级，就成为 Master 路由器，否则保持 Backup 状态。在非抢占方式下，只要 Master 路由器没有出现故障，备份组中的路由器始终保持 Backup 状态，Backup 路由器即使随后被配置为更高的优先级也不会成为 Master 路由器，如图 8-3 所示。

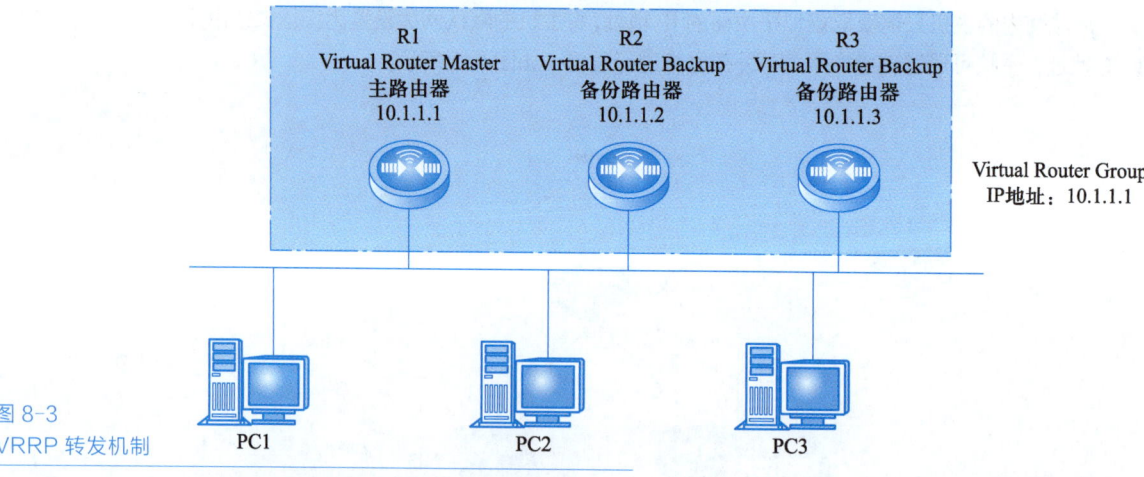

图 8-3
VRRP 转发机制

如果 Backup 路由器的定时器超时后，仍未收到 Master 路由器发送来的 VRRP 通告报文，则认为 Master 路由器已经无法正常工作。此时，Backup 路由器会认为自己是 Master 路由器，并对外发送 VRRP 通告报文。

虚拟路由器有一个虚拟的 IP 地址和 MAC 地址，并通过该虚拟路由器对外表现为一个唯一的 IP 地址和 MAC 地址构成的逻辑路由器。如果虚拟 IP 和备份组中某台路由器的 IP 相同，则称这台路由器为 IP 地址拥有者，作为备份组中的主路由器，如图 8-4 所示。

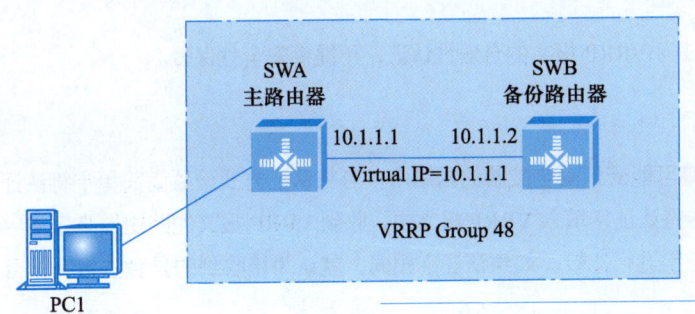

图 8-4 VRRP 路由角色

组中其他路由器作为备份角色处于待命状态，当主路由器发生故障时，其中一台备份路由器能在瞬间的时延后成为主路由器，由于此切换非常迅速，且不用改变 IP 地址和 MAC 地址，故对终端用户是透明的。

2．VRRP 路由器的 3 种状态

VRRP 路由器在运行过程中有 3 种状态，如图 8-5 所示。

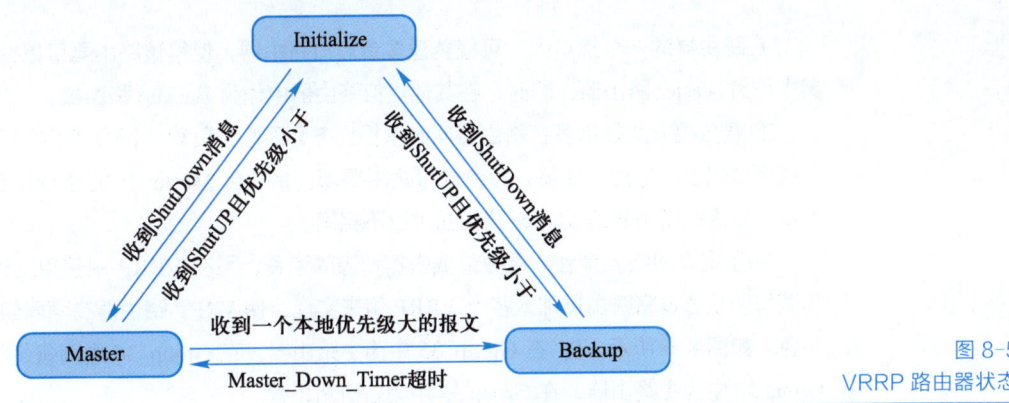

图 8-5 VRRP 路由器状态

（1）Initialize 状态

系统启动后就进入 Initialize 状态，此状态下路由器不对 VRRP 报文做任何处理，可以理解为初始化。

（2）Master 状态

路由器发送 VRRP 通告，发送免费 ARP 报文。

（3）Backup 状态

路由器接收并发送 VRRP 通告。一般主路由器处于 Master 状态，备份路由器处于 Backup 状态。

每个备份组都包括一台主用路由器和若干台备用路由器。每台路由器在不同的备份组中可以有不同的优先级（在 Initialize、Master 和 Backup 3 种角色状态中切换），实现流量的负载分担。

8.1.4 VRRP 优化

VRRP 提供了无认证、简单字符认证、MD5 认证 3 种认证方式，实现 VRRP 优化操作。

1．无认证

不进行任何 VRRP 报文的合法性认证，不提供安全性保障。

2．简单字符认证

在一个有可能受到安全威胁的网络中，可将认证方式设置为简单字符认证。发送 VRRP 报文的路由器将认证字填入 VRRP 报文中，收到 VRRP 报文的路由器将报文中的认证字和本地配置的认证字进行比较。如果认证字相同，就认为接收到的是合法报文，否则认为是非法报文。

3．MD5 认证

在一个非常不安全的网络中，可将认证方式设置为 MD5 认证。发送 VRRP 报文的路由器利用认证字和 MD5 算法对 VRRP 报文进行加密，加密后的报文保存在认证头中。收到 VRRP 报文的路由器会利用认证字解密报文，检查该报文的合法性。

8.1.5 配置 VRRP 实现负载均衡

在路由器的一个接口上，可以创建多台虚拟路由器，使得该路由器可以在一台虚拟路由器中作为 Master 路由器，同时，在其他虚拟路由器中作为 Backup 路由器。

负载分担方式是指多台路由器同时承担业务，因此，负载分担方式的实现，需要构建两台或两台以上的虚拟路由器，每台虚拟路由器都包括一台 Master 路由器和若干台 Backup 路由器，各虚拟路由器的 Master 路由器可以不相同。

为了提高网络冗余性，避免造成带宽资源的浪费，可在 VRRP 中使用负载均衡。VRRP 负载均衡是通过将路由器加入多个 VRRP 组来实现，使 VRRP 路由器在不同组中担任不同的角色。如图 8-6 所示，R1 在 Group 35 中为主路由器，在 Group 36 中为备份路由器，R2 在 Group 36 中为主路由器，在 Group 35 中为备份路由器。

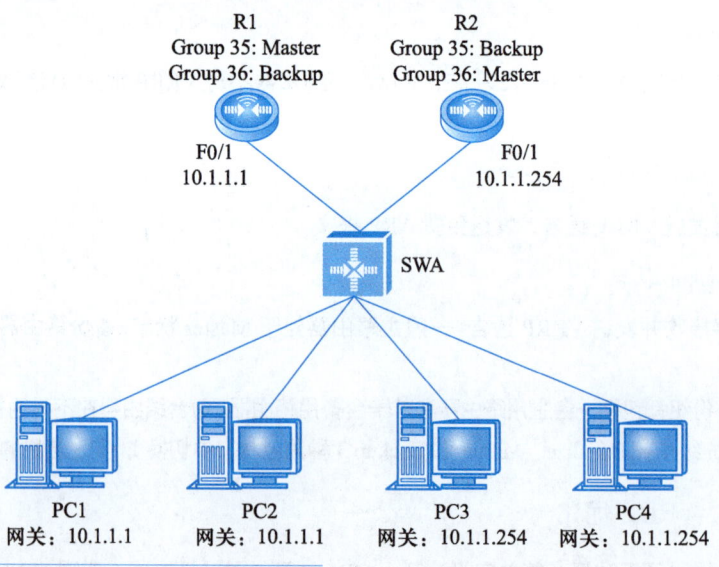

图 8-6　VRRP 负载均衡

1. 组网要求

在 R1 与 R2 上配置 VRRP 负载均衡。

2. 配置要点

在客户机网关地址配置虚拟网关。

3. 配置步骤

```
R1(config) #Interface fa0/1
R1(config-if) #Ip add 10.1.1.1 255.255.255.0
R1(config-if) #Vrrp 35 ip 10.1.1.1
R1(config-if) #Vrrp 36 ip 10.1.1.254
R1(config-if) #end

R2(config) #Interface fa0/1
R2(config-if) #Ip add 10.1.1.254 255.255.255.0
R2(config-if) #Vrrp 35 ip 10.1.1.1
R2(config-if) #Vrrp 36 ip 10.1.1.254
R2(config-if) #end
```

8.2 VSU 虚拟交换技术

将两台物理交换机虚拟化为一台，将多台物理设备虚拟为一台逻辑上统一的设备，使其能够实现统一运行和管理，从而减小网络规模，提升网络可靠性。

8.2.1 VSU 技术

微课 8-2
VSU 虚拟交换技术

在传统网络中，为了提高网络的可靠性，一般在核心层或汇聚层将两台设备配置成双核心（起冗余备份作用），接入、汇聚设备分别连接两条链路到备份的双核心，图 8-7 所示为典型的传统网络架构。冗余的网络架构增加了网络设计和操作的复杂性，同时大量的备份链路也降低了网络资源的利用率，减少了投资回报率。

1. VSU

虚拟交换单元（Virtual Switching Unit，VSU）是一种网络系统虚拟化技术，支持将多台设备组合为单一的虚拟设备。

如图 8-8 所示，物理上是多台设备，逻辑上却是一台设备，将两台交换机组合为单一的虚拟交换机，从而简化网络拓扑。接入、汇聚、核心层设备都可以组成 VSU，形成整网端到端的 VSU 组网方案。和传统组网方式相比，这种组网方式可以简化网络拓扑，降低网络的复杂性及管理维护成本，缩短应用恢复时间和业务中断时间，提高网络资源的利用率。

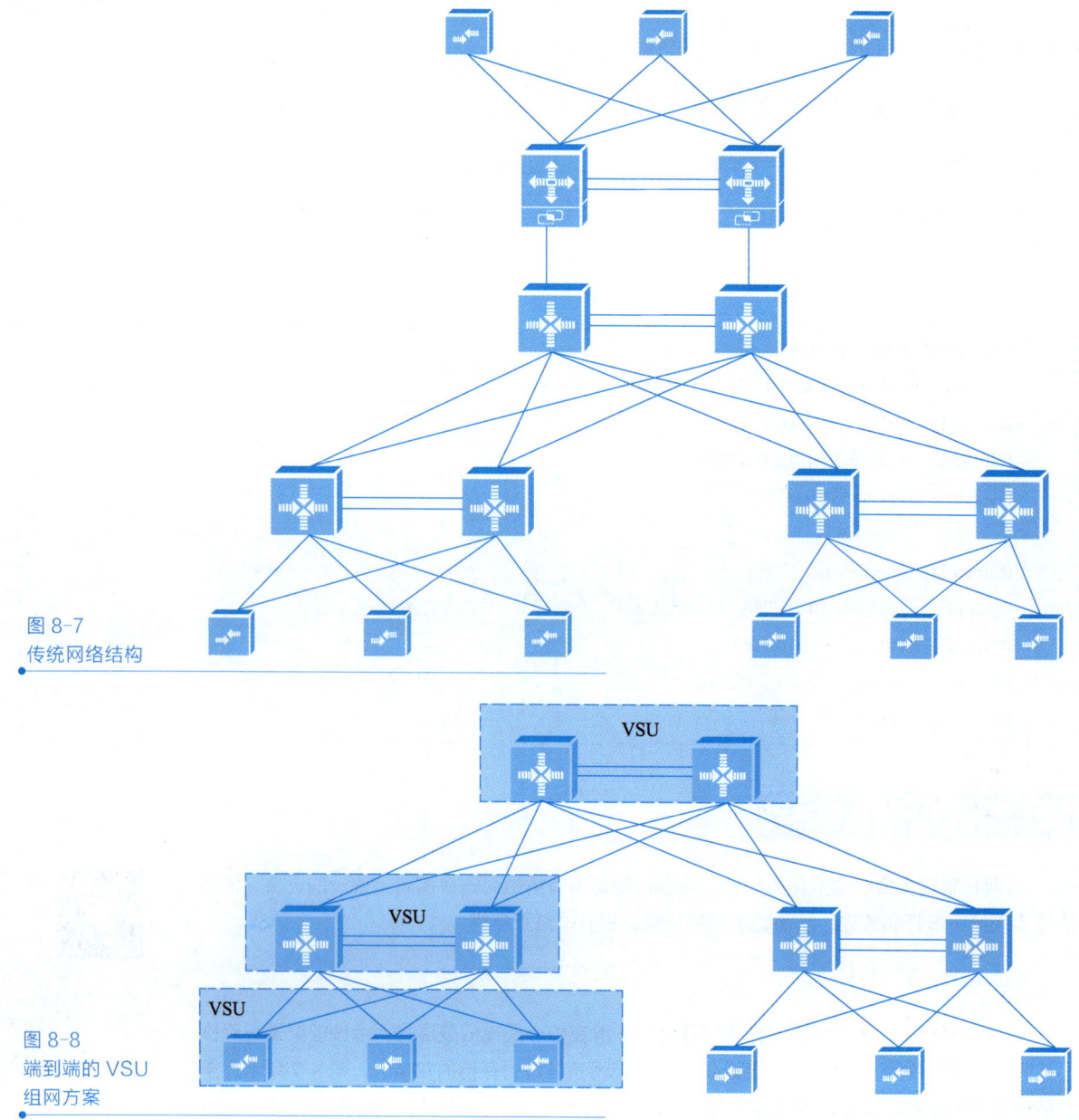

图 8-7 传统网络结构

图 8-8 端到端的 VSU 组网方案

2. VSU 系统组成

VSU 系统由两台机箱构成,当构建 VSU 系统时,两台机箱通过一定的选举协议确定主从身份。其中一台机箱作为主机箱,另外一台机箱作为从机箱。主机箱内的全局主管理板负责控制整个 VSU 系统,运行控制面协议并参与数据转发,而从机箱仅参与数据转发并实时同步接收主机箱的状态。由于从机箱仅允许转发工作,从机箱接收到的控制面数据流,需要转发给主机箱内的全局主管理板进行处理。

3. VSU 系统基本概念

(1) VSU 系统

VSU 系统是由传统网络结构中两台或多台设备组成的单一的逻辑实体,如图 8-9 所示的汇聚层 VSU 系统，可以看成单独的一台设备与核心层、接入层进行交互。

在图 8-9 中，汇聚层 VSU 成员之间通过内部的链路组成逻辑实体，接入层设备通过聚合链路与汇聚层 VSU 建立连接，在接入层和汇聚层之间避免了二层环路。另外，VSU 减少了路由实体的数目，简化了三层网络拓扑。

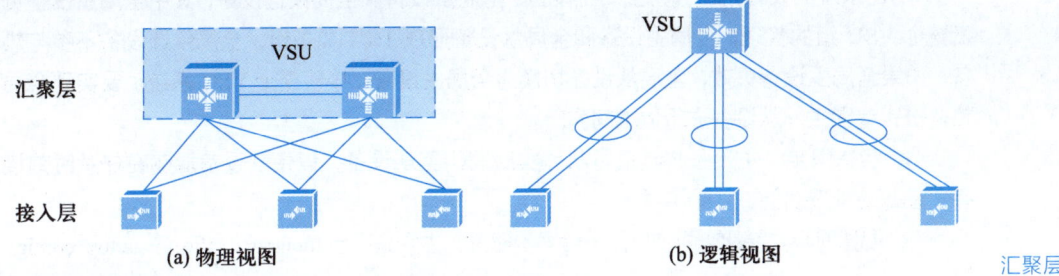

图 8-9
汇聚层 VSU 系统

除核心、汇聚层设备外，接入层设备也可组成 VSU 系统，如图 8-10 所示。对于接入可用性要求高的服务器，一般使用"单服务器多网卡绑定为 Aggregate Port（AP）"技术与接入层设备相连。由于 AP 要求只能接入同一台设备，所以单台设备故障的风险增加，这时可应用 VSU 解决这个问题。在 VSU 模式下，服务器可使用多网卡绑定为 AP 聚合连接同一个 VSU 组内不同的成员设备，以防止接入设备的单点失效，或单条链路失效导致的网络中断。

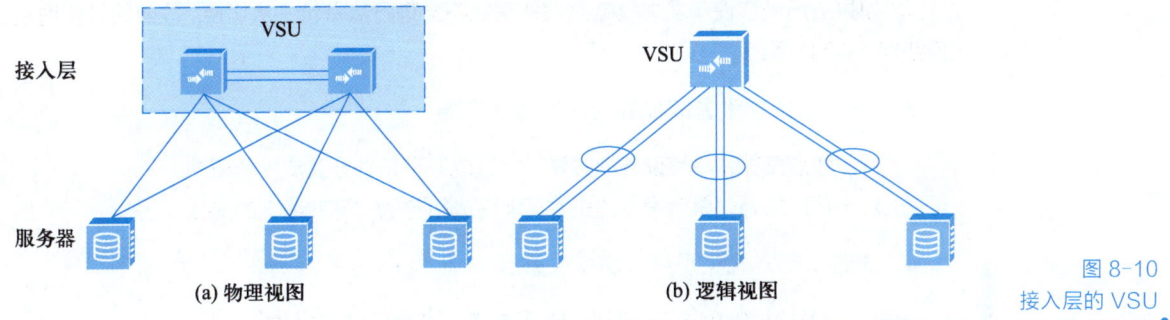

图 8-10
接入层的 VSU

（2）成员设备编号

VSU 系统中每个成员设备都拥有唯一的编号，即 Switch ID，用于管理成员设备及配置成员设备上的接口等。用户在将设备加入 VSU 系统时需配置该编号，并保证成员设备编号在同一个 VSU 系统中是唯一的。VSU 系统如果发现成员设备编号冲突，将进行自动分配。

（3）成员设备角色

VSU 系统由多台设备构成，在组建 VSU 系统时，多台设备通过竞选协议选举出一台全局主设备、一台全局从设备，其余设备为全局候选设备。

全局主设备负责控制整个 VSU 系统，运行控制面协议并参与数据转发。全局从设备、全局候选设备仅参与数据转发，不运行控制面协议，所有接收到的控制面数据流都将转发给全局主设备进行处理。全局从设备同时还实时同步接收全局主设备的状态。在全局主设备失效后，全局从设备切换为全局主设备，管理整个 VSU 系统。

8.2.2 通过 VSU 实现设备热备份

1. 热备份原理

VSU 系统的设备角色分为全局主设备、全局从设备和全局候选设备，其中全局主设备负责整个 VSU 组的管理，全局主设备和全局从设备形成 1∶1 热备份，全局候选设备不参与热备。如果全局主设备失效，全局从设备切换为全局主设备，接管整个 VSU 系统。要实现全局热备份，就需主、从设备进行以下同步。

① 状态同步。主设备将其运行状态实时同步至从设备，以使从设备能够在任意时刻接替主设备的管理功能。

② 配置同步。除状态同步外，还需同步配置，主要是同步 running-config 与 startup-config。

2. 成员设备故障恢复方法

VSU 系统中的成员设备故障有以下几种情况。

① 如果全局主设备发生故障，VSU 系统将进行热备份主从切换，原全局从设备升级为主设备，接管整个 VSU 组。故障的设备重启，重新热加入 VSU 系统。

② 如果全局从设备发生故障，VSU 系统不会进行热备份主从切换，从其他全局候选设备中选举出新的全局从设备。故障的设备重启，重新热加入 VSU 系统。

③ 如果全局候选设备发生故障，VSU 系统不会进行热备份主从切换。故障的设备重启，重新热加入 VSU 系统。

3. VSU 系统中设备故障会对拓扑造成影响

① 对于线形拓扑，单台设备的失效可能造成一个拓扑分裂成两个拓扑。

② 对于环形拓扑，单台设备的失效可能造成拓扑的"环转线"的变化。

4. 通过手动方式实现热备切换或重启

通过主设备的控制台界面，用户可执行热备份切换及复位操作。

① 通过执行 reload 命令，整个 VSU 系统将进行复位。

② 通过执行 reload switch [switched]或 redundancy reload shelf[switched]命令对某台设备进行重启。

③ 通过执行 remove configuration switch [switched]命令清除某台设备配置，此时该设备自动重启。

④ 通过执行 redundancy reload peer 命令，复位全局从设备。

⑤ 通过执行 redundancy forceswitch 命令，VSU 系统将进行热备份主从切换。

8.2.3 VSU 双机检测

VSU 系统的多台设备作为一个网络实体，设备之间需要共享控制信息和部分数据流。虚拟交换链路（Virtual Switching Link，VSL）是 VSU 系统中设备间传输控制信息和数据流的特殊链路。目前，支持在两台设备间通过万兆接口建立 VSL，VSL 在 VSU 系统内的位置如图 8-11 所示。

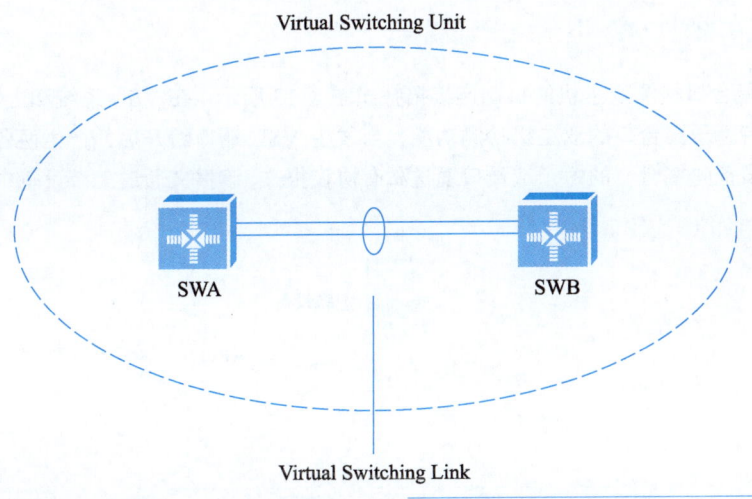

图 8-11
虚拟交换链路

VSL 链路以聚合端口组的形式存在，通过 VSL 传输的数据流，根据流量平衡算法，在聚合端口的各个成员之间，进行负载均衡。

当 VSL 断开时，从设备切换成主设备。如果原来的主设备还在运行，则两台设备都是主角色，由于配置完全相同，在局域网中会引起 IP 地址冲突等一系列问题。在这种情况下，VSU 系统必须检测双主机，采取恢复措施。VSU 支持使用基于 BFD 检测和基于聚合口检测两种方式进行双主机检测。

1．基于 BFD 检测

VSU 支持使用双向转发检测（Bidirectional Forwarding Detection，BFD）检测多主机情况。其拓扑连接如图 8-12 所示，两个边缘设备增加一条链路，专门用于多主机检测。

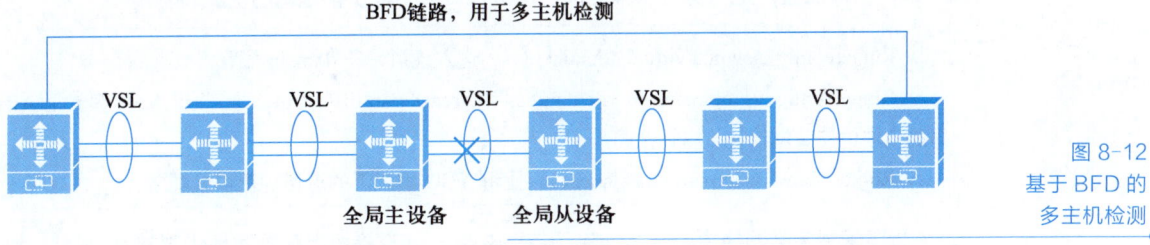

图 8-12
基于 BFD 的多主机检测

当全局主设备和全局从设备之间的 VSL 链路断开，会产生两台主机，如果配置了 BFD 双主机检测功能，则两台主机之间通过 BFD 链路，互相发送 BFD 双主机检测报文，当检测到当前存在有两台相同的主机，就通过一定的规则，关闭其中一台主机所在的 VSU 系统，使其进入 recovery 状态，避免网络异常。

基于 BFD 检测功能专门针对 VSU 双机组网场景，提供双机快速检测功能。当采用 VSU 双机组网，并配置基于 BFD 检测时，一旦发生拓扑分裂，将保留原来的主机，从机进入 recovery 状态。实际上，双机快速检测功能也适用于原从机所在新拓扑只有一台设备，原主机所在新拓扑有一台或多台设备的情况。

在符合双机快速检测的场景下，双机快速检测功能优先生效，如果双机快速检测功能失效则多主机检测功能生效。

2. 基于聚合口检测

基于聚合口检测双主机的机制连接拓扑如图 8-13 所示。在 VSU 系统和上游设备中，都需要支持基于聚合口的双主机检测功能，当发生 VSL 端口断开后，产生两台主设备，这两台主设备向聚合口的每个成员口发送私有协议报文，该报文通过上游设备中转到另一台主机。

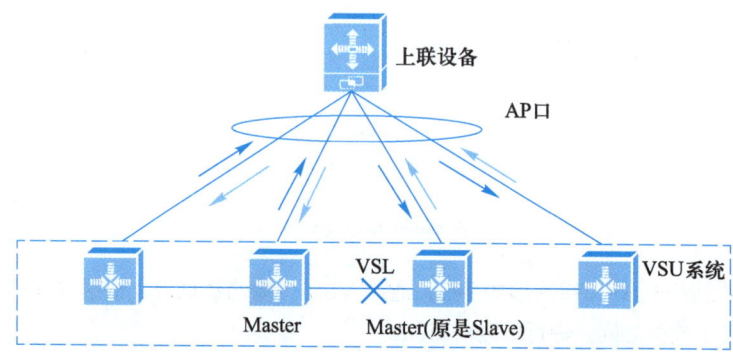

图 8-13 基于聚合口双主机检测

图 8-13 中，聚合口共有 4 个成员口，每个成员口连接在 VSU 系统的 4 台不同设备上，当发生分裂时，4 个成员口都会发送和接受双主机检测报文，从而检测到当前存在有两台相同的主机。最后通过一定的规则，关闭其中一台主机所在的 VSU 系统，使其进入 recovery 状态，避免网络异常。

8.2.4 配置 VSU 实现流量均衡

在 VSU 系统中，如果出口分布在多台设备中，可根据实际流量情况，使用以下命令配置 AP 的出口流量，是否优先从本地成员口进行转发（默认都是本地优先转发）。

> Ruijie(config) #switch virtual domain-id　　// 进入虚拟设备 domain 配置模式
> Ruijie(config-vs-domain) #switch virtual aggregateport-lff enable　　// 打开 VSU 模式下 AP 口的本地优先转发特性（默认为打开）
> Ruijie #show switch virtual balance　　// 显示 VSU 模式下的流量均衡模式配置

以下配置为某网络中心网络连接场景，在 Switch 交换机上配置本地优先转发。

> Switch #configure
> Switch #(config) #switch virtual domain 100
> Switch #(config-vs-domain) #switch virtual aggregateport-lff enable
> Switch #(config-vs-domain) #end

使用 show switch virtual balance 命令查看。

> Switch #show switch virtual balance
> Aggregate port LFF：enable
> Ecmp lff enable

8.2.5 配置 VSU 实现数据中心虚拟化

1. 组网要求

如图 8-14 所示,某公司需要使用 VSU 实现数据中心虚拟化,其组网要求如下。

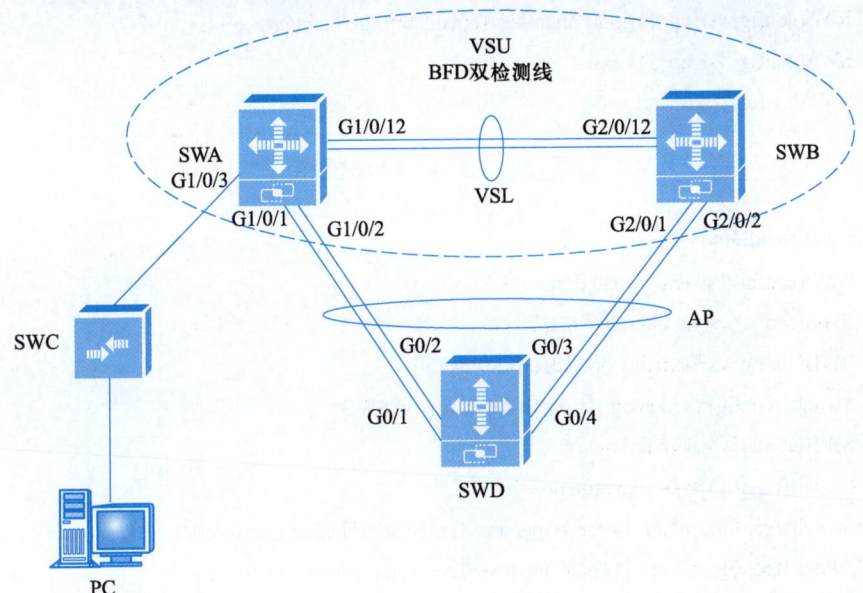

图 8-14 VSU 组网拓扑

① SWA 和 SWB 组成虚拟设备 VSU(domain ID 为 1),SWA 的优先级为 200,SWB 的优先级为 150,SWA 的 Te1/1/1、Te1/1/2 与 SWB 的 Te2/1/1、Te2/1/2 分别建立连接,组成 SWA 和 SWB 之间的 VSL 链路。

② SWD 的 G0/1、G0/2、G0/3 和 G0/4 这 4 个端口分别与 SWA 的 G1/0/1 和 G1/0/2、SWB 的 G2/0/1 和 G2/0/2 建立连接,构成包含 4 个成员链路的聚合端口组,聚合端口组的 ID 为 1。

③ VSU 配置了三层接口 VLAN 1,IP 地址为 1.1.1.1/24。

④ SWD 配置三层接口 VLAN 2,IP 地址为 1.1.1.2/24。

⑤ 采用基于 BFD 或聚合口来检测双主机。

2. 配置要点

① 配置 VSU 域标识、设备编号和优先级。
② 转换 VSU 模式。
③ 配置 BFD 检测。

3. 配置步骤

(1) 在 SWA 上配置 VSU 域标识、设备编号和优先级

```
SWA #configure terminal
SWA(config) #switch virtual domain 1
SWA(config-vs-domain) #switch 1
```

```
SWA(config-vs-domain) #switch 1 priority 200
SWA(config-vs-domain) #switch 1 description SWA
SWA(config-vs-domain) #exit
SWA(config) #vsl-aggregateport 1
SWA(config-vsl-ap-1) #port-member TenGigabitEthernet interface 1/1
SWA(config-vsl-ap-1) #port-member TenGigabitEthernetinterface 1/2
SWA(config-vsl-ap-1) #exit
SWA(config) #exit
```

（2）在 SWB 上配置 VSU 域标识、设备编号和优先级

```
SWB #configure terminal
SWB(config) #switch virtual domain 1
SWB(config-vs-domain) #switch 2
SWB(config-vs-domain) #switch 2 priority 150
Switch1(config-vs-domain) #switch 2 description SWB
SWB(config-vs-domain) #exit
Switch1(config) #vsl-aggregateport 1
Switch1(config-vsl-ap-1) #port-member TenGigabitEthernet interface 1/1
Switch1(config-vsl-ap-1) #port-member TenGigabitEthernet interface 1/2
Switch1(config-vsl-ap-1) #exit
SWB(config) #exit
```

（3）将 SWA 和 SWB 转换到 VSU 模式

```
SWA #switch convert mode virtual
SWB #switch convert mode virtual
```

（4）在聚合成的 VSU 上配置端口聚合组 1

```
Ruijie #configure terminal
Ruijie(config) #interface aggretegateport 1
Ruijie(config-if) #interface GigabitEthernet 1/0/1
Ruijie(config-if) #port-group 1
Ruijie(config-if) #interface GigabitEthernet 1/0/2
Ruijie(config-if) #port-group 1
Ruijie(config-if) #interface GigabitEthernet 2/0/1
Ruijie(config-if) #port-group 1
Ruijie(config-if) #interface GigabitEthernet 2/0/2
Ruijie(config-if) #port-group 1
```

（5）配置 SWD 设备

```
SWD #configure terminal
```

```
SWD(config) #interface aggretegateport 1
SWD(config-if) #interface range GigabitEthernet 0/1-4
SWD(config-if) #port-group 1
```

（6）配置 SVI

```
Ruijie(config) #interface vlan 1
Ruijie(config-if) #ip address 1.1.1.1 255.255.255.0    //在 VSU 上配置 SVI 1
SWA(config) #interface vlan 1
SWA(config-if) #ip address 1.1.1.2 255.255.255.0    // 在 SWA 上配置 SVI 1
```

（7）在 VSU 上配置 BFD 双机检测接口

```
Ruijie(config) #interface GigabitEthernet 1/0/12
Ruijie(config-if) #no switchport
Ruijie(config) #interface GigabitEthernet 2/0/12
Ruijie(config-if) #no switchport
Ruijie(config-if) #switch virtual domain 1
Ruijie(config-if) #dual-active detection bfd
Ruijie(config-vs-domain) #dual-active BFDinterface GigabitEthernet 1/0/12
Ruijie(config-vs-domain) #dual-active BFDinterface GigabitEthernet 2/0/12
```

（8）在 VSU 系统配置基于聚合口方式双主机检测

```
Ruijie(config) #switch virtual domain 1
Ruijie(config-vs-domain) #dual-active detection aggregateport
Ruijie(config-vs-domain) #dual-active interface aggregateport 1
Ruijie(config-vs-domain) #exit
```

（9）在 SWD 上配置以下信息

```
SWD(config) #interface aggregateport 1
SWD(config-if AggregatePort 1) #dad relay enable
SWD(config-if-AggregatePort 1) #exit
```

8.3 BFD 技术

为了加快收敛速度，减少对业务的影响、提高网络的可用性，设备需要能够尽快检测到与相邻设备间的通信故障，以便及时采取措施，保证业务正常进行。

8.3.1 BFD 简介

为提升现有网络性能，要求邻居之间能快速检测通信故障，更快地建立备用通道以恢复通信。其中，BFD 是一套全网统一的检测机制，用于快速检测、监控网络中链路或 IP 路由的

微课 8-3
BFD 技术

转发连通状况。

1. BFD 技术

BFD 提供了一个通用的、标准化的、与介质和协议无关的快速故障检测机制，可为各上层协议（如路由协议、多协议标签交换（Multi-Protocol Label Switch，MPLS）等）快速检测两台路由器间双向转发路径的故障。

通过 BFD 在两台路由器上建立会话，用来监测两台路由器间的双向转发路径，为上层协议服务。BFD 本身无发现机制，依靠被服务的上层协议通知其与谁建立会话，会话建立后如在检测时间内未收到对端的 BFD 控制报文，则认为发生故障，通知被服务的上层协议，上层协议进行相应处理。

2. 常用的故障检测方法

常用的故障检测方法有硬件检测、Hello 报文机制和其他检测机制。

（1）硬件检测

通过双向转发检测告警机制检测链路故障，优点是可以很快发现故障，但并不是所有介质都能提供硬件检测。

（2）Hello 机制

路由协议中的 Hello 报文机制，检测到故障所需时间为秒级。对于高速数据传输（如吉比特速率级）超过 1 s 的检测时间，将导致大量数据丢失；对于时延敏感的业务（如语音业务）超过 1 s 的延迟，也是不能接受的。Hello 报文机制依赖于路由协议，在小型三层网络中，如果未部署路由协议，则无法使用 Hello 报文机制检测故障。

（3）其他检测机制

不同协议有时会提供专用的检测机制，但在系统间互连互通时，专用检测机制通常难以部署。

3. BFD 技术工作流程

BFD 技术工作流程如图 8-15 所示。

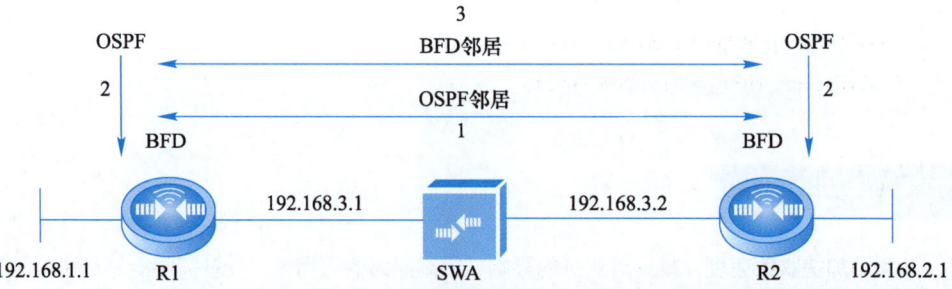

图 8-15 BFD 工作流程图

上层协议通过自己的 Hello 机制发现邻居并建立连接。上层协议在建立新的邻居关系时，将邻居的参数（包括目的地址和源地址等）通告给 BFD，BFD 根据收到的参数进行计算并建立邻居。

8.3.2　BFD 配置

1．配置 BFD 会话参数

BFD 会话参数没有默认值，必须进行配置，使用如下命令在接口上配置 BFD 会话参数。

> Router(config) #interface fastEthernet 0/1
> Router(config-if) #bfd interval 100 min_rx 100 multiplier 3　　// 配置时设置的参数需要考虑不同接口传输的带宽差异。如果设置最小发送间隔和最小接受间隔过小，可能导致 BFD 占用过大带宽而影响本身的数据传输

如果需删除 BFD 会话参数配置，在接口模式下使用 no bfd interval 命令进行设置。

2．配置 BFD 回声功能

BFD 回声功能默认为打开，以下步骤配置如何启用 BFD 的回声功能。会话建立后，启用回声功能不影响会话状态。回声功能关闭后，将不再发送回声报文，转发面也不再接收回声报文。

> Route(config-if) #bfd echo　　// 在接口模式下启用回声功能

3．配置 BFD 的保护策略

如果所启用 BFD 功能的设备受到攻击（如大量 ping 报文攻击设备）而发生 BFD 会话震荡，可通过配置启用 BFD 的保护策略进行保护。需要注意的是，启用设备 BFD 功能的同时会打开保护策略，导致上一跳设备发出的 BFD 报文在经过该设备时被丢弃，影响上一跳设备与其他设备的 BFD 会话建立。

> Route(config) #bfd cpp　　// 启用 BFD 的保护策略

8.4　REUP 技术

REUP 技术提供了一个快速上联链路保护的功能，为双上行链路提供可靠的备份和切换机制，提供更快的收敛性能。

8.4.1　REUP

微课 8-4
REUP 技术

1．REUP 的概念

双上行组网方式已经成为一种常见的组网方式。双上行组网需考虑如何保证链路的正常通信。一般通过 STP 或 RSTP 来阻塞冗余链路，即当主链路发生故障时，能够将流量成功切换到备份链路。STP 和 RSTP 虽在功能上可以实现用户的冗余备份需求，但是其收敛速度比较慢，均处于秒级。

快速以太网上联保护协议（Rapid Ethernet Uplink Protection，REUP）提供快速上联保护

229

功能，是一种为双上行链路提供可靠高效的备份和切换机制的解决方案，能够提供更快的收敛性能，常用于双上行组网方式。

2．REUP 基本原理

如图 8-16 所示，REUP 成对配置上联端口，其中一个端口为主端口（Active），另外一个端口为从端口（Backup），在两个端口都 link up 的情况下，默认配置从端口处于 Standby 状态，处于 Standby 状态的端口不能转发数据流。当处于转发状态（Up）的主端口发生故障时，处于 Standby 的从端口会立即切换成 Up 状态，并提供数据传输。

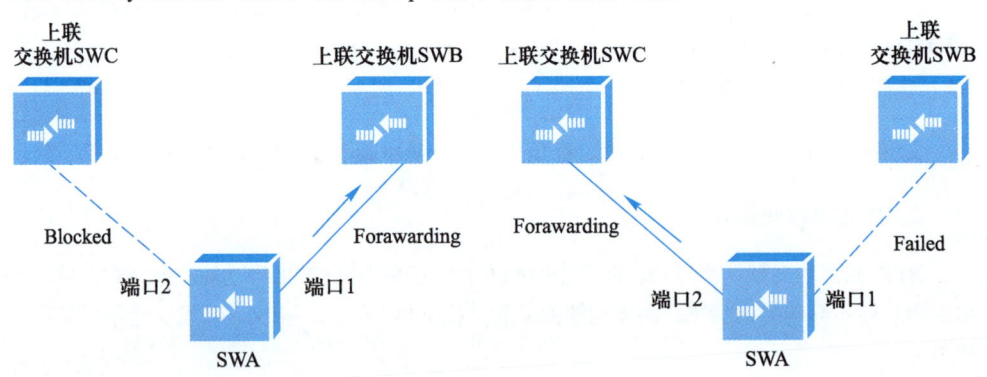

图 8-16
REUP 常见拓扑

3．REUP 功能

（1）双链路备份

REUP 最基本的功能，就是实现主备份链路冗余备份及快速迁移。

（2）抢占和延时

REUP 的抢占模式用来决定优先使用哪条链路，前提是在两个端口都 link up 的情况下，进行链路的选举。抢占模式分为 3 种：带宽优先模式（优先使用一条带宽比较大的链路）、强制模式（强制优先使用一条比较稳定可靠的链路，使得主端口一直抢占着从端口）、关闭模式（不进行链路抢占，默认情况下为该模式）。

为避免异常故障导致频繁的主备链路切换，REUP 提供抢占延迟的功能。当两条链路均恢复后，延迟一定时间，等故障链路稳定后再进行链路切换。

（3）VLAN 负载均衡

VLAN 负载均衡允许 REUP 的两个端口同时转发不同 VLAN 的数据报文，以便充分利用链路带宽。

（4）MAC 地址更新

REUP 的 MAC 地址更新提供当链路发生故障切换时，使上联交换机从新端口上学习到 MAC 地址，从而快速恢复上联交换机的下行传输，达到报文快速收敛的功能。

（5）链路状态同步

当同一个链路状态更新组的上行链路都发生故障后，触发下行链路端口强制关闭，使下游设备进行相应的链路切换，达到上下行链路状态同步的功能。

8.4.2 REUP 配置

1．组网要点

如图 8-17 所示，在交换机 SWD、SWE 上配置 REUP。

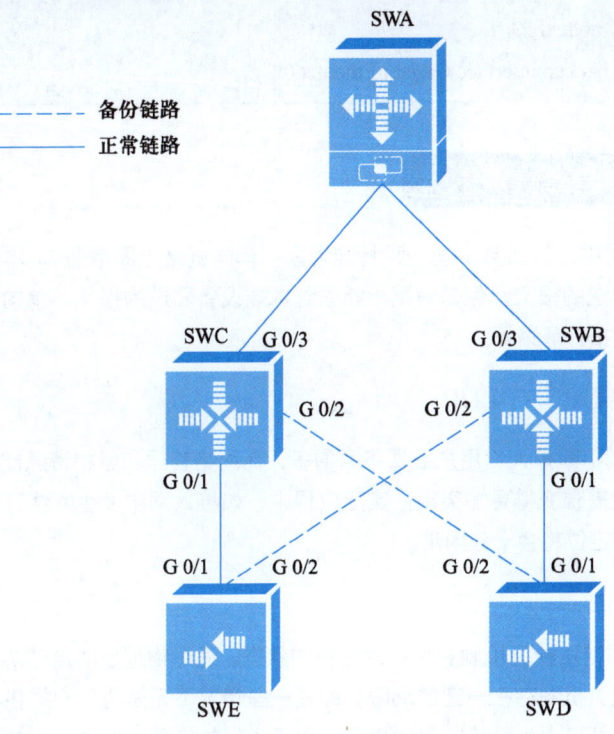

图 8-17 RUEP 配置示例

2．配置要点

① 在接入交换机 D、E 上配置 REUP 双链路备份。
② G 0/1 口为主端口，G 0/2 口为从端口。

3．配置步骤

```
SWD> enable
SWD # configure terminal
SWD(config) # interface GigabitEthernet 0/1
SWD(config-if-GigabitEthernet 0/1) # switchport mode trunk
SWD(config-if-GigabitEthernet 0/1) #switchport backup interface GigabitEthernet 0/2
SWD(config-if-GigabitEthernet 0/1) # exit

SWE> enable
SWE # configure terminal
SWE(config) # interface GigabitEthernet 0/1
SWE(config-if-GigabitEthernet 0/1) # switchport mode trunk
SWE(config-if-GigabitEthernet 0/1) #switchport backup interface GigabitEthernet 0/2
SWD(config-if-GigabitEthernet 0/1) # exit
```

4. 配置验证

```
SwitchD #show running- config
vlan 1
interface Gi gabitEthernet 0/1
switchport mode trunk
switchport backup interface Gi gabitEthernet 0/2
```

8.5 RLDP 与 DLDP 技术

微课 8-5
RLDP 与 DLDP 技术

在实际组网中，有时会出现一种特殊现象：单向链路（即单通），本端设备可以通过链路层收到对端发送的报文，但是对端不能收到本端设备发送的报文。单向链路会引起一系列问题，如生成树拓扑环路等。

8.5.1 RLDP 与 DLDP

在网络规模不断扩大、用户数量不断增多，而网络管理和维护资源比较有限的情况下，管理维护易用性需求变得更加突出。实际应用中，如接入网中发生网络环路、断路、单向链路等问题，故障定位将会十分困难。

1. RLDP

一般以太网链路检测机制利用物理连接的状态，通过物理层的自动协商来检测链路的连通性。但这种检测机制存在一定的局限，即在一些情况下无法为用户提供可靠的链路检测信息。例如，当光纤口上光纤接收线对接错，由于光纤转换器的存在，造成设备对应端口物理上是连通的，但实际对应的二层链路却无法通信。再如两台以太网设备之间架设一个中间网络，由于网络传输中继设备的存在，这些中继设备如出现故障，将造成同样的问题。

快速链路检测协议（Rapid Link Detection Protocol，RLDP）是用于快速检测以太网链路故障的链路协议。利用RLDP，将方便快速地检测出以太网设备的链路故障，包括单向链路故障、双向链路故障、环路链路故障等。

2. RLDP 技术工作机制

RLDP 技术通过定义探测报文（Probe）和探测响应报文（Echo），实现智能链路检测，如图 8-18 所示。RLDP 会在每个配置了 RLDP 且是 Linkup 状态的端口上，周期性地发送本端口的 Probe 报文，并期待邻居端口发送 Echo 报文以响应该探测报文，同时，也期待邻居端口发送自己的 Probe 报文。

如果一条链路在物理和逻辑上都是正确的，则该端口可接收到邻居端口的探测响应报文以及邻居端口的探测报文，否则，链路将被认定为异常。

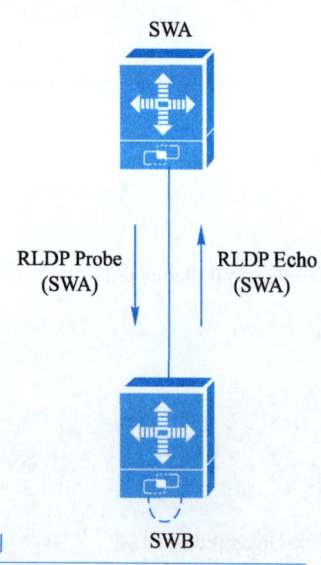

图 8-18
RLDP 技术工作机制

RLDP 在某个端口上收到本机发出的 RLDP 报文，则该端口将被认为出现了环路故障。于是，RLDP 会根据用户的配置对该故障做出处理，包括警告、设置端口违例、关闭端口所在的 SVI、关闭端口学习转发等。

3．RLDP 技术应用

（1）单向链路检测

单向链路故障是指端口连接的链路只能接收报文或只能发送报文，如因光纤接收线对接错而导致的单向接收或单向发送。单向链路分为两种类型：一种是光纤交叉相连，另一种是一条光纤未连接或一条光纤断路，如图 8-19 所示。

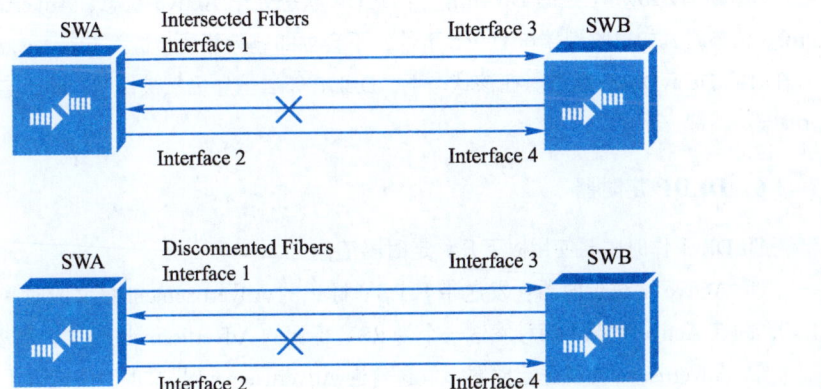

图 8-19
网络中单向链路故障

RLDP 在互连交换设备的某个端口上只收到邻居端口的探测报文，则该端口将被认为单向链路故障，RLDP 会根据配置对此故障做出处理。另外，如端口无法收到任何 RLDP 检测报文，也会被认为发生了单向链路故障。

（2）双向链路检测

双向链路故障是指链路两端的帧收发都出现了故障。互连交换设备的端口在发出 RLDP 探测报文后，一直无法接收到响应报文或邻居的探测报文，则该链路将被认为是双向链路故障。从故障性质上讲，双向故障实际上包含了单向故障。

4．DLDP

设备链路检测协议（Device Link Detection Protocol，DLDP）是链路层协议，与物理层协议协同工作来监控设备的链路状态。DLDP 通告物理层的自动协商机制，进行物理信号和故障的检测、对端设备的识别、单向链路的识别和关闭不可达端口等工作。

当使能自动协商机制和 DLDP 后，二者协同工作，可以检测和关闭物理和逻辑的单向连接，并阻止其他协议（如 STP）失效。

如果两端链路在物理层都能独立正常工作，DLDP 会在链路层检测这些链路是否连接正确、两端是否可以正确地交互报文。这种检测不能通过自动协商机制实现。

5．DLDP 工作状态

DLDP 工作状态主要有以下几种类型。

① Initial：DLDP 未使能时的初始化状态。

② Inactive：DLDP 已使能，但是链路 Down 时所处的状态。

③ Active：DLDP 已使能且链路 Up，或者清空邻居表项后所处的状态。

④ Advertisement：所有邻居双向连通（2-Way）或者处于 Active 状态超过 5 s 后进入的状态，这是一种没有发现单向链路时比较稳定的状态。

⑤ Probe（探测）：收到一个未知邻居的报文后进入的状态，此时将发送探测报文检测链路是否为单向链路。该状态启动 Probe 发送定时器，为每个需要探测的邻居启动一个 Echo 等待定时器。

⑥ Disable（单通）：DLDP 检测到单向链路，或在加强模式下邻居消失时的状态，此时端口不再接收和发送除 DLDPDU 以外的报文。

⑦ DelayDown（延迟 Down）：当 DLDP 状态处于 Active 状态、Advertisement 状态或 Probe 状态时，如果收到端口 Down 事件，不会立即删除邻居、进入 Inactive 状态，而是先进入临时的 DelayDown 状态。在该状态下，DLDP 邻居信息仍然被保留，同时启动 DelayDown 定时器。

6. DLDP 定时器

DLDP 工作时主要使用以下几种定时器工作。

① Active 发送定时器：发送带有 RSY 标记的 Advertisement 报文的时间间隔（默认为 1 s），即在 Active 状态下每秒发送一个带 RSY 标记的 Advertisement 报文，最多发送 5 个。

② Advertisement 发送定时器：发送普通 Advertisement 报文的时间间隔（默认为 5 s）。

③ Probe 发送定时器：Probe 发送定时器的时间间隔为 1 s，即在 Probe 状态下每秒发送两个 Probe 报文，最多发送 10 个。

④ 邻居老化定时器：每个新邻居加入时都要建立邻居表项，启用相应的邻居老化定时器。当收到邻居报文时，刷新相应的邻居表项和邻居老化定时器。邻居老化定时器的超时时间是 Advertisement 定时器的 3 倍。

⑤ 恢复探测定时器：恢复探测定时器的时间间隔为 2 s，即处于 Disable 状态下的端口每 2 s 发送一个 RecoverProbe 报文，用于检测单向链路是否恢复。

7. DLDP 工作模式

DLDP 在工作的过程中，主要有以下两种工作模式。

（1）普通模式

在该模式下，一旦有邻居老化定时器超时，只是在删除该邻居表项的同时发送一个带 RSY 标记的 Advertisement 报文。当 DLDP 工作在普通模式下，系统只能识别光纤交叉连接这种类型的单向链路。

（2）加强模式

在该模式下，一旦有邻居老化定时器超时，则启动加强定时器，每秒发送一个 Probe 报文（连续发送 8 个）用于主动探测该邻居，如果 Echo 等待定时器超时仍未收到来自邻居的 Echo 报文，则进入 Disable 状态。其中，加强模式的目的在于检测网络黑洞，防止出现一端 Up 而另一端 Down 的情况。

当 DLDP 工作在加强模式下，系统能够识别光纤交叉连接和一条光纤未连接或断路这两种类型的单向链路。在探测后一种类型的单向链路时，需要将端口配置为强制速率和强制全双工模式，否则即使启用了 DLDP，该协议也不起作用。当出现后一种单向链路时，Rx 端有信号的端口将处于 Disable 状态，而 Rx 端没有信号的端口则处于 Inactive 状态。

8.5.2　RLDP 与 DLDP 配置

1. 开启 RLDP 检测

在全局模式下，使用如下命令开启 RLDP 检测。

```
Switch(config) #rldp enable
```

2. 开启 RLDP 单侧链路检测

造成设备单侧链路故障的原理是：RLDP 会发送探测报文与探测回应报文，如果端口只能向连接的链路发送报文或者接收报文，则该链路存在单向故障，这时会根据用户配置做出反应。在端口模式下，使用如下命令开启 RLDP 单侧链路检测。

```
Switch(config) #unidirection-detect     // 单侧链路检测
```

3. 开启 RLDP 双侧链路检测

造成互连设备双向链路故障的原理是：RLDP 无法发送也无法收到报文。在端口模式下，使用如下命令开启 RLDP 双侧链路检测。

```
Switch(config-if) #bidirection-detect    // 双侧链路检测
```

4. 开启 RLDP 环路链路检测

造成互连设备环路故障的原理是：交换机某个端口可以收到自己的探测报文。在端口模式下，使用如下命令开启 RLDP 环路链路检测。

```
Switch(config-if) #loop-detect     // 环路链路检测
```

5. 开启 RLDP 链路检测告警方式

```
Switch(config-if) #rldp port loop-detect block     // 配置如果 RLDP 检查到有环路，那么将接口状态更改为 block
Switch(config-if) #rldp port unidirection-detect warning    // 配置如果端口连接的链路只能接收报文或者只能发送报文（如由于光纤接收线对接错而导致的单向接收或单向发送），则打印告警日志
Switch(config-if) #rldp port unidirection-detect shutdown-port    // 配置如果端口连接的链路只能接收报文或者只能发送报文（如由于光纤接收线对接错而导致的单向接收或单向发送），则将接口设置为 disable
```

6. 配置端口 RLDP 被 shutdown 接口自动恢复间隔时间

Switch(config) #errdisable recover interval 300   // 单位是秒（s）

7. 查看设备所有端口的 RLDP 信息

Switch #show rldp

学习总结

通过本项目的学习，我认识了_____
_____
_____

我对哪些还有疑问：_____
_____

知识检测

1. 以下关于 VRRP 作用的说法，正确的是（   ）。
   A. VRRP 提高了网络中默认网关的可靠性
   B. VRRP 加快了网络中路由协议的收敛速度
   C. VRRP 主要用于网络中的流量分担
   D. VRRP 为不同的网段提供同一个默认网关，简化了网络中 PC 上的网关配置

2. 下列关于 VRRP 的说法，错误的是（   ）。
   A. 如果 VRRP 备份组内的 Master 路由器发生故障，备份组内其他 Backup 路由器将会通过选举策略选出一个新的 Master 路由器
   B. 在非抢占方式下，一旦备份组中某台路由器成为 Master，只要它没有出现故障，其他路由器即使随后被配置更高的优先级也不会成为 Master
   C. 如果路由器设置为抢占方式，它一旦发现自己的优先级比当前 Master 的优先级高，就会成为 Master
   D. VRRP 仅提供基于简单字符的认证

3. [多选]下列关于 VRRP 的描述，错误的是（   ）。
   A. VRRP 根据优先级来确定虚拟路由器中每台路由器的地位
   B. 如果 Backup 路由器工作在非抢占方式下，那么只要 Master 路由器没有出现故障，Backup 路由器即使随后被配置了更高的优先级也不会成为 Master 路由器
   C. 如果已经存在 Master 路由器，Backup 路由器也会进行抢占
   D. 当两台优先级相同的路由器同时竞争 Master 时，比较接口 IP 地址大小，接口地址大的当选为 Master

4. VRRP 与 BFD 进行联动的配置命令是（　　）。

   A. vrrp vrid 1 track bfd-session session-name 1 reduced 100
   B. bfd-session vrrp vrid 1 track session-name 1 reduced 100
   C. track vrrp vrid 1　bfd-session session-name 1 reduced 100
   D. vrrp vrid 1 track bfd-session-name 1 reduced 100

5. VRRP 报文被封装在 IP 中，且发送地址为 224.0.0.8，TTL 值为 255，协议号为 112。（　　）

   A. 正确　　　B. 错误

6. [多选]下面关于 VRRP 负载分担的描述，正确的是（　　）。

   A. 在一台路由器的一个接口上可以创建多个 VRRP 备份组。该路由器既可以作为一个 VRRP 备份组的 Master，又可以作为其他 VRRP 备份组的 Backup
   B. VRRP 负载分担要求至少两台虚拟路由器同时提供转发服务
   C. 部署负载分担时，要求同一个局域网络的主机配置不同虚拟路由器的 IP 地址作为默认网关地址
   D. 配置优先级时，要确保相同的路由器在 3 个 VRRP 备份组中作为 Master

7. 以下关于 VRRP 的说法，正确的是（　　）。

   A. 只有 Master 处理发往虚拟路由器的数据
   B. 只有 Slave 处理发往虚拟路由器的数据
   C. Master 和 Slave 都可以处理发往同一虚拟路由器的数据，并且可以流量分担
   D. 默认只有 Master 处理发往虚拟路由器的数据，可以通过配置开启 Slave 处理发往同一虚拟路由器的数据的功能

8. 关于端口聚合成员数量是否可以修改，下面（　　）描述是正确的。

   A. 所有支持端口聚合的交换机都可以修改聚合成员数量，配置举例：SwitchA (config) # aggregate port capacity mode 128*128
   B. 部分交换机可以修改聚合成员数量，配置举例：SwitchA (config) # aggregate port capacity mode 128*128
   C. 交换机不支持修改聚合成员数量，出厂由硬件决定
   D. 只有在 VSU 环境下，支持修改聚合成员数量，其他环境都不支持

9. 关于 VSU 环境下端口聚合，下面描述正确的是（　　）。

   A. 机框式 VSU 环境下，SW1 的 slot1 的接口只能与 SW2 的 slot1 的接口加入到同一个聚合组，不能与 SW2 的 slot2 的接口加入到同一个聚合组
   B. 机框式 VSU 环境下，SW1 的接口只能与 SW1 的接口进行聚合，不能与 SW2 的接口进行聚合
   C. 机框式 VSU 环境下，SW1 的接口可以与 SW2 的接口进行聚合，只要介质类型、双工速率一致即可
   D. 机框式 VSU 环境下，线卡可以与防火墙卡的接口进行聚合

项目 9 路由优化

学习背景

新年职业技术学院新校区的校园网项目,通过使用 OSPF 路由实现校园网的互联互通,保障网络的路由畅通。

在实际网络部署中,如何才能减少路由器的负担,优化 OSPF 路由?通常使用多区域设计和规划特殊区域技术来实现。在设计 OSPF 路由时,分层次划分多个区域,这样可以在区域边界做路由汇总或过滤,将一些网络末梢区域设置为特殊区域,可以减少 OSPF 路由条目的数量。

通过学习,达成如下学习目标。
- 掌握 OSPF 区域技术。
- 识别 OSPF 路由器类型。
- 掌握 OSPF 链路状态通告。
- 掌握 OSPF 安全认证。

项目 9　路由优化

 知识结构

本项目的知识结构如图 9-1 所示。

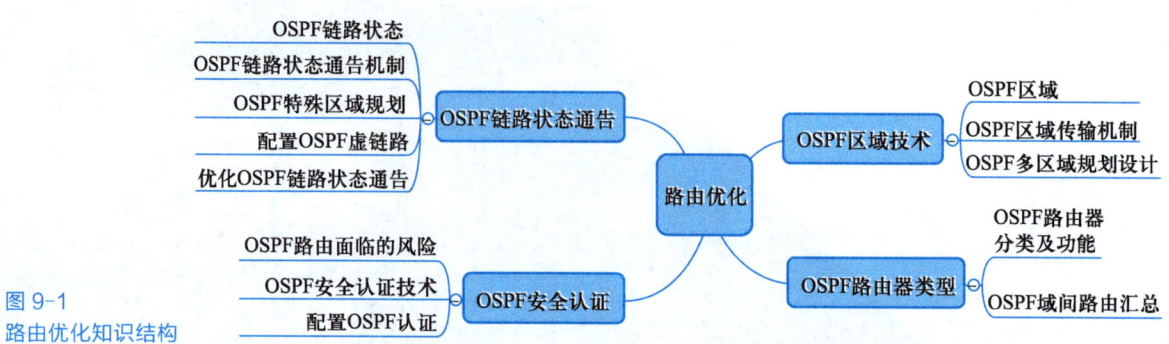

图 9-1
路由优化知识结构

 课前自测

在开始本项目学习之前，请先尝试回答以下问题。
1. 什么是路由？常见的网络路由有哪些类型？
2. OSPF 路由如何通过 Hello 报文建立邻居关系？
3. OSPF 路由通过哪 5 种报文沟通消息？

项目分析及准备

9.1 OSPF 区域技术

一个 OSPF 网络被分成多个区域,将网络中的路由器在逻辑上进行分组,并以区域为单位向其余部分发送汇总路由信息。划分区域的好处是可以避免骨干区域过大,减轻核心路由器压力。每个区域内的路由器只有自己区域的 LSA 可为设备减轻压力。

微课 9-1
OSPF 区域技术

9.1.1 OSPF 区域

1. OSPF 区域概述

OSPF 路由协议支持将一组网段组合在一起,这样的一个组合称为一个区域,即 OSPF 区域是一组网段的集合。

在 OSPF 网络中,通过划分区域可缩小 LSDB 规模,减少网络中的通信流量。OSPF 区域内的详细拓扑信息不向其他区域发送,区域之间传递的是抽象的路由信息,而非详细的拓扑结构链路状态信息。

如图 9-2 所示,区域过大会导致一系列问题。通过划分区域可避免骨干区域过大,减轻核心路由器压力;每个区域只有域内的 LSA,能降低域内每台路由器的压力;可有效减少 3 类 LSA 和路由聚合,避免某区域内的路由变化为整网带来路由震荡。

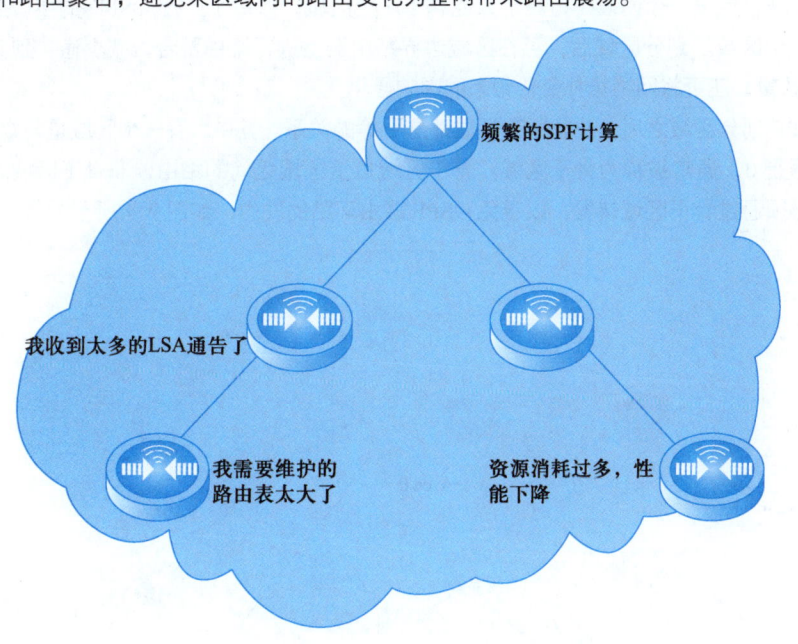

图 9-2
区域过大导致的问题

2. OSPF 区域

每个运行 OSPF 协议的接口必须指定属于某一个特定区域,OSPF 区域通过区域号来标识。每个区域都有自己的 LSDB,不同区域的 LSDB 是不同的。路由器会为每一个自己所连接到的区域维护一个单独的 LSDB,详细链路状态信息不会被发布到区域以外。如图 9-3 所示，Area 0 负责在非骨干区域之间发布由区域边界路由器汇总的路由信息。为避免区域间路由环路，非骨干区域之间不允许直接相互发布区域间路由信息，每个区域都必须连接到骨干区域。

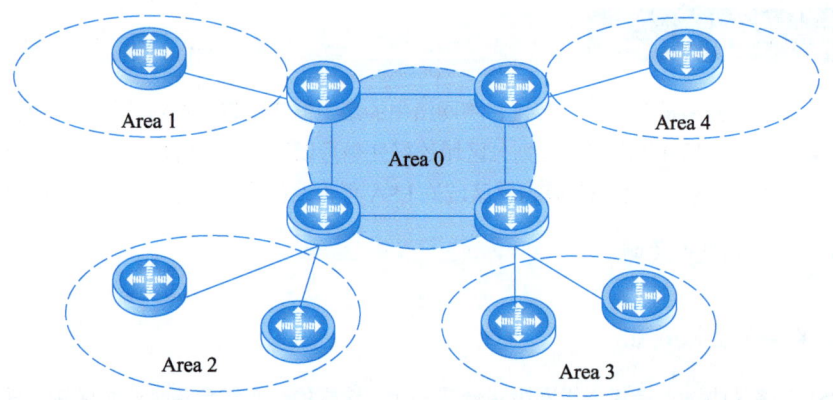

图 9-3
OSPF 区域

9.1.2　OSPF 区域传输机制

通过部署 OSPF 路由区域，可限制路由信息分发的范围。在一个 OSPF 路由区域内无法执行路由更新过滤，但在不同区域之间可以进行路由汇总和过滤。创建区域主要优点是减少传播路由数量，实现路由过滤和路由汇总。

在 OSPF 路由区域规划部署中，区域的边界是路由器，而非链路。一台路由器可以属于不同的区域，但是一个网段（链路）只能属于一个区域，即每个运行 OSPF 的接口必须指明属于哪一个区域。划分区域后，可在区域边界路由器上进行路由聚合，减少通告到其他区域的 LSA 数量，还可将网络拓扑变化带来的影响最小化。

OSPF 划分区域之后，并非所有区域都是平等的关系。其中，有一个区域是与众不同的，其区域号是 0，通常被称为骨干区域。骨干区域负责区域之间的路由，非骨干区域之间的路由信息必须通过骨干区域转发，以避免 OSPF 路由环路的发生，如图 9-4 所示。

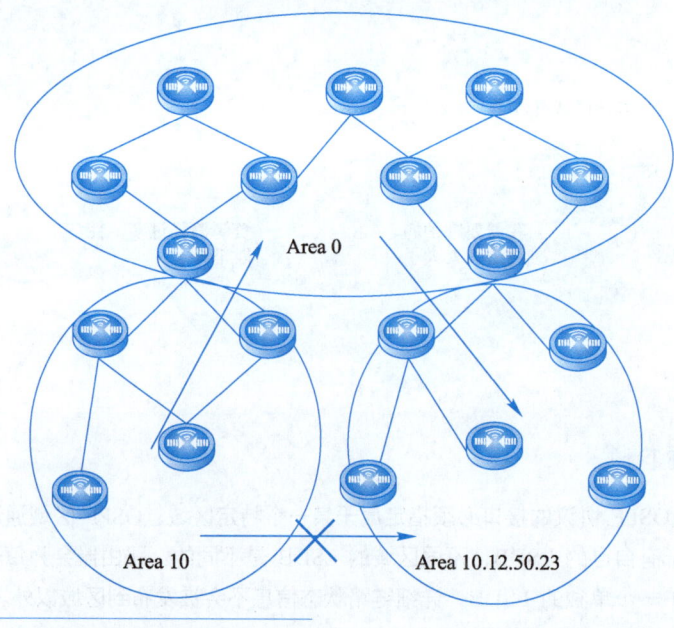

图 9-4
骨干区域和非骨干区域

242

在实际应用中，可能会因为各方面条件的限制，无法满足所有非骨干区域必须与骨干区域连接的要求，可通过配置 OSPF 虚连接来解决。

9.1.3　OSPF 多区域规划设计

在 OSPF 路由区域设计部署上，OSPF 路由中的区域分为骨干区域（Area 0，默认区域）和非骨干区域。

1. 骨干区域

骨干区域又称为传输区域，是连接各个区域的传输网络，其他区域间都通过骨干区域交换路由信息。骨干区域拥有非骨干区域的所有属性和特征。在设计骨干区域时，需尽量保证所有非骨干区域和骨干区域相连，即有一台边界路由器角色。

2. 非骨干区域

非骨干区域又称为常规区域，为了优化 OSPF 区域的传输效率，根据实际需要，可将部分常规区域配置为特殊区域，目的在于隔离 LSA，节省网络资源。

通常特殊区域有 Stub Area（末梢区域）、Totally Stub Area（完全末梢区域）、NSSA（不完全末梢区域）、Totally NSSA（完全非纯末梢区域）4 种。

3. OSPF 多区域特征

① 每个区域都有独立的链路状态数据库，SPF 独立计算路由。
② LSA 泛洪和链路状态数据库同步，只在区域内进行。
③ 骨干区域 Area 0 必须连续。
④ 其他区域必须和骨干区域 Area 0 直连，其他区域之间必须通过 Area 0 交换路由。
⑤ 形成 OSPF 邻居关系接口必须在同一区域，不同 OSPF 区域的接口不能形成邻居。
⑥ 域边界路由器把区域内路由转换成域间路由，传播到其他区域。

9.2　OSPF 路由器类型

为控制 LSA 泛洪的范围，OSPF 将网络划分为多个区域，OSPF 的路由器根据在 AS 的不同位置分为不同角色的路由器。

9.2.1　OSPF 路由器分类

在 OSPF 层次化网络区域规划中，工作在不同层的路由器需要实现的功能各不相同，通常路由器分为内部路由器（Internal Router，IR）、区域边界路由器（Area Border Router，ABR）、自治系统边界路由器（Autonomous System Boundary Router，ASBR）和骨干路由器（Backbone Router，BR）4 种类型，如图 9-5 所示。

微课 9-2
OSPF 路由器类型

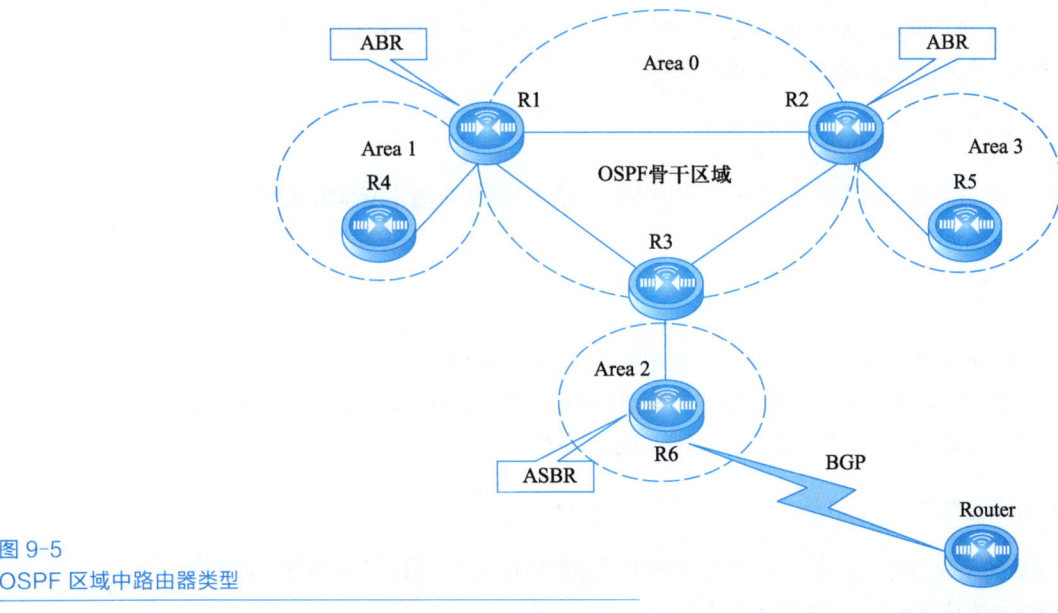

图 9-5
OSPF 区域中路由器类型

1. IR

该类路由器的所有接口都属于同一个 OSPF 区域。这些路由器不与其他区域相连,仅维护所在区域内部的 LSDB。IR 不与其他区域内的路由器交换 LSA,如需交换只能通过 ABR 转发,如图 9-6 所示。

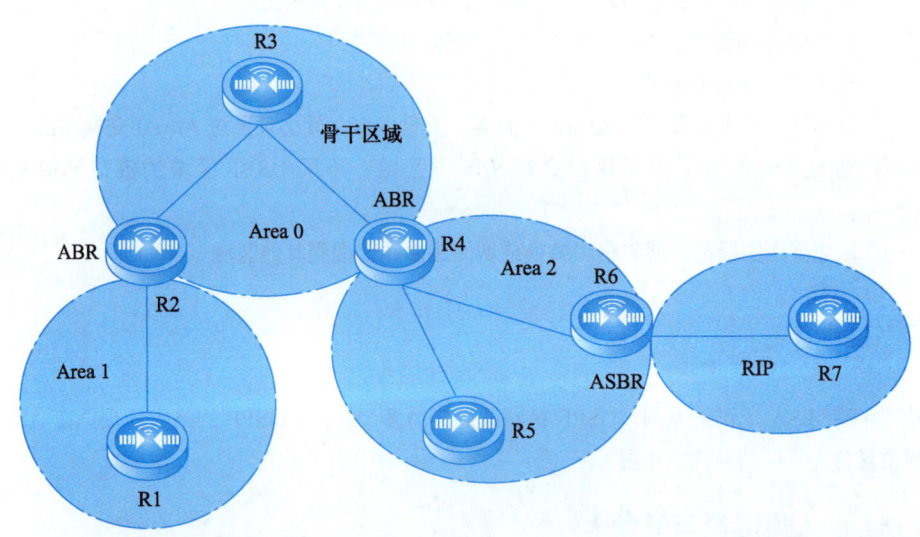

图 9-6
边界路由器

同一区域内部的 OSPF 路由器共享 LSA 信息,LSA 报文泛洪到区域内每一台路由器,使用任何可用链路转发 LSA。OSPF 区域内部拓扑信息不会被传输到区域边界之外,网络内路由收敛的过程只发生在区域内部,这种收敛方式既能加速收敛,又能增加网络的稳定性。

2. ABR

该类路由器可以同时属于两个或以上的区域,但其中一个必须是骨干区域。ABR 用来连接骨干区域和非骨干区域,它与骨干区域之间既可以是物理上的连接,也可以是逻辑上的连接。

ABR 位于两个互连区域的边界，同时连接多个不同区域。ABR 可维护多个区域的 LSDB，充当区域之间路由信息共享的"中间人"角色。在 OSPF 区域规划中，所有区域都必须与 Area 0 相连，因此，ABR 路由器至少有一个连接到 Area 0 和非骨干区域的接口。OSPF 路由支持在 ABR 路由器上对区域内路由汇总，路由汇总可减小区域内的路由表规模，提高网络稳定性。

3. BR

BR 指在 Area 0 内的路由器，至少有一个接口和 Area 0 相连，只维护 Area 0 中的 LSDB 信息。按照 OSPF 区域规划要求，所有非骨干区域之间的 LSA 信息，都通过 Area 0 中转。

该类路由器至少有一个接口属于骨干区域。因此，所有的 ABR 和位于 Area 0 的内部路由器都是骨干路由器。

4. ASBR

ASBR 指与其他外部路由域相连的路由器，在这些路由器上运行了多种路由协议，如同时运行 OSPF 协议和 RIP 协议。ASBR 是 OSPF 路由自治域的边界，将其他路由协议（如 RIP）通过路由重发布方式引入 OSPF 路由中，也将 OSPF 路由域通过路由重发布方式传输给其他不同的路由自治系统，实现不同自治系统路由域之间的连通。

ASBR 并不一定位于 AS 的边界，它可能是 IR，也可能是 ABR。只要一台 OSPF 路由器引入了外部路由信息，它就成为 ASBR。

9.2.2 OSPF 域间路由汇总

1. 路由汇总

路由汇总又称为路由聚合（Route Aggregation），路由聚合是将具有相同前缀的路由信息汇聚成一条路由条目，只发布一条路由到其他区域。

通过路由汇总减少路由信息，从而减小路由表的规模，减少路由 LSA 的通告数量，增强网络稳定性。其中，汇聚前的路由称为明细路由。OSPF 的路由汇总如图 9-7 所示。如果不进行汇总，网络中的每条路由明细都传播到 OSPF 骨干域，导致不必要的数据流量和系统开销。

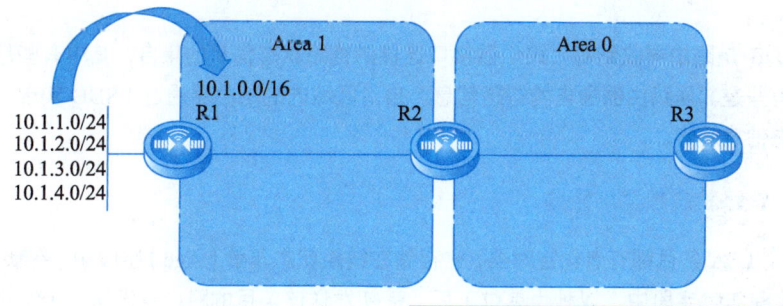

图 9-7
OSPF 路由协议的路由汇总

2. 路由汇总类型

所有路由协议都支持路由汇总，而 OSPF 只支持手工路由汇总。OSPF 路由协议支持两种形式手工自动汇总：一种是在 ABR 上部署区域间汇总，另一种是在 ASBR 上部署外部路由汇总，两种场景如图 9-8 所示。

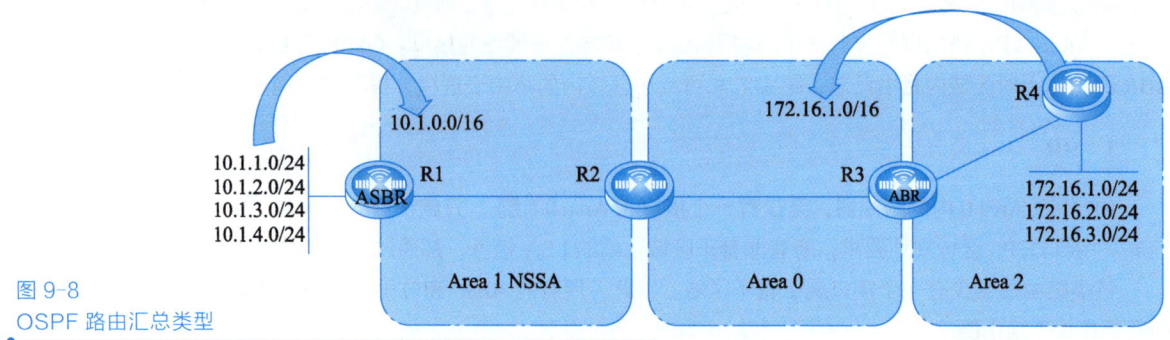

图 9-8
OSPF 路由汇总类型

3．配置区域间路由汇总

在 ABR 路由器上，使用如下命令配置区域间路由汇总，各项参数如下。

Router(config-router) #area *area-id* range *ip-address mask* [advertise | not-advertise]

其中，area-id 为区域号，ip-address 为汇总后的地址，advertise 表示设置该选项将为其产生一个 3 类 LSA，not-advertise 表示设置该选项将不会为其产生 3 类 LSA。

9.3　OSPF 链路状态通告

微课 9-3
OSPF 链路状态简介
-OSPF 链路状态
通告机制

在 OSPF 域中，链路状态通告描述了网络中拓扑的详细信息，是构成 OSPF LSDB 的重要信息。

9.3.1　OSPF 链路状态

1．OSPF 链路状态

路由器必须掌握 OSPF 区域的详细拓扑，才能计算出最优路径，LSA 描述了拓扑的详细信息，是构成 OSPF LSDB 的基石。路由器收到各种类型的 LSA 通告后，集中存放在 LSDB 中。

LSDB 是路由器收到每台路由器接口连接的链路状态信息的集合，其中有些是本地链路信息，有些是邻居路由器通告的链路信息。自治区域内的路由器通过 LSDB 实现 AS 内部的链路状态信息同步。

2．链路状态数据的结构

每个 LSA 条目都有老化定时器，它存储在链路状态年龄（Age）字段中。在默认情况下，30 min（在年龄字段中，以秒为单位）后，最初发送该条目的路由器发送一个链路状态更新信息（LSU），其中包含序列号更高的 LSA，以核实链路处于活动状态。

LSA 到达其最长寿命 60 min 后，将被丢弃。LSU 可以包含一个或多个 LSA。与距离矢量路由器频繁定期发送整个路由表相比，这种 LSA 有效性验证方法占用的带宽更少。

9.3.2 OSPF 链路状态通告机制

1. 链路状态通告

OSPF 路由器之间互相传播的 LSA 是描述路由器接口状态的信息，用来生成和更新路由表。这里的"链路（Link）"指互连的路由器接口，"状态（State）"描述接口以及邻居路由器之间的关系，如图 9-9 所示为链路状态通告 LSA 报文信息。

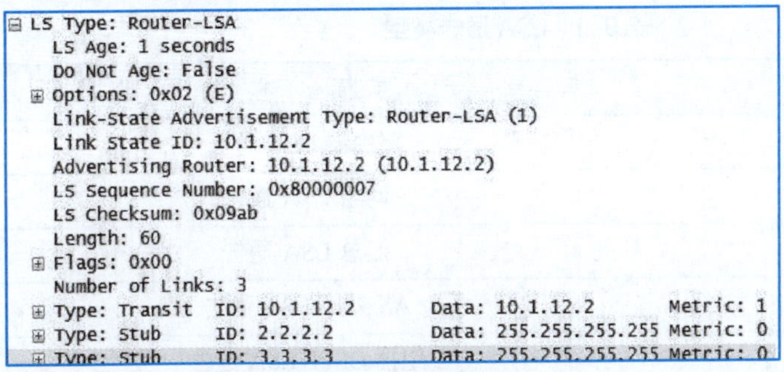

```
□ LS Type: Router-LSA
    LS Age: 1 seconds
    Do Not Age: False
  ⊞ Options: 0x02 (E)
    Link-State Advertisement Type: Router-LSA (1)
    Link State ID: 10.1.12.2
    Advertising Router: 10.1.12.2 (10.1.12.2)
    LS Sequence Number: 0x80000007
    LS Checksum: 0x09ab
    Length: 60
  ⊞ Flags: 0x00
    Number of Links: 3
  ⊞ Type: Transit   ID: 10.1.12.2    Data: 10.1.12.2      Metric: 1
  ⊞ Type: Stub      ID: 2.2.2.2      Data: 255.255.255.255 Metric: 0
  ⊞ Type: Stub      ID: 3.3.3.3      Data: 255.255.255.255 Metric: 0
```

图 9-9 路由器链路状态公告（LSA）报文

一个接口生成一条 LSA 消息，LSA 具有以下特征。

① LSA 会被扩散到整个 OSPF 区域。
② LSA 有序列号和寿命，确保每台路由器都有最新的 LSA 版本。
③ LSA 定期刷新，确保拓扑信息的有效性，直到 LSA 从 LSDB 中被删除。
④ LSA 的扩散需要保证可靠性。

2. LSA 刷新机制

相邻路由器之间传播链路状态通告过程，就是 LSA 扩散过程。LSA 通告扩散使区域中所有路由器都收到该 LSA 通告消息，形成统一的链路状态数据库。每条 LSA 通告条目都有老化时间，通过老化定时器（Aging Timer）来控制。

在 OSPF 路由协议中，每隔 1800 s 进行 LSA 通告刷新，最初生成该 LSA 通告的路由器也会重新泛洪 LSA 通告消息。当 LSA 消息在 LSDB 中的累计时间超过 3600 s 后，该 LSA 通告会被认为无效，从 LSDB 中清除，如图 9-10 所示。

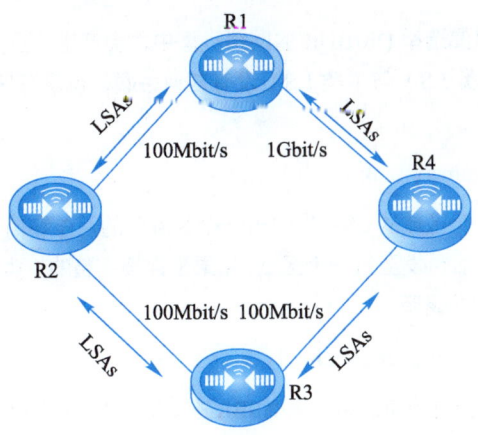

图 9-10 链路状态通告 LSA 周期性刷新和泛洪

在 OSPF 网络中，每条 LSA 条目拥有一个序列号，标识一个 LSA 版本。当 OSPF 路由器刷新一条 LSA 后，将该序列号增加 1。接收路由器通过序列号判断该 LSA 的实时性。

3. LSA 类型

在 OSPF 网络中，由于路由器承担的角色不同，生成的 LSA 通告内容也各不相同，不同类型的 LSA 通告产生的作用也不同。例如，1R 只维护本区域内 LSDB，ABR 则需维护多个区域的 LSDB。常见 LSA 类型见表 9-1。

表 9–1 LSA 通告类型

LSA 类型	描　　述
1 类 LSA	路由器 LSA 通告
2 类 LSA	网络 LSA 通告
3 类和 4 类 LSA	汇总 LSA 通告
5 类 LSA	AS 外部 LSA 通告
6 类 LSA	组播 OSPF LSA 通告
7 类 LSA	为次末节区域定义的通告
8 类 LSA	外部属性 LSA 的通告
9、10 或 11 类 LSA	不透明 LSA 的通告

下面分别介绍 LSA 通告内容。

(1) 1 类 LSA（Router Link）

任何一台 OSPF 路由器都会产生 1 类 LSA，OSPF 路由器的每个 OSPF 接口都会有自己的链路状态，每台 OSPF 路由器只能产生一条 1 类 LSA，即使有多个 OSPF 接口，也只有一条 1 类 LSA，因为所有 OSPF 接口的链路状态是被打包成一条 1 类 LSA 发送的。

一个区域正是由于 1 类 LSA 的存在，才有精确的路由表，一个区域如果只有 1 类 LSA，也可以正常通信。1 类 LSA 只能在单个区域内传递，ABR 不能将 1 类 LSA 转发到另一个区域，并且没有任何权利修改 1 类 LSA。

(2) 2 类 LSA（Network Link）

2 类 LSA 只有在需要选举 DR/BDR 的网络类型中才会产生，且只有 DR 产生 2 类 LSA，BDR 没有权利产生，2 类 LSA 与 1 类 LSA 没有任何关联，也没有任何依存关系，二者相互独立。

(3) 3 类 LSA（Summary Link）

3 类 LSA 就是将一个区域的 LSA 发向另一个区域时的汇总和简化，ABR 将 1 类 LSA 汇总和简化变成 3 类 LSA 后再发至另一个区域，如果是详细完整的 1 类 LSA，是不允许转发的，3 类 LSA 是 1 类 LSA 的缩略版。

(4) 4 类 LSA（ASBR Summary Link）

对于外部路由，执行重分布的路由器 ASBR 在 LSA 中写上自己的 Router-ID，传递至多个 OSPF 区域，并被多个 ABR 转发，ABR 在转发外部路由的 LSA 时，没有权限修改 LSA 的

Router-ID。这样,外部路由的 Router-ID 在所有 OSPF 路由器上都不会改变,永远是 ASBR 的 Router-ID,因此只有与 ASBR 同在一个区域的路由器才能到达外部路由,因为只有与 ASBR 同在一个区域的路由器才知道如何到达 ASBR 的 Router-ID,而其他区域的路由器对此却无能为力。

为了能够让 OSPF 所有区域都能与外部路由连通,在 ABR 将外部路由从 ASBR 所在的区域转发至其他区域时,需要发送单独的 LSA 来告知如何到达 ASBR 的 Router-ID。因为 ABR 将外部路由的 LSA 告诉了其他区域,同时有义务让它们与外部路由可达,因此额外发送了单独的 LSA 来告知如何到达 ASBR 的 Router-ID。

这个单独的 LSA 就是 4 类 LSA,4 类 LSA 包含的 ASBR 的 Router-ID,除 ASBR 所在的区域,其他区域均需 ABR 发送 4 类 LSA 来告知如何去往 ASBR。

(5) 5 类 LSA(External Link)

5 类 LSA 就是外部路由重分布进 OSPF 时由 ASBR 产生的,LSA 中包含 ASBR 的 Router-ID,任何路由器都不允许更改该 Router-ID,5 类 LSA 中还包含 Forward Address,对于 5 类 LSA 的 Metric 值计算与选路规则也有所不同,详细信息参见 OSPF 外部路由部分。

(6) 7 类 LSA(NSSA Link)

NSSA 区域可将外部路由重分布进 OSPF 进程,路由信息使用 7 类 LSA 来表示,7 类 LSA 由 NSSA 区域的 ASBR 产生,只能在 NSSA 区域内传递,如果要传递到 NSSA 之外的其他区域,需要同时连接 NSSA 与其他区域的 ABR 将 7 类 LSA 转变成 5 类 LSA 后再转发。

9.3.3　OSPF 特殊区域规划

1. OSPF 特殊区域

OSPF 网络为过滤掉某些特殊类型的 LSA,减少区域内不必要的路由查询,减轻区域内路由表负担,针对非骨干区域规划了多种特殊的区域类型,分别为 Stub Area(末梢区域)、Totally Stub Area(完全末梢区域)、NSSA(不完全末梢区域)、Totally NSSA(完全非纯末梢区域)。如图 9-11 所示。

微课 9-4
OSPF 特殊区域规划
-配置 OSPF 虚链路-
优化 OSPF 链路状态通告

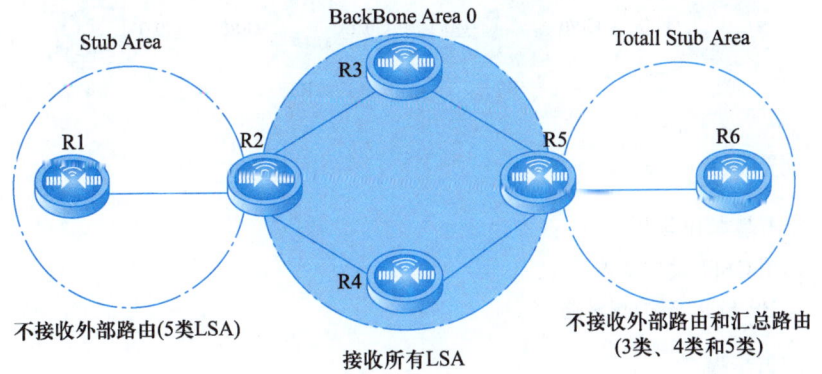

图 9-11
Stub 区域

2. OSPF 特殊区域类型

在 OSPF 的区域规划上,通过划分末梢区域,可以限制外部区域中的 LSA 通告进入。在 Stub Area 中,外部 LSA 通告不允许传播。

为了标识 OSPF 路由协议中的多区域计算类型，在 OSPF 路由协议的 Hello 报文选项字段中，有一个专门的比特位是 E 位。在定义 Stub Area 时，该选项的 E 比特位为空时，表明区域不能引入任何外部 LSA。

（1）Stub Area

该区域中不存在 ASBR，不接收外部路由（5 类 LSA）。对于 Stub Area，如需到达外部 AS，则使用到达 Stub Area 中 ABR 路由器的默认路由。规划 Stub Area 的好处是减小 LSDB 和路由表的规模。

（2）Totally Stub Area

划分完全末梢区域，能更加严格地限制某些 LSA 类型的通告进入。完全末梢区域不接收外部路由信息（5 类 LSA），也不接收路由汇总（3 类 LSA、4 类 LSA）。划分完全末梢区域的好处是能更进一步地最小化 LSDB 和路由表的规模。

（3）Not-So-Stub Area（NSSA）

在 OSPF 网络部署中，划分 NSSA 非纯末梢区域，实现 Stub Area 和 Totally Stub Area 的路由优化效果，禁止某些 LSA 类型通告。在 NSSA 区域中，可以包含 ASBR，即存在外部路由，但外部路由在 NSSA 中，以一种特殊 LSA 类型（7 类 LSA）进行通告。

（4）Totally NSSA 区域

该区域的 ABR 不会将区域间的路由信息传递到本区域。为保证到本自治系统其他区域的路由依旧可达，该区域的 ABR 将生成一条默认路由 3 类 LSA，发布给本区域中其他非 ABR 路由器。

9.3.4 配置 OSPF 虚链路

1．组网要求

如图 9-12 所示，在 R1、R2、R3、R4 上运行 OSPF 路由协议，通过使用 OSPF 虚链路，将未与 Area 0 连接的区域与 Area 0 连接起来。

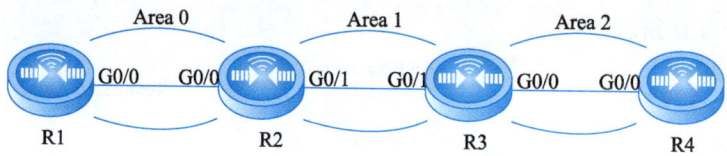

图 9-12 Stub 区域

2．配置要点

① 配置基本 IP 地址。
② 启用 OSPF 路由协议。
③ 让 R2 与 R3 建立虚链路。

3．配置步骤

（1）配置基本 IP 地址

```
R1 #
R1 #configure
```

```
R1(config) #interface gigabitEthernet 0/0
R1(config-if-GigabitEthernet 0/0) #ip address 192.168.1.1 255.255.255.0
R1(config-if-GigabitEthernet 0/0) #exit
R2 #
R2 #configure
R2(config) #interface gigabitEthernet 0/0
R2(config-if-GigabitEthernet 0/0) #ip address 192.168.1.2 255.255.255.0
R2(config-if-GigabitEthernet 0/0) #exit
R2(config) #interface gigabitEthernet 0/1
R2(config-if-GigabitEthernet 0/0) #ip address 192.168.2.1 255.255.255.0
R2(config-if-GigabitEthernet 0/0) #exit
R3 #
R3 #configure
R3(config) #interface gigabitEthernet 0/0
R3(config-if-GigabitEthernet 0/0) #ip address 192.168.3.1 255.255.255.0
R3(config-if-GigabitEthernet 0/0) #exit
R3(config) #interface gigabitEthernet 0/1
R3(config-if-GigabitEthernet 0/0) #ip address 192.168.2.2 255.255.255.0
R3(config-if-GigabitEthernet 0/0) #exit
R4 #
R4 #configure
R4(config) #interface gigabitEthernet 0/0
R4(config-if-GigabitEthernet 0/0) #ip address 192.168.3.2 255.255.255.0
R4(config-if-GigabitEthernet 0/0) #exit
```

（2）启用 OSPF 路由协议

```
R1(config)route ospf 1
R1(config-router) #router-id 1.1.1.1
Change router-id and update OSPF process! [yes/no]:yes
R1(config-router) #network 192.168.1.0 0.0.0.255 area 0
R1(config-router) #exit

R2(config) #route ospf 1
R2(config-router) #router-id 2.2.2.2
Change router-id and update OSPF process! [yes/no]:yes
R2(config-router) #network 192.168.1.0 0.0.0.255 area 0
R2(config-router) #network 192.168.2.0 0.0.0.255 area 1
R2(config-router) #exit

R3(config) #route ospf 1
R3(config-router) #router-id 3.3.3.3
```

```
Change router-id and update OSPF process! [yes/no]:yes
R3(config-router) #network 192.168.2.0 0.0.0.255 area 1
R3(config-router) #network 192.168.3.0 0.0.0.255 area 2
R3(config-router) #exit
R4(config) #route ospf 1
R4(config-router) #router-id 4.4.4.4
Change router-id and update OSPF process! [yes/no]:yes
R4(config-router) #network 192.168.3.0 0.0.0.255 area 2
R4(config-router) #exit
```

（3）让 R2 与 R3 建立虚链路

```
R2(config) #route ospf 1
R2(config-router) #area 1 virtual-link 3.3.3.3
R2(config-router) #exit
R3(config) #route ospf 1
R3(config-router) #area 1 virtual-link 2.2.2.2
R3(config-router) #exit
```

9.3.5 优化 OSPF 链路状态通告

1. 组网要求

如图 9-13 所示，在运行 OSPF 路由协议的路由器上，将 Area 2 配置为 Stub Area。

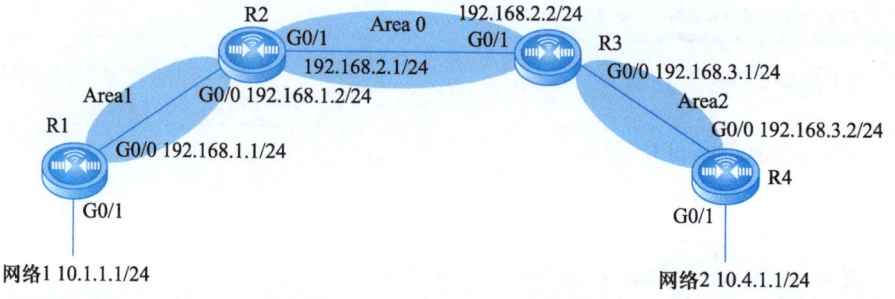

图 9-13 优化 OSPF 链路通告状态

2. 配置要点

① 配置基础 IP 地址。
② 配置基础 OSPF 协议。
③ 将 Area 2 设置为 Stub Area。

3. 配置步骤

（1）配置基础 IP 地址

```
R1(config) #interface gigabitEthernet 0/0
```

```
R1(config-GigabitEthernet 0/0) #ip address 192.168.1.1 255.255.255.0
R1(config-GigabitEthernet 0/0) #exit
R1(config) #interface gigabitEthernet 0/1
R1(config-GigabitEthernet 0/1) #ip address 10.1.1.1 255.255.255.0
R1(config-GigabitEthernet 0/1) #exit
R1(config) #interface loopback 0
R1(config-Loopback 0) #ip address 1.1.1.1 255.255.255.255
R1(config-Loopback 0) #exit

R2(config) #interface GigabitEthernet 0/0
R2(config-if-GigabitEthernet 0/0) #ip address 192.168.1.2 255.255.255.0
R2(config-if-GigabitEthernet 0/0) #exit
R2(config) #interface GigabitEthernet 0/1
R2(config-if-GigabitEthernet 0/1) #ip address 192.168.2.1 255.255.255.0
R2(config-if-GigabitEthernet 0/1) #exit
R2(config) #interface loopback 0
R2(config-if-Loopback 0) #ip address 2.2.2.2 255.255.255.255
R2(config-if-Loopback 0) #exit

R3(config) #interface GigabitEthernet 0/0
R3(config-if-GigabitEthernet 0/0) #ip address 192.168.3.1 255.255.255.0
R3(config-if-GigabitEthernet 0/0) #exit
R3(config) #interface GigabitEthernet 0/1
R3(config-if-GigabitEthernet 0/1) #ip address 192.168.2.2 255.255.255.0
R3(config-if-GigabitEthernet 0/1) #exit
R3(config) #interface loopback 0
R3(config-if-Loopback 0) #ip address 3.3.3.3 255.255.255.255
R3(config-if-Loopback 0) #exit

R4(config) #interface GigabitEthernet 0/0
R4(config-GigabitEthernet 0/0) #ip address 192.168.3.2 255.255.255.0
R4(config-GigabitEthernet 0/0) #exit
R4(config) #interface gigabitEthernet 0/1
R4(config-GigabitEthernet 0/1) #ip address 10.4.1.1 255.255.255.0
R4(config-GigabitEthernet 0/1) #exit
R4(config) #interface loopback 0
R4(config-Loopback 0) #ip address 4.4.4.4 255.255.255.255
R4(config-Loopback 0) #exit
```

（2）配置基础 OSPF 协议

```
R1(config) #router ospf 1    // 启用 OSPF 协议，进程号为 1
```

```
R1(config-router) #network 192.168.1.1 0.0.0.0 area 1    // 把 192.168.1.1 所属的接口通告到
OSPF 进程，区域号为 1
R1(config-router) #network 10.1.1.1 0.0.0.0 area 1
R1(config-router) #exit

R2(config) #router ospf 1
R2(config-router) #network 192.168.1.2 0.0.0.0 area 1
R2(config-router) #network 192.168.2.1 0.0.0.0 area 0
R2(config-router) #exit
R3(config) #router ospf 1
R3(config-router) #network 192.168.2.2 0.0.0.0 area 0
R3(config-router) #network 192.168.3.1 0.0.0.0 area 2
R3(config-router) #exit

R4(config) #router ospf 1
R4(config-router) #network 192.168.3.2 0.0.0.0 area 2
R4(config-router) #network 10.4.1.1 0.0.0.0 area 2
R4(config-router) #exit
```

（3）将 Area 2 设置为 Stub Area

```
R3(config) #router ospf 1
R3(config-router) #area 2 stub    // Area 2 配置为 Stub Area
R3(config-router) #exit
R4(config) #router ospf 1
R4(config-router) #area 2 stub
R4(config-router) #exit
```

4. 配置验证

```
R3 #show running

router ospf 1
network 192.168.2.2 0.0.0.0 area 0
network 192.168.3.1 0.0.0.0 area 2
area 2 stub
```

微课 9-5
OSPF 安全认证

9.4　OSPF 安全认证

在部署路由协议过程中，恶意用户可能会非法开启和使用相关路由协议的路由器，私自建立连接盗取网络路由信息，扰乱网络的正常运作。为保护路由信息，增强网络的安全性，可利用路由协议内置的安全认证机制。

9.4.1 OSPF 路由面临的风险

OSPF 邻居身份认证通过邻居路由器借助内嵌在 Hello 报文中 Authentication 安全认证模块来实现交换身份认证密钥。邻居路由器之间通过判断密钥是否和自己一致，确定是否建立和维持邻居关系，使 OSPF 协议报文交互及邻居关系建立更加安全。

OSPF 支持明文和 MD5 认证。当 OSPF 邻居的一方在接口上启用认证后，从该接口发出 Hello 报文中就会带有密码，当双方的 Hello 报文中拥有相同的密码时，方可建立邻居。需要注意的是，空密码也是密码的一种。

一台 OSPF 路由器可能有多个 OSPF 接口，也可能多个接口在多个 OSPF 区域内。OSPF 认证可以在每个接口上启用，也可以一次性开启多个接口认证，也可以对某个区域全局开启安全认证，当在进程中对某个区域开启 OSPF 认证后，就表示在属于该区域的所有接口上开启了认证。

9.4.2 OSPF 安全认证技术

在相同 OSPF 区域的路由器上启用身份验证功能后，只有经过身份验证的同一区域的路由器才能互相通告路由信息。

1. 两种认证方法

在默认情况下，OSPF 不使用区域验证。通过纯文本身份验证和 MD5 身份验证两种方法可启用身份验证功能。纯文本身份验证传送的身份验证口令为纯文本，会被网络探测器确定，所以不建议使用。MD5 身份验证在传输身份验证口令前，对口令进行加密，建议使用该方法进行身份验证。

2. 区分 3 种认证范围

使用 OSPF 身份验证时，区域内所有的路由器接口必须使用相同的身份验证方法。为启用 OSPF 接口验证，必须在路由器接口配置模式下，为两端链路的路由器接口配置口令。

此外，还可以针对区域开展认证，针对虚链路开展认证，提升 OSPF 认证安全。

9.4.3 配置 OSPF 认证

针对 OSPF 路由协议的接口和区域两种类型分别实施 OSPF 认证。其中，每种认证又包括明文认证和密文认证（MD5 认证）。

1. 开启接口的明文认证

```
Ruijie(config) #interface  gigabitEthernet 0/1    // 进入接口视图
Ruijie(config-if-GigabitEthernet 0/1) #ip ospf authentication    // 启用接口的 OSPF 认证功能
Ruijie(config-if-GigabitEthernet 0/1) #ip ospf authentication-key ruijie    // 认证密钥为 ruijie
```

2. 开启接口的密文认证

```
Ruijie(config-if-GigabitEthernet 0/1) #ip ospf authentication message-digest    // 定义认证类型
```

Ruijie(config-if-GigabitEthernet 0/1) #ip ospf message-digest-key 1 md5 ruijie   // 定义 Key 和密码

3. 开启区域的明文认证

Ruijie(config) #route ospf 1   //进入 OSPF 配置视图
Ruijie(config-router) #area 0 authentication   //启用明文认证
Ruijie(config-router) #exit   // 退出
Ruijie(config) #interface gigabitEthernet 0/1   //进入接口视图
Ruijie(config-if-GigabitEthernet 0/1) #ip ospf authentication-key ruijie   //定义认证密码

4. 开启区域的密文认证

Ruijie(config) #route ospf 1   //进入 OSPF 配置视图
Router(config-router) #area 0 authentication message-digest   // Area 0 启用 MD5 认证
Ruijie(config-router) #exit   // 退出
Ruijie(config) #interface gigabitEthernet 0/1   //进入接口视图
Ruijie(config-if-GigabitEthernet 0/1) #ip ospf message-digest-key 1 md5 ruijie   // 配置认证 Key ID 及密钥

学习总结

通过本项目的学习，我认识了_____
_____
_____

我对哪些还有疑问：_____
_____
_____
_____

知识检测

1. 下列关于 OSPF Router-ID 说法，正确的是（   ）。
   A. 可有可无   B. 必须手工配置
   C. 所有接口中 IP 地址最大的   D. 路由器可以自动选择

2. OSPF 计算 cost 主要涉及（   ）参数。
   A. 跳数   B. 带宽   C. 负载   D. 延迟

3. 下列不是 Hello 报文主要功能的是（   ）。
   A. 发现邻居   B. 协商参数
   C. 选举 DR、BDR   D. 协商主从

4. OSPF 协议使用组播地址（　　）。

   A. 224.0.0.5   B. 224.0.0.6

   C. 224.1.1.2   D. 224.0.0.10

5. 下列关于 OSPF 路由汇总的说法，错误的是（　　）。

   A. ABR 会自动汇总路由

   B. 只能在 ABR 上做汇总

   C. 一台机器既做 ABR 又做 ASBR，就不能汇总路由

   D. 只能在 ASBR 上做汇总

6. OSPF 协议中的一个普通区域通过 ASBR 注入 192.168.0.0/24～192.168.3.0/24 共 4 条路由，在 ABR 中配置汇总路由为 192.168.0.0/23，此时 ABR 会向其他区域发布（　　）路由。

   A. 1 条汇总路由   B. 4 条明细路由

   C. 1 条汇总 4 条明细   D. 都不发

7. 下列关于 Stub 区域的说法，错误的是（　　）。

   A. 骨干区域不能配置成 Stub 区域

   B. 区域内所有路由器不是必须配置该属性

   C. Stub 区域不能存在 ASBR

   D. Stub 区域可以接受 LSA-3

8. OSPF 协议中规定在网络中必须有 Area 0。（　　）

   A. 正确   B. 错误

9. OSPF 的特点是（　　）。

   A. 支持区域划分   B. 支持认证

   C. 区域内无环路   D. 自动汇总功能

10. OSPF 区域内无环的主要原因是（　　）。

    A. 启用 SPF 算法   B. 启用组播

    C. 链路状态协议   D. 管理距离 110

项目 10
路由传播控制及网络互联

 学习背景

新年职业技术学院通过 OSPF 路由实现校园网互联互通,针对校园网内存在的其他路由,实施路由重分发技术,实现新部署的 OSPF 路由和校园内原有 RIP 等其他路由互通。

通过在校区内实施多种不同的路由策略,进行路由过滤和控制,实现路由优化,保证校园网多种路由高效工作。

通过学习,达成如下学习目标。
- 掌握路由协议类型。
- 了解路由重分发。
- 掌握路由控制与过滤。
- 掌握路由选择和控制技术。
- 掌握策略路由原理及配置。

项目 10　路由传播控制及网络互联

 **知识结构**

本项目的知识结构如图 10-1 所示。

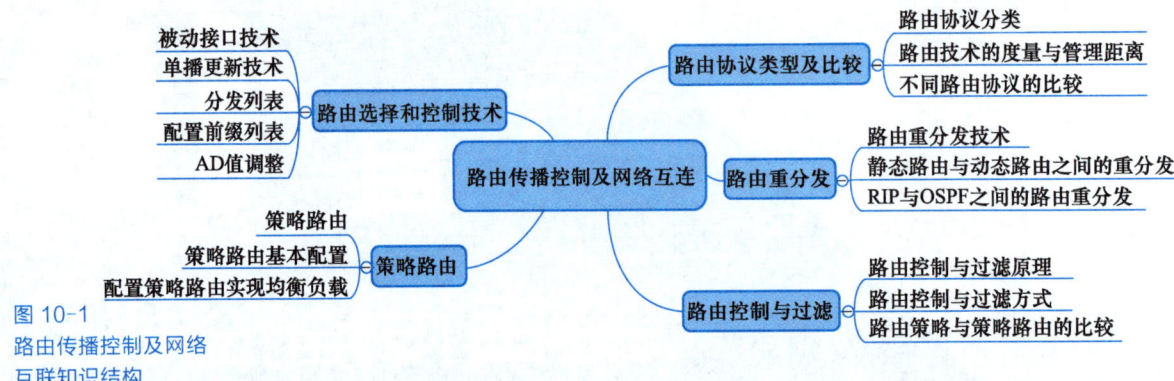

图 10-1
路由传播控制及网络互联知识结构

课前自测

在开始本项目学习之前，请先尝试回答以下问题。

1. 什么是路由？常见的路由有哪些？
2. 什么是静态路由？静态路由的特点有哪些？
3. 什么是动态路由？动态路由的特点有哪些？

项目分析及准备

10.1 路由协议类型及比较

在计算机网络中，路由协议的选择至关重要，直接影响到一个网络的性能。

10.1.1 路由协议分类

路由分为静态路由和动态路由，其相应的路由表称为静态路由表和动态路由表。根据动态路由生成路由表的过程，按照不同的分类方式，可将动态路由协议分为不同的种类。

微课 10-1
路由协议类型及比较

1．根据路由算法分类

根据路由算法，动态路由协议可分为距离矢量路由协议（Distance Vector Routing Protocol）和链路状态路由协议（Link State Routing Protocol）。

距离矢量路由协议基于 Bellman-Ford 算法。在距离矢量路由协议中，路由器将部分或全部的路由表传递给相邻路由器，经典的距离矢量路由协议主要有 RIP、BGP 等。

链路状态路由协议基于 Dijkstra 算法，即 SPF 算法。在链路状态路由协议中，路由器将链路状态信息传递给同一区域内的所有路由器。

2．根据管理系统 AS 分类

根据路由器在 AS 中的位置，将路由协议分为 IGP 和 EGP。

IGP 是在同一个 AS 内交换路由信息，如 RIP、OSPF 和 IS-IS。IGP 的主要目的是发现和计算 AS 内的路由信息。

EGP 用于连接不同的 AS，在不同的 AS 之间交换路由信息，通过使用路由策略和路由过滤等，控制路由信息在 AS 间的传播。外部网关路由协议有两种类型，分别为 EGP 和 BGP。EGP 在处理选路循环和设置选路策略时，具有明显的缺点，目前已被 BGP 代替。

10.1.2 路由技术的度量与管理距离

1．路由度量

路由度量指的是路由器的度量，当路由器接收到多条路径可到达某一目标网络时，路由协议必须判断其中哪一条是最优路径，并将最优路径放入路由表中。

路由算法使用许多不同的度量标准以确定最佳路径。复杂的路由算法将多个选择路由的度量标准结合为一个复合的度量标准。常用的度量标准如下。

（1）路径长度

路径长度是最常用的路由度量标准。一些路由协议允许手动配置路径开销值，路由长度是所经过各网段的路径开销总和。

（2）可靠性

在路由算法中指网络链接的可依赖性，通常以位误率描述。有些网络链接可能比其他网络链接失效的次数更多，当网络链接失效后，一些网络链接可能更易或更快修复。通常可手动配置网络链接度量标准值，将可靠性因素计算在内。

（3）延迟

延迟指数据通过网络从源到达目的所花的时间。延迟可能会受到很多因素的影响，如中间网络链接的带宽、经过每台路由器的端口队列、所有中间网络链接的拥塞程度及物理距离等。延迟是多个重要变量的混合体，因此是比较常用且有效的度量标准。

（4）带宽

带宽指链接可用的流通容量。在其他所有条件都相等时，10 Mbit/s 的以太网链接比 64 kbit/s 的专线更可取。虽然带宽是链接可获得的最大吞吐量，但具有较大带宽的链接不一定比较慢链接更好，如一条快速链路业务承载量很大，数据到达目的所花时间可能要更长。

（5）负载

负载指网络资源（如路由器）的繁忙程度。负载可通过多方面因素计算，包括 CPU 使用情况、每秒处理分组数等。持续地监视这些参数本身也很耗费资源。

（6）通信代价

通信代价是另一种重要的度量标准，尤其是有些公司对数据传输保密性的要求高于速度性能的要求，即使线路延迟可能较长，造价费用较高，也宁愿通过自己的线路发送数据（而不采用公用线路）。

2. 路由管理距离

管理距离（Administrate Distance，AD）是指一种路由协议的路由可信度。每一种路由协议按可靠性从高到低，依次分配一个信任等级，这个信任等级就叫管理距离。对于两种不同的路由协议到一个目的地的路由信息，路由器首先根据管理距离决定选择哪一种协议。

在 AS 内部，如 RIP 是根据路径传递的跳数来决定路径长短（即传输距离），而 OSPF 协议是根据路径传输中的带宽和延迟来决定路径开销，从而体现传输距离。这是两种不同单位的度量值，无法进行比较。为了方便进行路由协议的选择，定义了管理距离，可衡量不同协议的路径开销，从而选出最优路径。正常情况下，管理距离越小，其优先级越高，即可信度越高。

路由的 AD 值越低，优先级越高。一条路由的 AD 取值范围是一个 0~255 的整数值，0 是最可信赖的路由（如直连路由），值 255 的路由为不可信路由，意味着不会有 IP 数据包的业务量选择该协议进行路由。

10.1.3 不同路由协议的比较

各种路由协议各有特点，适合不同类型的网络。

1. 静态路由协议

静态路由表在开始选择路由之前就被手动配置建立，并且只能由手动配置更改，适于网络传输状态比较简单的环境。

静态路由的特点如下。

① 无需进行路由交换，节省网络的带宽、CPU 的利用率和路由器的内存。

② 所有需连接到网络的路由器都在邻接路由器上设置相应的路由，具有更高的安全性。
③ 网络扩展性能差。若需在网络中增加一个网络，必须在所有路由器上增加一条路由。

2．RIP

RIP 是路由器生产商之间使用的第一个开放标准，是最广泛的路由协议，在所有 IP 路由平台上都可以得到。RIP 使用 UDP 数据包更新路由信息。

RIP 的特点如下。

① 不同厂商的路由器可以通过 RIP 互连。

② 适用于小型网络（小于 15 跳）。

③ RIP 在路径较多时收敛速度慢，广播路由信息时占用的带宽资源较多，适用于网络拓扑结构相对简单且数据链路故障率极低的小型网络，在大型网络中一般不使用 RIP。

3．OSPF

OSPF 协议由 Hello 协议、交换协议和扩散协议 3 个子协议组成。其中，Hello 协议负责检查链路是否可用，选举指定路由器及备份指定路由器；交换协议完成"主""从"路由器的指定并交换各自的路由数据库信息；扩散协议完成各路由器中路由数据库的同步维护。

OSPF 的特点如下。

① OSPF 能够在自己的链路状态数据库内表示整个网络，支持大型异构网络的互联，且不容易出现错误的路由信息。

② OSPF 支持路由验证，只有互相通过路由验证的路由器之间才能交换路由信息，且对不同的区域可定义不同的验证方式，提高网络的安全性。

③ 路由信息不受跳数的限制，减少了因分级路由带来的子网分离问题。

④ OSPF 使用 Area 对网络进行分层，减少协议对 CPU 处理时间和内存的需求。

⑤ 由于网络区域划分和网络属性的复杂性，技术人员需要具有较高的网络知识水平才能配置和管理 OSPF 网络。

⑥ OSPF 虽能根据接口的速率、连接可靠性等信息，自动生成接口路由优先级，但在通往同一目的的不同优先级路由中，OSPF 只选择优先级较高的转发，不同优先级的路由中，不能实现负载分担。

4．BGP

在 BGP 网络中，可以将一个网络分成多个 AS。AS 间使用 EBGP 广播路由，AS 内使用 IBGP 广播路由。

BGP 的特点如下。

① BGP 使用 TCP 作为其传输层协议，提高了协议的可靠性。

② 路由更新时，BGP 只发送更新的路由，大大减少了 BGP 传播路由所占用的带宽，适用于在 Internet 上传播大量的路由信息。

③ BGP 通过携带 AS 路径信息标记途经的 AS，带有本地 AS 号的路由将被丢弃，从而避免了域间产生环路。

④ BGP 在 AS 内学到的路由不会在 AS 中转发，避免了 AS 内产生环路。

⑤ BGP 提供了丰富的路由策略，能够对路由实现灵活的过滤和选择。

⑥ BGP 收敛速度较慢。

10.2 路由重分发

微课 10-2
路由重分发

网络协议有很多种，如 RIP、OSPF、BGP 等，在大型企业中经常出现网络设备之间运行多种网络协议的情况，各种协议之间如果不进行一定的配置，则设备之间不能互通信息。

10.2.1 路由重分发技术

为实现多种路由协议的协同工作，使用路由重分发（Route Redistribution）将其学习到的一种路由协议的路由，通过另一种路由协议广播出去，实现全网互联互通，如图 10-2 所示。

图 10-2
路由重分发

1. 路由重分发技术

为有效地支持多种路由协议，在同一个网络中需在不同的路由协议之间共享路由信息。在不同的路由协议之间交换路由信息的过程称为路由重分布，它将一种路由选择协议获悉的路由信息告知给另一种路由选择协议，如图 10-3 所示。

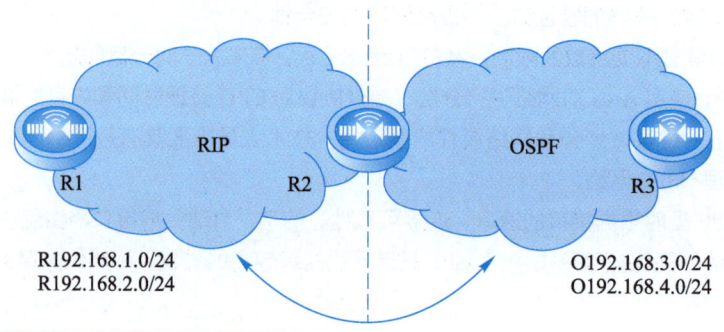

图 10-3
路由重分布

为了实现重分发，路由器必须同时运行多种路由协议，每种路由协议可取路由表中的所有或部分其他协议的路由进行广播。

2. 路由重分发注意事项

（1）不重叠使用路由协议

不在同一个网络中使用两种不同的路由协议，如果要使用不同的路由协议，则需在网络之间有明显的界线。

（2）多台边界路由器使用单项重分布

如果多于一台路由器作为重分布点，使用单项重分布可避免回环和收敛问题，在不需要接收外部路由的路由器上使用默认路由。

（3）单边界路由器使用双向重分布

当网络中只有一台边界路由器时，使用双向重分布很稳定。如果无任何机制防止路由回环时，不可在多边界网络中使用双向重分布。综合使用默认路由、路由过滤及修改管理距离，可以防止路由回环。

（4）解决次优路径

由于路由协议的 AD 值不同，当将 AD 值大的路由条目重分发进 AD 值小的路由协议中时，可能会出现次优路径，此时需优化路由、修改 AD 值或过滤路由。

（5）种子 metric 值决定选择结果

不同路由协议的 metric 值不同，如 RIP 度量值是跳数，OSPF 度量值与带宽、延迟等参数有关，当把 RIP 路由重分发到 OSPF 中时，OSPF 不明白这个路由条目的度量值（即跳数），认为该条目为无效路由。

不同路由协议都有自己默认的种子 metric，根据种子 metric 值的大小决定选择哪一种路由协议。RIP 路由认为重分发进来的路由条目的种子 metric 是无穷大，OSPF 路由认为重分发进来的路由条目的种子 metric 为 20，选用种子 metric 值小的协议。

（6）OSPF 引入路由的两种类型

- Type1 外部路由：当外部路由的开销与自治系统内部的路由开销相同，并且和 OSPF 自身路由的开销具有可比性时，可以认为这类路由的可信度较高，将其配置成 Type1 External。
- Type2 外部路由：当 ASBR 到自治系统之外的开销远远大于自治系统内到达 ASBR 的开销时，可以认为这类路由的可信度较低，将其配置成 Type2 External。

> **注意**
>
> 当把某种协议的路由条目重分发到 RIP 中时，一定要手工指定 metric 值。

10.2.2　静态路由与动态路由之间的重分发

在实际网络部署中，考虑网络应用需求，如图 10-4 所示，实施静态路由与动态路由之间的重分发，并使用如下命令完成配置。

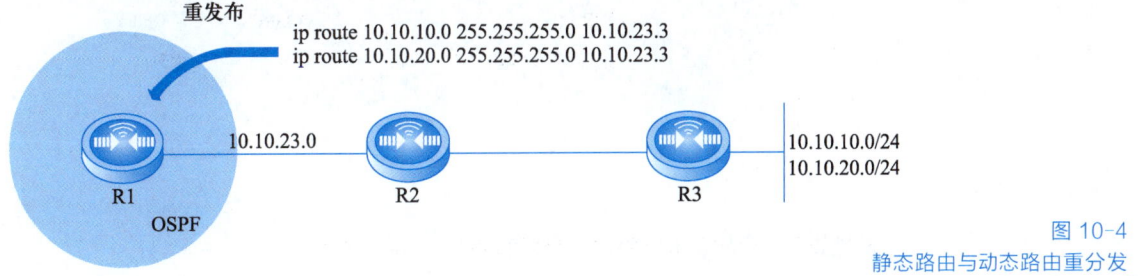

图 10-4　静态路由与动态路由重分发

1．重分发直连路由命令

在 RIP 中，重分发直连路由配置命令如下。

Router(config) #router rip   // 开启 RIP 路由

Router (config-router) #redistribute connected [metric metric-value]   // 如果不指定 metric 值，默认为 1

在 OSPF 协议中，重分发直连路由配置命令如下。

Router(config) #router ospf   // 开启 OSPF 路由

Router (config-router) #redistribute connected [subnets] [metric metric-value] [metric-type {1|2}] [tag tag-value] [route-map map-tag]   // 如果不指定 metric 值，默认为 20；如果不指定 metric-type 值，默认为 Type2 类型路由；subnets 支持无类别路由

2．重分发静态路由命令

在 RIP 中，重分发静态路由配置命令如下。

Router(config) #router rip   // 开启 RIP 路由

Router(config-router) #redistribute static [metric metric-value]   // 如果不指定 metric 值，默认为 1

在 OSPF 协议中，重分发静态路由配置命令如下。

Router(config) #router ospf   // 开启 OSPF 路由

Router(config-router) #redistribute static [subnets] [metric metric-value] [metric-type {1|2}] [tag tag-value] [route-map map-tag]   // 如果不指定 metric 值，默认为 20；如果不指定 metric-type 值，默认为 Type2 类型路由；subnets 支持无类别路由

10.2.3 RIP 与 OSPF 之间路由重分发

路由重分发是将一种路由协议产生的路由条目转换成另一种路由协议。例如，一台路由器同时运行 OSPF 和 RIP，如将通过 OSPF 协议获取到的路由条目通告给 RIP 路由协议，这就是 RIP 重分发，如图 10-5 所示。

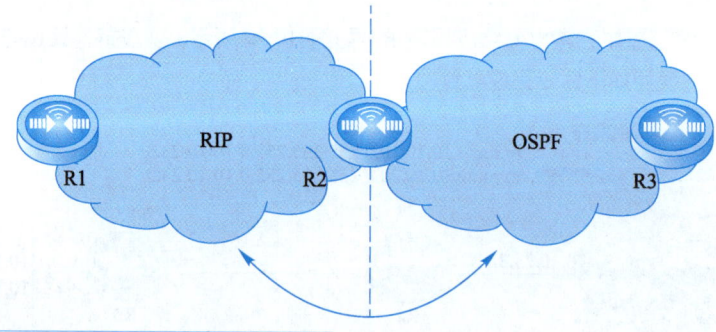

图 10-5
RIP 与 OSPF 路由重分发

通过如下命令配置 RIP 路由重分发和 OSPF 路由重分发。

Router(config) #router ospf 1

Router(config-router) #redistribute rip subnets   // 把 RIP 路由通过重分发引入到 OSPF 中

Router(config) #router rip

Router(config-router) #redistribute ospf 1 metric 10   // 把 OSPF 路由通过重分发引入到 RIP 中

配置验证如下。

```
Router #show running-config
router ospf 1
    redistribute rip subnets
router rip
    redistribute ospf 1 metric 10
```

10.3 路由控制与过滤

微课 10-3
路由控制与过滤

为整体提高路由器的功能和优化网络性能，各种路由控制与过滤策略也相继产生。

10.3.1 路由控制与过滤原理

1．路由策略

路由策略（Route-Policy）主要实现路由过滤和路由属性设置等功能，通过改变路由属性（包括可达性），控制路由的接收、发布、引入的方法，改变网络流量所经过的路径，实现对路由的优化。

通过在网络中实施路由策略，可对进出路由器的路由进行控制，使得路由器只学到必要、可预知的路由，对外只向可信任的路由器通告必要的、可预知的路由。

2．路由策略过滤原理

① Route-Policy 由一个或多个结点（Node）构成，Node 之间是"或"的关系。每个 Node 都会有一个编号，路由项会按照 Node 编号由小到大的顺序通过各个 Node。

② Node 下可以有若干个 if-match 和 apply 子句。

- if-match 子句定义匹配规则，匹配对象是路由信息的一些属性。同一 Node 中的不同 if-match 子句是逻辑"与"的关系，只有满足 Node 内所有 if-match 子句指定的匹配条件，才能通过该结点的匹配测试。
- apply 子句规定动作处理，对通过结点匹配的路由信息进行属性设置。

③ 每个 Node 都有相应的 permit 或 deny 模式。

在 permit 模式中，路由项如满足该 Node 所有的 if-match 子句，会允许通过该 Node 的过滤，执行该结点的 apply 子句，而不再进入下一个结点。如不满足，将依次进入下一个 Node。

在 deny 模式中，如路由项满足该 Node 所有的 if-match 子句，会拒绝通过该 Node 的过滤，也不会执行 apply 子句；否则就进入下一个 Node，继续过滤。

④ 路由策略的作用可以规定路由器发布路由时只发布满足特定条件的路由，接收时接收满足特定条件的路由，在引入时只引入满足特定条件的路由。

3．路由策略过滤器

过滤器是路由策略过滤路由的工具，单独配置的过滤器没有任何过滤效果，只有在路由协议的相关命令中应用这些过滤器，才能达到预期的过滤效果。

在路由策略中，if-match 子句可匹配 6 种过滤器，包括 ACL、地址前缀列表、AS 路径过滤器、团体属性过滤器、扩展团体属性过滤器和路由标识符（Routing Identifier，RD）属性过滤器。这 6 种过滤器具有各自的匹配条件及 permit 和 deny 匹配模式。

（1）ACL

ACL 是将报文中的入接口、源或目的地址、协议类型、源或目的端口号作为匹配条件的过滤器，在各路由协议发布、接收路由时单独使用。但在路由策略中的 if-match 子句只支持基本 ACL，过滤路由的目的 IP 地址和子网掩码。

（2）地址前缀列表

地址前缀列表将路由的目的地址和子网掩码前缀作为匹配条件的过滤器，与 ACL 过滤器的作用相同，可在各路由协议发布和接收路由时单独使用。根据匹配的前缀不同，前缀过滤列表可以进行精确匹配，也可在一定掩码长度范围内匹配。当 IP 地址为 0.0.0.0 时表示通配地址，表示掩码长度范围内的所有路由都被 permit 或 deny。

每个地址前缀列表可以包含多个索引（index），每个索引对应一个结点。路由按索引号从小到大依次检查各个结点是否匹配，任意一个结点匹配成功，将不再检查其他结点。若所有结点都匹配失败，路由信息将被过滤。

（3）AS 路径过滤器

AS 路径过滤器是将 BGP 中的 AS_Path 属性作为匹配条件的过滤器，专用于 BGP 路由过滤，在 BGP 发布、接收路由时单独使用。AS_Path 属性记录了 BGP 路由经过的所有 AS 编号。

（4）团体属性过滤器

团体属性过滤器是将 BGP 中的团体属性作为匹配条件的过滤器，专用于 BGP 路由过滤，在 BGP 发布、接收路由时单独使用。BGP 的团体属性用来标识一组具有共同性质的路由。

（5）扩展团体属性过滤器

扩展团体属性过滤器是将 BGP 中的扩展团体属性作为匹配条件的过滤器，专用于 VPN 网络中的 BGP 路由过滤，可在 VPN 配置中利用 VPN Target 区分路由时单独使用。VPN Target 属性在 BGP/MPLS IP VPN 网络中控制 VPN 路由信息在各站点之间的发布和接收。

（6）RD 属性过滤器

RD 团体属性过滤器是将 VPN 中的 RD 属性作为匹配条件的过滤器，可在 VPN 配置中利用 RD 属性区分路由时单独使用。VPN 实例通过 RD 实现地址空间独立，区分使用相同地址空间的前缀。

10.3.2　路由控制与过滤方式

在边界路由器上实施路由策略，通过不同的匹配条件和匹配模式筛选路由条目，或改变路由属性，从而实现路由策略的目标。

1．路由控制与过滤内容

路由策略通过路由信息的发布、接收、引入以及路由属性的配置等几个方面进行控制。

① 对所要发布的路由信息进行过滤，只允许发布满足条件的路由信息。

② 对所要接收的路由信息进行过滤，只允许接收满足条件的路由信息。这样可以控制路由条目的数量，提高网络的路由效率。

③ 只引入满足条件的路由信息，并控制所引入的路由信息的某些属性，使其满足本路由协议的路由属性要求。

④ 配置路由的属性，满足自身需要。

2. 路由控制与过滤步骤

路由策略的实现分为以下两个步骤。

（1）定义过滤规则

定义将要实施路由策略的路由信息的特征，即定义一组匹配规则。可以用路由信息中的不同属性作为匹配依据进行设置，如目的地址、发布路由信息的路由器地址等。

（2）在指定的接口上应用规则

将匹配规则应用于路由的发布、接收和引入等过程的路由策略中。

10.3.3　路由策略与策略路由的比较

园区网中的路由策略（Routing Policy，RP）和策略路由（Policy-Based Routing，PBR）都是园区网中常见的路由控制技术。路由策略和策略路由是两个不同的概念，应用领域也不同。

1. 操作对象不同

路由策略的操作对象是路由信息，通过改变路由属性（包括可达性）来改变网络流量所经过的路径，主要实现路由过滤和路由属性设置等功能。

策略路由的操作对象是数据包，在路由表已经产生的情况下，不按照路由表进行转发，而是根据需要，依照某种策略改变数据包转发路径。

2. 查找优先级不同

策略路由的查找优先级比路由策略高，当路由器接收到数据包并进行转发时，会优先根据策略路由的规则进行匹配，如果能匹配上，则根据策略路由进行转发，否则按照路由表中的路由条目来进行转发。

3. 路由表项内容改变与否不同

路由器中存在两种类型和层次的表，一个是路由表，一个是转发表。转发表是由路由表映射过来的，策略路由直接作用于转发表，路由策略直接作用于路由表。策略路由不改变路由表中的任何内容，它可以通过预先设置的规则来影响数据报文的转发。

4. 控制对象不同

路由策略主要控制路由信息的引入、发布和接收。具体表现为控制哪些路由信息引入路由协议中，哪些路由不引入，主要是针对某种路由协议，是否允许其他路由信息引入，控制哪些发布、哪些不发布，通过哪一种路由协议发布，以及控制哪些接收、哪些丢弃。

策略路由主要是控制报文的转发，可以不按照路由表进行报文的转发。一般报文的转发要通过查找转发表，而配置策略路由后则不用查找转发表，可根据策略路由具体要求转发。

10.4 路由选择和控制技术

微课 10-4
路由选择和控制技术

网络对广域网的要求已经发展到一个新的水平，路由选择和控制技术在各类业务中越来越重要。

10.4.1 被动接口技术

1. 被动接口

被动接口能防止其他路由器动态学习到本路由器上的路由信息，设置本路由器的接口为 passive-interface，不允许路由更新报文从该路由器接口发送出去。

如图 10-6 所示，将路由器 R2 上的 Fa0/0 口设置为 passive-interface，这时该接口将不再发送 OSPF Hello 消息。同时，与该接口关联的网段 192.168.12.0/24 仍会被宣告进 OSPF，避免不必要的 OSPF 组播包在 LAN 中泛洪。

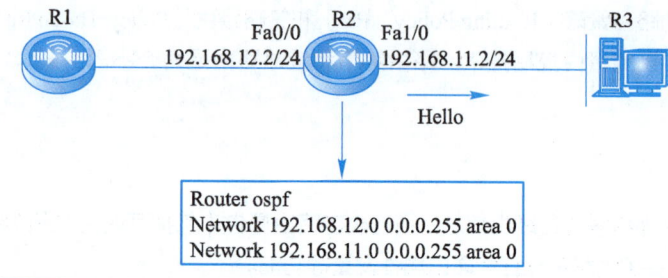

图 10-6
被动接口

> **注意**
>
> 不同的路由协议对 passive-interface 的操作有所不同。

2. 被动接口技术

在启动了 RIP 的 passive-interface 技术中，passive-interface 不发送路由更新，但可接受路由更新。

在启动了 OSPF 协议的 passive-interface 技术中，passive-interface 不发送也不接收路由更新，也不发 Hello 包。

使用以下命令，将某个接口配置为被动接口。

```
Router(config)#router 路由协议        // 配置路由选择协议
Router(config-router)#passive-interface type number [default]    // 在不需要建立邻居关系的接口上，配置 passive-interface 命令
Router(config-router)#passive-interface default    // 将所有接口设置为被动状态
```

10.4.2 单播更新技术

1. 单播更新

单播更新是将路由更新中的目标地址使用单播地址来代替广播和组播。

在距离矢量路由协议中，RIPv1 路由使用广播地址（255.255.255.255）更新，RIPv2 使用组播地址（224.0.0.9）更新，但无论是 RIPv1 还是 RIPv2，都可以实施路由的单播更新技术。

开启 RIP 单播更新后，RIP 路由除使用单播更新外，还可以组播和广播更新，即开启单播更新后，RIP 路由更新没有减少，反而增加。但也有特殊情况，即在激活 RIP 中，配置某个接口为被动接口，可以抑制从某个接口上发送的路由更新，被动接口不能抑制单播更新，只能抑制广播和组播。在采用单播更新时，配合被动接口技术，消除不必要的路由更新。

2. 配置单播更新命令

在激活路由协议的设备上，使用如下命令配置单播更新。

> R2(config)#router ospf 100   // 启动一个 OSPF 进程号为 100 的动态路由协议
> R2(config-router)#passive-interface fastethernet 0/0   // 配置单播更新

10.4.3　分发列表

1. 分发列表技术（Distribute-list）

在路由器的接口上，应用 IP 访问控制列表不会对路由通告产生任何影响。IP 访问控制列表与接口相关联，控制网络中 IP 数据包的分流。但如果为当前分发列表配置 IP 访问控制列表时，则可控制路由选择更新，而不管其路由来源。

通过把分发列表技术应用在路由选择和更新的过程中，决定哪些路由将被加入路由表或通过更新发送出去。

一般情况下，IP 访问控制列表并不能控制路由器自己生成的 IP 数据流，将 IP 访问控制列表和分发列表技术有机结合起来，则可以用来允许、拒绝部分路由条目的选择更新。

2. 分发列表的工作过程

分发列表技术是一个用于控制路由更新的工具，只能过滤路由信息，不能过滤 LSA 链路通告消息。在距离矢量路由协议中，分发列表技术无论是 in 或 out 方向，都能正常地过滤路由；在链路状态路由协议中，其依靠 LSA 链路通告生成路由表机制，分发列表技术的应用效果并不明显。

如图 10-7 所示，在基于入站接口和出站接口上配置分发列表技术，实现路由选择更新，对路由传播过滤的过程如下。

① 路由器收到准备发送给其他网络的路由更新消息。
② 路由器查询涉及的接口。
③ 路由器确定是否有与该接口相关联的分发列表。
④ 如该接口不存在相关联的分发列表，则按正常方式处理分组。
⑤ 如该接口有相关联的分发列表，则路由器将查询分发列表以及其引用的 IP 访问控制列表，以查找与路由选择更新匹配的条目。
⑥ 如 IP 访问控制列表中存在匹配的条目，则按配置方式处理。根据匹配成功的 IP 访问控制列表语句，应用 permit 或者 deny 操作该路由。需要注意的是，IP 访问控制列表只能对 IP 数据包进行过滤，可对输入和输出报文中的目的地址进行匹配。

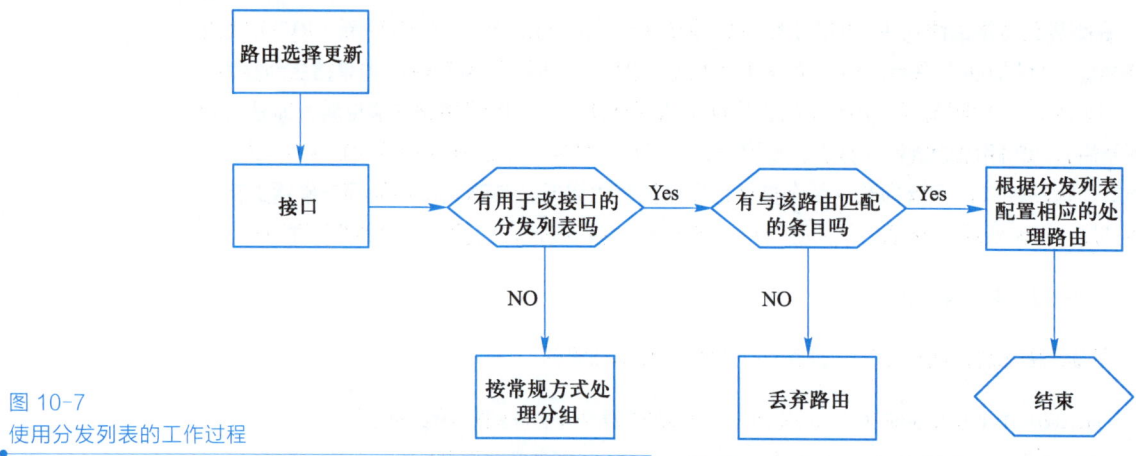

图 10-7 使用分发列表的工作过程

⑦ 如在访问控制列表中未找到匹配条目，则访问控制列表最后隐含 deny 策略将导致丢弃该路由。

3. 配置分发列表

使用 distribute-list 命令配置分发列表，需要经历如下步骤。

① 使用 IP 访问 ACL 技术定义 IP 数据流，及需要过滤的网络地址。

② 使用 distgribute-list 命令，应用到特定的接口或路由选择协议，要确定数据流是在入站接口上过滤，还是在出站接口过滤；或者是从另一种路由选择协议重分发而来的路由更新。

③ 使用 distribute-list 在入站接口或出站接口上，应用配置来过滤路由选择更新。

使用如下命令，配置 distribute-list 分发列表。

> distribute-list { access-list-name | gateway ip-prefix-list | prefix ip-prefix-list [gateway ip-prefix-list] } { in | out } [interface-id | protocol-type]

distribute-list 设置路由协议在分发路由信息时过滤规则，distribute-list in 对 OSPF 路由协议无效，因为 OSPF 接收的不是具体路由，而是链路状态描述报文。distribute-list out 过滤从接口出站路由选择更新，或指定路由选择协议的路由选择更新。

10.4.4 配置前缀列表

1. 前缀列表

前缀列表（IP prefix-list）可将与所定义的前缀列表相匹配的路由根据定义的匹配模式进行过滤。前缀列表中匹配的条目由 IP 地址和掩码组成，IP 地址可以是网段地址或者主机地址，掩码的长度配置范围为 0~32，可进行精确匹配或在一定掩码长度范围内匹配，也可通过关键字指定匹配的前缀掩码长度范围。

前缀列表能同时匹配前缀号和前缀长度，主要用于路由的匹配和控制，不能用于数据包的过滤。不同于匹配流量的 IP 访问列表，IP 前缀列表主要用来指定具体的可达网络。前缀列表用来匹配前缀（网段）和前缀长度（子网掩码）。

前缀列表在进行路由控制过程中具有如下特点。

① 可以增量修改。对于普通访问控制列表，不能删除该列表中某个条目，如需删除列

表中的某个条目只能将该访问列表全部删除；而前缀列表中，可以单独删除或添加一个条目。

② 在大型列表的加载和路由查找方面，比访问控制列表有显著的性能改进。

2．前缀列表的命令描述

普通前缀列表的参数命令配置如下。

> ip prefix-list [name] [permit | deny] [prefix]/[len]

name 为任意的名字或者数字，prefix 是指定的路由前缀（网段），len 是指定的前缀长度（子网掩码）。

通常情况下，在使用前缀列表时加上 GE（Geeat or Equal，大于或等于）和 LE（Less or Equal，小于或等于）时比较容易发生混淆。这是因为当使用 GE 和 LE 时，列表的长度（len）发生了改变。

> ip prefix-list list-name [seq seq-value] {deny|permit} network/len [ge ge-value] [le le-value]

list name 代表被创建的前缀列表名（注意该列表名区分大小写），seq-value 代表前缀列表语名的 32 bit 序号，用于确定过滤语句被处理的次序。默认序号以 5 递增（5、10、15 等）。deny|permit 表示当发现一个匹配条目时所要采取的行动，network/len 表示要进行匹配的前缀和前缀长度，network 是 32 位的地址，长度是一个十进制数。

ge-value 表示比 network/len 更具体的前缀，要进行匹配的前缀长度的范围。如果只规定了 GE 属性，该范围被认为是从 ge-value 到 32。

le-vlaue 表示比 network/len 更具体的前缀，要进行匹配的前缀长度的范围。如果只规定了 LE 属性，该范围被认为是从 le 到 le-value。

10.4.5　AD 值调整

1．管理距离

管理距离（Administrate Distance，AD）是确定一种路由协议可信度的度量值。在各种路由协议中，从最可信到最不可信排序，使用 AD 确定哪一条是到达目标网络的最佳路径。

在日常网络管理中，偶尔遇到需要修改路由协议的默认管理距离需求。例如，在 AS 边界路由器上，将来自 RIP 路由域中的路由条目重分发到 OSPF 路由域中，可在 OSPF 路由域中设置一个比 RIP 路由协议更高的管理距离；或在 RIP 路由协议中设置为一个比 OSPF 更低的管理距离，指定路由条目在传输到目标网络时，能选择到达目的网络的最佳传输路径。

2．修改管理距离

在具有路由冗余和备份的园区网中，可通过修改指定路由的管理距离，实现线路备份与路由过滤。使用 distance weight 命令设置路由协议管理距离。

> Router(config) #distance weight { ip-address | wildcard | [access-list-number] }

Weight 为管理距离取值（1～255），管理距离为 255 的路由将被丢弃。ip-address 为路由源的 IP 地址，OSPF 要求该 IP 地址为路由器标识。access-list-number 为访问列表号（1～99），只对符合访问列表路由进行管理距离修改。

在 OSPF 路由中，修改管理距离命令格式与 RIP 路由有所不同。

> Router(config) #distance ospf { [intra-area dist1] [inter-area dist2] [external dist3] }

intra-area dist1 为区域内路由信息的管理距离，范围为 1～255。inter-area dist2 为区域间路由信息的管理距离，范围为 1～255。external dist3 为外部路由信息的管理距离，范围为 1～255。

10.5 策略路由

微课 10-5
策略路由

某些网络应用环境中需要接入多条宽带线路，为确保访问特定目标的数据走对应的线路是保障网络成功访问的前提。策略路由功能可实现为访问选择正确的线路，确保局域网同时访问专网和 Internet。

10.5.1 策略路由概述

1. 策略路由定义

策略路由是根据一定的策略进行报文转发，因此，策略路由是一种比目的路由更灵活的路由机制，是对传统 IP 路由机制的有效增强。

路由器在转发一个数据报文时，首先根据配置的规则对报文进行过滤，匹配成功则按照一定的转发策略进行报文转发。这种规则可基于标准和扩展访问控制列表，也可基于报文的长度。而转发策略则是控制报文按照指定的策略路由表进行转发，可修改报文的 IP 优先字段。

2. 策略路由工作机制

应用策略路由需指定策略路由使用的路由图（需创建路由图）。路由器将通过路由图决定如何对需要路由的数据包进行处理，路由图决定数据包的下一跳转发路由器。

一个路由图中很多条策略组成，每条策略都定义了一个或多个匹配规则和对应操作。一个接口应用策略路由后，将对该接口接收到的所有包进行检查，不符合路由图任何策略的数据包将按照通常的路由转发进行处理，符合路由图中某个策略的数据包将按照该策略中定义的操作进行处理。

3. 策略路由的特点

策略路由可使数据包按照用户指定的策略进行转发。对于某些管理目的，如 QoS 需求或 VPN 拓扑结构，要求某些路由必须经过特定的路径，才能使用策略路由。

① 策略路由可以不仅仅依据目的地址转发数据包，还可以基于源地址、数据应用、数据包长度等，使数据包转发更灵活。

② 使用策略路由可以根据数据包的特征修改其相关 QoS 项，进而为 QoS 服务。

③ 使用策略路由可以设置数据包的行为，如下一跳、下一接口等，在存在多条链路时，可根据数据包的应用不同而使用不同的链路，进而提供高效的负载平衡能力。

④ 策略路由影响的只是本地行为，可能会引起"不对称路由"形式的流量。

10.5.2 策略路由基本配置

策略路由基本配置大体上分为两种：一种是根据路由目的地址进行的策略，即目的地址路由；另一种是根据路由源地址进行的策略，即源地址路由。

1. 基于源地址的策略路由配置

```
access-list 1 permit host 192.168.1.2    // 用 ACL 标出策略有路由允许通过的主机地址（可以是一个网段）
access-list 2 permit host 192.168.1.3
route-map cnj permit 10    // 创建路由表并命名，标上序号
match ip address 1    // 关联 ACL 1 的 IP 地址
set ip next-hop 192.168.2.2    // 符合 access-list1 中的 IP 地址经过该路由器之后下一跳的 IP 地址为 192.168.2.2
route-map cnj permit 20
match ip address 2
set ip next-hop 192.168.3.2    // 符合 access-list2 中的 IP 地址经过该路由器之后下一跳的 IP 地址为 192.168.3.2
```

2. 基于目的地址的策略路由配置

```
access-list 111 permit tcp any host 192.168.200.1    // 用扩展 ACL（100～199）标出所有 IP 到主机 192.168.200.1 的数据流
access-list 112 permit tcp any host 192.168.201.1
route-map cnj permit 10    // 创建路由表并命名，标上序号
match ip address 111    // 关联 ACL 111
set ip next-hop 192.168.2.6    // 目的地址符合 ACL 111 的数据流下一跳为 192.168.2.6
route-map cnj permit 20
match ip address 112
set ip next-hop 192.168.3.6    // 目的地址符合 ACL 112 的数据流下一跳为 192.168.3.6
```

3. 基于报文长度的策略路由配置

```
route-map cnj permit 10    // 创建路由表并命名，标上序号
match length 0 100    //表示报文大小范围为 0～100 的数据流
set ip next-hop 192.168.1.1    // 下一跳的 IP 地址为 192.168.1.1
route-map cnj permit 20
match length 100 200
set ip next-hop 192.168.2.1
```

10.5.3 配置策略路由实现均衡负载

1. 组网要求

如图 10-8 所示，使用策略路由实现出口网络的均衡负载。

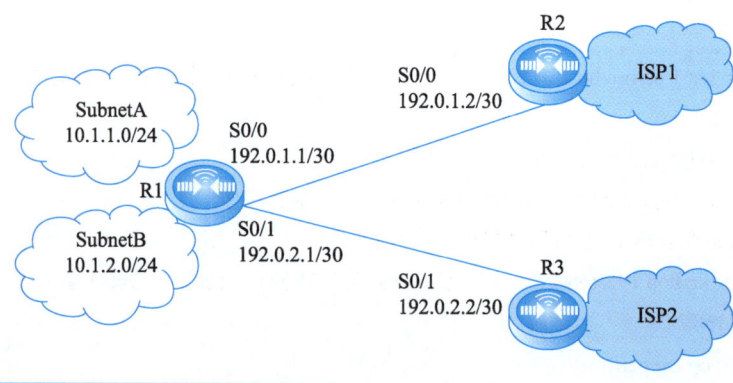

图 10-8
出口路由器上实施 PBR 场景

2. 配置要点

① 定义访问控制列表。
② 配置策略路由。
③ 在接口应用。

3. 配置步骤

```
R1r #configure terminal
R1(config) #ip access-list extendaed neta    // 定义扩展访问控制列表 neta
R1(config-ext-nacl) #permit ip 10.1.1.0 0.0.0.255 any
R1(config-ext-nacl) #exit
R1(config) #ip access-list extended netb
R1(config-ext-nacl) #permit ip 10.1.2.0 0.0.0.255 any
R1(config-ext-nacl) #exit
R1(config) #route-map pbr permit 10
R1(config-route-map) #match ip address neta
R1(config-route-map) #set ip next-hop 192.0.1.2
R1(config-route-map) #exit
// 配置序号为 10 的子句用于匹配所有源自 10.1.1.0/24 的报文。如果报文符合匹配条件，
路由器将它发送到 ISP1 的路由器，即下一跳地址为 192.0.1.2
R1(config) #route-map pbr permit 20
R1(config-route-map) #match ip address netb
R1(config-route-map) #set ip next-hop 192.0.2.2
R1(config-route-map) #exit
```

//序号为 20 的子句用于匹配所有源自 10.1.2.0/24 的报文。如果报文符合匹配条件，路由器将它发送到 ISP2 的路由器，即下一跳地址为 192.0.2.2

R1(config) #route-map pbr permit 30

R1(config-route-map) #set interface null 0

R1(config-route-map) #exit

// 序号为 30 的子句没有配置 match 命令，这将匹配所有不符合序号 20 和 30 的报文，并且根据 set interface null0 的操作，报文将被丢弃，而不是进行传统的路由选择

R1(config) #interface serial 0/0

R1(config-if-Serial 0/0) #ip policy route-map pbr   // 应用于内部接口 S0/0，即接收分组的入站接口

学习总结

通过本项目的学习，我认识了_____

_____

_____

我对哪些还有疑问：_____

_____

_____

知识检测

1. 下列有关策略路由的说法，正确的是（   ）。

    A. 一个接口只能配置一个 route-map

    B. 一个 route-map 只能配置一条规则

    C. 每条规则只能有一个 match

    D. 每条规则只能有一个 set

2. 策略路由设置通常是应用在设备（   ）位置。

    A. 数据转发的入接口   B. 数据转发的出接口   C. 全局配置

3. 配置策略路由时，会用到 route-map 语句，在 route-map 语句中默认最后隐含有一条 deny any 的语句，该语句的作用是（   ）。

    A. 没有匹配前面的 permit 语句的数据会匹配该语句，被丢弃

    B. 没有匹配前面的 permit 语句的数据会匹配该语句，查找常规路由

    C. 根本不存在这条隐含语句

4. [多选]下面关于策略路由的说法，正确的是（   ）。

    A. 默认情况下，设备产生的数据不需要匹配策略路由

    B. 默认情况下，策略路由的优先级高于常规路由

    C. 一般情况下，策略路由部署在设备收到数据的接口

    D. 默认情况下，如果数据没有匹配策略路由，则会将数据丢弃

5. 在企业内部网络安全策略中，经常使用访问控制列表过滤流量。在以下需求中，不能使用访问控制列表实现的是（　　）。
   A. 拒绝从一个网段到另一个网段的 ping 流量
   B. 禁止客户端向某个非法 DNS 服务器发送请求
   C. 禁止以某个 IP 地址作为源发出的 telnet 流量
   D. 禁止某些客户端的 P2P 下载应用

项目 11
网络安全保护与监控

 学习背景

越来越多的单位、组织及个人利用互联网浏览、发布信息,其中存在一些不良信息,严重危害了国家安全、社会稳定以及企事业单位的正常业务开展。

计算机网络是新年职业技术学院师生通过现代信息技术手段了解社会、获取信息的重要手段和途径。通过数据传输加密技术、VPN 技术、出口设备信息审计、SNMP 等,帮助学院对终端用户上网行为进行管理和规范,阻止违法违规信息的传播。网络安全保护与监控是师生能够安全上网、健康上网、绿色上网的根本保证。

通过学习,达成如下学习目标。
- 了解常用加密算法。
- 掌握 VPN 技术基本原理。
- 掌握 Web Portal 用户认证过程。
- 掌握 SNMP。
- 了解 NTP 服务。
- 了解常用网络监测方法。

 **知识结构**

本项目的知识结构如图 11-1 所示。

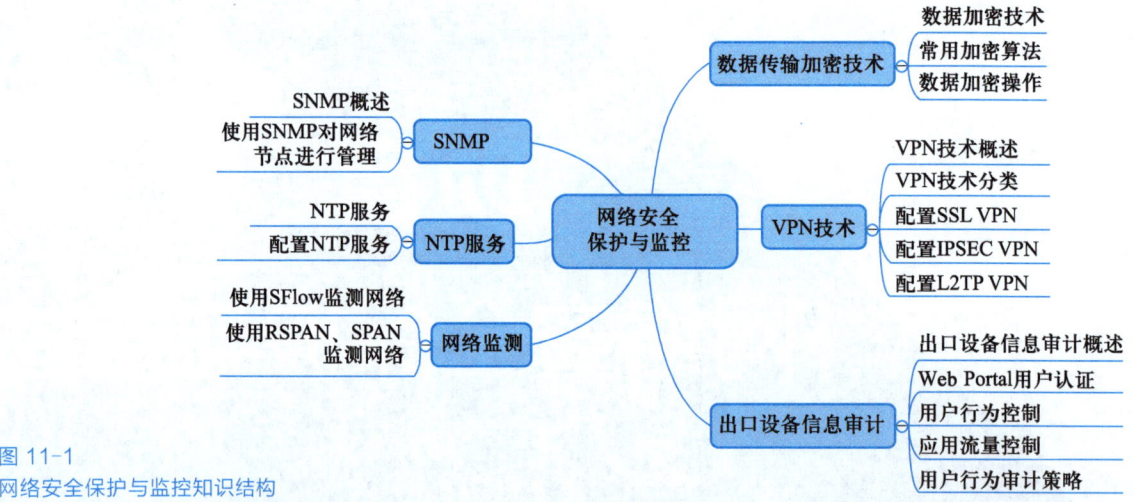

图 11-1
网络安全保护与监控知识结构

课前自测

在开始本项目学习之前，请先尝试回答以下问题。
1. 请列举出常见的网络安全威胁。
2. 数据在传输过程中，会存在哪些安全隐患？
3. 常用的网络安全防护技术有哪些？

项目分析及准备

11.1 数据传输加密技术

日常使用的淘宝、支付宝、微信等都需要通过网络对其中的数据进行传输。例如，涉及金钱类的交易数据在网络中不进行加密传输，将很容易被窃取、篡改。

11.1.1 数据加密技术

1. 数据加密技术

数据加密（Data Encryption）技术是网络安全技术的基石，是通信双方按约定的法则进行信息特殊变换的一种保密技术，能够将明文信息（Plain Text）经过加密钥匙（Encryption Key）及加密函数转换，变成无意义的密文（Cipher Text），接收方将此密文经过解密函数、解密钥匙（Decryption Key）还原成明文。

从明文变成密文的过程称为加密（Encryption），由密文恢复成原明文的过程称为解密（Decryption）。

2. 密码学组成

密码学由密码编码学和密码分析学组成，密码编码学主要研究对信息进行编码以实现信息隐蔽，密码分析学主要研究通过密文获取对应的明文信息。密码学研究密码理论、密码算法、密码协议、密码技术和密码应用等。

3. 密码产品的应用

广义上讲，包含密码功能的应用产品也是密码产品，如各种物联网产品，它们的结构与计算机类似，也包含运算、控制、存储、输入/输出等部分。密码芯片是密码产品安全性的关键，通常由系统控制模块、密码服务模块、存储器控制模块、功能辅助模块、通信模块等关键部件构成。

早期的密码仅对文字或数码进行加密和解密，随着通信技术的发展，语音、图像、数据等都可实施加密、解密，大量密码产品应用于生活中，如USB Key、RFID卡、银行卡等。

11.1.2 常用加密算法

数据加密技术要求只有在指定的用户或网络下才能解除密码，读取到原来的数据。这就需要给数据发送方和接收方一些特殊的信息用于加密和解密，这些特殊的信息就是所谓的密钥。

密钥的值是从大量随机数中选取的，按加密算法可分为专用密钥和公开密钥两种。

1. 专用密钥

专用密钥是指在加密和解密时使用同一个密钥，即同一个算法，如数据加密标准（Data Encryption Standard，DES）的Kerberos（身份验证）算法。专用密钥又分为单密钥和对称密钥。

（1）单密钥

单密钥是最简单的方式，通信双方必须交换彼此密钥，在给对方发送信息时，用自己的加密密钥进行加密，接收方收到数据后，用对方所给的密钥进行解密。当一个文本需加密传送时，该文本用密钥加密成密文，密文在信道上传送，收到密文后用同一个密钥读取密文，形成普通文体供解读。

（2）对称密钥

对称密钥由于运算量小、速度快、安全强度高，被广泛采用。在对称密钥中，密钥的管理极为重要，一旦密钥丢失，密文将无密可保。这种方式在与多方通信时因需保存很多密钥而变得复杂，且密钥本身的安全也是一个问题。

2．公开密钥

公开密钥又称非对称密钥，加密和解密时使用不同的密钥，即不同的算法。加密和解密密钥之间存在一定的关系，但不可能轻易地从一个推导出另一个。由于两个密钥不相同，因此可以将一个密钥公开，另一个密钥保密，同样可以起到加密的作用。例如，RSA 算法有一把公用的加密密钥和多把解密密钥。

公开密钥的加密机制虽提供了良好的保密性，但难以鉴别发送者，即任何得到公开密钥的人都可以生成和发送报文。数字签名机制提供了一种鉴别方法，以解决伪造、抵赖、冒充和篡改等问题。数字签名一般采用非对称加密技术（如 RSA），通过对整个明文进行某种变换，得到一个值，作为核实签名。接收者使用发送者的公开密钥对签名进行解密运算，如其结果为明文，则签名有效，证明对方的身份是真实的。数字签名普遍用于银行、电子贸易等。

> **注意**
>
> 能否切实有效地发挥加密机制的作用，关键在于密钥的管理，包括密钥的生存、分发、安装、保管、使用以及作废全过程。

11.1.3 数据加密操作

1．链路加密

链路加密在所有消息被传送至两个网络结点间的通信链路之前进行加密，每一个结点对接收到的消息进行解密，再使用下一个链路的密钥对消息进行加密，再进行传输。到达目的地之前，一条消息可能要经过许多通信链路的传输，即经过多次的加密与解密过程。

由于在每一个中间传输结点消息均被解密后重新进行加密，因此，包括路由信息在内的链路上的所有数据均以密文形式出现，掩盖了被传输消息的源点与终点。由于填充技术的使用以及填充字符在不需要传输数据的情况下就可以进行加密，使得消息的频率和长度特性得以掩盖，防止对通信业务进行分析。

链路加密在计算机网络环境中得到了广泛使用，同时也存在一些问题。例如，在点对点同步或异步线路上，要求先对链路两端的加密设备进行同步，再使用一种模式对链路上传输的数据进行加密。在线路/信号经常不通的海外或卫星网络中，链路上的加密设备需要频繁进行同步，带来的后果是数据丢失或重传。另一方面，即使仅一小部分数据需要进行加密，也会使得所有传输数据被加密，这就给网络的性能和可管理性带来了副作用。

在传统的加密算法中，用于解密消息的密钥与用于加密的密钥是相同的，该密钥必须被秘密保存，并按一定规则进行变化。因此，密钥分配在链路加密系统中就成了一个问题，因为每一个结点必须存储与其相连接的所有链路的加密密钥，这就需要对密钥进行物理传送或建立专用网络设施。网络结点地理分布的广阔性使得这一过程变得复杂，增加了密钥连续分配时的费用。

2. 结点加密

结点加密给网络数据提供较高的安全性，其操作方式与链路加密类似，即在中间结点先对消息进行解密，再进行加密，此加密过程对用户是透明的。

与链路加密不同的是，结点加密不允许消息在网络结点上以明文形式存在。结点加密先把收到的消息进行解密，再采用另一个不同的密钥进行加密，这一过程在结点安全模块中进行。

结点加密要求报头和路由信息以明文形式传输，以便中间结点能得到如何处理消息的信息。因此这种方法对于防止攻击者分析通信业务是脆弱的。

3. 端到端加密

端到端加密允许数据在从源点到终点的传输过程中始终以密文形式存在。消息在被传输至终点之前不进行解密，在整个传输过程中均受到保护，即使有结点损坏也不会使消息泄露。

与链路加密和结点加密相比，端到端加密系统更容易设计、实现和维护。首先，端到端加密中每个报文包均是独立被加密的，能避免其他加密系统所固有的同步问题，因此一个报文包所发生的传输错误不会影响后续的报文包。其次，从用户对安全的需求来看，单个用户一般采用端到端加密，只需源和目的结点是保密的，不影响网络上的其他用户。

端到端加密系统一般不允许对消息的目的地址进行加密，因为每一个消息所经过的结点都要用该地址来确定如何传输消息。由于这种加密方法不能掩盖被传输消息的源点与终点，因此它对于防止攻击者分析通信业务是脆弱的。

11.2 VPN 技术

通过 VPN 服务，帮助远程用户与内部网建立可信的安全连接，用户可在校外的公共互联网访问或管理内网地址的资源，并保证数据的安全传输，防止数据被监听、篡改。

11.2.1 VPN 技术概述

1. VPN 技术的作用

VPN（Virtual Private Network，虚拟专用网络）的功能是在公用网络上建立专用网络，通过对数据包的加密和数据包目标地址的转换实现远程访问，属于远程访问技术，可简单地理解为利用公用网络架设专用网络。

在传统的企业网络中，如果有远程访问的需求，一般是租用专线或使用帧中继技术，这样的访问需要高昂的费用来支撑。对个人用户而言，一般使用拨号线路进入企业网络，这样又会带来安全上的种种隐患。面对这种情况，可以在企业网络中搭建一台 VPN 服务器，远程访问时通过互联网连接 VPN 服务器，再进入企业网络。

一般情况下，为保证数据安全，会对产生的通信数据进行加密处理，就像专门搭建了一个专用网络通道，实际上使用的是互联网上的公用链路，利用公用网络搭建专用网络。因此只要能访问互联网，就可以通过 VPN 访问私网资源，因而 VPN 技术在企业网络中被广泛应用。

2．VPN 技术工作原理

如图 11-2 所示，假设公网网络 A 的终端 a 访问企业内部网络 B 的终端 b，在其发送的数据中目标地址为终端 b 的内部 IP 地址。网络 A 的 VPN 网关在接收到终端 a 发出的访问数据包时对其目标地址进行检查，如果目标地址属于网络 B 的地址，则将该数据包进行封装（封装的方式因采用的 VPN 技术不同而有差别），同时 VPN 网关会创建一个新的数据包，并将封装后的原数据包作为 VPN 数据包的负载，VPN 数据包的目标地址为网络 B 的 VPN 网关的外部地址。

VPN 网关采取双网卡结构，外网卡使用公网 IP 接入 Internet。公网的 VPN 网关将 VPN 数据包发送到 Internet，VPN 数据包的目标地址是网络 B 的 VPN 网关的外部地址，该数据包将被 Internet 中的路由正确地发送到网络 B 的 VPN 网关。网络 B 的 VPN 网关对接收到的数据包进行检查，如发现该数据包是从网络 A 的 VPN 网关发出的，即可判定该数据包为 VPN 数据包，并对该数据包进行解包处理。

解包的过程主要是先将 VPN 数据包的包头剥离，再将数据包反向处理还原成原始的数据包。网络 B 的 VPN 网关将还原后的原始数据包发送至目标终端，从终端 b 的角度来看，它收到的数据包就是从终端 a 发送的。从终端 b 返回终端 a 的数据包处理过程和上述过程一样，这样两个网络的终端就实现了通信。

图 11-2
VPN 工作原理图

在 VPN 网关处理接收的数据时，原来数据包的目标地址（VPN 目标地址）和远程 VPN 网关地址都非常重要。根据 VPN 目标地址，VPN 网关能够判断对哪些数据包进行 VPN 处理，通常情况下对于不需要处理的数据包可直接转发到上级路由。远程 VPN 网关地址指定了处理后的 VPN 数据包发送的目标地址，即 VPN 隧道的另一端 VPN 网关地址。由于网络通信是双向的，在进行 VPN 通信时，隧道两端的 VPN 网关都必须知道 VPN 目标地址和与此对应的远端 VPN 网关地址。

11.2.2　VPN 技术分类

1．组网方式

根据组网方式不同，VPN 技术可分为远程访问 VPN、局域网到局域网的 VPN 两种。

（1）远程访问 VPN

该技术适用于出差员工通过 VPN 拨号接入到企业内网的场景。员工可以在任何能够接入互联网的地方，通过远程拨号的方式接入到企业内网，获得访问企业内网资源，如图 11-3 所示。

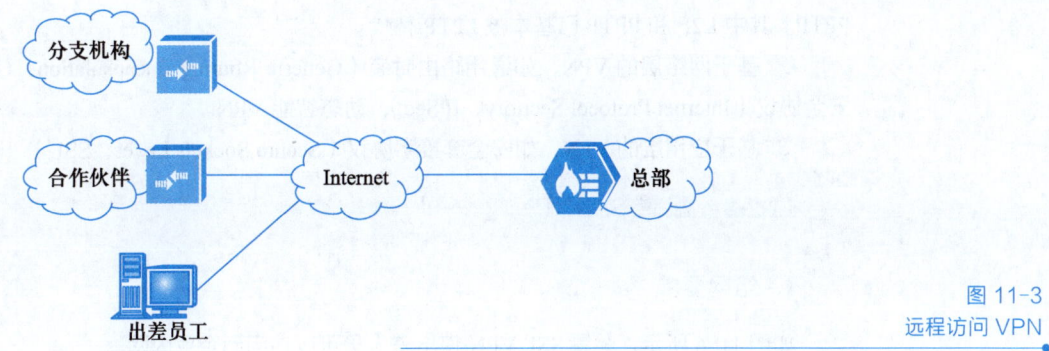

图 11-3
远程访问 VPN

（2）局域网到局域网的 VPN

该技术适用于企业两个异地机构的局域网互联，如图 11-4 所示。

图 11-4
局域网到局域网的 VPN

2．应用对象

如图 11-5 所示，根据应用对象不同，VPN 技术可以分为远程访问虚拟专网（Access VPN）、企业内部虚拟专网（Intranet VPN）和扩展的企业内部虚拟专网（Extranet VPN）。

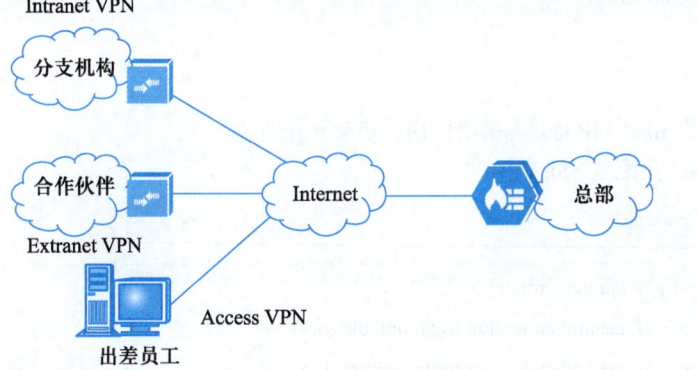

图 11-5
3 种不同应用对象的 VPN 技术

（1）Access VPN

面向出差员工，允许出差员工跨越公用网络远程接入公司内部网络。

（2）Intranet VPN

Intranet VPN 通过公用网络进行企业内部各个网络的互联。

（3）Extranet VPN

Extranet VPN 利用 VPN 将企业网延伸至合作伙伴处，使不同企业间通过 Internet 构筑 VPN。Intranet VPN 和 Extranet VPN 的不同点主要在于访问公司总部网络资源的权限有所区别。

3．VPN 技术实现的网络层次

按照 VPN 技术实现的网络层次，VPN 技术可以分为基于数据链路层的 VPN、基于网络层的 VPN 和基于应用层的 VPN。

① 基于数据链路层的 VPN，如二层隧道协议（Layer 2 Tunneling Protocol，L2TP）、L2F、

PPTP。其中 L2F 和 PPTP 已基本被 L2TP 替代。

② 基于网络层的 VPN，如通用路由封装（Generic Routing Encapsulation，GRE）、网络安全协议（Internet Protocol Security，IPSec）、动态智能 VPN。

③ 基于应用层的 VPN，如安全套接字协议（Secure Sockets Layer，SSL）。

11.2.3 配置 SSL VPN

1．组网要求

如图 11-6 所示，配置 SSL VPN 使出差人员可以访问到企业内网。

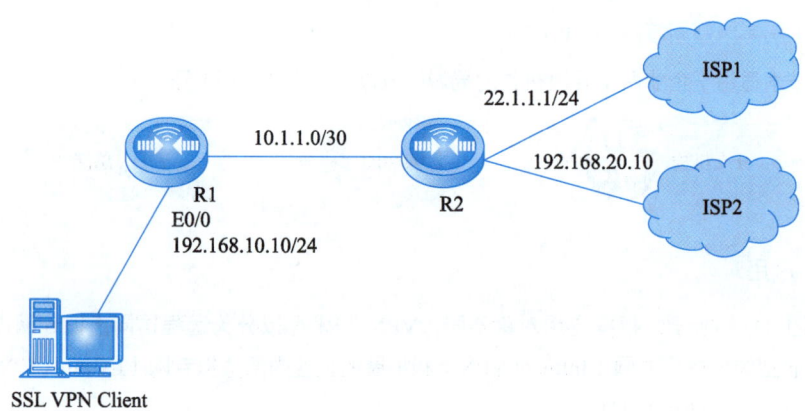

图 11-6
SSL VPN 配置示例

2．配置要点

① 配置相应的 IP 地址与静态路由，使全网互通。
② 在 R1 上配置 SSL VPN。

3．配置步骤

```
R1(config)#aaa new-model
R1(config)#aaa authentication login defaule local
R1(config)#aaa authentication login webvpn local
R1(config)#ip local pool ssl-add 11.1.1.10 11.1.1.20    //创建地址池
R1(config)#username user1 password 123    //定义本地用户名与密码
R1(config)#webvpn gateway vpngateway
R1(config-webvpn-gateway)#ip address 192.168.10.10 port 443    //指定进行监听的接口
R1(config-webvpn-gateway)#inservice    //启用 webvpn-gateway 配置
R1(config-webvpn-gateway)#exit    //退出
R1(config)#webvpn context webcontext    //定义 webvpn 的相关配置
R1(config-webvpn-context)#gateway vpngateway    //关联 gateway 和 context
R1(config-webvpn-context)# aaa authentication list webvpn
R1(config-webvpn-context)#inservice    //启用 webvpn-gateway 配置
R1(config-webvpn-context)#policy group sslvpn-policy    //进入 SSLVPN 策略组
R1(config-webvpn-group)#funcations svc-enable
R1(config-webvpn-group)#svc address-pool ssl-add    //分配 SVC 使用的地址池
```

R1(config-webvpn-group) #svc split include 192.168.20.0 255.255.255.0   //定义隧道分离的目标地址

R1(config-webvpn-group) #exit   //退出

R1(config-webvpn-context) #default-group-policy sslvpn-policy   //当配置多个策略组后，默认使用的策略组

11.2.4 配置 IPSEC VPN

1．组网要求

如图 11-7 所示，使用 IPSec VPN 技术使两台内网主机可以互相通信。

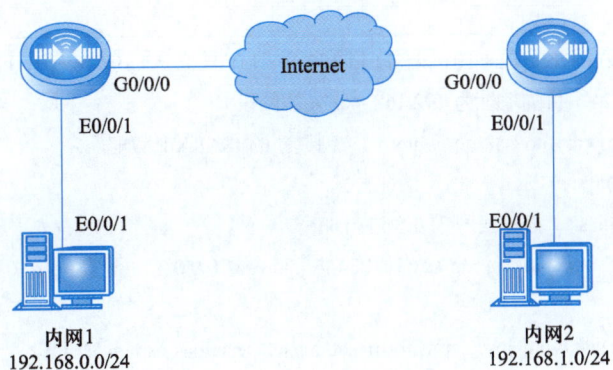

图 11-7 IPSec VPN 配置示例

2．配置要点

① 配置路由器 SWA 和 SWB 能够正常访问互联网，并能够互相 ping 通。
② 在 SWA 上配置静态 IPSec VPN 隧道以及相应路由。
③ 在 SWB 上配置静态 IPSec VPN 隧道以及相应路由

3．配置步骤

（1）配置路由器 SWA 和 SWB

配置使 SWA 和 SWB 能够正常访问互联网，并互相能够 ping 通。

```
SWA>enable    //进入特权模式
SWA #configure terminal    //进入全局配置模式
SWA(config) # access-list 101 permit ip 192.168.0.0 0.0.0.255 192.168.1.0 0.0.0.255    //指定源地址为 192.168.0.0/24、目的地址为 192.168.1.0/24 的网段
SWA(config) #crypto isakmp keepalive 5 periodic    //配置 IPSec DPD 探测功能
SWA(config) #crypto isakmp policy 1 //创建新的 ISAKMP 策略
SWA(config) #authentication pre-share    //配置认证方式
SWA(config) #encryption 3des    //配置使用 3DES 为加密方式
SWA(config) #crypto isakmp key 0 123456 address 10.0.0.1    //配置指定的预共享密钥
SWA(config) #crypto ipsec transform-set myset  esp-des esp-md5-hmac//配置 IPSec 使用 ESP 封装 DES 加密、MD5 检验
SWA(config) #crypto map mymap 5 ipsec-isakmp    //创建名为 mymap 的加密图
```

```
    set peer 10.0.0.1              //指定对端地址
    set transform-set myset        //指定加密转换为 myset
    match address 101              //指定为 ACL 101
```

（2）在 SWA 上配置静态 IPSec VPN 隧道

```
SWA(config) #interface GI0/0/0    //进入接口视图
crypto map mymap                  //在接口视图中应用加密图
SWA(config) #ip route 192.168.1.0 255.255.255.0 10.0.0.2  //配置静态路由
```

（3）在 SWB 上配置静态 IPSec VPN 隧道

```
SWB(config) #access-list 101 permit ip 192.168.1.0 0.0.0.255 192.168.0.0 0.0.0.255   //配置源地址 192.168.1.0/24、目的地址为 192.168.0.0/24 的网段
SWB(config) #crypto isakmp policy 1    //创建新的 ISAKMP 策略
authentication pre-share               //指定认证方式
encryption 3des                        //指定使用 3DES 进行加密
SWB(config) #crypto isakmp key 0 123456 address 10.0.0.2   //配置 peer 10.0.0.1 的预共享密钥为 123456
SWB(config) #crypto ipsec transform-set myset  esp-des esp-md5-hmac   //配置 IPSec 使用 ESP 封装 DES 加密、MD5 检验
SWB(config) #crypto map mymap 5 ipsec-isakmp   //创建一个新的加密图
set peer 10.0.0.2 //配置对端地址
set transform-set myset //配置加密转换集
match address 101    //指定为 ACL101
SWB(config) #interface GI0/0/0   //进入接口视图
crypto map mymap                 //将加密图应用到接口上
SWB(config) #ip route 192.168.0.0 255.255.255.0 10.0.0.1  //配置静态路由
```

11.2.5 配置 L2TP VPN

1. 组网要求

如图 11-8 所示，所有用户全部在 LNS 本地进行 CHAP 认证和分配 IP 地址。

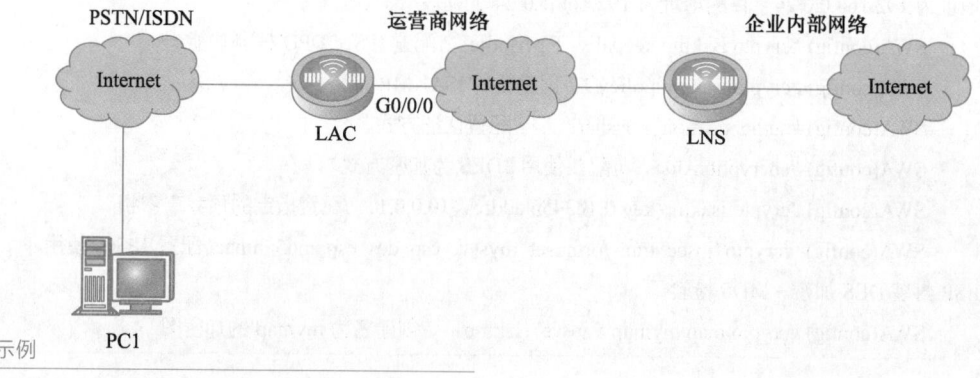

图 11-8 L2TP VPN 配置示例

2．配置要点

① 配置 LNS VPN，需先激活 LNS VPDN（Virtual Private Dial Network，虚拟专有拨号网络）。
② 配置 LNS 的地址池和用户信息。
③ 配置 LNS Virtual-Template 接口。
④ 配置 LNS 兼容性命令。

3．配置步骤

（1）配置 LNS VPDN

```
LNS(config) #vpdn enable    //激活 VPDN
LNS(config) #vpdn-group 1   //创建 VPDN 组
accept-dialin
protocol l2tp
virtual-template 1
l2tp tunnel authentication   //启用 L2TP 隧道认证功能
l2tp tunnel password 123456  //配置 L2TP 隧道密码为 123456
```

（2）配置 LNS 地址池和用户信息

```
LNS(config) #ip local pool p1 100.0.0.2 100.0.0.100   //配置 L2TP 用户的地址池
username test password test   //添加需要本地认证的 L2TP 客户端账号密码
```

（3）配置 LNS Virtual-Template 接口

```
LNS(config) #interface loopback 1    //进入接口视图
#ip address 100.0.0.1 255.255.255.255    //配置 IP 地址
interface Virtual-Template 1    //配置虚模板
ppp authentication pap chap    //使用 PAP 认证，也支持 CHAP 认证
ip unnumbered Loopback 1    //指定虚模板使用 Loopback1 地址
peer default ip address pool p1    //指定客户端所使用的地址池
```

（4）配置 LNS 兼容性

```
LNS (config) #vpdn-group 1    //配置 VPDN 组
LNS (config-vpdn) # force-local-chap   //配置 LNS 忽略 LAC 携带的认证信息，强制重新与
客户端进行 CHAP 认证
LNS (config) #vpdn-group 1
LNS (config-vpdn) # force-local-lcp   //配置 LNS 忽略 LAC 携带的协商信息，强制重新与
客户端进行 LCP 协商
LNS (config) #vpdn-group 1
LNS (config-vpdn) # lcp renegotiation always    //配置忽略控制报文错误
```

11.3 出口设备信息审计

微课 11-3
出口设备信息审计

审计是有目的、有计划地收集、鉴定、综合和利用审计证据的过程。针对互联网行为提供有效的行为审计、内容审计、行为控制等功能，便于信息追踪、系统安全管理和风险防范。

11.3.1 出口设备信息审计概述

出口设备作为一种必不可少的网络安全防护工具，被广泛应用在各种不同的网络环境中。出口设备信息审计就是对整个出口设备的功能、设置、管理、环境、弱点、漏洞等进行全面审计。

1. 出口设备信息审计的原因

（1）管理疏忽

出口设备没有统一的管理界面，且规则较多。个别规则之间可能存在功能冲突，或存在规则违背安全政策，甚至存在多人拥有出口设备管理员账户等情况，这些问题会降低出口设备的性能。

（2）设备自身存在漏洞或缺陷

出口设备未按照厂家信息及时进行漏洞修补，会导致不能检测和阻挡拒绝服务类的攻击，无法满足日益增长的安全需要。

（3）运行及环境状况

出口设备是数据进出的重要关卡，一旦停止运行，或出现阻滞状态，园区网的运营就会受影响。正常运行的出口设备，应该有足够的内存和外存空间来周转和存储数据，且要求有高质量的稳压电源及断电保护，严格控制周围温度和湿度。

2. 出口设备信息审计的基本方法和步骤

① 在开始信息审计前，确定出口设备周围的网络环境、保护对象、安全要求等信息，如出口设备的生产厂家、版本、24 小时技术支持电话等基本信息，出口设备网络连接情况、名称及 IP 地址等，为整个审计工作做准备。

② 查看出口设备的配置、环境和运行情况，如出口设备的稳压电源及断电保护、环境温度和湿度、硬件设置、操作系统及版本、网卡设置速度、日志存放硬驱、中央处理器使用情况、数据备份等。

③ 检查出口设备的规则，也是审计过程中最困难、最复杂、最费时的一步。每一条出口设备规则的产生或更改，都需要有详细注释，记录清楚添加和修改人员信息、原因、日期及时限等。任何一条规则后没有注释，都要在审计报告中建议设备管理员进行增补。同时要确保出口设备规则的合理性，列出有重复的、交叠的、冲突的规则，并进行修改。

④ 审计出口设备日志，包括流量日志、事件日志、操作日志。流量日志包括访问流量开始和结束的时间、源 IP 和目的 IP、应用类型、源端口、支持的协议、动作状态、字节数以及报文数等信息。事件日志包括事件的时间、威胁类型、源 IP 和目的 IP、应用类型、严重性等级以及动作状态等信息。操作日志记录出口设备中所有操作执行的时间、操作类型、严重性以及具体操作信息。

11.3.2 Web Portal 用户认证

根据"网络安全法"要求，在使用互联网服务前，必须进行身份认证。进行身份认证最好的方式是通过 Web 进行网页身份认证。

1. Portal 认证的基本要素

Portal 认证，也称为 Web 认证，以网页的形式为用户提供身份认证和个性化信息服务，通过认证后可以使用网络资源。Portal 认证系统典型的组网方式包括认证客户端、接入设备、Portal 服务器、RADIUS 服务器和 Auth 服务器这几个基本要素，如图 11-9 所示。

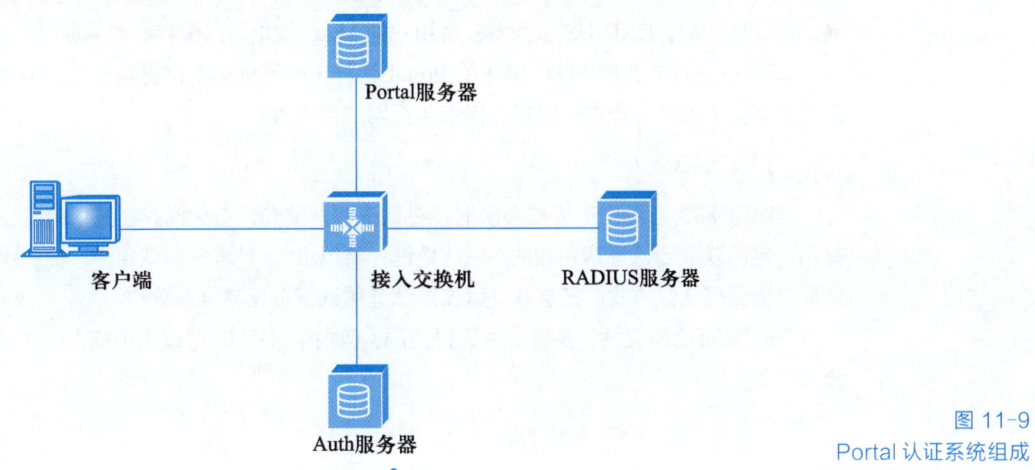

图 11-9 Portal 认证系统组成

（1）认证客户端

安装可运行 HTTP/HTTPS 协议浏览器的主机。

（2）接入设备

交换机、路由器等接入设备的统称。

接入设备的作用主要体现在以下几个方面。

① 在认证之前，将认证网段内用户的所有 HTTP 请求都重定向到 Portal 服务器。

② 在认证过程中，与 Portal 服务器、RADIUS 服务器交互，完成用户身份认证、授权与计费等功能。

③ 在认证通过后，用户可访问被管理员授权的互联网资源。

（3）Portal 服务器

接收客户端认证请求的服务器系统，提供免费门户服务和认证界面，与接入设备交互客户端的认证信息。

（4）RADIUS 服务器

与接入设备进行交互，完成对用户的认证、授权与计费。

（5）Auth 服务器

当终端用户通过 Web Agent 发起 Portal 认证时，先连接到 Auth 服务器进行认证，认证通过后，Auth 服务器再向 Portal 服务器发起 Portal 认证请求。如果终端用户通过 Web 浏览器发起 Portal 认证，则不涉及 Auth 服务器。

Portal 认证便于运营，可以在 Portal 页面上开展业务拓展，如广告推送、企业宣传等，广泛应用于运营商、酒店、学校等网络。

2．Portal 认证方式

按照网络层次的不同，可将 Portal 认证方式分为二层认证方式和三层认证方式。

（1）二层认证方式

认证客户端与接入设备直连或通过二层设备连接，设备能够学习到用户的 MAC 地址，并利用 IP 和 MAC 地址来识别用户，此时可配置 Portal 认证为二层认证方式。认证流程如下：设备学习到用户的 MAC 地址后，将 MAC 地址封装到 RADIUS 属性中发送给 RADIUS 服务器，认证成功后，RADIUS 服务器会将用户的 MAC 地址写入缓存和数据库。

二层认证方式支持 MAC 优先的 Portal 认证，其流程简单，安全性高，但由于限制了用户只能与接入设备处于同一网段，降低了组网的灵活性。

（2）三层认证方式

当设备部署在汇聚层或核心层时，在认证客户端和设备之间存在三层转发设备，此时设备不一定能获取到认证客户端的 MAC 地址，将以 IP 地址唯一标识用户，此时需将 Portal 认证配置为三层认证方式。三层认证跟二层认证的认证流程完全一致。

三层认证组网灵活，容易实现远程控制，但由于只有 IP 可以用来标识一个用户，所以安全性不高。

11.3.3 用户行为控制

网络技术迭代加速，用户上网环境日新月异，上网管控难度提升；移动办公和物联网的兴起，导致接入网络的人员和终端更不可控；业务信息化加深，数据外发路径增多，企业的防泄密需求日益强烈。这就要求企业网网络需要具备高可靠性、安全性、可管理性，可方便地对用户的互联网行为与内容进行应用分析，并采取相应的审计与管理策略。

1．建立终端入网安全规范

从终端入网开始，对接入终端（包括 PC 和摄像头、PDA 等物联网终端）进行资产梳理和分类管理。终端连接网络时，提供 802.1x、Portal 等多种身份认证方式，进行终端安全基线检查，包括有无更新操作系统补丁、有无安装杀毒软件等。终端入网后，进行终端行为权限控制，包括外设/U 盘管控、防非法外联等。

2．上网管控，保障上网规范和上网体验

企业网络办公时，不可避免地存在以下情况：无关应用占用大量带宽影响网络访问；员工上班刷抖音、微博，导致上网效率低；员工下载恶意文件导致主机中毒；员工上网发布非法言论带来法律风险。

以上情况可基于海量级 URL 库和应用规则库，实现应用细分动作控制，精准匹配企业上网管控规范；支持动态流控技术，保障带宽分配合理，使专线价值充分发挥；智能识别封堵翻墙和远程软件，支持上网文件杀毒、恶意链接过滤、僵尸主机检测；以 SSL 审计技术加持，做到全面无疏漏的合规审计。

3．数据泄密管控，建立数据外发规范

企业网络中的核心业务数据存在两大类泄漏路径：网络外发泄密，包括邮件/网盘/云笔记等多种网络外发泄密；终端外发泄密，包括 U 盘拷贝、内网终端外发导致数据泄密。传统的数据安全管理方案，缺少数据流转的可视化监测机制，管理员不清楚"有哪些数据被外发"和"外发数据中是否包含敏感内容"，导致管理难以有效开展。

首先对指定的高风险等数据外发路径（包括应用外发、Web 外发、终端外传等）进行控制，从根源上切断高危类型的泄密行为；进一步全面监测和记录业务侧的操作行为，并基于用户和实体行为分析（User and Entity Behavior Analytics，UEBA）建模分析、识别和预警共享业务系统账号、异常下载核心数据等行为；在终端侧和上网侧同样进行全面审计，通过多种内置规则识别风险外发行为；并通过文件相似度搜索、OCR 图像搜索等多种便捷的泄密查询追溯方式帮助企业及时响应疑似泄密事件。

11.3.4 应用流量控制

应用流量控制是对不同的应用协议、数据流量等信息内容进行分析，通过业务类型与地址段、时间控制以及 IP 地址相结合的方式对其进行控制。

1．基于 IP 地址进行宽带资源的分配与利用

在不同区域中的用户基于其 IP 地址，合理进行流量监控，综合 IP 地址的差异进行宽带划分，满足不同用户的不同需求。

2．基于业务类型进行带宽资源的分配与应用

网络中的主要流量内容是基于 HTTP 应用、网络游戏以及 P2P 开展的业务活动，对此可综合不同的业务状况及实际需求进行宽带资源的划分与利用，满足不同用户的不同需求。

11.3.5 用户行为审计策略

网络技术和网络用户使用水平的不断提高，在网络建设和应用过程中出现了很多难以监控和管理的用户行为。为了及时发现安全威胁，不断调整防护策略，实现最大限度的安全，需对用户网络访问行为进行实时监测。常用的审计策略如下。

1．基于用户身份的行为审计

直接将上网 IP 的非法行为映射到上网者的用户账号，可查询到访问非法网站的用户账号，建立详细的用户访问互联网信息，帮助管理分析用户的上网行为，方便管理部门提供行之有效的网络管理和用户行为跟踪策略。

2．基于协议摘要的行为审计

根据用户访问的网站 URL、发送邮件的主题、FTP 上传/下载文件名等行为关键字，直接定位非法使用网络的用户，查看非法用户何时访问某网站、使用何种协议、向外发送哪些文件等，精确跟踪定位用户的网络行为。

3. 基于七层应用的审计

对于端口不固定的用户，如 BT、eDonkey 等 P2P 协议，可通过应用层数据的特征进行识别，基于七层应用的识别和分类可全面审计网络中的七层应用使用情况。

11.4 SNMP

微课 11-4
SNMP 协议

当网络设备越来越多，网络规模越来越大时，网络设备的管理也变得尤为重要，SNMP 可以使网络管理员通过一台工作站对计算机、路由器及其他网络设备进行远程管理和监视，接收网络结点的通知消息等，获知网络中出现的故障。

11.4.1 SNMP 概述

在 SNMP 前，人们使用简单网关监控协议（Simple Gateway Monitoring Protocol，SGMP）对通信线路进行管理。对 SGMP 进行修改之后，加入了符合 Internet 定义的 SMI 和管理信息库（Management Information Base，MIB），改进之后的协议就是 SNMP。

简单网络管理协议（Simple Network Management Protocol，SNMP）是用于 IP 网络管理网络结点的一种标准协议，如服务器、工作站、路由器、交换机等，属于应用层协议。

SNMP 管理的网络由 3 个关键部分组成，分别是网络管理系统（Network-Management Systems，NMS）、被管理的设备（Managed Device）以及代理者（Agent），其中 NMS 运行应用程序，监视并控制被管理的设备，也称为管理实体，在这里网络管理员可以与网络设备进行交互。

NMS 提供网络管理需要的大量运算和记忆功能，一个被管理的网络可能存在多个网络管理系统。被管理的设备是一个网络结点，包含一个存在于被管理的网络中的 SNMP 代理者。被管理的设备通过 MIB 收集并存储管理信息，并使 NMS 能够通过 SNMP 代理者取得这项信息。代理者是一种存在于被管理的设备中的网络管理软件模块，控制本地机器的管理信息，以与 SNMP 兼容的格式传送这项信息。

11.4.2 使用 SNMP 对网络结点进行管理

1. 组网需求

如图 11-10 所示，在 Agent 上配置 SNMP 管理相连设备。

图 11-10
SNMP 配置示例

Agent: 192.168.3.1/24　　　　NMS: 192.168.3.2/24

G0/0/1

MCS1

2. 配置要点

① 配置 MIB 视图和组。
② 配置 SNMP 用户。
③ 配置 SNMP 主机地址。

④ 配置设备的 IP 地址。

3．配置步骤

（1）配置 MIB 视图和组

> Agent(config) #snmp-server group g1 v3 priv read default write default   //默认

（2）配置 SNMP 用户

> Agent(config) #snmp-server user user1 g1 v3 auth md5 123 priv des56 321

（3）配置 SNMP 主机地址

> Agent(config) #snmp-server host 192.168.3.2 traps version 3 priv user1   //主机地址为 192.168.3.2，版本为 3，加密模式为 priv，关联用户名为 user1
> Agent(config) #snmp-server enable traps   //使能 Agent 向 NMS 发送消息

（4）配置 Agent 的 IP 地址

> Agent(config) #interface gigabitEthernet 0/0/1   //进入接口视图
> Agent (config-if-gigabitEthernet 0/0/1) #ip address 192.168.3.1 255.255.255.0   //配置 IP 地址
> Agent (config-if-gigabitEthernet 0/0/1) #exit   //退出接口视图
> Agent(config) #snmp-server view view1 1.3.6.1.2.1.1 include   //创建一个 MIB 视图为 view1
> Agent(config) #snmp-server view view2 1.3.6.1.2.1.1.4.0 include   //创建一个 MIB 视图为 view2
> Agent(config) #snmp-server group g1 v3 priv read view1 write view2   //创建一个组，并与视图 view1 和 view2 关联

11.5　NTP 服务

NTP 通过互联网为计算机等网络设备同步时间，再配合各时区的偏移调整，实现精准同步对时功能。

微课 11-5
NTP 服务

11.5.1　NTP 服务概述

网络时间协议（Network Time Protocol，NTP）是使计算机时间同步化的一种协议，可让计算机对其服务器或时钟源（如石英钟、GPS 等）做同步化，提供高精准度的时间校正，并可使用加密确认的方式提高安全性，防止恶意攻击。

NTP 在无序的网络环境中提供精确安全的时间服务，属于应用层协议，定义了协议实现过程中所使用的结构、算法、实体和协议。NTP 是基于 IP 和 UDP 的，也可被其他协议组使用。NTP 是由时间协议（Time Protocol）和 ICMP 时间戳报文（ICMP Timestamp Message）演变而来，主要从准确性和强壮性方面进行了特殊设计。NTP 的优点是可使用分层方法校验时钟的准确性，迅速同步网络中每台设备的时间，支持访问控制和 MD5 验证，可选择采用单

播、广播、组播的方式发送协议报文。

　　NTP 提供准确的时间时，要先有准确的时间来源，一般指国际标准时间UTC。NTP 获得 UTC 的时间来源可以是原子钟、天文台、卫星，也可以从 Internet 上获取。时间按NTP 服务器的等级传播。按照离外部 UTC 源的远近将所有服务器归入不同的层（Stratum）中。Stratum-1 在顶层，有外部 UTC 接入，而 Stratum-2 则从 Stratum-1 获取时间，Stratum-3 从 Stratum-2 获取时间，以此类推，但 Stratum 层的总数不超过 15。这些服务器在逻辑上形成阶梯式的架构相互连接，而整个系统的基础是 Stratum-1 的时间服务器。计算机主机一般同多个时间服务器连接，利用相应算法过滤来自不同服务器的时间，从中选择最佳的路径和来源校正主机时间。即使主机在长时间无法与某一时间服务器相联系的情况下，NTP 服务依然有效运转。

　　为防止对时间服务器的恶意破坏，NTP 使用了识别（Authentication）机制，检查接收的信息是否真正来自所宣称的服务器并检查资料的返回路径，以提供对抗干扰的保护机制。

11.5.2　配置 NTP 服务

1. 组网要求

如图 11-11 所示，NTP 客户端需要通过 NTP 服务器同步时间，保证时间的精准。

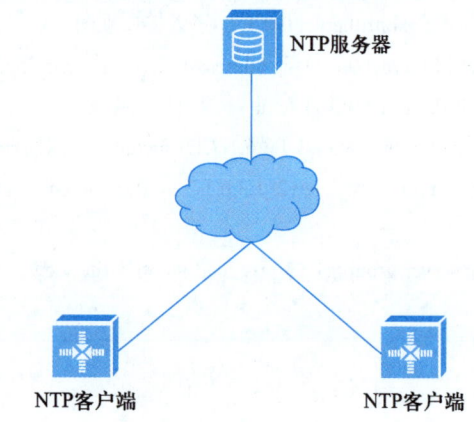

图 11-11
NTP 配置示例

2. 配置要点

① 基础网络配置。
② NTP 服务器端配置。
③ NTP 客户端配置。
④ 配置 NTP 客户端发送 NTP 报文的源 IP。

3. 配置步骤

（1）基础路由配置（略）

（2）NTP 服务器端配置

```
Master(config)#ntp master    //配置交换机作为 NTP 服务器
```

（3）NTP 客户端配置

  Client(config) #ntp server 192.168.2.1　　//配置 NTP 服务器的地址为 192.168.2.1
  Client(config) #ntp update-calendar　　//更新设备的硬件时间（系统断电重启后，能够保存从 NTP 服务器同步的时间）

（4）配置 NTP 客户端，发送 NTP 报文的源 IP

  Client(config) #ntp server 192.168.1.2 source loopback 0　　//配置 NTP 客户端以 Loopback 0 接口或其他特定接口地址作为源 IP 发送 NTP 报文

（5）基于身份验证的 NTP 配置（可选）

1）服务器端配置

  Master(config) #ntp master　　//配置此交换机作为 NTP 服务器
  Master(config) #ntp authenticate　　//配置 NTP 服务器启用认证
  Master(config) #ntp authentication-key 6 md5 123456　　// NTP 配置 Key ID 6 密码为 123456
  Master(config) #ntp trusted-key 6　　//将 Key ID 6 设置为信任密钥

2）客户端配置

  Client(config) #ntp update-calendar　　//设置更新设备的硬件时间
  Client(config) #ntp authenticate　　//配置 NTP 服务器启用认证
  Client(config) #ntp authentication-key 6 md5 123456　　//NTP 配置 Key ID 6 密码为 123456
  Client(config) #ntp trusted-key 6　　//将 Key ID 6 设置为信任密钥
  Client(config) #ntp server 192.168.2.1 key 6　　//对应的 NTP 服务器使用 Key ID 6

4．配置验证

  Master #show running-config
  ntp authentication-key 6 md5 123456
  ntp authenti cate
  ntp trusted-key 6
  ntp master 8

11.6　网络监测

  针对如何安全管理互联的计算机网络，避免终端用户通过访问非法站点、传递和发布非法信息的行为，网络监测可有效防止终端用户滥用网络资源，泄露敏感信息。

微课 11-6
网络监测

11.6.1　使用 sFlow 监测网络

1．组网要求

如图 11-12 所示，使用 sFlow 对网络流量进行监控。

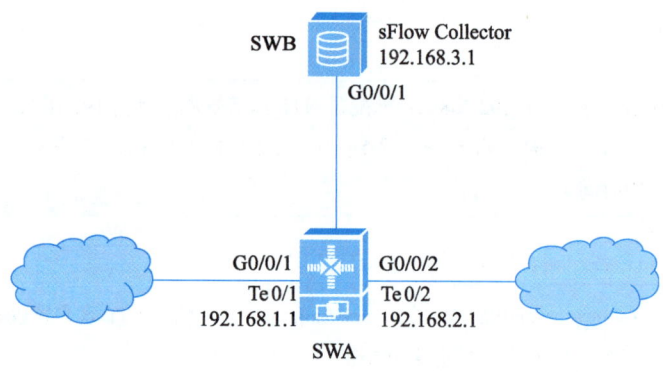

图 11-12
sFlow 网络监测配置示例

2．配置要点

① 配置各设备之间网络互通。
② 在 SWA 交换机的 GI0/0/1 与 GI0/0/2 接口配置 sFlow。
③ 在 SWB 交换机的 GI0/0/1 接口配置 sFlow。

3．配置步骤

（1）SWA 的配置

```
SWA(config) #sflow agent ip 1.1.1.1   //配置 sFlow Agent 的 IP 地址
SWA(config) #sflow collector 1 ip 3.1.1.2 port 5000   //配置 sFlow Collector 信息：指定 sFlow Collector 的 ID、IP 地址和端口号
SWA(config) # interface gigabitethernet 0/0/1   //进入接口视图
SWA(config-GigabitEthernet0/0/1) #sflow counter interval 120   //指定采样时间间隔为 120 s
SWA(config-GigabitEthernet0/0/1) #sflow counter collector 1   //目的 sFlow Collector 编号为 1
SWA(config-GigabitEthernet0/0/1) #quit   //返回
SWA(config) # interface gigabitethernet 0/0/2   //进入接口视图
SWA(config-GigabitEthernet0/0/2) #sflow counter interval 120   //指定采样时间间隔为 120 s
SWA(config-GigabitEthernet0/0/2) #sflow counter collector 1   //目的 sFlow Collector 编号为 1
SWA(config-GigabitEthernet0/0/2) #quit   //返回
```

（2）配置 Flow 采样

使设备能获取流经端口的数据包相关信息：采样率为 100000（即在 100000 个报文中抽取一个报文进行采样）。

```
SWA(config) # interface gigabitethernet 0/0/1   //进入接口视图
SWA(config-GigabitEthernet0/0/1) #sflow sampling-rate 100000   //指定采样率为 100000
SWA(config-GigabitEthernet0/0/1) #sflow flow collector 1   //指定采样后，sFlow Agent 输出 sFlow 报文的目的 sFlow Collector 编号为 1
SWA(config-GigabitEthernet0/0/1) # quit   //退出接口视图
SWA(config) # interface gigabitethernet 0/0/2   //进入接口视图
SWA(config-GigabitEthernet0/0/2) #sflow sampling-rate 100000   //指定采样率为 100000
SWA(config-GigabitEthernet0/0/2) #sflow flow collector 1   //指定采样后，sFlow Agent 输出
```

sFlow 报文的目的 sFlow Collector 编号为 1

  SWA(config-GigabitEthernet0/0/2) # quit　　//退出接口视图

（3）SWB 的配置

  SWB(config) #sflow agent ip 2.1.1.1　　//配置 sFlow Agent 的 IP 地址

  SWB(config) #sflow collector 1 ip 3.1.1.2 port 5000　　//配置 sFlow Collector 信息：指定 sFlow Collector 的 ID、IP 地址和端口号

  SWB(config) # interface gigabitethernet 0/0/1　　//进入接口视图

  SWB(config-GigabitEthernet0/0/1) #sflow counter interval 30　　//采样时间间隔为 30 s

  SWB(config-GigabitEthernet0/0/1) #sflow counter collector 1　　//目的 sFlow Collector 编号为 1

  SWB(config) #sflow agent ip 2.1.1.1　　//配置 SFlow Agent 的 IP 地址

  SWB(config) #sflow collector 1 ip 3.1.1.2 port 5000　　//配置 sFlow Collector 信息：指定 sFlow Collector 的 ID、IP 地址和端口号

  SWB(config) # interface gigabitethernet 0/0/1　　//进入接口视图

  SWB(config-GigabitEthernet0/0/1) #sflow counter interval 30　　//指定采样时间间隔为 30 s

  SWB(config-GigabitEthernet0/0/1) #sflow counter collector 1　　//目的 sFlow Collector 编号为 1

  SWB(config-GigabitEthernet0/0/1) #quit　　//返回

  SWB(config) # interface gigabitethernet 0/0/1　　//进入接口视图

  SWB(config-GigabitEthernet0/0/1) #sflow sampling-rate 20000　　//指定采样率为 20000

  SWB(config-GigabitEthernet0/0/1) #sflow flow collector 1　　//指定采样后，sFlow Agent 输出 sFlow 报文的目的 sFlow Collector 编号为 1

  SWB(config-GigabitEthernet0/0/1) # quit　　//退出接口视图

11.6.2　使用 RSPAN、SPAN 监测网络

配置 1： 本地端口镜像（Local Switch Port Analyzer，SPAN）

1．组网要求

如图 11-13 所示，使用 SPAN 对交换机的端口进行监控。

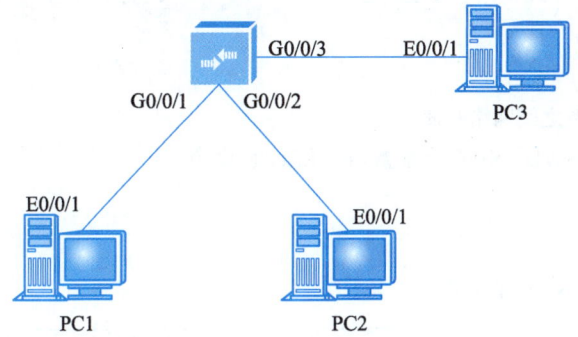

图 11-13　SPAN 配置示例

2．配置要点

① 配置各设备之间网络互通。
② 在 SWA 交换机上配置本地端口镜像。

3．配置步骤

　　SWA(config) #mirroring-group 1 local　　//配置本地端口镜像组
　　SWA(config) #mirroring-group 1 mirroring-port Gi0/0/1 Gi0/0/2 both　　//监控镜像源端口的输入输出
　　SWA(config) #mirroring-group 1 monitor-port Gi0/0/3　　//设置 Gi0/0/3 端口为本地镜像组的目的端口
　　SWB(config-GigabitEthernet0/0/1) # quit　　//退出接口视图

配置2： 远程端口镜像（Remote SPAN，RSPAN）

1．组网要求

如图 11-14 所示，使用 RSPAN 对交换机的端口进行监控。

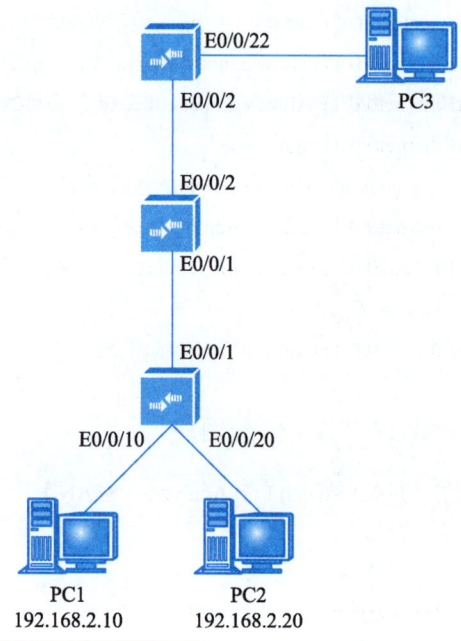

图 11-14
RSPAN 配置示例

2．配置要点

① 配置各设备之间网络互通。
② 在 SWA、SWB、SWC 上配置相应 RSPAN 命令。

3．配置步骤

（1）源交换机 SWC 的配置

　　SWC(config) #mirroring-group 1 remote-source　　//定义 SWC 交换机为远程源镜像组
　　SWC(config) #vlan 10　　//创建 VLAN 10
　　SWC(config) #remote-probe vlan enable　　//定义 VLAN 10 为 remote-probe VLAN

```
SWC(config) #interface Ethernet0/0/1    //进入接口视图
SWC(config- Ethernet0/0/1) #port link-type trunk    //配置 E1/0/1 为 Trunk 端口
SWC(config- Ethernet0/0/1) #port trunk permit vlan 1 10    //允许 VLAN 报文通过
SWC(config) #interface Ethernet0/0/5    //进入接口视图
SWC(config- Ethernet0/0/5) #mirroring-group 1 reflector-port    //配置 E0/0/5 端口为远程反射端口
SWC(config- Ethernet0/0/5) #interface Ethernet0/0/10    //进入接口视图
SWC(config- Ethernet0/0/10) #mirroring-group 1 mirroring-port inbound    //监控 E1/0/10 远程镜像源端口的输入报文
SWC(config- Ethernet0/0/10) #interface Ethernet1/0/20    //进入接口视图
SWC(config- Ethernet0/0/20) #mirroring-group 1 mirroring-port outbound    //监控 E1/0/20 远程镜像源端口的输出报文
SWC(config- Ethernet0/0/20) #exit
SWC(config) #mirroring-group 1 remote-probe vlan 10    //配置远程源镜像的 remote-probe VLAN
```

（2）中间交换机 SWB 的配置

```
SWB(config) #vlan 10    //创建 VLAN 10
SWB(config-vlan) #remote-probe vlan enable    //配置 VLAN 10 为 remote-probe VLAN
SWB(config-vlan) #interface Ethernet0/0/1
SWB(config-Ethernet0/0/1) #port link-type trunk    //配置 E0/0/1 为 Trunk 端口
SWB(config-Ethernet0/0/1) #port trunk permit vlan 1 10    //允许 VLAN 报文通过
SWB(config-Ethernet0/0/1) #interface Ethernet0/0/2
SWB(config-Ethernet0/0/2) #port link-type trunk    //配置 E0/0/2 为 Trunk 端口
SWB(config-Ethernet0/0/2) #port trunk permit vlan 1 10    //使当前 Trunk 端口允许 remote-probe VLAN 报文通过
```

（3）目的交换机 SWA 的配置

```
SWA(config) #mirroring-group 1 remote-destination    //配置远程目的镜像组
SWA(config) #vlan 10    //创建 VLAN 10
SWA(config-vlan) #remote-probe vlan enable    //定义 VLAN 10 为 remote-probe VLAN
SWA(config-vlan) #interface Ethernet0/0/2
SWA(config-Ethernet0/0/2) #port link-type trunk    //配置 E0/0/2 端口为 Trunk 端口
SWA(config-Ethernet0/0/2) #port trunk permit vlan 1 10    //允许 VLAN 报文通过
SWA(config-Ethernet0/0/2) #interface Ethernet0/0/22
SWA(config-Ethernet0/0/22) #port access vlan 10
SWA(config-Ethernet0/0/22) #mirroring-group 1 monitor-port    //配置 E0/0/22 为远程镜像的目的端口
SWA(config-Ethernet0/0/22) #exit
SWA(config) #mirroring-group 1 remote-probe vlan 10    //配置 VLAN 10 为远程目的镜像组的 remote-probe VLAN
```

学习总结

通过本项目的学习，我认识了_____

_____

_____

我对哪些还有疑问：_____

_____

_____

知识检测

1. DES 是一种_____加密算法，它将数据分成长度为_____的数据块，其中 8 位用作奇偶校验，剩余的 56 位作为密码的长度。

2. 公开密钥，又称_____，加密和解密时使用不同的密钥，即不同的算法。

3. 下面（ ）属于三层 VPN。

   A. L2TP　　　　B. MPLS　　　　C. IPSec　　　　D. PP2P

4. 为控制企业内部对外的访问以及抵御外部对内部网络的攻击，最好的选择是（ ）。

   A. IDS　　　　B. 防火墙　　　　C. 杀毒软件　　　　D. 路由器

5. IPSec 是一套协议集，它不包括下列（ ）协议。

   A. AH　　　　B. SSL　　　　C. IKE　　　　D. ESP

6. [多选]属于二层 VPN 隧道协议的是（ ）。

   A. IPSec　　　　B. PPTP　　　　C. GRE　　　　D. L2TP

7. VPN 的机密手段为（ ）。

   A. 具有加密功能的防火墙

   B. 具有机密功能的路由器

   C. VPN 内的各台主机对各自的信息进行相应的加密

   D. 单独的加密设备

8. 将公司与外部供应商、客户及其他利益群体相连的是（ ）。

   A. 内联网 VPN　　　　　　　　B. 外联网 VPN

   C. 远程接入 VPN　　　　　　　D. 无线 VPN

9. 下列不属于 VPN 核心技术的是（ ）。

   A. 隧道技术　　　　　　　　　B. 身份认证

   C. 日志记录　　　　　　　　　D. 访问控制

10. 一般而言，Internet 防火墙建立在一个网络的（ ）。

    A. 内部子网之间传递信息的中枢

    B. 每个子网的内部

    C. 内部网络与外部网络的交叉点

    D. 部分内部网络与外部网络的结合处

项目 12
无线局域网构建

学习背景

新年职业技术学院新校区的校园网项目,已经完成了有线网络的部署。为了配合移动互联网时代的需求,需要建设无线校园网,让全校师生能够随时、随地、快捷地接入校园网。

通过智能无线技术实施方案,在全校各个角落安装瘦 AP 设备,通过无线交换机实现智能无线的管理需求。

通过学习,达成如下学习目标。
- 了解隧道技术。
- 掌握无线局域网本地转发技术。
- 了解无线漫游技术。
- 掌握无线漫游配置。

项目 12　无线局域网构建

 知识结构

本项目的知识结构如图 12-1 所示。

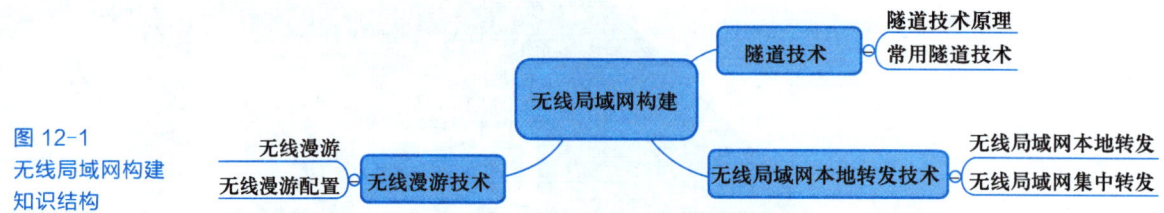

图 12-1
无线局域网构建
知识结构

 课前自测

在开始本项目学习之前，请先尝试回答以下问题。

1. 什么是无线局域网技术？
2. 什么是胖 AP？什么是瘦 AP？
3. 无线局域网的组网模式有哪几种？

项目分析及准备

12.1 隧道技术

在瘦 AP 场景下，AP 不能单独工作，需要与 AC 配合进行使用，CAPWAP 协议为 AP 和 AC 之间的互通性提供了一个通用封装和传输机制。

12.1.1 隧道技术原理

1. CAPWAP 隧道协议

微课 12-1
隧道技术

为解决隧道协议的不兼容问题，IETF 组织在 2005 年成立 CAPWAP 工作组，解决 AP 与 AC 之间互通的问题，主要工作内容如下。

① AP 自动发现 AC，AC 对 AP 进行安全认证。
② AP 从 AC 获取软件映像，AP 从 AC 获取软件映像、初始和动态配置等。
③ 支持本地数据转发和集中数据转发两种模式。

2009 年 3 月，IETF 定义的无线接入点的控制和配置协议正式发布，该协议由 CAPWAP 协议和 BINDING 协议两部分组成。其中，CAPWAP 协议是一个通用的隧道协议，主要完成新安装 AP 发现 AC 的功能。BINDING 协议提供具体和某个无线接入技术相关的配置管理功能，具体到在各种接入方式下应如何完成工作。

CAPWAP 通信隧道是一种点到点的单播隧道。AC 设备通过 CAPWAP 协议控制瘦 AP 设备，当 AC 与 FIT AP 建立了 CAPWAP 连接后，AC 与每台 FIT AP 间都会建立一条 CAPWAP 通信隧道，AC 发送给 FIT AP 的每个报文，都必须通过 CAPWAP 通信隧道，FIT AP 发给 AC 的每个报文，也必须通过 CAPWAP 通信隧道。

AC 通过 CAPWAP 控制 FIT AP，在集中转发模式下，STA 上所有报文都由 FIT AP 封装成 CAPWAP 报文，由 AC 解封装后进行转发。在本地转发模式下，FIT AP 上发出的管理控制信息报文，依然由 AC 通过 CAPWAP 报文进行控制。

2. CAPWAP 隧道协议功能

FIT AP 架构让 AC 设备对整个 WLAN 网络中 AP 设备实施统一管理，为无线漫游、无线资源管理等业务提供基础。其中，CAPWAP 通信隧道协议的功能主要如下。

- AP 设备通过 CAPWAP 隧道协议，自动发现 AC 设备，AC 设备对 AP 设备进行安全认证。AP 设备从 AC 设备获取软件映像，AP 设备从 AC 获得初始和动态配置等。此外，系统可以支持本地数据转发和集中数据转发。
- 通过 AC 对 WLAN 系统集中执行强制策略和认证，对系统中的 WAP 传输协议层（WTP）进行统一配置，将用户流量集中进行桥接、转发和加密，以增强大规模 WLAN 的可管理性，提高 WLAN 的性能。
- WTP 执行与无线访问和控制相关且与时间关联性强的功能，以有效利用 WTP 的硬件资源。
- 提供封装和传输机制，使 CAPWAP 协议能够被应用到多种类型无线接入点 AP。

12.1.2 常用隧道技术

如图 12-2 所示，FIT AP 和 AC 通过 CAPWAP 隧道协议进行信息的封装、转发和处理。

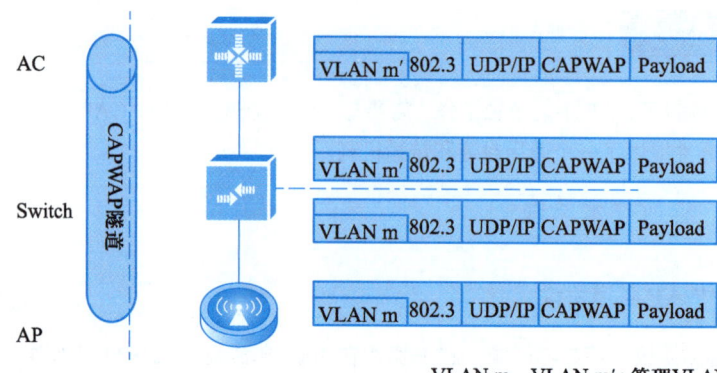

图 12-2
CAPWAP 隧道协议

其中，Payload（有效载荷）为管理报文内容，是 AC 发送给 FIT AP 的管理信息。

1．封装

① AC 在发送 Payload 前，在 Payload 外增加 CAPWAP 字段，将数据封装在 CAPWAP 隧道中。
② 在 CAPWAP 隧道封装后，增加 UDP/IP 字段，分别完成传输层和网络层的数据封装。
③ 通过 802.3 以太网协议封装为 802.3 数据帧，由 AC 设备发出管理报文，通过以太网络传输给 FIT AP 设备。

2．传输

由于 FIT AP 位于不同 VLAN 中，AC 需找到指定 VLAN 中的 FIT AP，完成管理报文封装管理 VLAN 信息。在 AC 与 FIT AP 网络中，管理报文会一直携带管理 VLAN 标识传输，以保证管理报文能够在 AC 和 FIT AP 之间传输。

AC 和 FIT AP 之间的网络连接有 2 种情况：一种是 AC 与 FIT AP 之间为三层架构组网，管理 VLAN 在报文转发过程中，会根据三层交换网络配置情况随之改变，如图 12-2 所示的 **VLAN m' ≠ VLAN m**；另一种是 AC 与 FIT AP 之间为二层架构组网，管理 VLAN 在报文转发过程会保持不变，如图 12-2 所示的 **VLAN m' = VLAN m**。

3．解封装

当 AC 发送管理报文从核心网络转发到 FIT AP 时，需去掉管理 VLAN 标识。默认情况下，FIT AP 只能处理不带管理 VLAN 的报文，拆除 CAPWAP 隧道封装后，识别管理报文中携带的有效载荷（Payload）。

实际 WLAN 网络中交换机直连 FIT AP 设备的接口，通常要求配置该端口的虚拟局域网 ID 号（PVID）为管理 VLAN，目的是在此接口上发送报文给 FIT AP 设备时，能识别并能拆除报文外层的管理 VLAN 信息。

如交换机直连 FIT AP 接口未配置该端口 VLAN 为管理 VLAN，或 FIT AP 收到的报文带有管理 VLAN，需要针对 FIT AP 配置管理 VLAN m，解决 FIT AP 收到带有管理 VLAN 的报文能进行识别和拆除管理 VLAN，解除 CAPWAP 封装，解析 AC 发送的有效载荷。

以上为 AC 发送管理报文给 FIT AP 的过程，FIT AP 发送管理报文给 AC 的过程正好反序。FIT AP 发送经过 CAPWAP 封装后的报文，到达直连 FIT AP 有线交换机接口，交换机会给报文加上管理 VLAN，再转发给 AC 设备。报文到达 AC 后，由 AC 识别并拆除掉管理 VLAN 信息，解封 CAPWAP 封装，获取 FIT AP 报文有效载荷。

12.2 无线局域网本地转发技术

在集中式转发架构中，AP 将客户端的数据包转交给 AC，AC 进行集中转发，易造成流量瓶颈和单点故障。采用本地转发后，AP 会对用户的数据包进行直接转发，AC 不再参与，减轻了 AC 的负担和单点故障的存在率。

微课 12-2
无线局域网本地
转发技术

12.2.1 无线局域网本地转发

1. 本地转发

本地转发是 FIT AP+AC 组网模式中通过 CAPWAP 隧道协议传输信息的一种方式。在本地转发模式下，上网数据经由 Fit AP 直接上传至互联网，无需经过 AC 控制器，因此对控制器内存的占用比较小，数据延时相对较小。本地转发方式通常用于大规模、连锁型机构组网。

2. 本地转发的特点

利用瘦 AP 实施本地转发方式进行大规模组网，代替目前主要采用的集中转发方式。

在本地转发方式下，网管、安全、认证、漫游、QoS、负载均衡、流控、二层隔离等功能由 AC 统一控制，再由 AP 具体实施，业务数据不通过隧道传送到 AC，再经由 AC 解封后统一转发，而是由 AP 本地转发。

利用瘦 AP 实施本地转发方式的优势主要体现在，将业务数据转发任务分散到 AP，降低 AC 压力，轻松应对带宽挑战，解决 AC 瓶颈问题，提高网络整体吞吐率。

12.2.2 无线局域网集中转发

1. 集中转发

集中转发也是 FIT AP+AC 组网模式中通过 CAPWAP 隧道协议传输信息的一种方式。集中转发的上网数据需经过 AC，由 AC 统一转发上网，因此对 AC 性能要求较高，由于数据统一流经 AC，可通过 AC 实现更多的网络管理功能，如上网行为管理、行为审计等。

2. 集中转发特点

利用瘦 AP 实施集中转发组网，AP 和 AC 之间单独建立一条隧道传输数据业务，所有数据业务都通过 AC 转发，AC 的负荷较大。

在集中转发模式下，所有的 IP 数据包统一走隧道，对传输链路的带宽要求较高，对 AC 接口的带宽要求也较高。由于集中转发的 IP 数据包要封装到隧道中再转发，因此对 AC 的 CPU 消耗比本地转发更大。

在集中转发模式下，AC 可管理的 AP 数量会受到一定限制，对于规模较大的网络或者有备份要求的项目,会增加成本。当隧道转发出现不通或者丢包现象时,查找网络故障难度比本地转发高。集中转发最大的优点是对现网的改动较小。

12.3 无线漫游技术

微课 12-3
无线漫游技术

WLAN 无线网络非常重要的优点就是移动性。

12.3.1 无线漫游

在无线网络覆盖范围内,用户终端可能处于移动中。由于单台 AP 设备的信号覆盖范围有限,终端在移动过程中,会出现从一台 AP 覆盖范围跨越到另一台 AP 覆盖范围的情况。为避免在不同 AP 之间切换时造成网络通信中断的情况,就需要用到无线漫游技术。

无线漫游就是指无线工作站(Station,STA)在移动到两台 AP 覆盖范围的临界区域时,STA 与新的 AP 进行关联并与原有 AP 断开关联,且在此过程中保持不间断的网络连接。如同手机的移动通话功能,手机从一个基站的覆盖范围移动到另一个基站的覆盖范围时,能提供不间断、无缝的通话能力,如图 12-3 所示。

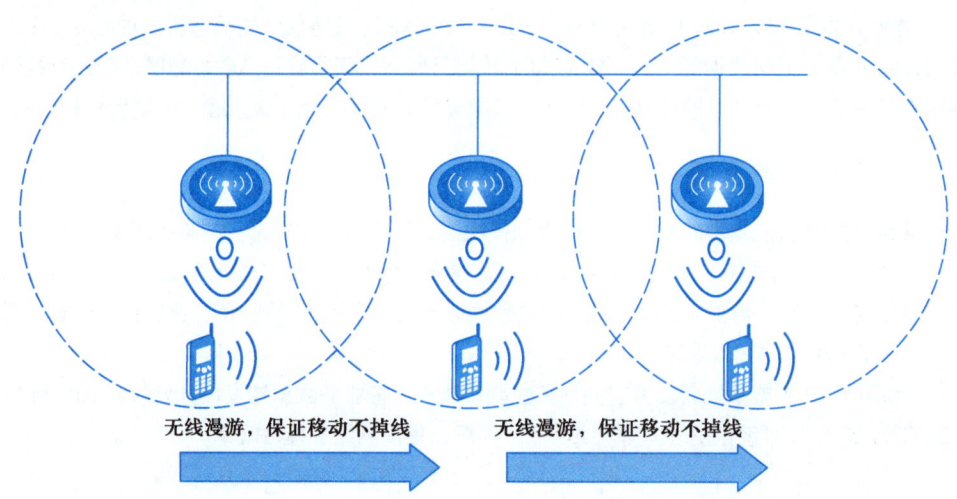

图 12-3
无线漫游

对于用户来说,漫游行为是透明的无缝漫游,即用户在漫游过程中不会感知到漫游的发生。这与手机移动通话类似,手机在移动通话过程中可能变换了不同的基站,而用户不会感觉到。

WLAN 漫游过程中 STA 的 IP 地址始终保持不变。

12.3.2 无线漫游配置

1. 配置单台 AC 设备内二层漫游

如无线用户终端设备 STA 在漫游过程中,HAC(Home AC)和 FAC(Foreign AP)是同一台 AC 设备,则这次漫游就是 AC 内漫游。用户在不同 AP 设备之间漫游,也为 AC 内漫游。

AC 设备内二层漫游是指终端 STA 在同一个子网中漫游,AP 设备都归属同一台 AC 管理。所有用户端设备 STA 的状态信息都归属相同的 AC 管理,此时无需 AC 设备间的预先同步，实现起来很简单。

二层漫游时无线终端设备 STA 在移动过程中，所经过的不同 AP 设备都在同一个 VLAN 内。STA 在不同 AP 之间切换时，始终在同一个 VLAN 子网中。如图 12-4 所示，AC 设备内二层漫游过程如下。

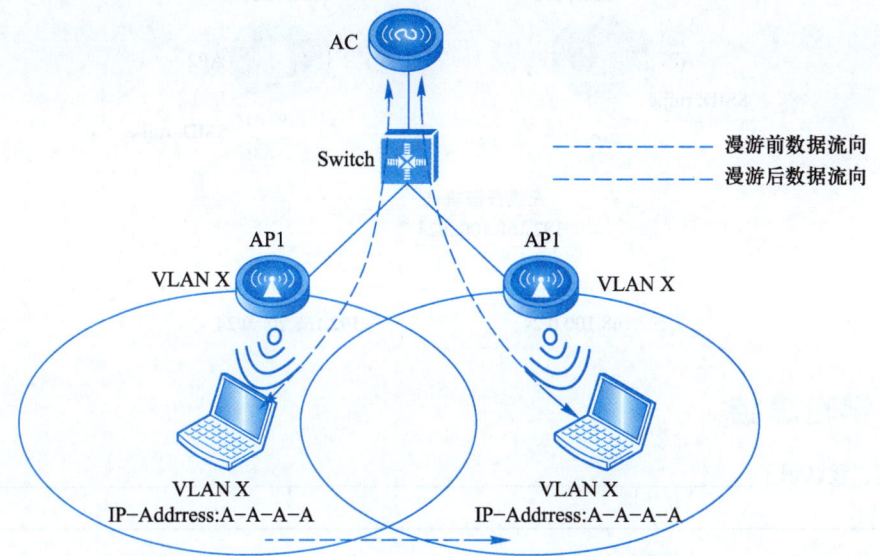

图 12-4
AC 设备内二层漫游

① STA 通过 AP1，申请同 AC 设备发生关联。AC 设备判断 STA 是否为首次接入用户，为其创建并保存相关的用户信息，以备将来漫游时使用。

② 当 STA 从 AP1 覆盖的区域向 AP2 覆盖的区域移动时，断开同 AP1 的关联，漫游到同一台 AC 设备相连的 AP2 上。

③ STA 通过 AP2 重新同 AC 设备发生关联，AC 设备判断该 STA 为漫游用户。由于漫游前后在同一个子网中，AC 仅需更新用户数据库信息，将数据转发链路改为由 AP2 转发，即可实现 STA 的无线漫游。

2. 配置单台 AC 设备内三层漫游

三层漫游是 STA 在不同的子网之间漫游，即 STA 漫游经过的 AP 设备在不同业务 VLAN 中。

三层漫游场景很常见，由于 AP 覆盖范围有限，需在不同楼层部署多台 AP，AP 设备处在不同的业务 VLAN 内。此时，如 STA 在无线网络的覆盖区域内，从某一楼层漫游到另一楼层时，会导致业务中断，影响用户体验。

如图 12-5 所示，AP1 和 AP2 分别部署在不同的业务 VLAN 中（VLAN 100 和 VLAN 200），单台 AC 设备内三层漫游过程如下。

① STA 通过 AP1（属于 VLAN 100）申请同 AC 发生关联，AC 判断该 STA 为首次接入用户，为其创建并保存相关的用户数据信息，以备将来漫游时使用。

② STA 从 AP1 覆盖区域向 AP2（属于 VLAN 200）覆盖区域移动，STA 通过 AP2 重新与 AC 发生关联，AC 通过 STA 数据信息判断 STA 为漫游用户，更新用户数据库信息。

③ STA 断开同 AP1 的关联。

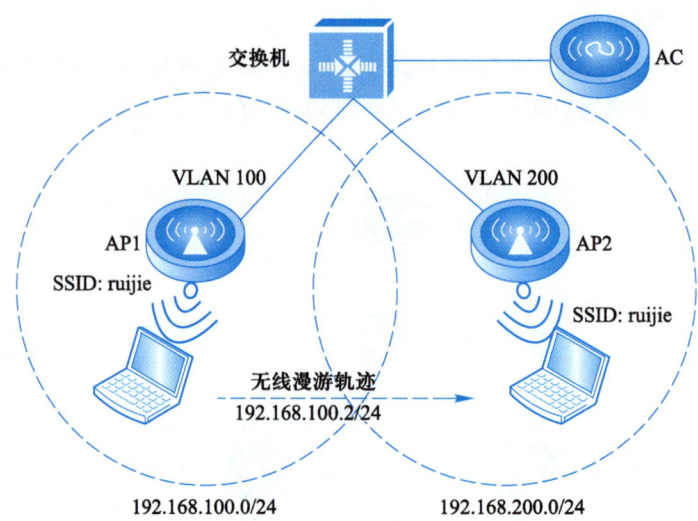

图 12-5
单台 AC 设备内三层漫游过程

📔 **学习总结**

通过本项目的学习，我认识了_____
_____
_____
_____

我对哪些还有疑问：_____
_____
_____
_____

📘 **知识检测**

1. 无线局域网 WLAN 传输介质是（　　）。
   A. 无线电波　　　　　　　　　B. 红外线
   C. 载波电流　　　　　　　　　D. 卫星通信

2. IEEE 802.11b 射频调制使用（　　）调制技术，最高数据速率达（　　）。
   A. 跳频扩频，5 Mbit/s　　　　B. 跳频扩频，11 Mbit/s
   C. 直接序列扩频，5 Mbit/s　　D. 直接序列扩频，11 Mbit/s

3. 无线局域网最初的协议是（　　）。
   A. IEEE 802.11　　　　　　　　B. IEEE 802.5
   C. IEEE 802.3　　　　　　　　D. IEEE 802.1

4. 802.11b 和 802.11a 的工作频段、最高传输速率分别为（　　）。
   A. 2.4 GHz、11 Mbit/s；2.4 GHz、54 Mbit/s
   B. 5 GHz、54 Mbit/s；5 GHz、11 Mbit/s
   C. 5 GHz、54 Mbit/s；2.4 GHz、11 Mbit/s
   D. 2.4 GHz、11 Mbit/s；5 GHz、54 Mbit/s

5. 802.11g 规格使用（　　）RF 频谱。

A. 5.2 GHz B. 5.4 GHz
C. 2.4 GHz D. 800 MHz

6. 当同一区域使用多个 AP 时，通常使用（　　）信道。
   A. 1、2、3 B. 1、6、11
   C. 1、5、10 D. 以上都不是

7. 两台无线网桥建立桥接，（　　）必须相同。
   A. SSID、信道 B. 信道
   C. SSID、MAC 地址 D. 设备序列号、MAC 地址

8. 下列关于转发模式的说法，（　　）是正确的。
   A. 本地转发比集中转发通过 AC 的业务数据多
   B. 本地转发比集中转发通过 AC 的业务数据少
   C. 两种配置通过 AC 的业务数据一样多
   D. 本地转发时业务数据不通过 AC

9. 下列（　　）是 WLAN 最常用的上网认证方式。
   A. WEP 认证 B. SIM 认证
   C. 宽带拨号认证 D. PPoE 认证

项目 13
下一代互联网构建

学习背景

现有互联网在 IPv4 协议的基础上运行,由于 IPv4 定义的有限空间地址将被耗尽,地址空间的不足必将影响互联网的进一步发展。为扩大地址空间,IETF 提出了下一版本的互联网协议 IPv6,并通过 IPv6 重新定义了地址空间。

新年职业技术学院支持新型基础设施建设,加快部署新老校区 IPv6 网络规模,要求对 IPv6 地址进行规划与分配,合理有效地使用 IPv6 地址资源,新增 IPv6 用户可以正常访问 IPv6 网络及业务。

通过学习,达成如下学习目标。
- 了解 IPv6 地址类型。
- 掌握邻居发现协议原理。
- 了解 IPv4 向 IPv6 过渡技术。
- 掌握 NAT-PT 技术。

项目 13　下一代互联网构建

 **知识结构**

本项目的知识结构如图 13-1 所示。

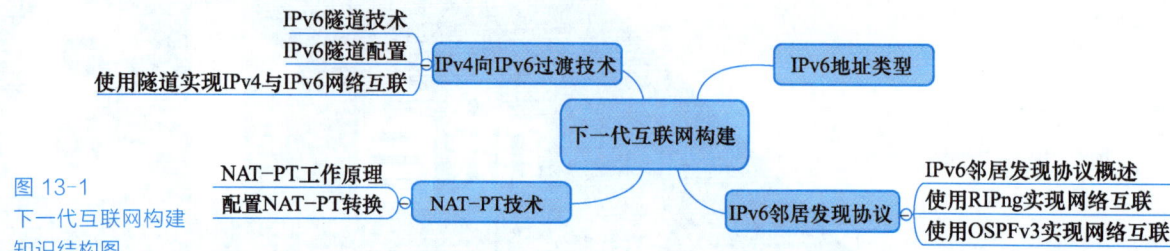

图 13-1　下一代互联网构建知识结构图

 **课前自测**

在开始本项目学习之前，请先尝试回答以下问题。

1. 简述 IPv6 提出的背景。
2. IPv6 具有哪些优点？
3. IPv6 网络与 IPv4 网络怎样进行连接？

项目分析及准备

13.1 IPv6 地址类型

1. IPv6 地址表示

IPv6 地址总共有 128 位，为了便于人工记忆和输入，和 IPv4 地址一样，IPv6 地址也可以用一串字符表示。IPv6 地址使用十六进制表示，IPv6 地址划分成 8 个块，每块 16 位，块与块之间用 ":" 隔开。

微课 13-1
IPv6 地址类型

一个 IPv6 地址的字符表示如下。

> 2001:0000:2345:6789:0000:ABAA:345:6789

带有子网前缀的 IPv6 地址表示如下。

> 2001:0000:2345:6789:0000:ABAA:345:6789/64

带有端口的 IPv6 地址表示如下。

> [2001:0000:2345:6789:0000:ABAA:345:6789]:8080

零压缩法可以用来缩减 IPv6 地址的长度，如几个连续段位的值都是 0，这些 0 就可以简单地以::来表示，上述地址可写为：2001::2345:6789:0000:ABAA:345:6789。为了能准确还原被压缩的 0，使用零压缩法只能简化连续段位的 0，且只能使用一次。本例中，6789 后面的 0000 就不能再次简化。当然，也可在 6789 后使用::，而前面 4 个 0 不能使用零压缩。

2. IPv6 地址类型

IPv6 地址整体上分为单播地址、任播地址和组播地址 3 类。

① 单播地址：一个单播地址对应一个接口，发往单播地址的数据包会被对应的接口接收。

② 任播地址：一个任播地址对应一组接口，发往任播地址的数据包会被这组接口的其中一个接收，被哪个接口接收由具体的路由协议确定。

③ 组播地址：一个组播地址对应一组接口，发往组播地址的数据包会被这组的所有接口接收。

3. 特殊地址类型

（1）未指定地址

未指定地址用于系统启动之初尚未分配 IP 地址，对外请求 IP 地址时，它作为源地址使用，不能用于数据包的目的地址。

（2）环回地址

环回地址常用于日常网络排错中，自己向自己发送数据包可以测试网络层协议状态。

（3）本地链路单播地址

本地链路单播地址的前缀为 FE80::/64，其作用是在没有路由（网关）存在的网络中，主机通过 MAC 地址自动配置生成 IPv6 地址，仅能在本地网络中使用。

13.2 IPv6 邻居发现协议

微课 13-2
IPv6 邻居发现协议

IPv6 邻居发现协议整合了 IPv4 中的 ARP、ICMP路由器发现和 ICMP 重定向等协议，作为 IPv6 的基础协议，它还提供前缀发现、邻居不可达检测、重复地址监测、地址自动配置等功能。

13.2.1 IPv6 邻居发现协议概述

1. 邻居发现协议

邻居发现协议（Neighbor Discovery Protocol，NDP）是 IPv6 协议体系中一个重要的基础协议。NDP 替代了 IPv4 的 ARP 和 ICMP 路由器发现（Router Discovery），定义了使用 ICMPv6 报文实现地址解析、跟踪邻居状态、重复地址检测、路由器发现以及重定向等功能。

2. IPv6 地址解析

在 IPv4 中，当主机需要和目标主机通信时，先通过 ARP 获得目的主机的链路层地址。在 IPv6 中，NDP 实现从 IP 地址解析到链路层地址的功能。

ARP 报文直接封装在以太网报文中，类型为 0x0806，普遍观点认为 ARP 定位为第 2.5 层的协议。NDP 本身基于 ICMPv6 实现，类型为 0x86DD，NDP 使用的所有报文均封装在 ICMPv6 报文中，NDP 一般被看成第 3 层的协议。

在三层完成地址解析，主要可以带来以下几个好处。

① 地址解析在三层完成，不同的二层介质可以采用相同的地址解析协议。

② 可以使用三层的安全机制避免地址解析攻击。

③ 使用组播方式发送请求报文，减少了二层网络的性能压力。

地址解析过程中使用了邻居请求（Neighbor Solicitation，NS）报文和邻居通告（Neighbor Advertisement，NA）报文两种 ICMPv6 报文。

- NS 报文：Type 字段值为 135，Code 字段值为 0，作用类似于 IPv4 中的 ARP 请求报文。
- NA 报文：Type 字段值为 136，Code 字段值为 0，作用类似于 IPv4 中的 ARP 应答报文。

IPv6 地址解析过程如图 13-2 所示。

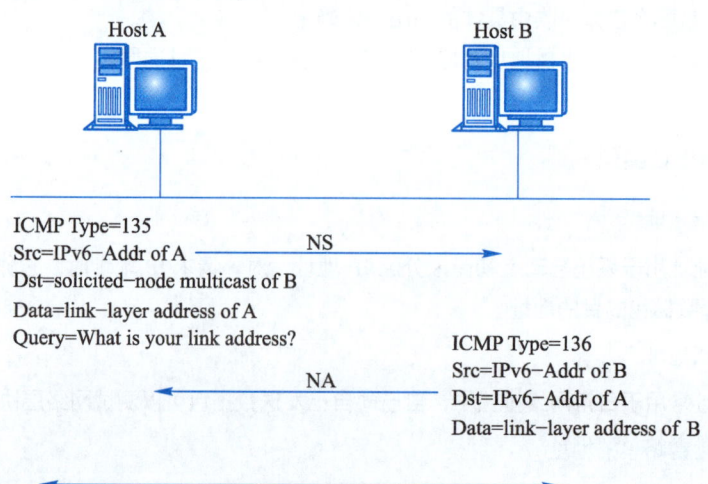

图 13-2
IPv6 地址解析过程

Host A 在向 Host B 发送报文之前必须要解析出 Host B 的链路层地址，Host A 首先会发送一个 NS 报文，其中源地址为 Host A 的 IPv6 地址，目的地址为 Host B 的被请求结点组播地址，需要解析的目标 IP 为 Host B 的 IPv6 地址，这就表示 Host A 想要知道 Host B 的链路层地址。同时需要指出的是，在 NS 报文的 Options 字段中还携带了 Host A 的链路层地址。

当 Host B 接收到 NS 报文之后，会回应 NA 报文，其中源地址为 Host B 的 IPv6 地址，目的地址为 Host A 的 IPv6 地址，使用 NS 报文中 Host A 的链路层地址进行单播，Host B 的链路层地址被放在 Options 字段中。

13.2.2 使用 RIPng 实现网络互联

1. 下一代 RIP

RIPng 又称为下一代 RIP（RIP next generation），是对原来 IPv4 网络中 RIPv 2 的扩展。大多数 RIP 的概念都可以用于 RIPng。为了在 IPv6 网络中应用，RIPng 对原有的 RIP 进行了修改。

① 使用 UDP 的 521 端口发送和接收路由信息。
② 使用 FF02::9 作为链路本地范围内的 RIPng 路由器组播地址。
③ 目的地址使用 128 比特的前缀长度。
④ 下一跳地址使用 128 比特的 IPv6 地址。
⑤ 使用链路本地地址 FE80::/10 作为源地址发送 RIPng 路由信息更新报文。

2. RIPng 工作机制

RIPng 是基于距离矢量算法的协议，通过 UDP 报文交换路由信息。RIPng 使用跳数衡量到达目的地址的距离。在 RIPng 中，路由器到其直连网络的跳数为 0，通过与其相连的路由器到达另一个网络的跳数为 1，其余以此类推。当跳数大于或等于 16 时，目的网络或主机就被定义为不可达。

RIPng 每 30 s 发送一次路由更新报文。如果在 180 s 内没有收到网络邻居的路由更新报文，RIPng 将从邻居学到的所有路由标识为不可达。如果再过 120 s 仍未收到邻居的路由更新报文，RIPng 将从路由表中删除这些路由。

为了提升性能并避免形成路由环路，RIPng 既支持水平分割也支持毒性逆转。此外，RIPng 还可以将其他路由协议引入至路由中。

每个运行 RIPng 的路由器都管理一个路由数据库，该路由数据库包含了到所有可达目的地的路由项，路由项信息如下。

① 目的地址：主机或网络的 IPv6 地址。
② 下一跳地址：为到达目的地，需要经过的相邻路由器的接口 IPv6 地址。
③ 出接口：转发 IPv6 报文通过的出接口。
④ 度量值：本路由器到达目的地的开销。
⑤ 路由时间：从路由项最后一次被更新到现在所经过的时间，路由项每次被更新时，路由时间重置为 0。
⑥ 路由标记（Route Tag）：用于标识外部路由，以便在路由策略中根据 Tag 对路由进行灵活的控制。

3. RIPng 报文格式

（1）基本格式

RIPng 报文由头部（Header）和多个路由表项（RTEs）组成。在同一个 RIPng 报文中，RTE 的最大条数与发送接口设置的 IPv6 MTU 有关。RIPng 报文基本格式如图 13-3 所示。

0	7	15	31
Command	Version	Must be zero	
Route table entry 1(20 octets)			
⋮			
Route table entry n(20 octets)			

图 13-3 RIPng 报文基本格式

- Command：定义报文的类型。0x01 表示 Request 报文，0x02 表示 Response 报文。
- Version：RIPng 的版本，目前其值只能为 0x01。
- RTE（Route Table Entry）：路由表项，每项长度为 20 B。

（2）RTE 的格式

在 RIPng 中有两类 RTE，分别为下一跳 RTE 和 IPv6 前缀 RTE。

1）下一跳 RTE

位于一组具有相同下一跳的"IPv6 前缀 RTE"的前面，定义了下一跳的 IPv6 地址。下一跳 RTE 的格式如图 13-4 所示，其中，IPv6 next hop address 表示下一跳的 IPv6 地址。

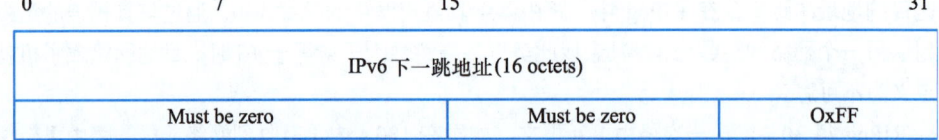

图 13-4 下一跳 RTE 格式

2）IPv6 前缀 RTE

位于某个"下一跳 RTE"的后面。同一个"下一跳 RTE"的后面可以有多个不同的"IPv6 前缀 RTE"。它描述了 RIPng 路由表中的目的 IPv6 地址、路由标记、前缀长度以及度量值。IPv6 前缀 RTE 的格式如图 13-5 所示。

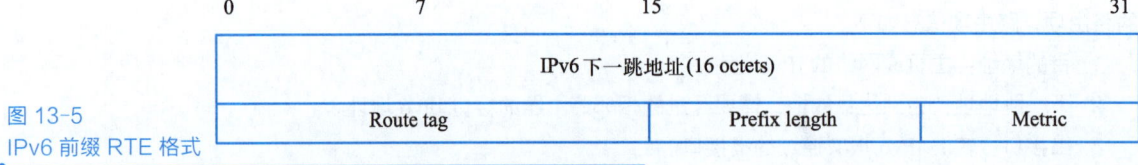

图 13-5 IPv6 前缀 RTE 格式

- IPv6 prefix：目的 IPv6 地址的前缀。
- Route tag：路由标记。
- Prefix length：IPv6 地址的前缀长度。
- Metric：路由的度量值。

4．**RIPng** 配置示例

（1）组网要求

如图 13-6 所示，路由器 R1、R2、R3 全部运行 RIPng，要求 R1 作为网关设备。

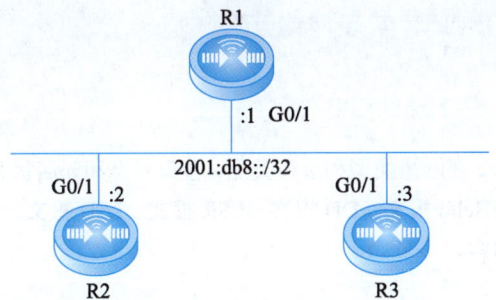

图 13-6
RIPng 配置示例

（2）配置要点

① 配置网络接口。
② 配置 RIPng。

（3）配置步骤

1）配置 R1 的网络接口、RIPng

```
R1(config) # interface gigabitEthernet 0/1
R1(config-if) # IPv6 enable
R1(config-if) # IPv6 address 2001:db8::1/32
R1(config-if) # IPv6 rip enable
R1(config-if) # IPv6 rip default-information originate metric 3
R1(config) # IPv6 router rip
R1(config-router) # exit
```

2）配置 R2 的网络接口、RIPng

```
R2(config) # interface gigabitEthernet 0/1
R2(config-if) # IPv6 enable
R2(config-if) # IPv6 address 2001:db8::2/32
R2(config-if) # IPv6 rip enable
R2(config) # IPv6 router rip
R2(config-router) # passive-interface default
R2(config-router) # exit
```

3）配置 R3 的网络接口、RIPng

```
R3(config) # interface gigabitEthernet 0/1
R3(config-if) # IPv6 enable
R3(config-if) # IPv6 address 2001:db8::3/32
```

> R3(config-if)# IPv6 rip enable
> R3(config)# IPv6 router rip
> R3(config-router)# passive-interface default
> R3(config-router)# exit

13.2.3 使用 OSPFv3 实现网络互联

1. OSPFv3 与 OSPFv2 的相同点

OSPFv3 与 OSPFv2 在网络类型和接口类型、接口状态和邻居状态机、链路状态数据库、泛洪机制、报文类型（Hello 报文、DD 报文、LSR 报文、LSU 报文、LSACK 报文）、路由计算等方面具有相同的内容。

2. OSPFv3 与 OSPFv2 的不同点

（1）OSPFv3 基于链路

相对于 OSPFv2，OSPFv3 基于链路而非网段，接口上可配置多个 IPv6 地址，即使两端不在同一共享网段内，OSPFv3 也能正常运行，在配置 OSPFv3 时，无需考虑是否配置在同一个网段，只要在同一链路，就可不配置 IPv6 全局地址而直接建立联系。

（2）移除了 IP 地址的意义

OSPFv3 利用 IPv6 的本地链路地址传递网络拓扑信息，但网络拓扑信息中不包含 IPv6 地址。Router LSA 和 Network LSA 只反映网络拓扑信息采用专门的 LSA 来传递 IPv6 的前缀信息。Router ID、Area ID 和 LSA Link State ID 不再表示 IP 地址，但仍保留 IPv4 地址格式，邻居不再由 IP 地址标识，只由邻居 Router ID 来标识。

（3）拓扑与地址分类

OSPFv3 可以不依赖 IPv6 全局地址的配置来计算 OSPFv3 的拓扑结构。IPv6 全局地址仅用于 Vlink 接口及报文的转发。

（4）支持多进程

OSPFv3 支持同一链路上多个进程，OSPF 报文头中增加了 Instance ID 字段，实现 OSPF 多实例化、链接（Link）多实例化，在一条链路上可以运行多个 OSPFv3 协议实例。在配置 OSPF 进程时可以配置实例，相同的实例才会形成邻居关系，默认处于实例 0 中。

此外，OSPFv3 利用 IPv6 链路本地地址，报文及 LSA 格式发生改变，LSA 报文中增加了 LSA 的泛洪范围，并移除所有的认证字段。

3. OSPFv3 配置

（1）组网要求

如图 13-7 所示，配置 OSPFv3 实现网络互联互通。

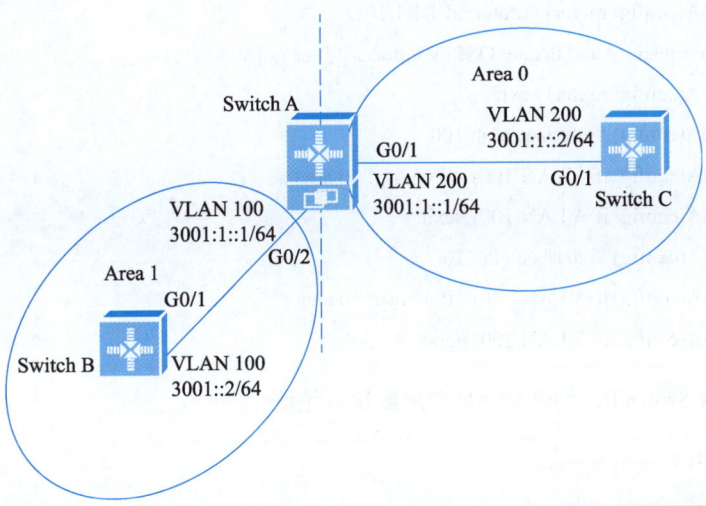

图 13-7
OSPFv3 配置

（2）配置要点

① 配置 IPv6 地址。
② 使用 OSPFv3 协议互联互通。

（3）配置步骤

1）配置 Switch A，创建 VLAN 并配置 IPv6 地址

```
SwitchA # config terminal
SwitchA(config) # vlan 100
SwitchA(config-vlan) #exit
SwitchA(config-vlan) #interface vlan 100
SwitchA(config-if-VLAN 100) #IPv6 enable
SwitchA(config-if-VLAN 100) #IPv6 address 3001::1/64
SwitchA(config-if-VLAN 100) #exit
SwitchA(config) #vlan 200
SwitchA(config-vlan) #interface vlan 200
SwitchA(config-if-VLAN 200) #IPv6 enable
SwitchA(config-if-VLAN 200) #IPv6 address 3001:1::1/64
SwitchA(config-if-VLAN 200) #exit
SwitchA(config) #interface    gigabitEthernet 0/1
SwitchA(config-if-GigabitEthernet 0/1) #switchport access vlan 100
SwitchA(config-if-GigabitEthernet 0/1) #exit
SwitchA(config) #interface    gigabitEthernet 0/2
SwitchA(config-if-GigabitEthernet 0/2) #switchport access vlan 200
SwitchA(config-if-GigabitEthernet 0/2) #exit
```

2）创建 OSPFv3 进程，指定 Router-ID

```
SwitchA(config) #IPv6 router ospf 10
```

```
SwitchA(config-router) #router-id 1.1.1.1
Change router-id and update OSPFv3 process! [yes/no]:y
SwitchA(config-router) #exit
SwitchA(config) #interface vlan 100
SwitchA(config-if-VLAN 100) #IPv6 ospf 10 area 0
SwitchA(config-if-VLAN 100) #exit
SwitchA(config) #interface vlan 200
SwitchA(config-if-VLAN 200) #IPv6 ospf 10 area 1
SwitchA(config-if-VLAN 200) #end
```

3）配置 Switch B，创建 VLAN 并配置 IPv6 地址

```
SwitchB # config terminal
SwitchB(config) # vlan 100
SwitchB(config-vlan) #interface vlan 100
SwitchB(config-if-VLAN 100) #IPv6 enable
SwitchB(config-if-VLAN 100) #IPv6 address 3001::2/64
SwitchB(config-if-VLAN 100) #exit
SwitchA(config) #interface  gigabitEthernet 0/1
SwitchA(config-if-GigabitEthernet 0/1) #switchport access vlan 100
SwitchA(config-if-GigabitEthernet 0/1) #exit
```

4）创建 OSPFv3 进程，指定 Router-ID

```
SwitchB(config) #IPv6 router ospf 10
SwitchB(config-router) #router-id 2.2.2.2
Change router-id and update OSPFv3 process! [yes/no]:y
SwitchB(config-router) #exit
SwitchB(config) #interface vlan 100
SwitchB(config-if-VLAN 100) #IPv6 ospf 10 area 0
SwitchB(config-if-VLAN 100) #end
```

5）配置 Switch C，创建 VLAN 并配置 IPv6 地址

```
SwitchC #configure terminal
Enter configuration commands, one per line. End with CNTL/Z.
SwitchC(config) #vlan 200
SwitchC(config-vlan) #interface vlan 200
SwitchC(config-if-VLAN 200) #IPv6 enable
SwitchC(config-if-VLAN 200) #IPv6 address 3001:1::2/64
SwitchC(config-if-VLAN 200) #exit
SwitchA(config) #interface  gigabitEthernet 0/1
SwitchA(config-if-GigabitEthernet 0/1) #switchport access vlan 200
```

SwitchA(config-if-GigabitEthernet 0/1) #exit

6）创建 OSPFv3 进程，指定 Router-ID

SwitchC(config) #IPv6 router ospf 10
SwitchC(config-router) #router-id 3.3.3.3
Change router-id and update OSPFv3 process! [yes/no]:y
SwitchC(config-router) #exit
SwitchC(config) #interface vlan 200
SwitchC(config-if-VLAN 200) #IPv6 ospf 10 area 1
SwitchC(config-if-VLAN 200) #end

13.3 IPv4 向 IPv6 过渡技术

由于 IPv6 协议本身不兼容 IPv4 协议，大规模部署 IPv6 还面临不少挑战。目前可行的办法是使用过渡技术，将 IPv4 逐渐演变到 IPv6，主要有 3 种主流的过渡技术，包括双协议栈、隧道技术、（地址／协议转换）NAT—PT。

微课 13-3
IPv4 向 IPv6 过渡技术

13.3.1 IPv6 隧道技术

1．IPv6 over IPv4 隧道原理

如图 13-8 所示，边界设备启动 IPv4/IPv6 双协议栈，并配置 IPv6 over IPv4 隧道。边界设备在收到从 IPv6 网络侧发来的报文后，如报文的目的地址不是自身，且下一跳出接口为 Tunnel 接口，则将收到的 IPv6 报文作为数据部分，加上 IPv4 报文头，封装成 IPv4 报文。

在 IPv4 网络中，封装后的报文被传递到对端的边界设备，对端边界设备对报文解封装，去掉 IPv4 报文头，将解封装后的 IPv6 报文发送到 IPv6 网络中。

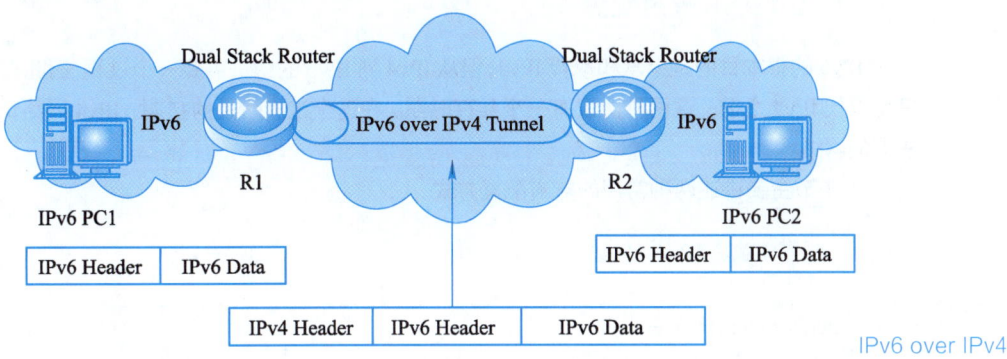

图 13-8
IPv6 over IPv4 隧道原理

2．IPv6 over IPv4 手动隧道

手动隧道直接把 IPv6 报文封装到 IPv4 报文中，将 IPv6 报文作为 IPv4 报文的净载荷，如图 13-9 所示。手动隧道的源地址和目的地址也是手工指定的，它提供了一个点到点的连接。

图 13-9
IPv6 报文作为 IPv4 报文的净载荷

手动隧道可以建立在两台边界路由器之间，为 IPv6 网络提供稳定的连接，或建立在终端系统与边界路由器之间，为终端系统访问 IPv6 网络提供连接。

隧道的边界设备必须支持 IPv6/IPv4 双协议栈，其他设备只需实现单协议栈即可。因为手动隧道要求在设备上手工配置隧道的源地址和目的地址，如一台边界设备要与多台设备建立手动隧道，就需在设备上配置多个隧道，比较麻烦。因此手动隧道通常用于两台边界路由器之间，为两个 IPv6 网络提供连接。

3．IPv6 over IPv4 手动隧道转发机制

当隧道边界设备的 IPv6 侧收到一个 IPv6 报文后，根据 IPv6 报文的目的地址查找 IPv6 路由转发表，如该报文从此虚拟隧道接口转发，则根据隧道接口配置的隧道源端和目的端的 IPv4 地址进行封装。封装后的报文变为 IPv4 报文，交给 IPv4 协议栈处理。报文通过 IPv4 网络转发到隧道的终点，隧道终点收到隧道协议报文后，进行隧道解封装，将解封装后的报文交给 IPv6 协议栈处理。

4．IPv6 to IPv4 自动隧道

IPv6 to IPv4（6to4）自动隧道技术允许将被孤立的 IPv6 网络通过 IPv4 网络互联。它和手工配置隧道的区别是手工配置隧道是点对点的隧道，而 6to4 隧道可以看成是点对多点的隧道。

6to4 隧道将 IPv4 网络视为 NBMA 链路，因此 6to4 的设备不需要成对配置，嵌入在 IPv6 地址的 IPv4 地址将用来寻找自动隧道的另一端。6to4 自动隧道可以被配置在一台被孤立的 IPv6 网络的边界路由器上，对于每个报文，它将自动建立隧道到达另一台 IPv6 网络的边界路由器。隧道的目的地址是另一端 IPv6 网络的边界路由器的 IPv4 地址。

6to4 地址是用于 6to4 自动构造隧道技术的地址，内嵌的 IPv4 地址通常是站点边界路由器出口的全局 IPv4 地址，在自动隧道建立时将使用该地址作为隧道报文封装的 IPv4 目的地址。6to4 隧道通常是配置在边界路由器之间，两端的设备必须都支持 IPv6 和 IPv4 协议栈。

13.3.2 IPv6 隧道配置

IPv6 的根本目的是继承和取代 IPv4，但从 IPv4 到 IPv6 的演进需要一个过程，因此在 IPv6 完全取代 IPv4 之前，这两种协议有一个共存时期。在这个过渡阶段的初期，IPv4 网络仍然是主要的网络。

本小节主要讲述两种常用的隧道配置方式。

1．配置 GRE/IPv6 隧道

```
interface tunnel tunnel-number
ipv6 address ipv6-prefix/prefix-length [eui-64]
tunnel source { ip-address | ipv6-address | interface}
tunnel destination {host-name | ip-address | ipv6-address }
tunnel mode{aurp | cayman | dvmrp | eon | gre | gre multipoint | gre ipv6 | ipip [decapsulate-any]
| iptalk | ipv6 | mpls | nos}    // 启用 GRP IPv6 隧道
```

IPv6 默认的隧道模式为 tunnel mode gre ip。

2．配置 6to4 隧道

```
interface tunnel tunnel-number
ipv6 address ipv6-prefix/prefix-length   [eui-64]   // 可用 IPv4 接口地址或 Loopback 接口地址，要求必须可达，IPv4 路由器接口必须使用 IPv6 地址中对应的子网来与 6to4 路由器相连
tunnel source { ip-address | interface }
tunnel mode ipv6ip 6to4   // 启用 6to4 IPv6 隧道
ipv6 route ipv6-prefix / prefix-length tunnel interface   //配置一个静态路由到 tunnel interface
```

13.3.3 使用隧道实现 IPv4 与 IPv6 网络互联

如图 13-10 所示，IPv4 网络隔离了 IPv6 网络 N1 和 N2，通过配置手工隧道将两个 IPv6 网络互联，使 N1 中的主机 PC3 可以访问 N2 中的主机 PC6。

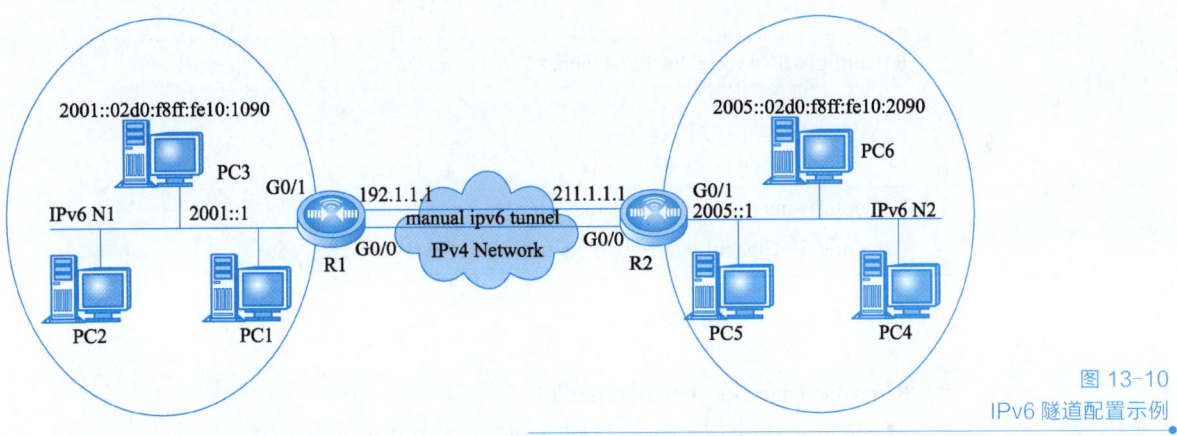

图 13-10 IPv6 隧道配置示例

R1、R2 支持 IPv4 和 IPv6 协议栈，隧道的配置在 N1 和 N2 的边界路由器 R1 和 R2 上进行，手工隧道需对称配置，即在 R1 和 R2 上都要配置。

1．组网要求

配置 IPv6 隧道实现 IPv4 和 IPv6 的互通。

2．配置要点

① 配置 IPv4 和 IPv6 地址。
② 在边界路由器 R1、R2 上配置 IPv6 隧道。

3．配置步骤

（1）配置 R1 连接 IPv4 网络的接口

```
R1(config) #interface gigabitEthernet 0/0
R1(config-if-GigabitEthernet 0/0) #ip address 192.1.1.1 255.255.255.0
```

（2）连接 IPv6 网络的接口

R1(config) #interface gigabitEthernet 0/1
R1(config-if-GigabitEthernet 0/1) #IPv6 address 2001::1/64

（3）配置手工隧道接口

R1(config) #interface tunnel 1
R1(config-if-Tunnel 1) #tunnel mode IPv6ip
R1(config-if-Tunnel 1) #IPv6 enable
R1(config-if-Tunnel 1) #tunnel source gigabitEthernet 0/0
R1(config-if-Tunnel 1) #tunnel destination 211.1.1.1

（4）配置进隧道的路由

R1(config) #IPv6 route 2005::/64 tunnel 1

（5）配置 R2 连接 IPv4 网络的接口

R2(config) #interface gigabitEthernet 0/0
R2(config-if-GigabitEthernet 0/0) #ip address 211.1.1.1 255.255.255.0

（6）连接 IPv6 网络的接口

R2(config) #interface gigabitEthernet 0/1
R2(config-if-GigabitEthernet 0/1) #IPv6 address 2005::1/64

（7）配置手工隧道接口

R2(config) #interface tunnel 1
R2(config-if-Tunnel 1) #tunnel mode IPv6ip
R2(config-if-Tunnel 1) #IPv6 enable
R2(config-if-Tunnel 1) #tunnel source gigabitEthernet 0/0
R2(config-if-Tunnel 1) #tunnel destination 192.1.1.1

（8）配置进隧道的路由

R1(config) #IPv6 route 2001::/64 tunnel 1

13.4 NAT-PT 技术

微课 13-4
NAT-PT 技术

在 IPv4 网络完全过渡到 IPv6 网络之前，两种网络之间直接的通信可通过 NAT-PT 实现。

13.4.1 NAT-PT 工作原理

1．NAT-PT 的作用

网络地址转换-协议转换（Network Address Translation-Protocol Translation，NAT-PT）用来解决直接连接的纯 IPv6 网络与纯 IPv4 网络的通信问题。采用 NAT-PT 过渡方案，可保证 IPv6 与 IPv4 网络的自由通信。通信可由任一网络内的主机发起，NAT-PT 负责相应协议和语义的转换，不需要对主机进行改造升级。

NAT-PT 中的 NAT，采用的是 IPv4 网络的 NAT 技术并做改进，NAT 完成 IPv4 地址与 IPv6 地址之间的转换。其主要任务是地址映射关系的建立和地址映射关系的维护。

PT 负责在 IPv4 与 IPv6 两种协议之间的转换，以 IPv6 头替换 IPv4 头或以 IPv4 头替换 IPv6 头，构建成新的数据包。由于 ICMPv4 和 ICMPv6 的特性，PT 只能对其中部分类型报文进行转换，如 ICMPv4 请求/响应报文与 ICMPv6 请求/响应报文的转换，ICMPv4 目标不可达报文与 ICMPv6 目标不可达报文之间的转换等。

PAT 作为动态地址转换的一种方式，主要用在 IPv6 到 IPv4 动态转换中。多个 IPv6 地址可以映射到用不同端口区分的相同 IPv4 地址上，避免 IPv4 地址耗尽的可能。

2．NAT-PT 工作原理

NAT-PT 工作在 IPv6 与 IPv4 网络之间的边界路由器上，NAT-PT 模块在 IPv6 与 IPv4 网络之间转换 IP 报头的地址，根据协议的不同对分组做相应的语义翻译，从而使 IPv4 与 IPv6 网络之间能实现透明传输。NAT-PT 可以使用静态方式进行地址替换，或是使用有全局地址的地址池，当会话穿越边界路由器时，从地址池中取出地址分配给相应的 IPv4/IPv6 主机。为了能跟踪进行转换的会话，会话只能通过同一台 NAT-PT 边界路由器。

13.4.2 配置 NAT-PT 转换

1．组网要求

如图 13-11 所示，使用 NAT-PT 技术将 IPv4 地址转换为 IPv6 地址，然后和 IPv6 互通。

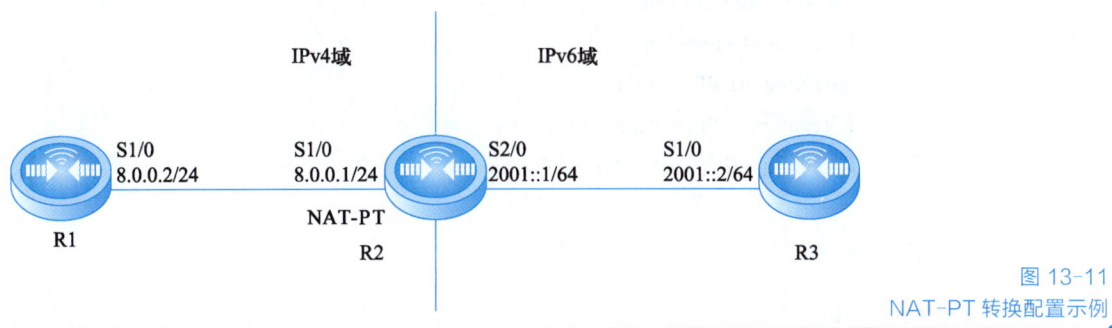

图 13-11
NAT-PT 转换配置示例

2．配置要点

① 配置 IPv4 和 IPv6 地址。
② 在边界路由器 R2 上配置 NAT-PT 转换。

3. 配置步骤

（1）配置 IPv4 侧的设备 R1

```
R1>enable
R1 #configure terminal
R1(config) #interface s1/0
R1(config-if) #ip address 8.0.0.2 255.255.255.0
```

（2）配置 NAT-PT 设备 R2

```
R2>enable
R2 #configure terminal
R2(config) #IPv6 nat prefix 2001:DA8:1::/96
R2(config) #interface s1/0
R2(config-if) #ip address 8.0.0.1 255.255.255.0
R2(config-if) #IPv6 nat
R2(config-if) #exit
R2(config) #interface s2/0
R2(config-if) #IPv6 enable
R2(config-if) #IPv6 nat
R2(config-if) #IPv6 address 2001::1/64
R2(config-if) #exit
R2(config) #IPv6 nat v4v6 source 8.0.0.2 2001:DA8:1::5
R2(config) #IPv6 nat v6v4 source 2001::2 8.0.0.5
```

（3）在 R3 配置到达 NAT-PT 前缀对应网段的静态路由

```
R3>enable
R3 #configure terminal
R3(config) #interface s1/0
R3(config-if) #IPv6 enable
R3(config-if) #IPv6 address 2001::2/64
R3(config) #IPv6 route 2001:DA8:1::/96 2001::1
```

📒 学习总结

通过本项目的学习，我认识了_____

_____
_____
_____

我对哪些还有疑问：_____

_____

_____

 知识检测

1. [多选]目前来看，下面（　　）描述是 IPv4 的不足。
   A. 地址即将用完　　　　　　B. 路由表急剧膨胀
   C. 无法提供多样的 QoS　　　D. 网络安全不行
2. 使用"零压缩法"表示 IPv6 时，可以出现两个::。（　　）
   A. 对　　　　　　　　　　　B. 错
3. IPv6 概念提出较久，但现在主流还是 IPv4。（　　）
   A. 对　　　　　　　　　　　B. 错
4. 下列（　　）地址是合法的链路本地地址。
   A. FE80::11　　　　　　　　B. FEC0::2
   C. FE08::A001　　　　　　　D. FE02::1:FF00:0101:0202
5. IPv6 中，链路层地址解析使用的报文是（　　）。
   A. ARP　　　　　　　　　　B. Neighbor Solicitation
   C. Neighbor Advertisement　 D. Neighbor Discover（邻居发现）
6. [多选]IPv6 中，邻居发现（Neighbor Discover）使用的主要报文类型包括（　　）。
   A. 路由器请求　　　　　　　B. 路由器公告
   C. 邻居请求　　　　　　　　D. 邻居公告
   E. 重定向
7. 下面 IPv6 地址获取过程正确的是（　　）。
   A. 有状态环境通过 DHCPv6 获取 Global 地址
   B. 无状态环境通过 DHCPv6 获得 Global 地址
   C. 有状态环境通过 DHCPv6 获得 DNS 地址
   D. 无状态环境通过 DHCPv6 获得 DNS 地址
8. IPv6 重定向功能使用的消息机制属于邻居发信类消息。（　　）
   A. 对　　　　　　　　　　　B. 错
9. PMTU 使用下面（　　）消息类型来实现探测。
   A. 目的不可达　　　　　　　B. 数据包超长
   C. 超时　　　　　　　　　　D. 参数
10. IPv6 将首部长度变为固定的（　　）字节。
    A. 6　　　　　　　　　　　B. 12
    C. 16　　　　　　　　　　 D. 24

参考文献

[1] 谢希仁. 计算机网络[M]. 8版. 北京：电子工业出版社，2021.
[2] 佘运翔. 网络设备安装与调试（锐捷版）[M]. 北京：电子工业出版社，2018.
[3] 成宝芝. 计算机网络技术与实践[M]. 北京：电子工业出版社，2020.
[4] 穆维新. 数据路由与交换技术[M]. 北京：清华大学出版社，2018.
[5] 田果. 高级网络技术[M]. 北京：人民邮电出版社，2020.
[6] 满昌勇，崔学鹏. 计算机网络基础[M]. 北京：清华大学出版社，2016.
[7] 陈光辉. 网络综合布线系统与施工技术[M]. 5版. 北京：机械工业出版社，2018.
[8] 丁爱萍. 计算机网络技术[M]. 开封：河南大学出版社，2017.
[9] 周亚军. 网络工程师红宝书[M]. 北京：电子工业出版社，2020.
[10] 崔升广. 高级网络互联技术项目教程[M]. 北京：人民邮电出版社，2020.
[11] 周舸. 计算机网络技术[M]. 5版. 北京：人民邮电出版社，2018.
[12] 汪双顶，吴万多，崔永正. 局域网组网技术[M]. 北京：人民邮电出版社，2017.
[13] 朱仕耿. HCNP路由交换学习指南[M]. 北京：人民邮电出版社，2021.
[14] 邓世昆. 计算机网络[M]. 北京：北京理工大学出版社，2018.
[15] 管秀君，卢川英. TCP/IP路由交换技术[M]. 北京：北京理工大学出版社，2018.
[16] 梁广民，王隆杰. 思科网络实验室路由交换实验指南[M]. 2版. 北京：电子工业出版社，2018.
[17] 刘晓辉. 交换机路由器防火墙[M]. 3版. 北京：电子工业出版社，2015.
[18] 徐慧洋，白杰，卢宏旺. 华为防火墙技术漫谈[M]. 北京：人民邮电出版社，2016.
[19] 李凯. 简说IPv6[M]. 北京：清华大学出版社，2020.
[20] 余琨，伍孝金. IPv6技术与应用[M]. 2版. 北京：清华大学出版社，2020.

郑重声明

高等教育出版社依法对本书享有专有出版权。任何未经许可的复制、销售行为均违反《中华人民共和国著作权法》，其行为人将承担相应的民事责任和行政责任；构成犯罪的，将被依法追究刑事责任。为了维护市场秩序，保护读者的合法权益，避免读者误用盗版书造成不良后果，我社将配合行政执法部门和司法机关对违法犯罪的单位和个人进行严厉打击。社会各界人士如发现上述侵权行为，希望及时举报，本社将奖励举报有功人员。

反盗版举报电话　（010）58581999　58582371　58582488
反盗版举报传真　（010）82086060
反盗版举报邮箱　dd@hep.com.cn
通信地址　北京市西城区德外大街 4 号
　　　　　高等教育出版社法律事务与版权管理部
邮政编码　100120